阿里云运维架构实践秘籍

“乔帮主”的云技术实践绝学“降云十八掌”

驻云科技 乔锐杰 著

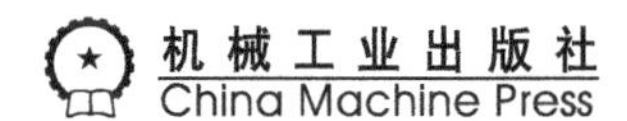

图书在版编目（CIP）数据

阿里云运维架构实践秘籍 / 驻云科技，乔锐杰著．—北京：机械工业出版社，2020.4
（2023.1 重印）
（云计算与虚拟化技术丛书）

ISBN 978-7-111-64969-4

I. 阿… II. ①驻… ②乔… III. 云计算 IV. TP393.027

中国版本图书馆 CIP 数据核字（2020）第 039501 号

阿里云运维架构实践秘籍

出版发行：机械工业出版社（北京市西城区百万庄大街 22 号 邮政编码：100037）

责任编辑：杨绣国　　责任校对：殷　虹

印　　刷：北京捷迅佳彩印刷有限公司　　版　　次：2023 年 1 月第 1 版第 7 次印刷

开　　本：186mm×240mm　1/16　　印　　张：22.5

书　　号：ISBN 978-7-111-64969-4　　定　　价：99.00 元

客服电话：（010）88361066　68326294

Foreword 推荐序

中国最早的云计算厂商阿里云于2009年成立，至今，云计算在中国大地上已经走过10多个年头，它作为互联网的基础设施，也已经在不知不觉中非常深刻地影响着整个社会、整个世界，并且这种影响还在不断发酵。上云这个词在2013年和2014年可能还是新鲜词汇，但今天还没有使用云计算的企业反而更像是稀有品种。

云计算正在并且已经慢慢地重构了整个IT的基础架构，这个过程会持续加速，使其逐步发展成中国IT的基石。我以及上海驻云科技的各位同仁在2013年就参与到云计算业务中，作为上述整个过程的参与者和见证者，发现新的技术、云的技术、云背后的互联网技术将成为未来每一个互联网技术从业人员不可或缺的基础能力，而对企业来说，未来没有掌握这种能力的技术型员工是非常可怕的，这种IT、大数据甚至人工智能技术的运用能力可能会彻底改变你现在所处的行业。

作为互联网的参与者，尤其是技术参与者，无论是系统架构师、开发工程师、运维工程师，掌握云计算及相应的技术产品知识，以及利用云计算解决实际的业务问题都将变得必不可少。这个过程并不复杂，但需要接受并拥抱云计算带来的改变。

乔锐杰作为中国最早的云计算方面的架构师和技术参与者，随着驻云科技的成长和中国云计算的发展，逐步成为国内云计算方面的运维专家，非常通晓以阿里云为主的中国主流云计算厂商的相关产品及技术。本书是其多年运维工作经验的汇总，用非常浅显的语言讲述了如何成为一名云计算运维高手，是一本非常好的工具书，可供愿意学习并使用云计算技术的读者参考。相信本书能够很好地帮助读者解决使用云计算技术工作时遇到的各种问题。

驻云CEO，湖畔大学一期　蒋烁淼

2020年1月

前　言 Preface

关于本书

随着云计算的到来，传统IT已经向DT变革。云计算具有低成本、高稳定性、高效率、可灵活扩展等诸多优点，已经在逐渐淘汰传统IDC的IT模式。未来，云计算将成为互联网的基础设施。

2012年，我机缘巧合接触到云计算这个领域，有幸走到了互联网发展的前沿。更多时候，我觉得并不是我选择了云计算，而是云计算选择了我。由于我对计算机颇感兴趣，从事过Java开发、系统运维、系统架构等工作，又恰逢云计算浪潮来临，我个人的专业技能正好在这个领域得以施展，所以说我是被云计算选中的。在云时代，当上架一台服务器就像在淘宝上购物一样方便，当做环境配置、软件部署就像在网上选择产品型号一样快捷，也就是说当这一切工作都由云平台替运维人员完成时，那运维人员还有什么价值呢？这也是云时代下传统中小型企业不需要运维人员的根本原因——不再需要人力去做这些基础工作。所以说DevOps是运维行业的未来之路。云计算只是一个开始，不管是运维、开发还是架构等，未来你需要更多技能才能顺应互联网发展的潮流。

在云计算领域，当前市面上关于运维架构技术实践方面的书籍非常匮乏，大多数书籍的内容偏向云计算底层（IaaS）的基础架构，及云计算的体系介绍。我在2013年看过《飞天开放平台编程指南》一书，但它的篇幅有限，内容更偏向于API，于是我萌生写一本基于云计算的、偏向实践的书籍的想法。我平时喜欢跟他人通过文章、沙龙、会议等分享自己在云端技术方面的所见、所想，且我是计算机技术出身，也一直追求开源的分享精神，这些都是我坚持写完本书的核心动力。

2009年的阿里云，2011年的盛大云，2012年的电信天翼云，2013年的腾讯云及华为云，2015年的百度云，国内的云计算市场可谓百花齐放。鉴于阿里云的领先地位，加上我本身也一直基于阿里云从事云端产品研发、云端迁移、云端运维、云端架构、云端安全、云端培训等方面的工作，所以刚开始我准备以“阿里云：千万级系统的架构”为重点凸显架构实践内容，但后来考虑到架构分软件层的系统架构和系统运维层的分布式集群架构，而我的实践经验更偏向于后者，为了让主题更加清晰，也为了发挥我的专业优势，最终将本书定位为“阿里云运维架构实践秘籍”。

读者对象

本书内容偏向实践干货经验、案例场景，是一本工具类书籍，即本书不是一本入门级书籍，而是一本技术进阶型书籍。因为不是入门级书籍，所以没有把技术细节、安装配置写的特别详细，所以本书不太适合没技术基础的初学者。知识储备不够，可能看本书会有点吃力。

本书特别适合具有一定研发、运维、架构等方面经验，且在云时代下的互联网浪潮下，特别急迫需要提升技术实战能力的人员。

- 开发人员：本书可帮助开发人员熟悉云端分布式集群架构的相关技术，使其能够从宏观架构的角度研发代码，提升技术眼界和高度。
- 运维人员：本书可帮助运维人员提升运维实践技能和知识广度、高度，有助于其向高级运维、架构师晋升或转变。
- 架构师：本书介绍了大量云端实践经验、实践案例及场景，对架构师来说不可多得。
- 技术管理者：本书介绍了大量云端技术架构、云端技术思维、云端技术方向等方面的实践经验，在成本把控、技术方向把控 / 决策、技术人员管理等方面是技术管理者的重要指导。
- 关注和使用云计算的用户：同样，本书也适合对云计算实践技术具有浓厚兴趣的爱好者，相信大量的案例、实践场景会让你有所受益。

内容简介

本书共 18 章，介绍云端运维架构最佳实践的十八招绝技，所以我也喜欢把本书称为云端实践秘籍——“降云十八掌”。本书是我历时八年的云端技术实践，总结了五千余家一线互联网企业实践干货及经验。技术面覆盖二十余款热门云产品实践、五十余种常见开源热门技术实践，并包含百余种云端架构技术的实践技巧和方法、千余项案例实践经验，以及云端混合云、云端容器、云端监控演变、云端自动化运维、云端 DevOps、云端智能化运维、云端安全、云端分布式架构八大技术架构实践。

本书内容最初规划时分为五篇：云端选型篇、云端实践篇、云端安全篇、云端架构篇、云端运维篇。由于内容太多，最后决定将云端运维篇的相关内容放在我的下一本书中进行详细介绍。本书基本结构如下。

云端选型篇（第 1 ～ 5 章）

云端选型篇介绍了在云端选择什么样的云平台做战略规划部署及业务体系建设，选择什么样的云产品来架构及规划业务，选择什么样的开发语言来应对业务开发需求，选择什么样的系统技术来搭建运维架构及实施，以及选择什么样的配置来部署业务及做容量规划等。

第 1 章讲述部署业务服务时选择什么样的云平台落地，即选择哪个云厂商落地。由于不同云厂商的公司实力、业务背景、技术团队实力等不同，所以不同云厂商的业务方向、平台稳定性、平台安全性、平台服务质量、产品功能及价格等都有所不同。因此云平台的选择，决定了业务的体系建设及战略规划部署方向。

第 2 章讲述在对应的云平台上选择什么样的云产品进行业务的部署及规划，云产品的 8/2 选择原则教我们在面对云平台两三百款眼花缭乱的产品时，如何选择对应的产品，选择的重点是什么，以及要注意些什么。

第 3 章讲述当下云端最火热的编程语言，由于云平台的特性决定了云适合分布式应用，所以在云端使用较多的还是 Java、C# 等具有 Web 框架的语言，以及 PHP、Python 所代表的脚本语言。

第 4 章是本篇的重点，其核心内容包含云端网络、云端 Web 服务器、云端负载均衡、云端存储、云端缓存、云端数据库五个大类，基本覆盖云端千万级运维架构常见的运维技术。通过学习该章内容，你将了解及熟悉在云端运维架构中应该选择什么样的运维技术。

第 5 章介绍在云端选择什么样的服务器配置来部署业务及做容量规划，该章通过实践案例做经验性的梳理及总结，有效解决了企业应用中普遍存在的服务器配置偏高、资源使用率偏低等常见问题。

云端实践篇（第 6 ～ 13 章）

云端实践篇是基于云端选型篇，对云端运维架构涉及的相关技术的重要实践，也是本书的重点篇幅，包含云主机、云端负载均衡、云端存储、云端缓存、云端数据库等云端最火热的技术的实践，并且结合上云迁移、混合云及容器、云端运维实践这三类云端最常见的热门需求，结合真实客户案例，向大家分享当前最热门、最流行的混合云技术架构、云端容器技术架构、云端监控演变及技术实践、云端自动化运维技术实践、云端 DevOps 技术实践等。

第 6 章基于云端最核心产品 ECS 的特性，讲述云网络下的业务新架构、云的分布式架构、云的资源自动化管理等云的技术优势、特点及其实践。

第 7 章是本篇的经典内容，介绍在传统开源负载均衡的经验基础上，结合云平台下负载均衡的最佳实践经验、负载均衡作为分布式架构及高可用架构的核心技术，以及企业级的应用场景及案例。

第 8 章讲述块存储（云盘）、共享文件存储、OSS 对象存储这三大云端非结构化数据存储的实践技巧及方法。

第 9 章讲述以 Nginx、Varnish、Squid 等为主的静态缓存技术、如何提升 Web 应用的静态资源（如 HTML、JS、CSS、图片、音视频等静态文件）的访问速度，以及以 Memcache、Redis 等为主的动态缓存技术在数据库缓存、集中 Session 管理、动态页面缓存这三大场景中的应用。

第 10 章从数据库的垂直拆库及水平拆表两个维度，讲述所涉及的垂直拆库、水平拆表的应用场景实践，以及所涉及的主从、集群、分布式 Sharding 三大数据库架构技术实践。

第 11 章通过三个真实客户案例，讲述上云迁移、混合云架构、云端运维架构优化这三类云端最常见的热门运维需求的技术实践。

第 12 章讲述物理机体系、云计算体系、容器体系这三大 IT 架构体系所对应的系统架构的演变过程，通过 Nagios、Zabbix、云监控、Prometheus、TICK 技术栈等十一大监控方案，介绍互联网监控技术的发展及演变过程，方案所涉及的技术也几乎覆盖了当今互联网最热门的监控技术。

第 13 章通过真实客户案例讲述云端容器十二大技术实践，更是通过 DevOps 发展的四个阶段，即人工阶段、脚本及工具阶段、平台化阶段、智能化阶段，分析了云端容器、云端自动化运维、云端 DevOps 这三者之间的区别与联系。

云端安全篇（第 14 ～ 16 章）

随着云计算的发展，云端面临着挑战也面临着机遇。如何通过技术手段保障云端业务的安全性是本篇的核心内容。通过常见攻击案例，结合云端最佳安全防御方案，本篇将带你一起走进黑客攻防的世界。

第 14 章通过分析云端安全问题现状，讲述安全行业面临的行业状态不容乐观、云端安全环境复杂化、安全对云优势有剧烈冲击这三大挑战，及其带来的云计算和大数据将成为安全体系基础核心保障、政策驱动叠加使得行业将迎来爆发这两大机遇。

第 15 章通过介绍什么是黑客、黑客入侵的途径、黑客入侵流程等，带大家了解黑客的真实定义及黑客日常攻击流程，提醒用户注意保护个人网络安全。

第 16 章从云端安全产品、云端安全架构、云端安全运维这三个方面，结合大量云端用户遇到的安全问题及场景，跟大家分享云端安全最佳防御实践经验。

云端架构篇（第 17 ～ 18 章）

在云端如何构建千万级架构，本篇主要结合前面的云端选型篇、云端实践篇、云端安全篇中相应的阿里云最佳实践经验，向大家分享一个小型网站如何逐步演变到千万级架构的过程。另外，结合云端热门的、不同的互联网业务的特点，介绍设计架构时要如何考量，以及有哪些秘密和诀窍。

第 17 章讲述一个应用如何从架构原始阶段（即万能的单机）、架构基础阶段（即物理分离 Web 和数据库）、架构动静分离阶段（即静态缓存 + 对象存储）、架构分布式阶段（即负载均衡）、架构数据缓存阶段（即数据库缓存）、架构扩展阶段（即垂直扩展）演变发展到架构分布式 + 大数据阶段（即水平扩展）。

第 18 章通过电商、游戏、移动社交、金融四大热门应用的业务特点，讲述在云端架构设计中需要注意的技术重点。

勘误和支持

由于作者水平有限，且时间仓促，书中难免存在疏漏，恳请读者朋友批评指正。如果你有更多宝贵意见，欢迎发送邮件至 qiaobangzhu-cn@qq.com，期待您的支持与反馈。更多交流或者合作，也可以添加乔帮主个人微信：qiaobangzhu-cn。更多新书资讯欢迎关注“华章图书”微博！

致谢

本书写作历时两年，感谢公司对我的大力支持，这也是我坚持写完本书的最大动力。

感谢机械工业出版社的杨绣国编辑，我们相识 5 年，她的支持、鼓励和帮助，是我顺利完成写作的不竭动力。

感谢蒋宁在本书的内容上提出的大量宝贵专业建议，感谢陈婵在本书的运营宣传上提供的大量宝贵建议，感谢徐伟琴对本书所用的两百余张图片所进行的专业设计。

谨以此书献给我最亲爱的家人，以及宋帅、毋佳龙等支持我的朋友们。

乔锐杰

上海驻云科技，2020 年 1 月

Contents 目录

第三篇　云端安全篇

第四篇　云端架构篇

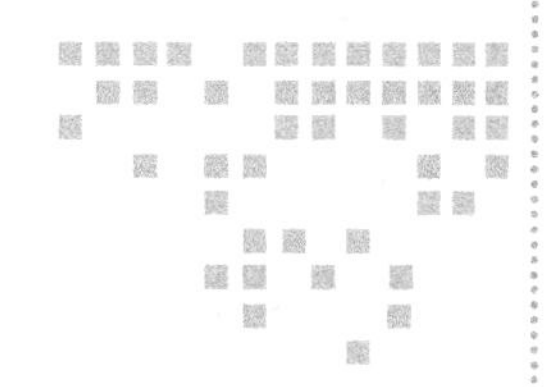

绪 言 *Introduction*

云计算带来的技术变革

传统 IT 正在向 DT 变革。未来，云计算将成为互联网的基础设施。作为技术过来人，我亲历了中国互联网时代的发展、云计算云时代的发展，以及技术人员眼中云计算所带来的技术变革。

一、中国互联网时代

“Across the Great Wall we can reach every corner in the world”（越过长城，走向世界）是 1987 年 9 月 20 日从北京向海外发出的中国第一封电子邮件。这也预示着，互联网时代悄然叩响了中国的大门。

1994 年 4 月 20 日，中关村地区教育与科研示范网络（NCFC）通过美国 Sprint 公司接入国际互联网（Internet）的 64K 国际专线开通，标志着我国正式全功能接入国际互联网，这一年也是中国开启互联网时代的元年。

1. 中国互联网起点

1994 年 4 月 20 日中国实现了与国际互联网的全功能连接，但是直到 1998 年，我国的门户网站才兴起，中国真正意义上正式进入网络时代，这也是真正意义上的中国互联网的起点。

中国互联网巨头也大多于 1998 年左右成立：

- ❑ 网易：1997 年 6 月；
- ❑ 搜狐：1998 年；
- ❑ 腾讯：1998 年 11 月；
- ❑ 新浪：1998 年 12 月；

- 阿里：1999年；
- 盛大：1999年11月；
- 百度：2000年。

2. IDC/数据中心的硬件时代

2002～2012这10年期间，中国互联网得到了长足的发展。电子商务、传统互联网等都是这个时代的产物。这一时期是IDC/数据中心的硬件天下。

运维人员在日常工作中，一半精力花在跟硬件打交道、跟IDC机房打交道。“IOE”是这个时代的经典组合：服务器提供商IBM、数据库软件提供商Oracle、存储设备提供商EMC。

3. 云时代

从工业时代到电气时代，再到信息网络时代，随着科技的发展，云时代是人类科技进步的阶段性时代。就如同云时代的下一个时代是人工智能，人工智能是不是人类科技的终点，答案还需探索。

2005年，Amozon宣布AWS（Amazon Web Service）云计算平台成立，这是全球云计算落地的起点。2009年，阿里云成立，这是中国互联网云计算的起点。随着这几年云计算从概念期转入落地期，云计算低成本、高稳定性、高效率、可灵活扩展等诸多优点所带来的红利让千千万万企业受益。从这几年国内几家知名云计算公司的成立，也可以看到中国云计算发展的时间年轮：

- 2009年，阿里云；
- 2011年，盛大云；
- 2012年，天翼云；
- 2013年，腾讯云、华为云；
- 2015年，百度云。

二、什么是云计算

从技术角度来看，云计算并不是一种新技术，它也用到了编程语言排行榜上的那些编程语言，以及数据库排行榜上的那些数据库，还有那些热门的开源技术。只不过它在虚拟化+分布式+自动化平台的基础上解决了以下问题：

- 稳定性：采用分布式集群部署，保障服务不宕机。
- 弹性扩展：按需索取，一键式秒级开通资源。
- 安全性：采用分布式多副本冗余部署，保障数据不丢失。
- 成本：一台2核4GB服务器附赠5GB抗DDoS攻击流量，费用极低。
- 易用性：Web管理控制台，智能化便捷操作。

不同的是，云计算是一种新的互联网模式，这种模式本质上如同IDC的IT模式。传统计算资源的使用流程是采购→机器安装配→机器上架→机器后期机房托管。而在云端，在Web界面简易的一键式操作就能获取计算资源。就如同使用水和电一样方便，按需索取。如图1所示，在阿里云可以瞬间开通100台CentOS 8.1 64位，配置为2核4G/5Mbps的按量付费机器，每小时仅花费66.96元。并且可以设置自动释放的时间，真正做到云计算的按需索取、随开随用。

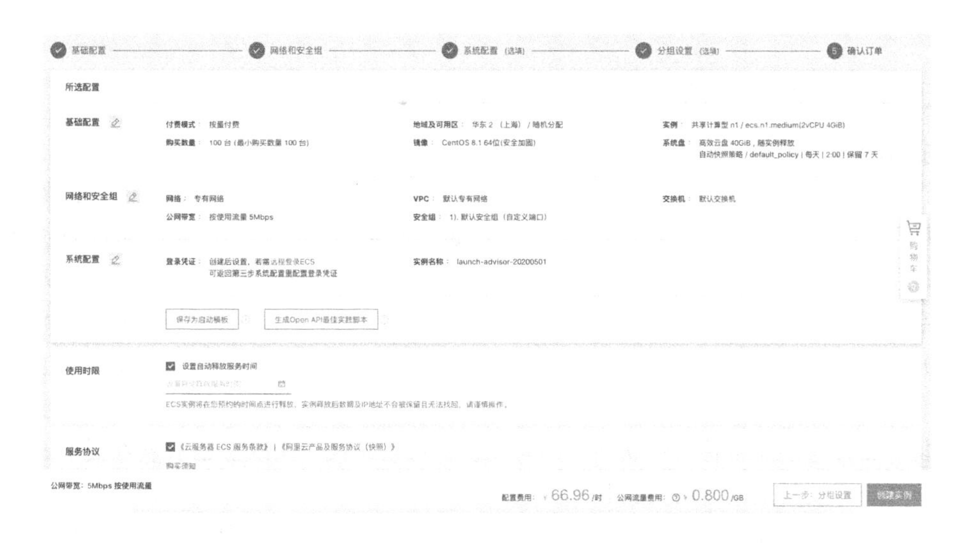

图1　阿里云批量开通ECS按量付费资源清单

三、云平台优化点

从本质上来讲，云计算只是一个概念，如同LDAP协议。而阿里云、腾讯云、华为云就是云计算的落地实现，如同开源工具OpenLDAP对LDAP协议的实现。云计算是面向广大用户的，对应的是一个分布式云管控平台（简称云平台），用户可以在这个云平台上管理及使用对应的云资源。众所周知，云平台具有稳定性、可弹性扩展、安全性、低成本、易用性等优点。那云平台有缺点吗？答案也是肯定的。

正如前面所说的，从技术角度来看，云平台只不过是虚拟化+分布式+自动化的一个综合类平台，所以很多相对于传统物理硬件来说比较烦琐的事情，都可以在云平台上一键自动化。正是因为它将传统上很多重复的安装配置、调优、管理维护进行产品平台化，才带来了一键式管理维护的方便性。平台化设计的一个前提就是产品封装性，封装性带来了定制灵活性的问题。比如最开始SLB七层并不支持虚拟主机的功能、RDS的MySQL不开放root权限、阿里云ECS不支持组播和广播。产品封装性带来的定制灵活性的问题在传统物理机器上是不存在的，所以这一点也是云平台的缺点。

云端产品封装性带来的灵活性的问题，可以在业务层、架构层、运维层进行协调解决：

- 比如，最开始对于SLB的虚拟主机的功能灵活性需求（此功能现在SLB已具备），可直接在 ECS 上搭建 Nginx 来满足。

- 比如，对于 RDS 的 MySQL 权限、参数修改等灵活性的需求，可以直接在 ECS 上搭建 MySQL 来满足。
- 比如，对于 ECS 组播和广播的功能、集群高可用的功能，如在 ECS 上搭建 Oracle RAC 的功能，可以通过在 ECS 上安装 N2N 等 VPN 软件来变通支持。当然变通做法会带来稳定性、性能等问题，这里暂不讨论。

四、云计算对技术的变革

1. 技术的发展变革

云计算的普及，也促使最新热门的开源技术的普及使用。因为大家使用的大多数云产品都基于热门开源技术做了定制化开发及封装。比如，负载均衡（Server Load Balancer，SLB），其中，四层就是基于 LVS（Linux Virtual Server，Linux 虚拟服务器，它是一个虚拟的服务器集群系统。本项目在 1998 年 5 月由章文嵩博士成立，是中国国内最早出现的自由软件项目之一）、七层就是基于 Tengine（Tengine 是由淘宝网发起的 Web 服务器项目，它在 Nginx 基础上，针对有大访问量需求的网站，添加了很多高级功能和特性）等做了对应定制化开发及优化。云计算浪潮席卷着互联网，同时在技术更新迭代、实践上也引领着变革。

（1）在技术更新迭代方面的变革

大多数运维人员都喜欢墨守成规。因为系统 90% 的事故都是由变更导致的，所以我们担心新的技术、新的软件版本会影响系统稳定性，觉得“最好的技术就是自己最熟悉的技术”，总是喜欢用同一版本的操作系统、同一版本的中间件，哪怕其版本的更新迭代已经进行得如火如荼。

而云计算的普及，促使我们尝试接触新的技术、新的版本、新的特性。从某种程度上来讲，甚至是逼着我们去用这些新的技术、新的版本、新的特性。比如，一方面，云计算已经成为必备 IT 基础设施，另一方面，云平台基本上都会下架一些旧版本，就拿操作系统来说，随着 RedHat7 的推出，云端很快进行了更新换代，你无法再选择一些旧的软件版本。

（2）在技术的实践变革上

2012 年、2013 年，云计算在国内还处于概念期。那时候我作为阿里云架构师更多的是给客户介绍这个概念，而如今，更多的是用户急切地跑来咨询：如何用云来满足自己的业务需求，如何更好地使用云的一些产品及服务。

而在日常的学习中，我看到很多书籍、技术文档等还在讲磁盘的 RAID、OpenStack，基于物理硬件的部署、调优等技术。这些技术已经在被逐步淘汰，在云上，我们可能再也接触不到物理服务器。相关软件的安装配置、调优、高可用等都会由云平台来完成。未来的技术方向是我们如何更好地使用、实践这些云产品及云技术。

2. 在运维技术方面的变革

在运维领域，运维自动化一直是运维技术最重要的体现，也是运维的灵魂。运维自动化一般有以下几个阶段：

- 人工阶段。日常运维全部靠人工来做。
- 脚本及工具阶段。对于日常重复的事情，我们开始尝试用脚本、工具来替代人工方式，以提升效率。
- 平台化阶段。用平台界面智能化操作来完成日常运维命令或执行脚本 / 工具，以进一步提升效率。
- 智能化阶段。智能运维，如自动扩容、故障自愈等，进一步减少人为参与，进一步提升运维效率。

从事运维工作这么多年，我发现大多数中小企业的自动化水平还停留在脚本及工具阶段，运维全靠人工。比如很多企业做代码发布都还是通过手动操作 SCP、FTP 的方式更新线上代码再重启服务，效率实在低下。云平台本身就是一个大的自动化平台，随着云平台的普及，我们的运维技术水平得到了极大的提高，让我们直接进入平台化的阶段。通过这个大的自动化云平台，我们的运维效率及质量得到了质的飞跃，我们可以将更多精力放在自身业务场景中。

3. 在技术体系架构的变革

IT 架构和技术架构的演变其实是相辅相成的。就比如每次微软有新的操作系统推出，背后都隐藏着 Intel CPU 的升级换代；苹果手机每次有新品发布，背后其实也都隐含着硬件的升级换代。产品业务越来越复杂，就需要越来越好的硬件来支持。可以说，IT 的体系发展支撑着技术架构的演变。同时，技术架构的演变也推进着 IT 的体系发展。

IT 体系会经过以下 3 个阶段：

1）物理机体系阶段。传统的 IOE 架构其实是物理机的典型代表。想使用计算资源，就需要去购买对应的硬件。

2）云计算体系阶段。在传统硬件服务器的基础上，通过虚拟化及分布式技术形成对应的云资源平台。对计算资源的使用，如同使用水和电一样，在云资源平台上按需索取即可，而不用再和底层物理硬件打交道。

3）容器体系阶段。我们既不用关注底层物理硬件，也不用关注用的云平台是 AWS 还是阿里云，我们的业务都能无缝过渡及运行。我们对计算资源的使用会脱离对硬件，甚至是对各个云平台的依赖。

相应地，对应的技术架构会经过以下 4 个阶段：

1）单机架构的阶段。IOE 架构（IBM 的小型机 +Oracle+EMC 存储）是单机架构中的典型代表，都是高配性能的计算资源，在这个阶段的架构，其业务基本上都是单机部署的。有时候数据库和业务代码甚至部署在一台高配机器上，完全要靠单机的硬件性能来支持更多的业务访问。

2）集群架构的阶段。集群架构其实是单机架构的演变。集群架构的典型技术特点就是，一般采用虚拟 VIP 技术（如 Keeplived、Hearbeat）解决单点故障问题，让架构高可用，如图 2 所示。而值得注意的是，在云端，对应的云产品底层都用集群架构来保障高可用。

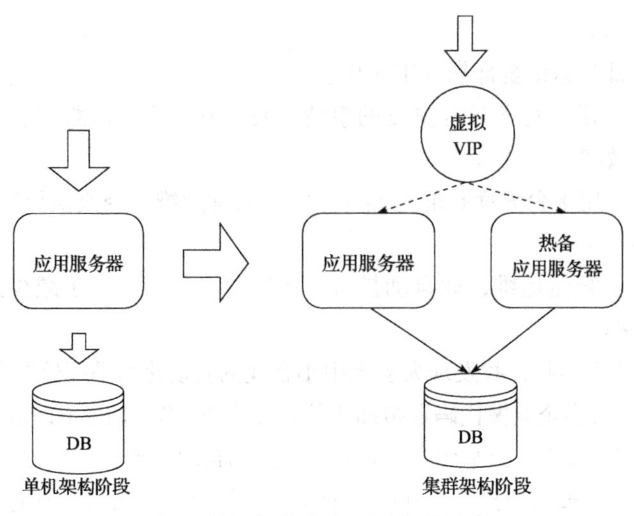

图 2 单机架构向高可用架构演变

3）分布式架构阶段。分布式架构最重要的特点就是，不管是业务代码还是数据库，都是通过多台服务器以分布式模式部署的。如果业务压力增加，那么就增加对应的服务器资源。在云计算阶段，分布式架构特别适用于云平台部署。这个架构对服务器单机的性能依赖不高，主要通过大量的云资源进行分布式快速部署，来满足业务发展和迭代需要。值得注意的是，分布式架构是集群架构的演变，很多人把集群架构和分布式架构混为一谈，这是很大的认识误区。集群的虚拟 VIP 技术只能将一台服务器作为热备（Backup)，并且只有在主服务器故障的时候，才会切换到热备上，平时其都是处于空闲状态。而分布式架构的技术特点就是，负载均衡的引入，让不同服务器同时应对业务压力，而如图 3 所示。

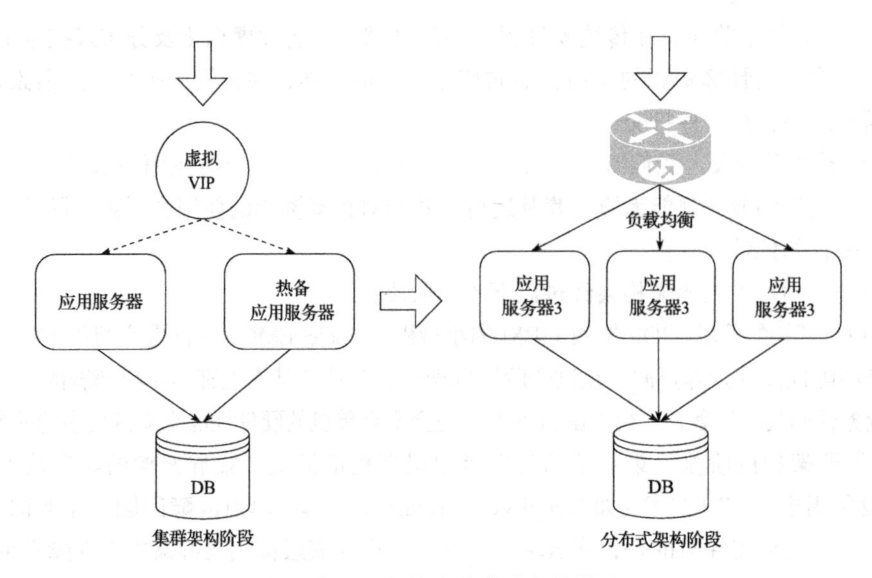

图 3 高可用架构向分布式架构演变

4）微服务架构阶段。微服务架构本质上也是分布式架构，微服务其实是业务功能层面的一种切分，即切分成单个小型的独立业务功能。多个微服务通过 API 网关（Gateway）提供统一服务入口，对前台透明，而每个微服务也可以通过分布式架构进行部署，如图 4 所示。这给研发灵活性、业务后期迭代带来了极大的可扩展性，这是未来软件技术架构的主流。微服务在云平台的基础上结合 Docker 容器技术进行部署，能让业务、运维、架构在技术和非技术方面的稳定性、成本、效率、可扩展性等都达到最优。

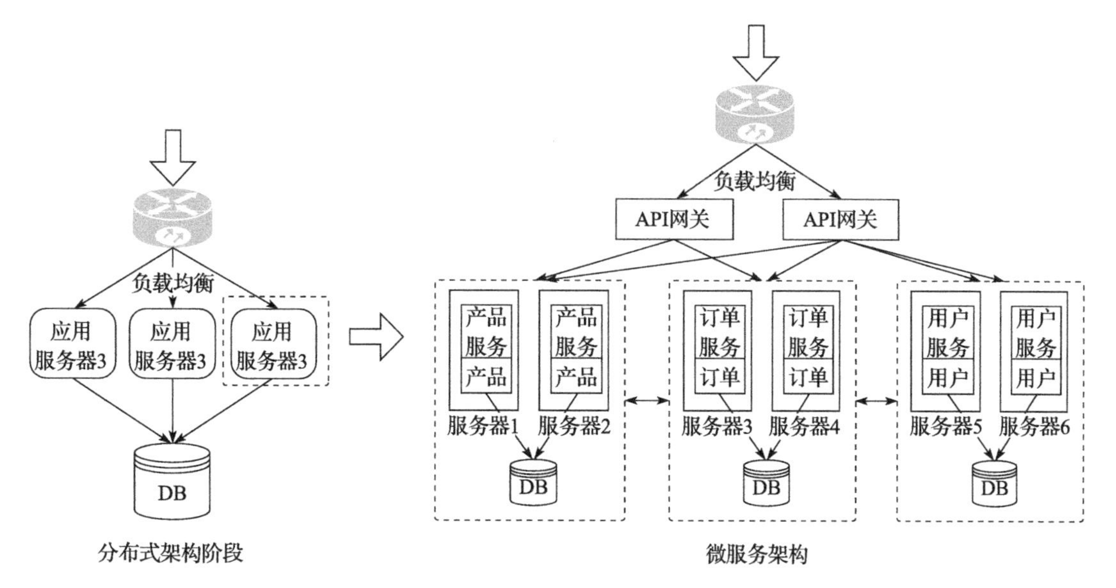

图 4　分布式架构向微服务架构演变

第一篇 *Part 1*

云端选型篇

在2013年我在担任阿里云架构师一职时，向客户介绍的更多的是云概念方面的内容，而不是云技术方面的解决方案。比如不停地告知客户云计算在便捷性、安全性，以及成本的节省等方面具有怎样的优势。随着技术的发展，云计算已经从概念时期步入使用时期。现在，人们越来越关注如何将企业级应用架设在云端、如何利用云计算快速支撑业务的发展。未来，新零售、新制造、新金融、新技术、新能源都将深刻影响中国，影响世界，而这一切，都会依托于云计算，云计算将成为企业IT资源的必需品。可想而知，如果现在我们还保持IDC硬件的固化思维，必将被互联网浪潮和云计算浪潮所淹没。

但是使用云计算是有门槛的，而且门槛还不低。截至2020年5月，阿里云有两百款产品或服务。想要正确、高效地使用这些云端产品及服务，可不是一件容易的事情，而且对技术专业性要求极高。那么，在云端选择什么样的云平台做战略规划部署及业务体系建设、在云端要选择什么样的产品来架构及规划业务？选择什么样的开发语言来应对业务开发需求？又该选择什么样的系统技术来进行运维架构及实施？或者通过什么样的配置来部署业务并做容量规划呢？这些便是云端选型篇的重点内容。相信这些经验的总结，是你在云端技术选型、云端运维架构规划上不可多得的参考内容。

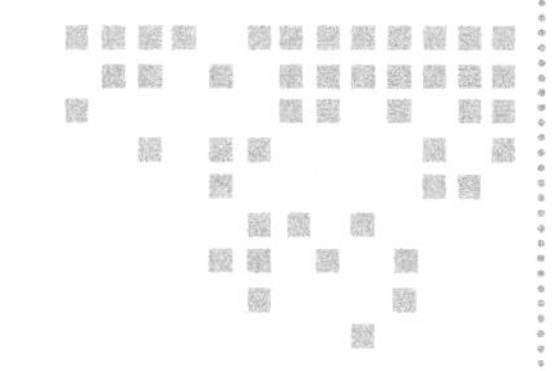

第1章 Chapter 1

云平台的选型

在云端部署业务服务的时候，首先要考虑的就是选择一个什么样的云平台落地，即选择哪个云厂商落地。这就跟我们选择手机一样，会考虑是买苹果手机、华为手机，还是小米手机等。由于云厂商的公司实力、业务背景、技术团队实力等不同，导致不同云厂商平台的业务方向、平台稳定性、平台安全性、平台服务质量、产品功能及价格等都有所不同。

本章主要根据编者多年积累的云计算领域的从业经验，来阐释国内云厂商平台的现状，从而为在云端进行运维架构部署提供技术参考依据。

1.1 全球云厂商占比

参考Gartner发布的2017～2018年全球IaaS报告，大家了解一下全球云厂商的占比情况（见表1-1）。我们可以看到排名前三甲的分别为：亚马逊云、微软云、阿里云，2018年市场占比分别为30.4%、9.9%、4.9%。谷歌紧跟其后，占比2.6%。2018年国内云市场的竞争也逐步进入白热化，2018年的全球云厂商占比情况相比2017年应该没有太大变化，前五的供应商排名基本没有变化。其中有3点比较明显的是：

1）亚马逊2018年的市场占有率为30.4%，依然占据无法动摇的主导地位，相信业内人员对亚马逊在云计算领域的地位也是能感同身受的。

2）阿里云在2018年的年增长率高达92.6%，在前三甲中持续保持最高年增长率（亚马逊为26.8%，微软云为60.9%）。不管是在全球云计算市场，还是在国内云计算市场，都能看到阿里云的增长趋势。想当初，王坚博士创立了阿里云，在国内首例落地云计算。他甚至在阿里内部也承受着诸多的不理解和不支持。好在王坚博士坚持、马云支持，成就了如今的阿里云。从2009年至今，我们看到了阿里云的成长，阿里云也逐步得到了大家及市场的认可。

3）腾讯云在2018年的表现非常强势及抢眼，128%的年增长率让其排名狂升12位，一跃进入榜单前十，紧跟IBM其后，排名第六。腾讯云在国内的发展要晚于阿里云，但能在国内稳定开拓市场，并能在国际市场上有如此影响力，也算是真正意义上的后起之秀。

表1-1 2017～2018年全球排名前十云供应商 （单位：百万美元）

2017排名	2018排名	排名变化	供应商	2017	2018	2018市场占比（%）	年增长率（AGR）
1	1	—	Amazon	12 221	15 495	30.4	26.8
2	2	—	Microsoft	3 130	5 038	9.9	60.9
3	3	—	Alibaba	1 298	2 499	4.9	92.6
4	4	—	Google	820	1 314	2.6	60.2
5	5	—	IBM	734	824	1.6	12.2
18	6	▲12	Tencent	318	725	1.4	128.0
6	7	▼1	Atos	585	688	1.4	17.6
11	8	▲3	DXC Technology	413	687	1.3	66.3
7	9	▼2	Wipro	559	667	1.3	19.4
8	10	▼2	Capgemini	527	663	1.3	25.9
			Others	17 754	22 355	43.9	25.9
			Total	38 358	50 954	100.0	32.8

1.2 国内云厂商的现状

前些年，云计算的概念非常火热，但是普通大众对云平台没有太清晰的概念，所以有很多厂商打着云计算的旗帜，对外提供的所谓的云资源服务，其实说到底，就是用VMware等虚拟化技术虚拟出来的VPS（Virtual Private Server，虚拟专有服务器）。从技术角度来看，云主机是分布式的，所以在稳定性、资源隔离、数据安全性等方面都能得到保障，而VPS是单机版。对于后者，由于虚拟母机的硬件（如CPU、内存、硬盘、网卡）存在问题，可能会导致这台母机上的所有虚拟机都遭殃，如由于机器硬盘存在问题，某所谓的云厂商在换硬盘时因操作不当造成了用户数据丢失。其实从这个案例可以看到，这就是单点问题。因为分布式的云平台一般采用三份数据冗余，所以某台物理机硬件有问题根本不会造成用户数据丢失。

随着这几年国内云计算的发展及普及，在国内繁杂的云市场中，各个云厂商的市场占比也逐步明朗化。图1-1所示的数据摘选自Synergy Research Group的市场研究报告，供读者参考。

亚马逊云平台在国内落地及业务的开展并不顺利，所以在国内云市场份额的占比中，阿里云一直占据主导的地位。不过，如果有国际云资源的需求，亚马逊也是很好的选择。那不同的云厂商之间除了市场占比的不同外，其他方面还有什么不同呢？以下就国内几个相对知名的云平台进行说明。

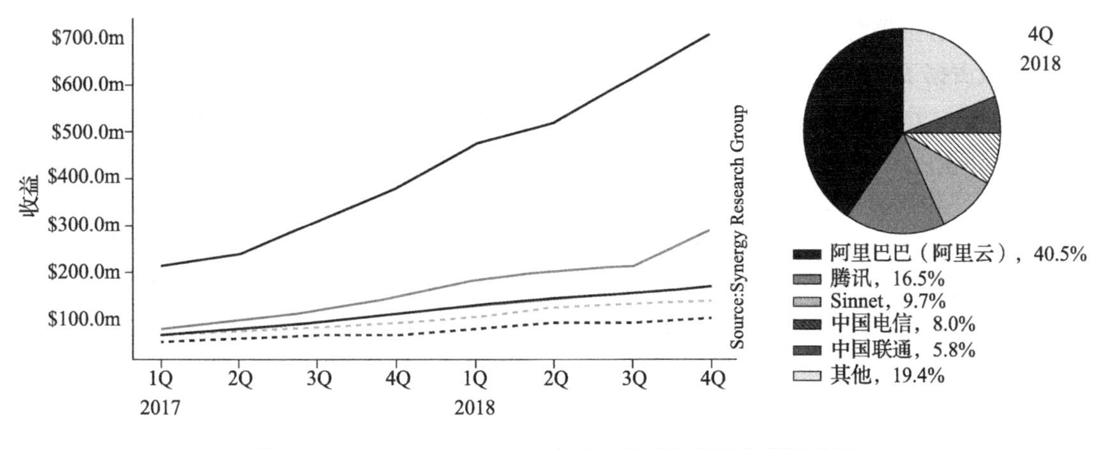

图 1-1　2017 Q1 ～ 2018 Q4 中国云基础设施服务市场份额

1.2.1　阿里云

正如阿里云的广告语“上云就上阿里云，市场占有率超过第 2 ～ 5 名总和。”

阿里巴巴在电商领域拥有海量用户、海量数据、高访问量 / 高并发的业务场景，也拥有一流的技术实力。

- 2013 年，阿里云获得全球首张云安全国际认证金牌，当时只有包括 HP 的两家国外企业获得了云安全国际认证银牌。
- 2014 年，阿里云成功防御了全球互联网史上最大的 DDoS 攻击：453G/s。
- 2015 年，阿里云千岛湖数据中心采用深层湖水自然制冷（普通技术是电制冷），其节水率打破了 Facebook 全球数据中心的最低纪录，成为世界第一，且比普通数据中心全年节约用电数千万度，减少碳排放量一万多吨标煤，也是目前国内亚热带最节能的数据中心之一。
- 2016 年，CloudSort 阿里云夺冠，性价比高出 AWS 保持的世界纪录三倍，并且在以评测计算系统规模和效率为主的 GraySort 和 MinuteSort 这两项重量级比赛中，打破了全部 4 项世界纪录。

国内众多云平台我也都使用过，阿里云在整体稳定性、安全性、性价比、产品功能等方面的综合性能处于国内第一地位。特别是 2014 年阿里巴巴收购了万网，致使阿里云拥有了一键便捷式的域名备案服务。这方面的优势是国内其他云服务提供商甚至亚马逊都无法相媲美的。

1.2.2　腾讯云

2017 年 3 月，腾讯云一分钱竞标厦门政务云成功，一时间闹得沸沸扬扬，其本质也是想抢占云市场份额。在国内云市场，除了阿里云外，就当属腾讯云占比最多。腾讯云有一个特点，那就是游戏。相比其他云平台，腾讯云部署游戏类业务会更具有优势。当然，不是说腾讯云只适合部署游戏业务，跟阿里的淘宝电商业务一样，这只是腾讯云的一个业务特点，因为游戏占据了腾讯业务的半壁江山。腾讯作为游戏开发商，在游戏领域有着强大的渠道、丰富的经验。比如腾讯游戏在运维领域累积的“蓝鲸”运维自动化平台，就无缝对接了腾讯云。相比国内阿里云及其他云平台，这是腾讯云的优势和特点。

同样，相比阿里的淘宝、蚂蚁金服，腾讯在QQ、微信、游戏业务方面也有着海量用户、海量数据、高访问量/高并发的业务场景，同样也拥有强大的技术实力。只不过相比阿里云，腾讯云在云计算领域的战略布局较晚。从“一分钱”中标的实践也能感受到腾讯云这几年一直在云计算领域发力，2018年在市场上强有力的表现更是让人看到了腾讯云的决心。

1.2.3 华为云

华为是全球领先的信息与通信解决方案供应商。华为的优势在于通信硬件设备，以前中国移动大多都是用思科的通信设备，后来全部换成华为的通信设备。华为相比BAT（百度、阿里、腾讯），在海量数据、海量用户、高访问量/高并发的互联网业务场景中累积的技术经验要弱一些。

所以，结合华为在通信硬件设备方面的优势，华为云的优势与特点主要在于企业级私有化解决方案。在安全、大数据等云资源服务上，相比阿里云、腾讯云，华为云还存在一定的差距。

1.2.4 百度云

百度的主要业务是搜索，相比阿里云、腾讯云在IaaS云服务领域的比拼，百度云对此并没有过多的关注，在国内的战略布局也较晚。而百度近些年一直专注于人工智能，比如在江苏卫视《最强大脑》栏目中，百度机器人“小度”在人脸识别中战胜“水哥”王昱珩；而在2017百度AI开发者大会上，百度创始人、董事长兼首席执行官李彦宏通过视频直播了一段自己乘坐公司研发的无人驾驶汽车的情景，也展现了百度在人工智能领域的技术优势。

所以，百度云的优势在于人工智能相关服务上，而在其他核心云资源服务领域，相比阿里云、腾讯云则有明显不足。但从百度云官网所示的产品类别中，相比其他云平台，可以看到百度云独有的人工智能类别，而且提供的产品服务也很丰富，其中包括：

- Apollo仿真开放平台
- Apollo标定服务平台
- Apollo数据开放平台
- 文字识别
- 人脸识别
- 图像审核
- 图像识别
- 语言处理基础技术
- 理解与交互UNIT

- ❑ 语音识别
- ❑ 语音合成
- ❑ 语音唤醒
- ❑ 视频内容分析
- ❑ 视频封面选图
- ❑ 视频内容审核
- ❑ 结构化数据抽取
- ❑ 知识图谱 Schema
- ❑ 增强现实
- ❑ 数据众包服务

1.2.5　其他云厂商

2011 年，盛大云对外提供服务，它在国内算是实施云计算较早的云厂商。但盛大自从“传奇”那款游戏爆火之后，由于战略布局后劲不足，最终被腾讯反超，开始走下坡路。目前，盛大云已是强弩之末。而且盛大云是我列举的几个云平台中，唯一一个官网没有采用 https 的。我们知道，对于 Web 类应用，如今采用 https 证书是一种安全的标准了。进入盛大云官网主页，我用的 Chrome 浏览器已直接提示“不安全”。通过这一点小细节可以看出，盛大云的安全性、技术实力，是一个很大的问号。

2012 年，电信推出天翼云。其实电信在机房、硬件方面有着得天独厚的优势，但由于种种原因，天翼云在国内云市场一直无所作为。

之后，Ucloud、青云也曾在国内云市场小有名气。相比阿里云、腾讯云这样的大云厂商，Ucloud、青云通过云产品功能细化以及服务质量提升来吸引客户。其中，Ucloud 服务包括如下几项：

1）在工单响应方面，Ucloud 跟客户单独建立聊天群，里面有客服、技术人员，所以客户的问题每次都能得到快速响应及解决。

2）Ucloud 具有独有的服务器托管服务。而当时阿里云、腾讯云不能提供这项业务。

3）拥有独有的产品功能服务。2015 年 5 月，陌陌将游戏业务从 Ucloud 迁移到阿里云，当时 Ucloud 就具备 MongoDB 产品服务了，但阿里云还不具备 MongoDB 相应产品服务（目前已具备）。对此，阿里云设计了一套 MongoDB 分片集群的解决方案。

以上对全球云厂商及国内云厂商的特点进行了介绍。在海外的业务部署上，建议优先选择亚马逊。在国内互联网业务部署上，建议优先选择阿里云。在私有云、私有化输出方面，建议尝试使用华为云，毕竟华为是做硬件出身的。如若在游戏、运维等细分领域有更深的需求，建议尝试使用腾讯云。若对云产品功能特性、存储或者其他细分领域有需求，建议使用 Ucloud、七牛云等云厂商的产品。这只是根据不同云平台的特性而给出的笼统建议，比如当前阿里云在私有云、国际化方面的输出日益成熟，选择阿里云进行部署也未尝不可。不同云平台的技术特性代表不同的技术方案，最终选择哪家云厂商还是取决于业务需求。

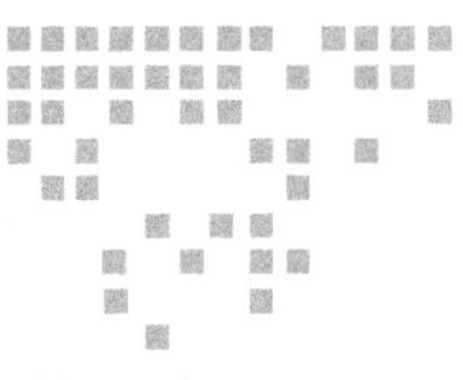

Chapter 2 第2章

云产品的选型

选好云平台后，接下来我们要考虑的是在这个云平台上选择什么样的云产品进行业务部署及规划。可是在面对云平台上的两三百款产品时，我们不免会眼花缭乱。如何选择对应的产品？选择的重点是什么？我们又要注意哪些事项呢？希望本章的内容对你能有所启发。

2.1 阿里云产品概要

目前，阿里云官方有将近两百款产品（数据汇总于2019年3月，在过去10年，阿里云共发布了162个产品，4610个新功能，几乎每天都有产品新功能发布），如图2-1所示。

主要为以下7大类：

- 人工智能
- 云计算基础
- 物联网
- 大数据
- 安全
- 企业应用
- 开发者服务

面对如此繁杂的云产品，暂且不说如何去选择使用，可能我们连很多云产品是做什么的都不太清楚。通过这些年的云端实践，我们发现80%～90%的云端用户主要在使用以下几类云端产品，这也是我们企业级应用中必须要选择的5个云产品。

精选

Cloud Essentials 云计算基础

Security 安全

Data Technology 大数据

Artificial Intelligence 人工智能

Enterprise Applications 企业应用

IoT 物联网

Developer Services 开发与运维

搜索

弹性计算

云服务器
云服务器 ECS HOT
弹性裸金属服务器（神龙） HOT
轻量应用服务器
GPU 云服务器
FPGA 云服务器
专有宿主机

高性能计算 HPC
超级计算集群
弹性高性能计算 E-HPC

容器服务
容器服务
容器服务 Kubernetes 版
弹性容器实例 ECI NEW
容器镜像服务

弹性编排
弹性伸缩
资源编排

Serverless
函数计算

存储服务

云存储
对象存储 OSS HOT
块存储
文件存储 NAS
文件存储 HDFS（公测中） NEW
归档存储

智能存储
智能云相册（公测中）
智能媒体管理

混合云存储
云存储网关（公测中）
混合云存储阵列

CDN与边缘

CDN HOT
安全加速 SCDN
全站加速 DCDN
PCDN
边缘节点服务 ENS

数据库

关系型数据库
云数据库 POLARDB
云数据库 RDS MySQL 版 HOT
云数据库 RDS MariaDB TX 版 NEW
云数据库 RDS SQL Server 版 HOT
云数据库 RDS PostgreSQL 版
云数据库 RDS PPAS 版
分布式关系型数据库服务 DRDS

NoSQL 数据库
云数据库 Redis 版
云数据库 MongoDB 版
TSDB 时序时空数据库
云数据库 HBase 版
图数据库 GDB（公测中） NEW
云数据库 Memcache 版
表格存储 TableStore

数据仓库
分析型数据库 HOT
HybridDB for MySQL
HybridDB for PostgreSQL
Data Lake Analytics

云通信

短信服务 HOT
语音服务
流量服务
物联网无线连接服务
号码隐私保护
号码认证服务（公测中）
云通信网络加速（公测中）

网络

云上网络
专有网络 VPC
云解析 PrivateZone
负载均衡 SLB HOT
NAT 网关
弹性公网 IP
IPv6 转换服务（公测中） NEW
共享带宽
共享流量包

云间网络
云企业网

上云网络

图 2-1 阿里云产品概要

1）ECS（Elastic Compute Service）：云服务器

2）RDS（Relational Database Service）：关系型数据库

3）SLB（Server Load Balancer）：负载均衡

4）OSS（Object Storage Service）：对象存储服务

5）VPC（Virtual Private Cloud）：专有网络

事实上，以上 5 个云产品是有先后顺序排名的，而这个排名是通过实践得到的。ECS、RDS、SLB、OSS 这是阿里云 4 款打江山的核心产品，简称“阿里云四大件”。ECS 则是业务代码服务的载体，甚至基于 ECS 我们可以自行搭建数据库、缓存、负载均衡等服务，ECS 作为云产品中的“基石”，是最基础最重要的云产品，排行第一一点也不为过。

不管企业级应用还是个人应用，98% 的应用基本上都是动态业务，很少见到一个只有一个静态 html（当然也有这样的需求）的业务。这里必然会涉及与数据库的交互，所以 RDS 紧跟在 ECS 后面，排名第二。

云的特性是分布式，传统 IOE 的单机应用很难展现云平台的优势，而 SLB 是让业务走向分布式的关键和基础，所以 SLB 排名第三。即使是单机业务，我们也有必要在单台 ECS 前面放个 SLB 作为代理转发。这样做的优势很多，详细内容将在第 7 章中跟大家介绍。

OSS 对象存储是类似于开源 MFS、Ceph、GlusterFS、Lustre 的分布式文件系统。其实作为“阿里云四大件”之一，相比前面的 3 个云产品，其通用性不那么强了。因为 OSS 的使用有个大门槛，就是需要通过 API 对文件进行增删查改。当然有很多官方提供的软件开发工具包 SDK（比如 Java、Python、GO、PHP 等主流开发语言版本的 OSS SDK），以及

OSS 相关工具（比如 8.3 节提到的 ossfs、ossutil 等工具）降低了 OSS 的使用门槛，比如，在 Linux 运维中可以通过“ Crontab + OSS 工具”实现文件的异地备份，这种运维方式在很大程度上替代了传统“备份服务器”的角色。当然 OSS 在图片、转码等领域甚至可以结合 CDN 来使用，应用场景也较多。

VPC 放在最后一位，是因为 VPC 是在“阿里云四大件”之后推出的一款产品。SNAT、VPN、专线都是基于 VPC 的，现在在云端企业级应用中，VPC 基本上是默认的选择。但在实际应用中，一些金融客户还在使用经典网络，这样一来，安全性、架构扩展性等方面就受限了。

当然，还有很多大家熟悉的云产品暂未放在使用率较高的系列中，比如：

- CDN 相关产品。之所以没有将 CDN 相关产品放在使用率较高的系列中，是因为很多业务中静态图片等静态资源并不多，对 CDN 加速的需求不明确。
- Memcache、Redis 相关缓存产品。真正需要引入缓存时，侧面说明企业业务是中大型的。在传统中小型企业应用中，业务代码大多就跑几台 Tomcat、PHP 就行了。
- 云盾相关安全类产品。随着网络安全法的推行，虽然未来企业对安全性的要求及重视程度会越来越高，但是直到今天，大多数中小型企业对安全性仍没有概念，导致重视程度还不够，这也是很多企业没有使用云盾安全产品的主要原因。

2.2 云产品的 8/2 选择原则

在云端应用场景下，80% 的企业（默认情况）会选择云产品，只有 20% 的企业会考虑自行搭建对应服务。比如，有 SLB，企业肯定不会自己去搭建 Nginx 做负载均衡；再如，有 RDS，企业也定不会自己去搭建 MySQL。

对于云产品的选择，有件事情让我印象深刻。一次去北京出差，与同事一起拜访了一家公司。这家公司在云领域有十几台服务器，由一位运维人员负责维护。该公司的数据库都是在 ECS 上搭建 MySQL 来运行的，于是我问那位运维人员，“为什么不选择 RDS ？”那位运维人员不假思索地说，“在 ECS 上搭建也挺方便的，为什么要用 RDS ？”听到这个回答，我有点不高兴了，比较严肃且强势地说，“使用 RDS 就不用你考虑安装配置、调优、备份、扩展等问题，拿来就用，为什么还要自己去折腾搭建！”所以选择合适的云产品，相比自行搭建，有以下技术方面及非技术方面的优势。

2.2.1 五个技术优势

1. 安装配置方面

一些软件的编译安装，比如 PHP，经常会有依赖包、版本兼容等问题，其安装配置没有想象中那么简单。而对于云产品，我们不用再去官网找安装包，也不用自己手动安装、配置，这一切云产品都默默地替你做了。

2. 调优方面

对于云产品，我们也不用关心一些性能参数要如何去优化，这一切云产品也会默认替你实现。比如，MySQL的配置优化对细节、技术、经验都有较大的挑战，如果你对其性能要求较高，只需要在管理界面选择更高规格的配置型号，或者选择集群版本即可。

3. 备份方面

在传统运维过程中，我们需要搭建主从、编写备份脚本以及操作Binlog来进行对应的备份及恢复，这方面对运维人员来说都是较大的挑战。但使用云产品时，我们也不用关心冷备、热备方面的问题了，因为这一切云产品都默认帮你实现了，你只需要“傻瓜式”地操作即可，哪里不会点哪里。

4. 高可用方面

使用云产品，我们不用担心出现高可用方面的问题，也不用担心什么时候挂了没办法提供服务。在ECS、SLB、RDS、OSS等阿里云产品中，都是采用集群的方式部署对应的云产品，保证我们使用对应云产品的高可用性。比如，ECS和OSS都是三副本的数据冗余，而RDS，则是采用DNS+双Master架构来保障高可用性。除了开放给用户的一个RDS库以外，还有一个隐藏的从库未开放给客户（举例：进入RDS MySQL，通过“show slave status\G”可以看到隐藏的从库）。

5. 安全性方面

对于安全性方面，使用云产品，不用关心软件版本的安全性问题，也不用关心这个版本的软件有哪些补丁、漏洞要去修复，更不用关心这个软件会被攻击的问题，这都是云产品默认会做到的。

2.2.2　两个非技术优势

1. 责任方面

在非技术方面，云产品有一个很大的优势，即如果是自己搭建维护的平台出了问题，那么对客户、对领导都要负责，对应的损失也得自己承担；相反，如果使用云产品出现了对应问题（当然主要是云产品稳定性、性能、安全性、高可用等本身问题，不包括因用户不会使用及对应误操作等导致的问题），那么对应的损失甚至可以找云厂商进行索赔。

部分企业在面向客户服务的时候，想要自己招聘运维人员，而不想找第三方服务公司，觉得不安全，怕数据被第三方公司窃取，或者出现安全性问题。众所周知，企业招聘员工，本身在成本和管理上就有很大的困难，这里先不谈这方面的挑战。换个角度，企业招聘员工本身就是安全风险非常高的事情，比如，怎么保障这个员工不泄密？其实很多企业的数据泄露，不是因为被黑客窃取，而往往是因为公司内部人员泄密。有时候，我们也会看到一些有意思的故事，比如“从删库到跑路”。虽然大家把这些故事都当成笑话，但殊不知这都是真实的案例。比如，一个运维人员因加班而失恋，之后格式化了所在公司的所有服务器并离职。因此员工造成的问题，结果只能是企业自己扛。若面对的是第三方专业团队，那么这些问题就可由第三方专业团队解决，甚至向其索赔。

2. 费用方面

当然，云产品责任方面的优势只是从特定的某个方面来说，具体情况还得看业务需求和业务场景。在实际应用中，很多用户会觉得使用云产品成本较高，不如自建平台。单纯使用高规格的云产品的费用的确不低，但是深入了解后你会发现，想自行在 ECS 上搭建出和云产品具备相同性能的环境，所采用的 ECS 台数和 ECS 配置的费用加起来也不比使用云产品的费用低多少，如表 2-1 所示。

表 2-1 RDS 与自建 MySQL 配置的费用对比

类型	配置	性能	费用
RDS（MySQL）高可用版	8 核 16GB/300GB	最大连接数：4 000； IOPS：8 000	2 000 左右
ECS（自建 MySQL）	8 核 32GB/300GB	磁盘最大 IOPS：10 800	2 000 左右

这里有一个需要注意的地方，RDS 的 8 核 16GB 配置只是一个规格配置参考，并不代表我们自己 ECS 上部署的 MySQL 也要采用 8 核 16GB 配置，这是个细节误区。RDS 最主要的规格性能参数是：“最大连接数：4000; IOPS：8000”。所以在实际部署中，要让数据库达到如此性能。我们一般采用 CPU 和内存配比为 1∶4 的 ECS 配置（数据库偏向内存型应用，具体实践参考第 5 章），如 4 核 16GB、8 核 32GB、16 核 64GB。在上述 ECS 的配置清单中，默认推荐选择 8 核 32GB 是为了保障自建数据库的性能和稳定性。而且 RDS 的高可用版是双机高可用版，我们在 ECS 上自建的 MySQL 是单机版，这里还需要再开一台做主从，以保障数据库数据的安全性和高可用。这样一来，成本就进一步增加了。

2.2.3 选择自建环境的条件

那么，具体在什么场景下我们才需要自己搭建对应的服务呢？对此主要从功能性和灵活性等方面来考虑，这也是自行搭建服务平台的相对优势。阿里云的很多云产品，如 SLB、RDS、CDN 等，其核心都是基于开源技术进行了封装并做了相应优化，然后形成对应的云产品。相应的封装给我们带来了相应的优势（就是 2.2.1 节中描述的技术方面的优势），但同时也给我们带来了相应的缺陷，比如，做了封装，必然会使很多原生态的功能和特性存在一定的使用限制，下面我们具体来看。

1. 七层 SLB 的功能限制

何为七层负载均衡？更多地称之为反向代理，大家最为熟悉的就是 Nginx。何为七层反向代理 / 负载均衡？是因为它不只是能做七层转发，而更多的是能在七层上做很多 Rewrite

的七层控制等。而早期的SLB产品，连虚拟主机功能都不支持，只是可以简单地七层转发。当然，当前SLB产品已经支持虚拟主机，具有七层代表性的核心功能。如果想用Rewrite等更多七层功能，我们只能自行在ECS上搭建Nginx。

2. 连接Redis，有密码鉴权

有些客户问这个密码鉴权能不能去掉，代码中采用了一个老的Ruby框架，不支持这个鉴权，也没办法改代码。所以这时候我们只能无奈地在ECS上自己搭建主从Redis，然后结合Console+DNS做高可用。

3. RDS MySQL对Myisam存储引擎的支持

在用户的业务中，需要MySQL支持Myisam存储引擎。而RDS MySQL版默认只支持Innodb的存储引擎，所以我们只能在ECS上搭建MySQL来满足业务需求。

4. 云数据库MongoDB对跨地域多副本冗余的支持

若客户对数据的安全性要求较高，并且云端和他们线下IDC做了专线打通，他们需要将云端的MongoDB数据在线下IDC中做个副本，当前云数据库MongoDB结合DTS还不支持此功能。所以我们在云端搭建了两个副本，在IDC上同步一个副本，组成MongoDB的副本集。

综上可见，有些功能是云产品没办法支持的，且当前企业没办法调整自己的业务架构及代码。这个时候基于灵活性和功能性方面的考虑，只能选择在ECS上搭建相应的服务。

Chapter 3 第3章

软件技术选型

在选择好对应的云厂商和云产品后，在云端我们应该选择什么样的软件技术（编程语言）来开展业务开发以及后期业务迭代呢？而又是什么样的编程语言在云端最火、最时髦呢？希望本章能让你了解和熟悉云端当前最火的编程语言。本章涉及的热门编程语言摘选自世界编程语言排行榜（链接地址：https://www.tiobe.com/tiobe-index/），如图3-1所示。原则上，任何编程语言都能在云端环境中运行。通过云端实践，用得比较多的还是Java、C#等具有Web框架的语言，以及PHP、Python所代表的脚本语言，主要原因是，云平台适合分布式应用，而这些热门的编程语言更加轻量化，方便分布式处理。

tiobe.com/tiobe-index/

Apr 2020	Apr 2019	Change	Programming Language	Ratings	Change
1	1		Java	16.73%	+1.69%
2	2		C	16.72%	+2.64%
3	4		Python	9.31%	+1.15%
4	3		C++	6.78%	-2.06%
5	6		C#	4.74%	+1.23%
6	5		Visual Basic	4.72%	-1.07%
7	7		JavaScript	2.38%	-0.12%
8	9		PHP	2.37%	+0.13%
9	8		SQL	2.17%	-0.10%
10	16		R	1.54%	+0.35%
11	19		Swift	1.52%	+0.54%
12	18		Go	1.36%	+0.35%
13	13		Ruby	1.25%	-0.02%
14	10		Assembly language	1.16%	-0.55%
15	22		PL/SQL	1.05%	+0.26%
16	14		Perl	0.97%	-0.30%
17	11		Objective-C	0.94%	-0.57%
18	12		MATLAB	0.93%	-0.36%
19	17		Classic Visual Basic	0.83%	-0.23%
20	27		Scratch	0.77%	+0.28%

图3-1　世界编程语言排行榜（于2020年5月截图）

3.1　“宇宙最火”的语言

其实在早些年，计算机刚进入中国时，互联网主要是以新浪、搜狐和网易为主的门户网站。那时候在国内从事计算机行业的一批人，其实都是“高材生”。我记得那时候监控工程师基本都是研究生学历。但随着互联网的普及和发展，计算机岗位需求量呈爆发式增长，从事 IT 相关行业的门槛越来越低，加上 IT 岗位的人才需求量巨大，且 IT 岗位有稳定的收入来源，不少人都去参加 IT 相关培训，然后进入计算机领域。

Java 语言算是较早的编程语言，经过多年的发展，其在 C/S 领域和 B/S 领域都占有一席之地。因为其语言的特性，适合做大型 Web 类系统，特别是在银行、金融、电商等行业领域应用广泛。Java 语言一直在编程语言排行榜上独领风骚，但随着社会需求的变化和其他语言的专注，Java 的市场正在被一点点侵蚀。Web 网站领域几乎被 PHP 一统天下，C/S、嵌入式领域几乎被 C/C++ 垄断。要不是安卓的出现，Java 的命运还真不容乐观。但不管如何，如今 Java 依然是全“宇宙最火”的语言。

我当初选择学 Java 时，对这门语言还没有清晰的认知，仅仅只是觉得 Java 难学，有挑战性，就想尝试，所以就选择从事 Java 开发。随着技术的不断发展，也证明了我的选择是正确的。一方面，Java 作为应用场景非常多的一门后端语言，在 Linux 开源技术方面非常火热，这能让其接触到最前沿的分布式架构技术。比如，Android 刚出来的时候特别火热，只要会一点 Android 知识，即使没什么经验的人，月工资也能达到七八千元。这对刚毕业做开发的人来说，其实诱惑力是非常大的。不过，我还是坚持做 Java 后端开发，其实原因也很简单，我觉得 Android 是前端 App 开发技术，这对我本身的技术成长没有多大帮助，加上我的兴趣点也不在前端。在技术领域，我更想要做的是分布式集群架构，这也是很多前端工程师一直想要转后端的最主要的原因。另一方面，Java 作为一种纯面向对象的高级语言，掌握着 Java 核心编程理念，后续若想转至 PHP 等其他编程语言，也是一件非常容易的事情。但 PHP 用户想往 Java 开发方向转型，不是那么容易的一件事。

在云端实践中，几乎 80% 的 Java 应用都跑在 Tomcat 中。我们在云端很少看见 Jboss、Weblogic 等重量级中间件（相比于 Weblogic，在云端还能偶尔看到有用户用 Jboss 部署相关业务），因为这些重量级中间件对服务器的性能要求较高，所以一般适用于传统 IOE 那套老架构。而云的优势在于分布式，所以在一台 4 核 8GB 的 ECS 上面跑一台轻量级的 Tomcat，效果十分完美。另外，结合当前最热门的微服务架构，Spring Cloud 是一套完整的微服务解决方案。在云端结合 Docker 的实践，也是当前在云时代最流行、最火热的做法。

3.2　硬件的天下

在编程语言的排行榜中，一般 Java、C、C++ 列居前三。与 Java 不同的是，C/C++ 是底层语言，与硬件结合度比较高。可以用来进行一些更贴近硬件的开发（主要是性能上），所以在 ARM 开发 / 智能家居 / 物联网 / 智能硬件等嵌入式行业应用广泛。而 C++ 相比于 C，引入了类的概念。我们知道，Java 是一个纯面向对象的编程语言，在 Java 中，一切皆对象（这与在 Linux 中“一切皆文件”的概念差不多）。而相比于 Java，C++ 不是完全面向对象，它保留了部分面向过程的东西。比如“指针”这个概念在 C++ 里依然强大。下面来看看 C/C++ 的 3 个具体应用场景。

- C 语言最主要的使用领域应该是 Unix 系统开发以及某些 Unix 系统软件的相关开发，所以常见的开源技术的源码，如 Nginx，大多数都是用 C 语言编写的。因此在云端实践中，更多的是下载常见开源的源码包，使用 Make 编译及“ Make Install”进行安装，这也是云端实践中做得最多的事情。
- C 语言在嵌入式开发中，依然居于“舍我其谁”的霸主地位，主要是因为 C 语言跟底层硬件的结合度较高。在诺基亚王国鼎盛时期，也是山寨机流行的年代，我曾在无锡一家从事手机增值服务业务开发的公司做 Java 开发，但公司的研发主要还是基于 C 语言的，主要是基于 MTK 平台做手机的嵌入式开发。我印象最深刻的就是，每次 C 语言开发团队加班就是等代码编译。手机硬件端主要负责基于 LBS/GPS 的定位功能，而 Java 后端平台端主要负责数据展示查看、数据管理方面的功能（手机通过 HTTP 请求跟后端 Java 平台做数据同步交互）。后来随着 Android 的崛起，进入了智能机时代，那家公司也面临转型的问题，最终业务转型失败，湮没在历史的潮流中。另外，在互联网行业中，对嵌入式工程师需求量最大的一家公司就是华为。华为技术有限公司是一家生产销售通信设备的民营通信科技公司，对于华为交换机，搞过运维的、对硬件有过接触的人基本都听说过，华为需要大量的嵌入式研发人才来进行开发。
- MFC 让 C++ 跟 Windows 系统底层结合得特别紧密，所以 C++ 在游戏领域特别火。我们看到热门游戏的客户端，十之八九是用 C++ 编写的。或者 Windows 下的一些软件 / 工具，十之八九也是用 C++ 编写的。另外，大多数游戏外挂程序也都是利用 MFC 和 C++ 开发的。以前我对游戏外挂特别痴迷，很好奇具体是通过什么样的技术手段来实现的。其实原理也很简单，主要是通过进程钩子的方式将 DLL 放进游戏进程中去，修改游戏参数达到“外挂”的效果。

3.3 “后台强大”的语言

C# 语言被描述成“后台强大”的语言，它和 C++、Java 一样是面向对象的编程语言。C# 能在编程语言排行榜排名前五，紧跟 Java/C/C++ 之后，很大一部分原因是 C# 是微软推出的，C# 对 Windows 的依赖性很大。凭借 Windows 占据了操作系统的绝大市场，硬是给 C# 创造了良好的“生活环境”。很显然，如果脱离了 Windows，就没有了 C#。

C# 与 C/C++ 不是同一层次的编程语言，C/C++ 更多偏向底层。C# 与 Java 是同一层次的编程语言，都是基于运行库支持的，分别是 .NET 与 Java 虚拟机两大平台的代表性开发语言。其目的是实现一次编译即可在任何系统上运行，C# 编译代码只需要系统安装了相应的 .NET 运行库，即 .NET Framework，即可运行 .NET 程序。其生成的程序代码实际上是中间代码，而不是像 C 或 C++ 那样编译生成机器码。对于 Java 编译代码，只要系统安装了 Java 虚拟机（Java 的运行库）即可运行，这两者是未来的主流，是应用级程序开发工具。至少在 Windows 下，C# 依然不可替代。

C# 的应用场景跟 C++ 有部分重叠，有很多人拿 C# 与 C++ 做对比，担心 C++ 的未来命运。如果哪一天 C# 能拿来做驱动开发，那么 C++ 也许就真的会被淘汰。

C# 傻瓜式的类库操作和面向对象编程的完美特性，确实让其成了 Windows 平台上最受欢迎的编程语言。微软再通过种种 FrameWork 让你陷入其中，你会觉得原来编程是这么容易的事情。所以 C# 在一些 Windows 工具中应用很广，比如黑客的 SQL 注入、DDoS 攻击类软件方面的广泛应用。我用过的 12306 订票助手（一款客户端订票工具）也是用 C# 开发的，不需要安装，解压就能用起来。

3.4 “胶水语言”

“胶水语言”指的是用来连接软件组件的程序设计语言，通常指脚本语言。何为“胶水”？就是这种语言能嵌套或者粘着其他编程语言一起使用。它不仅能自己单独运行，其他开发语言还可以单独调用它。哪里要用，就粘到哪里。而这其中，最著名的要属于 Python 语言了。已经接触过 Python 的开发人员都了解“胶水语言”的巨大优势。Python 开发的程序工具可以很方便地嵌套到 Java、C、PHP、C# 等开发语言中进行使用。比如以下案例：

1）Ossutil 是基于 OSS API 的一款 OSS 文件操作工具，源码通过 Python 实现，它可以实现对 OSS 文件的增、删、查、改等相应功能。在 Linux 运维中，我们可以采用“ Shell + Ossutil”方式来对 OS 层面的文件、文件夹做异地备份。

2）再如大家熟知的 Ansible 这款工具，源码也是基于 Python 的。我们可以通过 Java 来调用 Ansible，以实现自动化的一些管理操作等。

Python 也是网络攻防的第一黑客语言，它正在成为编程入门教学的第一语言以及云计算系统管理的第一语言。Python 程序员最爱说的一句话是：“人生苦短，我用 Python。”这句话后面更多隐藏着 Python 设计的哲学：“优雅、明确、简单”。Python 是完全面向对象的，函数、模块、数字、字符串都是对象，不像 Java 中还有基本类型。所以前面说的一句话：Java 中一切皆对象，相比于 Python，Python 更加适用这句话。

Python 的主要优势还是在于代码量小、维护成本低、编程效率高。语言的特性决定了语言的应用场景，即同样一个需求，用不同语言来实现，代码量相差很大。一般情况下，Python 代码量是 Java 的 1/5。

在云端实践中，Python 一般会运用到以下 3 种热门场景中。

1. DevOps

说到运维、自动化运维、DevOps，Python 一直是热度最高的开发语言。基本上 Linux 系统都会默认安装 Python，加上 Python 在 Linux OS 层面有丰富的库，这是运维实现自动化运维而替代人工运维的重要手段。比如，通过 Python 实现备份、SSH 登录、文件操作等，其实跟 Shell 一样简单。Python 直接导入对应的 OS 库，用简单几行代码就可搞定。若想用 Java 来实现这些功能是很不容易的事，因为 Java 不擅长。所以在一些自动化的运维平台中，我们优先选择使用 Python。在一些系统类的运维工具中（比如前面所说的 Ossutil 工具），我们也是优先选择 Python。

在从事云端运维的这几年，我面试过很多资深的运维。他们在职业生涯发展到一定阶段、运维领域方面的技术已经学得差不多的时候大多都会遇到同样的瓶颈，就是开发能力的缺失，导致其没办法在自动化运维领域及技术领域做更多的事情，所以很多人希望有机会掌握 Python 这种技术。但很多运维人员说自己熟悉 Python，我却发现最多也就是会使用 Python 写一些日常运维的基础脚本，如备份、安装配置等。在我看来，这跟熟悉了 Python 语法，写一个“ Hello World”没什么两样。如果没有用 Python 写够几万行代码，我觉得还是停留在学习 Python 语法的阶段。但这也是运维一直以来最大的痛点。在日常运维场景下，没有更多需求、复杂场景能让我们写更多的 Python 代码了，这是我们一直不具备研发能力的客观原因。所以想熟练掌握 Python，别无他法，只能从事相关的职位或进行相应的开发。

我当初学习 Python，也是因为在 DevOps 方面有需求。我花费了一个星期的时间学习 Python 的语法和特性，然后在 OSS 的客户端工具（Windows 中基于 OSS 的一个类似 FTP 的工具，能同步 Windows 文件目录到 OSS 中）上面做二次开发，增加新的功能。通过这个项目，我熟练掌握了 Python 语法、特性、多线程编程。后来，阿里云官方最初的 ECS CLI 工具，也是我带着一个 Python 开发人员写出来的。业务场景的需求、开发进度的压力促使我掌握了这门技术，而且越来越熟练。

2. 网络爬虫

网络爬虫是 Python 擅长的强势领域。Python 所具备的爬虫框架 Scrapy、HTTP 工具包 urlib2、HTML 解析工具 Beautiful Soup，让其在爬虫方面非常高效、快捷。所以在数据分析、数据挖掘这方面，很多公司都会选择使用 Python，Python 在这方面有先天的语言优势。对于很多初学者来说，要想快速掌握 Python，通过爬虫来做业务场景的演示是不错的选择。现在很多网站甚至业务中的主要数据来源都是通过爬虫来获取的。

3. 人工智能

Python 已经是数据分析和人工智能的第一语言，早就成为 Web 开发、游戏脚本、计算机视觉、物联网管理和机器人开发的主流语言之一，随着 Python 用户的增长，它还有机会在更多领域登顶。

在未来，云计算是基础设施，人工智能才是科技的未来。而Python之所以会成为人工智能首选编程语言，主要是出于以下几个原因：

（1）开发效率高

Python开发的效率非常高，即用少量代码就可以做很多事。因为人工智能涉及大量的研究，如果用Java的话，也许要写200KB的代码来测试及验证新的假说。但用Python，用户的每一个想法几乎都可以迅速通过二三十行代码来实现。

（2）强大的第三方库

Python有非常强大的第三方库。基本上想通过计算机实现的任何功能都能在Python官方库找到对应的支持模块，这可以有效地避免重复“造轮子”，这也是Python在DevOps领域运用广泛的原因。因为Python具备强大的OS层的第三方库，能让我们非常高效地实现操作系统层面的任何操作。而Python在人工智能领域提供了像Scikit-learn这样的好框架，集成了经典的机器学习算法，这些算法是和Python科学包（NumPY、SciPY、Matplotlib）紧密联系在一起的。所以Python在人工智能方面扮演着重要的角色，Python中的机器学习实现了人工智能这一领域中的大多数需求。

（3）灵活性强

Python具有可移植性、可扩展性、可嵌入性等特点。对于人工智能来说，其灵活性的应用是非常重要的。

3.5 “世界上最好”的语言

3个程序员坐在格子间里编程。一个程序员一言不发，他用的是Python；另一个程序员写一会儿就按一下编译，他用的是C++；还有一个程序员坐在那里浏览网页，不时飞快地键入一些字符。经理看到，怒道：“你怎么不干活！尽在上网”。这个程序员回答：“我在查实现这个功能需要用什么函数。”他用的是PHP。

通过上面的例子从侧面可以看出来，“PHP是世界上最好的语言”已成为程序员茶余饭后的搞笑话题。更多不是说PHP有多好，更多是众多使用过PHP的开发者对这门编程语言的缺陷的笑谈。所以只有当你真正使用过PHP，深入体会到PHP的一些缺陷（比如PHP的核心函数命名很不一致）后，才能真正明白那一句“PHP是世界上最好的语言”的好笑之处。

目前，PHP虽然已没有昔日的辉煌，但还算不上落寞，依然是编程语言排行榜的前十。其主要应用在Web领域，在中小型Web开发方面特别高效。完成同一个Web开发，其所需的代码量相当于Java的三分之一。

在云端实践中，LAMP（Linux+Apache+MySQL+PHP）、LNMP（Linux+Nginx+MySQL+PHP）依然是成熟的热门架构。我们可以看到，PHP和Java在云端仍是出场频率最高的两种语言。在云端实践中，PHP相比于Java，在Web应用方面有以下3个优点：

1. 性能好

FastCGI PHP-FPM 多进程模式，相比于单进程、多线程的 Tomcat 模式，其性能要好很多。在多进程模式中，我们可以根据服务器配置（不管是低配还是中高配），合理灵活地规划进程数（比如 4 核 8GB，按照 PHP 一个进程消耗 30MB 内存进行预估，建议配置 256 个进程。而 8 核 16GB，建议配置 512 个进程），并且 PHP-FPM 中静态和动态管理进程的方式能够提升进程的稳定性及抗并发能力。而 Tomcat 是一个轻量级中间件，一般单台 Tomcat 的极限并发能力在 1000 左右。所以单台 Tomcat 适合部署在中低配的服务器配置中，比如 4 核 8GB 是部署单台 Tomcat 的完美服务器配置；而在 8 核 16GB 等中高配的服务器配置中，运行单台 Tomcat 往往会造成服务器的性能浪费；对于中高配的服务器，要想把服务器性能都利用起来，不让服务器的配置浪费，一般要在中高配服务器中跑多个 Tomcat。

2. 无须相关的编译操作

PHP 是脚本语言，我们不需要做相关的编译操作。而 Java 的运行需要先把 Java 源代码文件编译成 class 二进制文件。所以在 PHP 的发布部署、变更中，我们只需要替换以前的文件就能即刻验证。但在 Java 应用中，比如 Tomcat，变更代码后需要重启。所以日常维护管理中，PHP 相比于 Java 来说要简单些。但从另一方面来看，这也算是 Java 的安全性优点，Java 运行的都是二进制语言，可以保护源代码。

3. 集成简单

PHP 和 MySQL、Memcache、Redis 的集成很简单，甚至直接在 php.ini 配置文件中简单配置一下就能将 Session 存放在本地磁盘或者 Memcache、Redis 中。而 Java 做 Session 的集中化管理就没这么简单了，需要通过代码来实现。

3.6 最适合高并发的语言

2016 年的年度最火语言是 Go 语言，Go 语言几乎已经成为高性能、高并发的代名词。截至今年（2019 年），Go 语言的火热程度仅次于 Python。在后端应用中（包括我公司的 CloudCare 系列产品），更多人选择用 Go 语言来替换 Java，以避免 Java 占用系统性能资源过多。

Go 语言特别适合编写一些有性能瓶颈的业务，内存占用也非常少。其近 C 语言的执行性能、近解析型语言的开发效率以及近乎完美的编译速度，使其风靡全球。特别是在云项目中，大部分都使用了 Golang 进行开发。比如国内第一个“勇于吃螃蟹”的，七牛云平台就在产品中大规模地应用 Go，而开发效率和系统稳定性等客观数据也在持续证明这一选择的正确性。很多人将 Go 语言称为“21 世纪的 C 语言”，因为 Go 语言不仅拥有 C 语言的简洁和性能，而且还提供 21 世纪互联网环境下服务端开发的各种实用特性，让开发者在语言级别就可以方便地得到自己想要的东西。

3.7　唯一的前后端语言

我们知道，JavaScript 是一门前端语言。以前我做 Java 开发的时候，热门的前端框架是 jQuery、Ext，现在比较热门的前端框架是 Angular、Vue。

而什么是 Node.js？ Node.js 是一个基于 Chrome V8 引擎的 JavaScript 运行环境。Node.js 使用了一个事件驱动、非阻塞式 I/O 的模型，使其轻量又高效。简单地说，Node.js 就是运行在服务端的 JavaScript，它让 JavaScript 既是前端语言又是后端语言。

前几年 Node.js 如火如荼，最近一两年热度下去了一些。Node.js 刚出来的时候，有人说 Node 将要取代 Java，也有人说 Node 要取代 PHP，甚至还存在 JavaScript 会统一编程语言这样的言论。让我印象深刻的是，那时“Node.js+MongoDB”敏捷开发的概念特别火，搞得我这个多年不做开发的人都忍不住去一探究竟。当时人们都在探讨“Node.js+MongoDB”将要取代 PHP+MySQL 做网站开发、“Node.js+MongoDB”是如此高效等话题。现在这些讨论趋于平淡。毕竟，用 Node 的基本都是一些前端开发者。

云诀窍

在云端实践中，采用 Node.js 做网站类开发的还算比较常见。所以在 ECS 中安装 Node.js，配置 NPM（Node.js 包管理工具）也是常见的运维部署事项。值得注意的是，Node 前期没有专门的进程管理工具，一般采用“Shell+nohup”方式来管理 Node 进程，或者采用 Supervisor 专门的进程管理工具来对 Node 进程进行管理。后来 Node 推出了 PM2——一款专门管理 Node 进程的工具（类似 PHP 的进程管理工具 PHP-FPM），这让 Node 在云端的维护管理变得规范化。

3.8　不可替代的机器语言

机器语言是计算机能直接运行的语言，即二进制语言。虽然汇编语言介于 C 语言和机器语言之间，属于低级语言，但在我看来汇编语言就属于机器语言了，虽然它需要编译，但是执行起来和机器语言没有大的区别。而高级语言是依赖操作环境的，比如 Java、Python、PHP 等，都需要在操作系统中安装代码运行环境。

汇编语言的传统应用场景主要有两个：

- 在单片机编程里面，使用汇编语言，直接操作硬件。
- 在高级语言编程中，专门针对某些额外影响性能的关键函数使用汇编语言改写，进行代码优化。

Chapter 4 第4章

系统技术选型

在选择了对应的软件技术（编程语言）来做业务开发后，最终需要确认使用什么系统架构技术来进行云端运维部署。本章是选型篇的重点篇幅，其核心内容包含云端网络、云端Web服务器、云端负载均衡、云端存储、云端缓存、云端数据库6个大类，基本覆盖了云端千万级运维架构常见的运维技术。而通过云端实践总结出来的每个技术特点、应用场景、功能及性能特性，将为你在云端运维架构技术选择上提供重要的参考信息。

4.1 云端网络的三种选型策略

网络是企业级应用的血液，一方面，应用、数据库、缓存等服务需要靠网络进行连接。另一方面，网络是用户和业务应用服务之间进行“互动访问”的桥梁。所以网络的选择，直接影响服务之间的调用，以及用户访问的性能、效率、稳定、安全等。接下来通过网络架构类型、入请求及出请求的网络场景这三大场景，来详细介绍云端网络的三种选型策略。

4.1.1 策略一：网络类型选型的五个注意点

在云端，网络架构的选择对后期的业务规划、安全性、架构扩展等来说至关重要，云端目前可选的网络架构包括经典网络、VPC专有网络、金融云网络等。其中，金融云网络也是基于VPC的专有网络，只不过在此基础上加入了很多安全规则及限制保障更高的安全性需求。所以整体来讲，云服务器ECS的网络类型分为经典网络和VPC专有网络两种。

值得注意的是，当前阿里云已不支持选用经典网络了，以前已选用经典网络的老用户，还继续支持。本文涉及的经典网络内容，从技术角度提供给大家参考学习，以便在其他云平台上遇到类似经典网络的网络环境，知道相应的技术原理及背景。

从技术原理上来讲，经典网络和VPC专有网络又有什么区别呢？经典网络采用三层（网络层，即IP层）隔离，所有的经典网络类型实例都建立在一个共用的基础网络上。VPC采用二层隔离（数据链路层），相对经典网络而言，VPC具有更高的安全性和灵活性。在2014年以前，阿里云只有经典网络的，其适合的业务场景是有限的。使用经典网络和VPC专有网络的技术特点对比如下。

注意点1：网段方面

经典网络的内网IP是以10开头的随机IP，且内网IP只能随机分配，不能自定义。

而在VPC网络中，每个客户都是独立的网络环境。客户可以自定义网络的IP段、网络架构等。

注意点2：网卡方面

经典网络绑定公网的ECS（Linux系统），系统中网卡是两个网卡。eth0是内网网卡，eth1是公网网卡。如果没有绑定公网，则经典网络仅有一个内网eth0。

而VPC网络，即使绑定了弹性IP的ECS网卡也只有一个eth0，即不管有没有绑定弹性IP，VPC网络的ECS仅有一个eth0网卡（绑定弹性IP的时候，公网数据是通过阿里云内部NAT的方式流转到ECS的eth0网卡上的）。

这里有个很重要的实践：经典网络下，只能在开通ECS的时候选择绑定公网。如若开通ECS的时候没有选择绑定公网，开通后没办法再绑定公网。弹性IP针对VPC网络，灵活性非常高。想用时随时可以绑定公网弹性IP，不用了随时解绑。而且通过申请弹性IP，可以非常灵活地跟ECS更换公网IP。所以在需要经常更换公网IP的业务中，这是非常好的一个功能应用。

另外，对于经典网络和VPC网络，在ECS中设置防火墙是有很明显的区别的。在实践应用中，我们一般只会在开启公网（入网请求）的ECS上开启Iptables来做安全规则设置（默认不推荐在只有内网的机器上设置Iptables）。在经典网络下，由于eth1网卡代表公网流量，所以我们可以很方便地用“iptables -i eth1”指定公网流量网卡来做安全规则。而在绑定弹性EIP的ECS中，公网流量和内网流量都是经过eth0网卡的，因此做Iptables规则的时候比较麻烦。

注意点3：网络隔离方面

经典网络客户和客户之间的数据通过安全组三层隔离。如果需要互通，安全组配置互访规则即可。

经典网络安全组实践案例：通过简单地配置安全组互访规则，实现同地域下不同阿里云账号的经典网络内网互通。这在早期没有VPC甚至没有RAM账号的情况下，可是非常热门的架构。这个架构会把服务器放在不同的阿里云账号中，不同的阿里云账号给公司内部不同的团队 / 不同负责人进行管理维护（当前在阿里云不用划分多个阿里云账号了，可以通过一个阿里云账号开通 RAM 权限划分有效解决）。然后通过安全组打通不同阿里云账号同地域的内网，实现业务互联。

VPC 和 VPC 之间默认二层隔离（不管是同阿里云账号下的不同 VPC 还是不同阿里云账号下的 VPC），如果需要互通则只能走高速通道（专线）。

从上述对比中能看出来，经典网络在内网隔离的安全性方面不太好。

注意点 4：网络功能方面

上述网段划分、网段隔离功能，仅 VPC 网络支持。自建 VPN（或者使用阿里云 VPN 网关服务）、阿里云高速通道（专线）的功能支持，都需要依托 VPC 网络。这意味着，混合云的架构必须基于 VPC 网络环境，如图 4-1 所示。

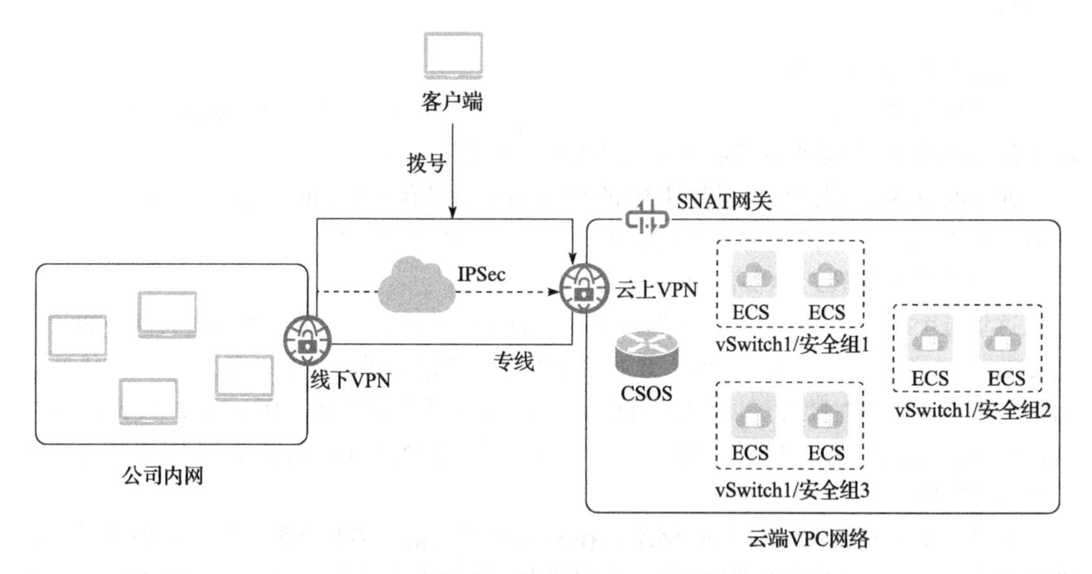

图 4-1 基于 VPC 的云端 VPN 网络架构

通过 VPN（拨号 VPN，如 openVPN；Ipsec VPN，如 StrongSwanVPN）或者专线，我们能将云端网络和线下办公网络或者数据中心实现内网互通，这是 VPC 企业级最佳实践方案。如果用经典网络环境是没办法将两个环境的内网进行互通的。另外经典网络仅支持 DNAT，不支持 SNAT，而 VPC 网络却能支持 DNAT 和 SNAT。

注意点 5：网络实践方面

经典网络和 VPC 网络的网络架构不同，技术特点不同，也导致了它们在实践上有很大差距。

经典网络：方便快捷，不需要设置 VPC、vSwitch、网络规划等。它是随机内网，开通即用。一般适合部署个人应用、个人站点等。

VPC网络：企业默认的网络架构选择，网段划分、网络隔离及相关网络功能都是企业级网络所必需的。

我们知道金融类应用对安全性非常敏感，要求也是非常高的，我见过金融类客户把业务还部署在经典网络的。若是这种情况，相关的安全风险、架构扩展性等问题真的很严重了。当前阿里云默认的网络环境为VPC专有云网络环境，已不再支持用户选用经典网络环境了。

4.1.2　策略二：入网请求选型的四种方法

在云端对ECS实现入网请求的功能，可以通过以下4种方法实现。

- SLB网络：七层和四层的负载均衡，都能将公网的请求流量引入到ECS中。
- 公网IP：经典网络的公网IP，能直接将公网的请求流量引入到ECS中的eth1网卡上。
- 弹性EIP：VPC专有网络的弹性EIP，能直接将公网的请求流量引入到ECS中的eth0网卡上。
- DNAT：通过端口映射能直接将公网的请求流量映射到ECS的内网端口上。值得注意的是，在云端我们可以通过Iptables或者NAT网关实现DNAT的端口映射。

通过以上4种方法，我们把云端入网请求的类型划分为以下两大类。

1）**负载均衡类**：DNAT端口映射的基本原理就是负载均衡，即DNAT和四层负载均衡的本质是一样的，在内核层修改访问者的目标IP和目标端口。负载均衡类，一般都是多台机器同时对外提供服务，尤其是在Web应用中尤为常见。比如，SLB+3台部署Tomcat的ECS，通过SLB将部署在内网ECS上的8080端口（Tomcat端口）间接暴露给公网请求。

2）**公网IP类**：经典网络的公网IP和弹性EIP的本质基本相同，都是绑定在ECS上，直接为ECS提供公网互访能力。ECS需要暴露部署的服务端口，以便访问请求公网其他目标服务、下载公网上其他文件等。这时候直接跟ECS绑定公网是最便捷的做法。

公网IP类，是云端实践中大家为ECS提供公网访问的最常见做法。在云端实践中，为ECS直接绑定公网主要的场景需求有以下3点。

- ECS服务需要暴露给公网。
- 需要公网远程登录到这台服务器进行维护。
- ECS上部署的服务需要去公网调用及请求第三方的服务及接口。

而通过以上3点，我们发现，让每台服务器都绑定公网的几乎完全没有意义。

首先，如果仅仅是想将在ECS上部署的相关服务，如Nginx、Tomcat、MySQL，暴露给公网，采用SLB是最为灵活的做法，而且SLB的加入，使后续相应的性能扩展也十分方便，只需要在SLB后再水平增加对应机器即可。

其次，在很多场景中，给服务器开公网带宽只是为了让服务器能够远程 SSH 连接而已。我见到过这样的场景，一个客户有二三十台服务器，为每台服务器开个公网 IP，目的就是方便远程，但这样使用的合理性、安全规范性有很大隐患。如果仅仅只是远程使用，在没有使用堡垒机的情况下，可以用 SLB 四层转发 SSH 的请求到一台 ECS 上（或者直接绑定 EIP，这台机器类似跳板机，跟堡垒机的原理差不多），然后将这台机器与后端服务器的“SSH key”打通，这样登录目标服务器就都是一键式，如图 4-2 所示。

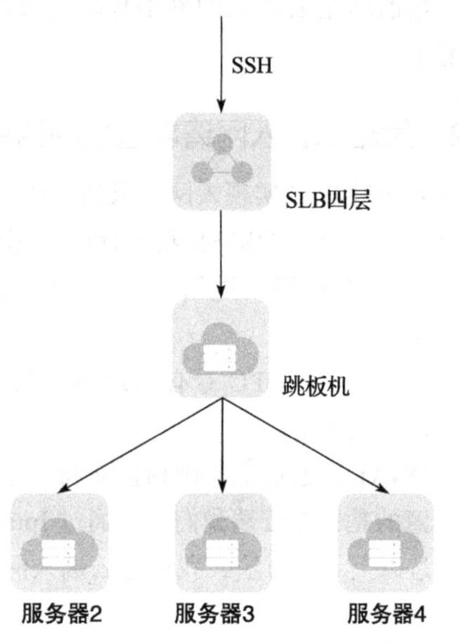

图 4-2 远程登录流程架构图

对于服务器需要去公网请求第三方服务及接口的需求，采用 NAT 网关的 SNAT 功能即可，根本不需要单独给 ECS 绑定公网。

最后，给 ECS 绑定公网存在很大安全隐患，这等同于给黑客开了一道能触达 ECS 的门，方便通过端口扫描、漏洞嗅探实现入侵。

通过以上说明我们发现，在云端，出于安全性等方面的考虑，直接让 ECS 绑定公网 IP 的场景是不多见的（其实在金融云里是强制性限制了的。比如让 ECS 绑定公网，外网就不能直接访问）。直接绑定公网一般适用于在服务器上部署了 FTP 等功能，由于服务协议的关系等，没办法直接通过 SLB 负载均衡的方式把服务暴露给公网。

4.1.3 策略三：出网请求选型的三种方法

在云端对 ECS 实现出网请求的功能，可以通过以下 3 种方法实现。

- 公网 IP：经典网络的公网 IP，通过 ECS 中的 eth1 网卡将 ECS 的出公网请求流量发出。
- 弹性 EIP：VPC 专有网络的弹性 EIP，公网的请求流量在云平台内部通过 NAT 映射出公网。
- SNAT：通过路由将公网请求的流量映射到 NAT 网关，或者一台具有公网访问能力的 ECS 上，再由这台 ECS 将公网请求流量转发出去。

通过以上 3 种方法，我们把云端出网请求的类型划分为以下两大类。

- 公网 IP 类：经典网络的公网 IP 和弹性 EIP 的本质差不多，绑定在 ECS 上，直接为 ECS 提供公网互访能力。
- SNAT 类：不支持经典环境，在 VPC 环境中，我们可以选择一台具有公网访问能力的 ECS（绑定了公网 IP），通过配置 Iptables 来实现 SNAT。

实践中，不建议用户自己搭建 SNAT，自己搭建的 SNAT 容易存在单点故障。比如有个客户有一百多台机器部署的服务，有很多服务器都需要公网请求第三方接口。有一次重启SNAT那台机器后，Iptables的防火墙规则没有启动，导致线下业务大面积受损。所以在云端，应优先使用对应云产品（NAT网关）来解决我们对SNAT的需求，以有效避免单点故障等方面的问题。

云诀窍

阿里云流量带宽峰值、流量带宽费用针对的是出口流量峰值及出口流量带宽费用。

比如，5Mbps的带宽峰值是指出口带宽峰值，并不是入口带宽峰值，相反，入口流量峰值是不受限制的。再如，5Mbps峰值的带宽，产生的费用只是出口流量产生的费用，并不是指入口流量产生的费用。这就意味着，我们上传10GB的文件数据到ECS上是不收取流量费用的（这是入口流量），如若要下载10GB的文件数据，则要产生流量费用（出口流量）。

在IDC业务迁云的场景中，云端公网哪怕只设置1Mbps也不会影响数据传输的速度，因为数据上云走的是入口带宽，而云端1Mbps是出口带宽，不受入口带宽限制。唯一影响迁移速度的就是IDC机房中的出口带宽，它会直接影响迁云数据传输速度。

有些客户担心DDoS攻击会产生额外的流量费用，其实不用担心，DDoS产生的瞬时几十吉字节的流量都是入口流量，是不收费的。在这种流量攻击中，唯一可能产生费用的就是CC攻击，其类似于刷网页，这会导致出口流量增加，产生额外的流量费用。

4.2　云端Web服务器的五点选型考虑

Web服务器一般是指网站服务器，是指驻留于因特网上某种类型计算机的程序，可以向浏览器等Web客户端提供文档，可以放置网站文件让全世界的用户浏览，也可以放置数据文件让全世界的用户下载。目前最主流的3个Web服务器是Apache、Nginx、IIS。这是百度百科中对Web服务器的定义，除了Web服务器，还有应用服务器（主要用于运行动态语言PHP、JSP的服务器）。其实多年前我一直不明白Web服务器的用途，甚至经常将其与应用服务器混淆，但随着相关的案例场景运用增多后，就慢慢理解透彻了。首先来看看Web服务的发展所经过的3个阶段。

- Web1.0：本质是联合，以静态、单向阅读为主，如早期的新浪、搜狐门户网站。内容一般由站长更新维护，缺乏用户分享互动。而这时候的Web服务一般偏向静态内容的展示。
- Web2.0：本质就是互动，它让网民更多地参与信息产品的创造、传播和分享，如天涯论坛、微博都是Web2.0典型的应用。而这时候的Web服务一般偏向复杂的动态内容的应用（如PHP、JSP），不仅仅是单纯的静态内容了。
- Web3.0：是在Web2.0的基础上发展起来的，能够更好地体现网民的劳动价值，并且能够实现价值均衡分配的一种互联网方式。在未来，Web3.0 会基于人工智能，用浏览器即可实现复杂的系统程序才具有的功能。

通过这 3 个阶段我们发现百度百科对 Web 服务器的定义，还停留在 Web1.0 的时代，即放置网站文件、提供数据下载。这是 Web 服务器中对静态 HTML/JS/CSS/ 图片内容支持的重要功能。

随着分布式技术的发展，推进了 PHP、JSP 等动态 Web 技术的发展。Web 服务器又简称七层服务器，在 Web2.0 中，Web 服务器不仅仅需要对静态内容提供支持，还需要提供反向代理、Rewrite 等重要功能，这是跟应用服务器（PHP、JSP）结合使用的重要功能（相关内容会在第 7 章中重点介绍）。

在云端 Web 类应用中，Apache/Nginx/IIS 的出场率高达 95% 以上。Apache 是 Web 服务器的“领头人”，同时 Nginx 作为 Web 服务器也是非常优秀的，IIS 主要作为 Windows 服务器下的 Web 类应用。不过我们也常见在 Windows 服务器下安装配置使用 Apache、Nginx，从架构方面来讲，Apache/Nginx 对 Windows 服务器的支持不如 Linux 系统。所以在 Linux 下能灵活地配置调优，能让 Apache/Nginx 的性能和效率最大化。由于 IIS 是 Windows 下自带的 Web 服务器，这里不做更多介绍。

在云端 Web 服务器的应用中，我更喜欢用 OSI 模型来描述，叫 HTTP 七层服务器。而 Nginx 作为 HTTP 七层无所不能的软件，其在 Web 领域的应用几乎完胜 Apache。所以我们在云端的实践中，偏向用 Nginx 的现象是非常明显的。Apache 与 Nginx 的实践对比有以下 4 点，这 4 点也是进行云端 Web 服务器选型时的考虑依据。

4.2.1 考虑一：稳定性

通过云端实践，我发现人们在 Apache 和 Nginx 对比方面有个很大的误区需要纠正一下。说到 Apache 与 Nginx 的应用场景，很多书籍及包括网络上的文章都说 Apache 是基于 Select 网络模型的，更适合运行动态内容，稳定性更好些。而 Nginx 基于 Epoll 网络模型，更适合运行静态内容，高并发性能更好些。但在实际应用中，我们发现 Nginx 运行动态内容也挺稳定的。比如 Nginx+FastCGI（PHP-FPM）运行 PHP 应用，整体跑下来也挺稳定的。当前在云端 LNMP（Linux+Nginx+MySQL+PHP）架构的应用明显比 LAMP（Linux+Apache+MySQL+PHP）要多，有替代其趋势。这里要注意的是，Nginx+FastCGI（PHP-FPM）经常出 502 错误，并不是 Nginx 不稳定导致的问题（Nginx 甚至运行几十年都不会出现稳定性问题，至少我一直没见过或者听过因为 Nginx 稳定性导致的服务异常），而更多是后端 PHP 运行出现错误，直接体现到 Nginx 检测出后端的异常，从而报出 502 的 HTTP 状态码。

4.2.2 考虑二：性能

Nginx 基于 Epoll 网络 IO 模型，Apache 基于 Select 网络模型。Nginx 相比 Apache，高性能、高并发、系统资源占用少。Nginx 核心特点是轻量级 !Nginx 官网表示，Nginx 保持

10 000个没有活动的连接，而这些连接只占用2.5MB内存。而在3万并发连接下，开启10个Nginx线程消耗的内存不到200MB。因此，类似DOS这样的攻击对Nginx来说基本上是没有任何作用的。而在性能方面，Apache是可望而不可即的。Apache强大的处理功能导致各种模块过于臃肿，带来性能上的较大损耗。

4.2.3 考虑三：对负载均衡功能的支持

在负载均衡/反向代理方面，Nginx是一款在七层及四层优秀的负载均衡/反向代理（具体负载均衡和反向代理的区别在4.3节中详细介绍）。在以前的版本中，Nginx只支持七层的负载均衡。后来从1.9.0版本开始，Nginx也支持四层的负载均衡。这意味着，Nginx能对MySQL、Redis等服务做负载均衡了。这一功能的出现使之前优秀的七层/四层负载均衡HAProxy受到极大挑战。因为Nginx不仅能作为七层/四层方面的负载均衡，在Web服务器、静态缓存、丰富的第三方插件等其他方面的功能也很优秀，这让用户选择HAProxy的可能性降低。

而相比Nginx，Apache也支持七层的负载均衡功能，Apache+Tomcat经典的组合，就是利用Apache七层负载均衡的功能。在七层，Apache有专门的proxy模块来实现这样的负载均衡配置。相比Nginx+Tomcat的组合，Apache针对Tomcat的集成的紧密度更深。Apache服务器和Tomcat的连接方法其实有3种：JK、http_proxy和ajp_proxy。不过Apache在七层负载均衡的性能，相比于Nginx来讲，要弱太多。图4-3所示是我曾经做过的一个失败的架构案例，以供读者参考。

在图4-3中，通过给8核32GB的一台服务器部署Apache作为Tomcat的负载均衡。我们做了十万在线用户的压测，发现Apache的极限抗并发能力为3000～5000。后面如果有更多的请求，Apache将会严重超时，服务器负载也较高。这个架构是我刚毕业在第一家公司里设计的。而如今，我们用1台4核8GB部署Nginx应该是完全没有压力的。

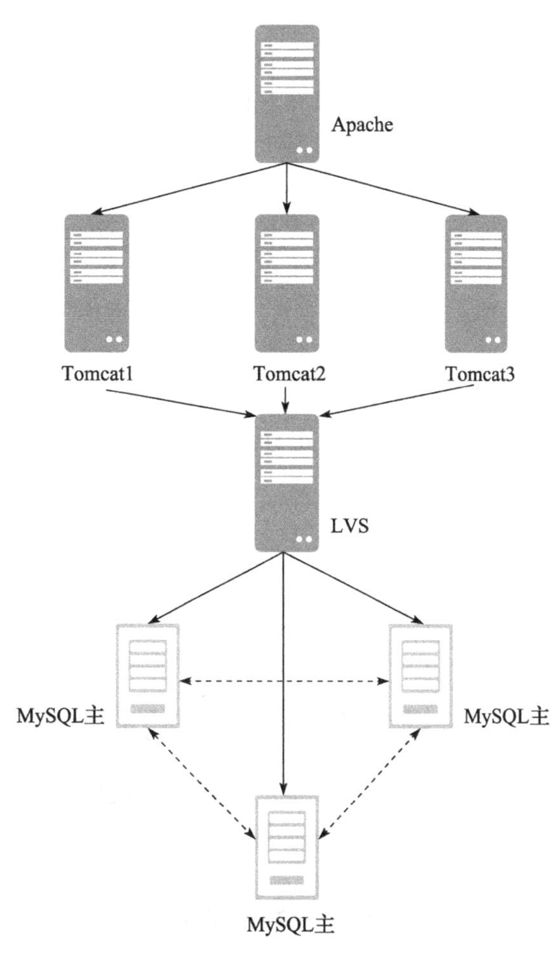

图4-3 Apache作为负载均衡的系统架构

当然，在上述架构中，3 台 MySQL 主主同步架构也不建议运用在生产环境中，因为主主同步架构在高并发场景下，在不同主机上同时对某条数据进行写操作，很可能导致数据不一致性的问题。

4.2.4 考虑四：前端静态数据缓存

在 Web 缓存服务方面，Nginx 可通过自身的 proxy_cache 模块实现类 Squid 等专业缓存软件的功能。在静态缓存这块，一般采用 Squid、Varnish、Nginx，当前 CDN 产品的实现，底层其实就是采用这 3 个开源缓存技术。虽然 Apache 也能做静态缓存这块功能，但至少没听说过 CDN 的静态缓存是用 Apache 来实现的。另外，Nginx 的静态资源，如图片、HTML、CSS、JS 等的处理能力也要强于 Apache。

4.2.5 考虑五：丰富的插件及支持灵活的二次开发

Nginx 在热门开源软件中都有相应的丰富插件。比如针对 Memcache、Redis、LDAP、MongoDB 的插件，让 Nginx 也能对 Memcache、Redis、LDAP、MongoDB 做反向代理。这些令人激动的好用功能将在第二篇中详细介绍。

我们都知道，虽然 Nginx 有很多的特性和优势，但是随着 Nginx 的应用逐渐深入，原本 Nginx 自带的功能特性可能满足不了我们特定场景下的需求，不可避免地需要一些定制化的功能，即需要做二次开发。而 Nginx 源代码采用 C 语言开发，这将使我们的二次开发变得非常复杂。为了方便开发人员，OpenResty 整合了 Nginx 和 Lua 的框架，它帮我们实现用 Lua 的规范开发实现各种业务，并且厘清各个模块的编译顺序。而同时 OpenResty 在开源 WAF 上使用得非常广泛，中小型应用出于成本考虑，觉得使用云端 WAF 产品偏贵，用 OpenResty 也是一个不错的方案（相关应用场景将会在第三篇中介绍）。通过 OpenResty 在七层 WAF 中的运用可知，Nginx+Lua 主要实现七层复杂逻辑控制，主要针对七层 HTTP 头、IP 访问判断、SQL 注入判断等。

云诀窍

OpenResty 是云端开源 WAF 的最佳实践。

4.3 云端负载均衡选型的五个方面

负载均衡既是分布式架构的基础也是其核心，负载均衡的使用可以实现会话同步，消除服务器单独故障；也可以进行请求流量分流，提升冗余，保证服务器的稳定性。

4.3.1 对比方面：四大热门负载均衡的优缺点

在开源的软件负载均衡中，应用最为广泛的为 LVS、Nginx、HAProxy，甚至阿里云的

SLB 也是基于 LVS 及 Nginx 的。

1）LVS 虽是负载均衡的开山鼻祖，但很可惜，云端实践中不支持在 ECS 中部署使用 LVS。因为 LVS 基于虚拟 VIP，阿里云当前底层限制，经典网络和 VPC 专有云网络都不支持虚拟 VIP 的功能。

2）不支持 Keeplived 的部署。类似 Oracle RAC 环境需要虚拟 VIP 的功能，都没办法在云端网络环境中直接部署。不过在云端的实践中，基于阿里云的 VPC 专有网络用 N2N 搭建 VPN 网络。建立在 VPN 上的网络实现虚拟 VIP 功能，从而能支持 Keeplived、Oracle RAC 的部署，甚至让部署 LVS 也成为可能。在云端的实践中，也有部署过 N2N+Oracle RAC 的案例，但基于 N2N 网络的稳定性和性能不佳，并不推荐采用这种方式，这会给维护管理带来很大挑战。

在云端实践中，Nginx、HAProxy 的应用是非常广泛的。具体 LVS、Nginx、HAProxy 的特性、应用场景，接下跟大家介绍一下。

1. LVS

LVS 是 Linux Virtual Server 的简写，意即 Linux 虚拟服务器，是一个虚拟的服务器集群系统。本项目于 1998 年 5 月由章文嵩博士成立，是中国国内最早出现的自由软件项目之一。

现在，LVS 已经是 Linux 标准内核的一部分，在 Linux2.4 内核以前，使用 LVS 时必须重新编译内核才能支持 LVS 功能模块。但是从 Linux2.4 内核以后，已经完全内置了 LVS 的各个功能模块，无须给内核打任何补丁，可以直接使用 LVS 提供的各种功能。它具有以下一些特性。

- 工作在网络二层 / 三层 / 四层之上仅作分发之用，对 CPU 和内存消耗极低，抗负载能力极强。特别是在 DR 模式下，流量会走后端服务器的网卡，这个特点也决定了它在负载均衡软件里的性能是最强的，甚至能媲美硬件服务器。
- 由于当前 Linux 内核直接集成了 LVS，所以配置性比较低，并不需要太多接触，没有复杂的配置项，大大减少了人为出错的概率。
- 应用范围比较广，因为 LVS 工作在二层 / 三层 / 四层最底层，所以它几乎可以对所有应用做负载均衡，包括 HTTP、数据库、在线聊天室等，并且 LVS 的 3 种工作模式、10 种调度算法使其在负载均衡端有更灵活的策略选择。

LVS 也有它的缺点，下面一起来看一看。

- 云端 ECS 不支持 LVS 的部署，所以对二层 / 三层 / 四层负载均衡需求，只能使用云产品 SLB 的四层负载均衡功能替代，或者自行部署 Nginx/HAProxy。
- LVS 不支持七层的虚拟主机、Rewrite 正则表达式处理、动静分离等功能。而现在许多 Web 网站在这方面已有较强的需求，这是 Nginx/HAPrxoy 的优势所在。
- LVS 适合应用在中大型应用中，不适合中小型应用，特别是中小型网站的应用。这是因为我们部署的网站一般都会有虚拟主机、动静分离、正则分发的需求。一般使用 Nginx 就能直接实现，而且 Nginx 的万级别的高并发处理能力应对中小型的应用绰绰有余。如果中小型应用中还部署 LVS，还要在 Nginx+ 应用服务前面加台服务器部署二层 / 四层的负载均衡。这样不仅比较消耗机器，也增加了运维成本等。

2. Nginx

Nginx（Engine x）是一款轻量级的 Web 服务器 / 反向代理服务器及电子邮件（IMAP/POP3）代理服务器，并在一个 BSD-like 协议下发行。

Nginx 是由伊戈尔·赛索耶夫为俄罗斯访问量第二的 Rambler.ru 站点（俄文：Рамблер）开发的，第一个公开版本 0.1.0 发布于 2004 年 10 月 4 日。

其特点是占用内存少、并发能力强，加上丰富的插件功能模块，当前是云端 Web 类应用中首选的一款软件。以下是它的具体特性。

1）可以做七层 HTTP 的负载均衡，可以针对 HTTP 应用做一些分流的策略，比如针对域名、目录结构，它的正则规则比 HAProxy 更为强大和灵活。加上现在主流还是 Web 应用，Nginx 单凭七层功能特性这点，可利用的场合就远多于 LVS 了，这也是它目前广泛流行的主要原因之一。如果说 PHP 使 Web 网站“一统天下”，那 Nginx 便在 Web 服务器届“谁与争锋”。

2）Nginx 之前的版本只支持七层 HTTP 的负载均衡功能。从 1.9.0 版本开始，Nginx 支持对四层 TCP 的负载均衡功能。这让 Nginx 如虎添翼，成为顶级软件。老版本的案例中，很多人选择 HAProxy 做负载均衡的主要原因是 Nginx 不支持四层的负载均衡，如对 MySQL 做负载均衡，当前 Nginx 版本已经支持。

3）Nginx 不仅仅是一款优秀的负载均衡器 / 反向代理软件，同时也是功能强大的 Web 应用服务器。LNMP 也是近几年非常流行的 Web 架构，在高流量的环境中稳定性也很好，几乎替代了 LAMP 的 Web 架构。

4）Nginx 现在作为 Web 反向加速静态缓存越来越成熟，Nginx 也可作为静态网页和图片服务器。其速度比传统的 Squid 服务器更快，基本上 CDN 在底层静态缓存服务器的选择，如今 Nginx 是一个成熟的解决方案。

5）Nginx 社区非常活跃，第三方模块也很多，比如对 Memcache、Redis、LDAP、MongoDB 的插件支持等，甚至可以结合 Lua 在七层定制化开发，实现更多满足业务需求的功能。比如开源 WAF：OpenResty，是七层防御中成熟的解决方案（相关内容在第 14 章中会详细介绍）。

Nginx 的缺点如下。

1）对后端服务器的健康检查，只支持通过端口来监测，不支持通过 URL 来监测。这就会导致，在七层的健康监测中，很多情况下端口是正常的，但应用 URL 访问异常，Nginx 却不能识别，无法主动剔除这个有问题的服务器，最终导致客户端继续访问有异常的服务器。

2）相比于 HAProxy，Nginx 在七层对会话保持的功能就弱了些，Nginx 默认只支持通过配置 ip_hash（通过识别客户端 IP，将请求转给后端同一个服务器达到会话保持的效果）。ip_hash 在实践中虽然解决了会话保持的问题。其实并不能在七层中做到很好的流量均衡，比如我们驻云上海办公网络（有 200 人办公）去请求 Nginx，如果 Nginx 配置了 ip_hash 参数，这 200 人的请求都会被 Nginx 转发到后端的某一台服务器上，并不能很好地进行流量负载均衡。Nginx 可以通过第三方模块向客户端植入 Cookie 达到会话保持的目的，它解决了 ip_hash 的缺陷，但是这种方式需要重新编译 Nginx 增加 nginx-sticky-module 模块。

3. HAProxy

HAProxy 是一个使用 C 语言编写的自由及开放源代码软件，是一款主要作用在七层 HTTP 和四层 TCP 上的负载均衡软件。和 LVS 一样，主要是一个专业级的负载均衡。以下是 HAProxy 的特性说明。

1）HAProxy 是一款专注在七层 / 四层的软负载均衡软件，但相比于 Nginx 少了相应的 Web 服务器、静态缓存、丰富的第三方插件等功能。

2）HAProxy 的优点能够弥补 Nginx 的一些缺点，比如在七层中对会话保持的支持，只需要简单配置对应参数就能选择不同策略方式来满足会话保持。同时在健康检查中，支持通过获取指定的 URL 来检测后端服务器的状态。以下是对应配置参数的说明。

- 源地址 HASH（用户 IP 识别）：HAProxy 将用户 IP 经过 HASH 计算后，指定到固定的真实服务器上（跟 Nginx 的 ip_hash 原理一样）。
- Cookie 识别：HAProxy 将返回给客户端的 Cookie 中插入 HAProxy 中特定的字符串（或添加前缀）。
- 基于 Session：HAProxy 将后端服务器产生的 Session 和后端服务器标识存在 HAProxy 中的一张表里，接到客户端请求时先查询这张表。

3）HAProxy 跟 LVS 类似，本身就只是一款专业级负载均衡软件，少了很多其他功能。所以单纯从效率上来讲，原则上 HAProxy 会比 Nginx 有更出色的负载均衡性能，在并发处理上也是优于 Nginx 的。但在实践中区别不大，七层抗并发的量级都在 2 万～ 5 万，四层负载均衡的性能相差也不大。我之前遇到的一个真实案例，在电商的高流量高并发场景下，用 Nginx 做七层负载均衡时，导致 Nginx 所在服务器的负载和压力有点高。我当初的想法是用专业的负载均衡软件尝试提升性能，但实际上部署了七层 HAProxy 基本上结果也是一样，性能并没有得到改善。

4）作为一款专业级的负载均衡软件，HAProxy 的策略非常多，HAProxy 的负载均衡算法现在具体有 8 种，这方面相比 Nginx 来讲也是一个优势。

下面来看看 HAProxy 的缺点。

相比 Nginx，HAProxy 在云端的实践运用是比较尴尬的。一方面，HAProxy 在七层和四层的负载均衡的应用场景几乎被云产品 SLB 覆盖了。另一方面，Nginx 也几乎能替代 HAProxy 在七层和四层负载均衡的功能应用。所以在云端实践中，Nginx 除了能做七层 / 四层负载均衡外，更有令人意想不到的一些功能应用，我们更加倾向于选择 Nginx。而在四层对 MySQL、Redis、MongoDB 做负载均衡时，我们可能还是会下意识地想到要部署

HAProxy，这可能是对一个老牌的四层负载均衡的一种怀念和执着吧。但其实本质上，如今Nginx在四层负载均衡上的性能和稳定性已不比HAProxy差。

4. 阿里云SLB

阿里云SLB（Server Load Balancer）当前提供四层（TCP协议和UDP协议）和七层（HTTP和HTTPS协议）的负载均衡服务，SLB的架构如图4-4所示。

- 四层采用开源软件LVS（Linux Virtual Server）+ Keepalived的方式实现负载均衡，并根据云计算需求对其进行了个性化定制。
- 七层采用Tengine实现负载均衡。Tengine是由淘宝网发起的Web服务器项目，在Nginx的基础上，针对有大访问量的网站需求添加了很多高级功能和特性。

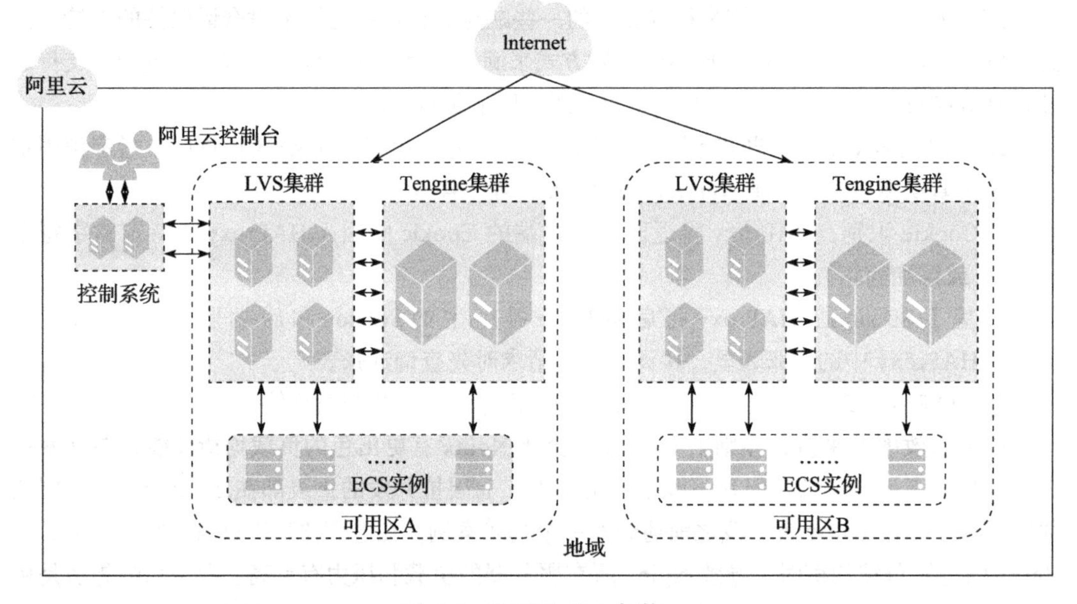

图4-4 阿里云SLB架构

阿里云七层负载均衡采用的Tengine，其本质就是Nginx。Tengine是阿里巴巴发起的Web服务器项目，在Nginx的基础上，针对大访问量网站的需求，Tengine添加了很多高级功能和特性。Tengine的性能和稳定性已经在大型网站，如淘宝网、天猫商城等得到了很好的检验。它的最终目标是打造一个高效、稳定、安全、易用的Web平台。

Tengine开源地址：http://tengine.taobao.org。

针对云计算场景，Tengine定制的主要特性如下：

- 继承Nginx-1.4.6的所有特性，百分之百兼容Nginx的配置。
- 动态模块加载（DSO）支持。加入一个模块不再需要重新编译整个Tengine。
- 更加强大的负载均衡能力，包括一致性Hash模块、会话保持模块，还可以对后端的服务器进行主动健康检查，根据服务器状态自动上下线。

- 监控系统的负载和资源占用，从而对系统进行保护。
- 展示对运维人员更友好的出错信息，便于定位出错机器。
- 更强大的防攻击（访问速度限制等）模块。

其实阿里云早期的七层 SLB 还不支持七层虚拟主机的功能，单纯地做七层转发功能，不能做七层的判断，所谓七层负载均衡的意义不大。当然现在已经支持虚拟主机的功能了，但如果想要更多 Rewrite 等七层正则匹配等功能，只能在后端 ECS 上搭建 Nginx 来处理。

4.3.2　分类方面：五大类型负载均衡的原理场景详解

1. 常见负载均衡的分类

通过前面跟大家介绍的常见负载均衡 LVS、Nginx、HAProxy、阿里云 SLB 及下文中将要讲到的硬件负载均衡等我们发现，不同的负载均衡应用场景和功能上有很大区别，这取决于负载均衡底层的原理，原理不同导致了不同负载均衡应用场景、功能、性能的巨大差异。但万变不离其宗，这些常见负载均衡可以按照底层原理进行归类，相信通过本节内容会让你有很大收获。

说到常见负载均衡的分类，我们先来看看什么是 OSI 七层模型。我们常说的二层 / 三层 / 四层交换机，就是基于 OSI 七层模型所对应的层来命名的。我刚开始接触网络设备的时候，第一次听说二层交换机、三层交换机时，还以为交换机的硬件厚度有二层、有三层，后来才知道，其实是按照 OSI 七层模型来区别不同交换机的原理功能。

OSI 七层模型主要作为一个通用模型来做理论分析，它是一个理论模型。而 TCP/IP 通信协议模型（四层）是互联网的实际通信协议，两者一般做映射对比及分析，如表 4-1 所示。

表 4-1　OSI 七层模型及对应的传输协议

网络分层功能	OSI 七层模型		传输协议	TCP/IP 模型
高层：负责主机之间的数据传输	7	应用层	例如 HTTP、SNMP、FTP、Telnet	应用层
	6	表示层	例如 XDR、SMB	
	5	会话层	例如 TLS、SSH	
中层：负责网络互连	4	传输层	例如 TCP、UDP	传输层
	3	网络层	例如 IP、ICMP	网际层
底层：负责介质传输	2	数据链路层	例如以太网、令牌环、帧中继、PPP	网络接口层
	1	物理层	例如线路、无线电、光纤	

而常见的负载均衡有很多，有出名的硬件负载均衡，如 F5、Netscaler；还有常见开源的负载均衡，比如 LVS、HAProxy、Nginx，甚至 Apache 也能做负载均衡（不推荐）。我们常说的七层负载均衡、四层负载均衡，也是基于 OSI 七层模型的。基于 OSI 七层模型的底层原理，我们把常见的负载均衡具体划分为以下几个类型：二层、三层、四层、七层。最后再加上一个除 OSI 七层模型以外的 DNS（如表 4-2 所示），通过 DNS 做负载均衡的场景也是非常常见的。

表 4-2 负载均衡的分类

负载均衡类型	核心原理	实践案例
二层	修改请求数据包中的 MAC 地址，转发后端	LVS DR 模式
三层	将请求数据包重新封装，转发后端	LVS TUNNEL（IP 隧道）
四层	修改请求数据包目标地址中的 IP 或 IP+ 端口，转发后端	四层硬件负载均衡（如 F5/Netscaler）/LVSNAT 模式 / HAProxy 四层 /Nginx 四层 /SLB 四层
七层	解封请求数据包在 HTTP 层判断 HTTP 请求头，转发后端	七层硬件负载均衡（如 F5/Netscaler）/Nginx 七层 / HAProxy 七层 /SLB 七层
DNS	域名多个 A 解析、智能解析	万网、DNSPod

当前二层、三层负载均衡的实现只有 LVS 能做到。而相比在四层、七层的负载均衡应用得要更为广泛，比如硬件负载均衡、Nginx、HAProxy 热门的中间件都支持四层、七层的负载均衡。

2. 负载均衡开山鼻祖——LVS 的工作原理

前面已介绍了 LVS 的应用场景及特性，但在介绍二层 / 三层 / 四层 / 七层负载均衡对比之前，有必要说一下 LVS 的原理。在运维领域，相信大家对 LVS 并不陌生，几乎提到负载均衡，提到运维，都会提到 LVS。在实际负载均衡实践应用中，我看到了一些有意思的现象，接下来跟大家详细分享一下相关的技术实践。在此之前，先来看看负载均衡技术相关术语缩写，如表 4-3 所示。

表 4-3 负载均衡技术相关术语缩写

名称	缩写	说明
Client IP	CIP	访问客户端的 IP 地址
Virtual IP Address	VIP	向外部直接面向用户请求，作为用户请求的目标的 IP 地址
Director Server	DS	指前端负载均衡器节点
Director Server IP	DIP	负载均衡的 IP，主要用于和内部主机进行通信的 IP 地址
Real Server	RS	后端真实的工作服务器
Real Server IP	RIP	后端服务器的 IP 地址

LVS 负载均衡技术的实现，主要由 IPVS 和 Ipvsadm 实现。

- IPVS：是 LVS 集群系统的核心部分，是基于 Linux Netfilter 框架实现的一个内核模块，主要工作于内核空间的 INPUT 链上。其钩子函数分别 HOOK 在 LOCAL_IN 和 FORWARD 两个 HOOK 点，如图 4-5 所示。

需要特别注意的是，IPVS 是直接作用在内核空间进行数据包的修改及转发的。而 Nginx/HAProxy 作用在用户空间，这使得 LVS 的性能更为强悍（能够赶上硬件负载均衡的性能），而 Nginx/HAProxy 根本不是一个量级。并且现在 IPVS 已经是 Linux 内核标准的一部分，在早期的 Linux 系统版本中，安装 LVS 还需要重新编译内核，当然现在已经不需要了。

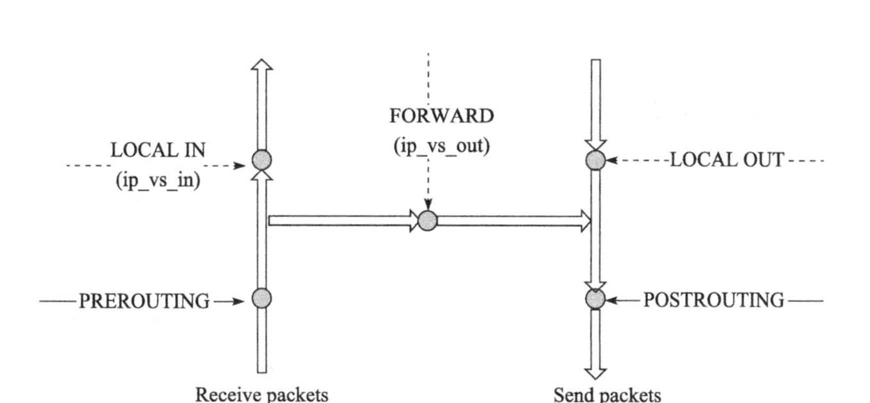

图 4-5　内核 LVS 数据包流向

- Ipvsadm：而 Ipvsadm 是工作在用户空间，主要用于用户定义和管理集群服务的工具。所以实际在安装配置 LVS 时，主要是安装配置 Ipvsadm。比如在 Redhat 中安装一条简单命令来实现：

```
yum install ipvsadm
```

LVS 的原理架构如图 4-6 所示。

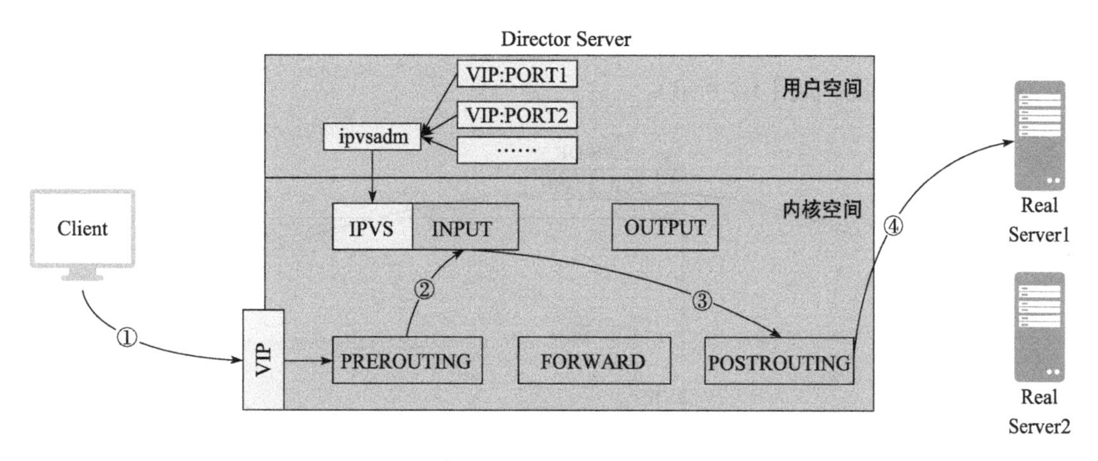

图 4-6　LVS 原理架构

在图 4-6 中，在 Director Server 上，IPVS 虚拟出一个对外提供访问的 IP 地址，用户必须通过这个虚拟的 VIP 地址访问服务器。由于 LVS 是采用 VIP（三层 IP 地址）作为请求入口的，这也是很多人喜欢把 LVS 统称为 IP 负载均衡的原因，即也是三层负载均衡。但 LVS 有 DR/IP TUN/NAT 3 种模式，每种模式的核心原理分别作用在二层 / 三层 / 四层，所以把 LVS 称为二层 / 三层 / 四层负载均衡更为恰当些。

图 4-6 中具体数据包的走向如下。

1）访问请求首先经过 VIP 到达负载调度器的内核空间。

2）PREROUTING 链在接收到用户请求后，会判断目标 IP，确定是本机 IP，将数据包发往 INPUT 链。

3）当用户请求到达 INPUT 时，IPVS 会将用户请求和 Ipvsadm 定义好的规则进行对比。如果用户请求的就是定义的集群服务，那么此时 IPVS 会强行修改数据包，并将新的数据包发往 POSTROUTING 链。

4）POSTROUTING 链接收数据包后发现目标 IP 地址刚好是自己的后端服务器，最终将数据包发送给后端的服务器。

对于数据包的修改，基于修改方式的不同，形成了 LVS 的 3 种模式，如表 4-4 所示。

表 4-4 LVS 三种模式

LVS 模式	工作层数	数据包修改
DR 模式	二层	修改数据包中的源 MAC 地址改为自己 DIP 的 MAC 地址，目标 MAC 改为了 RIP 的 MAC 地址
IP TUNNEL 模式	三层	将数据包重新封装，请求报文的首部再封装一层 IP 报文，将源地址改为 DIP，目标地址改为 RIP
NAT 模式	四层	将数据包中的目标地址改为后端服务器的 RIP 地址

3. 二层负载均衡

当前的负载均衡界，只有 LVS 实现了二层负载均衡。所以二层负载均衡实践主要为 LVS 的 DR 模式实践（如图 4-7 所示）。

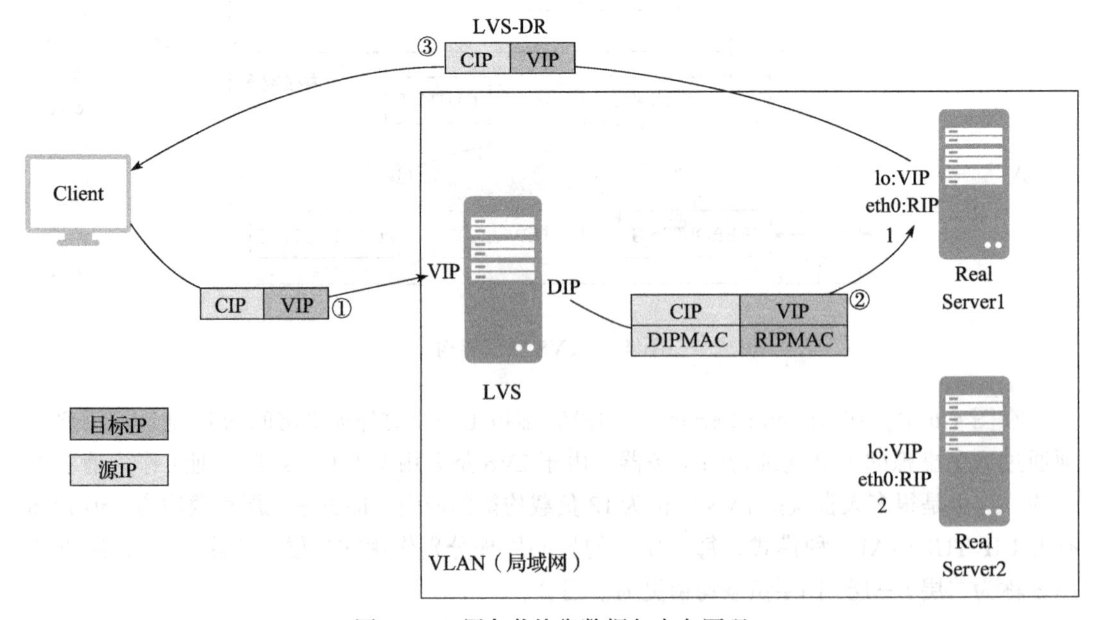

图 4-7 二层负载均衡数据包走向原理

以下是对二层负载均衡数据包走向原理的详细说明。

1）客户端请求数据包报文的源地址是 CIP，目标地址是 VIP。

2）负载均衡会将客户端请求数据包报文的源 MAC 地址改为自己 DIP 的 MAC 地址，目标 MAC 改为了 RIP 的 MAC 地址，并将此包发送给后端服务器。这里要求所有后端服务器和负载均衡所在服务器只能在一个 VLAN（局域网）里面，即不能跨 VLAN。根据二层原理我们可以看到，在后端服务器中能直接获取客户端的源 IP 地址，netstat -n 能直接查看客户端请求通信的源 IP。示例代码如下：

```
>#  netstat -n
Active Internet connections (w/o servers)
Proto Recv-Q Send-Q Local Address Foreign Address State
tcp 0 0 192.168.3.33:80 47.100.187.71:13537 ESTABLISHED
tcp 0 0 192.168.3.33:80 115.29.209.104:49435 ESTABLISHED
tcp 0 0 192.168.3.33:80 115.19.244.124:45418 TIME_WAIT
tcp 0 0 192.168.3.33:80 115.29.233.224:59310 ESTABLISHED
```

3）后端服务器发现请求数据包报文中的目的 MAC 是自己，会将数据包报文接收下来。由于数据包的 MAC 地址被修改，因此后端服务器需要在 lo 网口绑定 VIP，这样数据包才会有"归属感"。处理完请求报文后，将响应报文通过 lo 接口送给 eth0 网卡直接发送给客户端。由于数据包由后端服务器直接返回给客户端，因此也会要求后端服务器必须绑定公网 IP。

4. 三层负载均衡

同样，在当前负载均衡界，只有 LVS 实现了三层负载均衡。所以三层负载均衡实践主要为 LVS 的 IP-TUN 模式实践（如图 4-8 所示）。

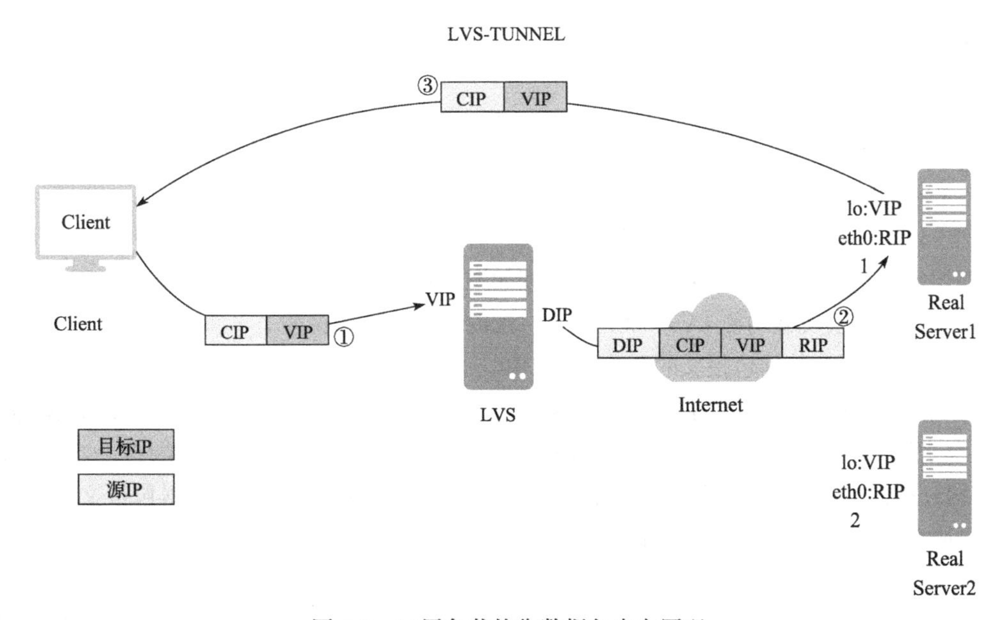

图 4-8　三层负载均衡数据包走向原理

以下是对三层负载均衡数据包走向原理的详细说明。

1）客户端请求数据包报文的源地址是 CIP，目标地址是 VIP。

2）负载均衡将客户端请求数据包报文首部再封装一层 IP 报文，将源地址改为 DIP，目标地址改为 RIP，并将此数据包发送给后端服务器。与二层负载均衡不同的是，包通信通过 TUNNEL 模式实现，因此不管是内网还是外网都能通信，所以不需要 LVS VIP 与后端服务器在同一个网段内，即能跨 VLAN。但三层负载均衡原理导致在后端服务器中不能直接获取客户端的源 IP 地址，netstat -n 能查看到的是和负载均衡的通信 IP。示例代码如下：

```
># netstat -n
Active Internet connections (w/o servers)
Proto Recv-Q Send-Q Local Address Foreign Address State
tcp 0 0 192.168.3.33:80 172.16.2.2:13537 ESTABLISHED
tcp 0 0 192.168.3.33:80 172.16.2.2:49435 ESTABLISHED
tcp 0 0 192.168.3.33:80 172.16.2.2:45418 TIME_WAIT
tcp 0 0 192.168.3.33:80 172.16.2.2:59310 ESTABLISHED
```

云诀窍

TUNNEL 模式走的隧道模式，运维起来比较困难，在实际应用中不常用。

3）后端服务器收到请求报文后，会首先拆开第一层封装，然后发现里面还有一层 IP 首部的目标地址是自己 lo 接口上的 VIP，所以会处理次请求报文，并将响应报文通过 lo 接口发送给 eth0 网卡直接发送给客户端。

5. 四层负载均衡

LVS 的 NAT 模式、阿里云的四层 SLB、Nginx/HAProxy 的四层，虽然都是四层负载均衡，但是它们的底层原理有很大差异，这就导致它们的功能特性也有很大区别。

（1）LVS-NAT 下的四层负载均衡

四层负载均衡 LVS-NAT 数据包走向原理如图 4-9 所示。

以下是对四层负载均衡 LVS-NAT 数据包走向原理的详细说明。

1）客户端请求数据包报文的源地址是 CIP，目标地址是 VIP。

2）负载均衡将客户端请求数据包报文的目标地址改为 RIP 地址，并将此数据包发送给后端服务器。同样要求所有的后端服务器和负载均衡所在服务器只能在一个 VLAN（局域网）里面，即不能跨 VLAN。同样，根据 LVS 的 NAT 模式修改数据包报文的原理，在后端服务器中能直接获取客户端的源 IP 地址，netstat -n 能直接查看客户端请求通信的源 IP。

3）报文送到后端服务器后，目标服务器会响应该请求，并将响应数据包报文返还给负载均衡。每台内部的后端服务器的网关地址必须是负载均衡所在服务器的内网地址，即要配置 SNAT，这样数据包才能经过 LVS 返回给客户端。

4）然后负载均衡将此数据包报文的源地址修改为本机并发送给客户端。

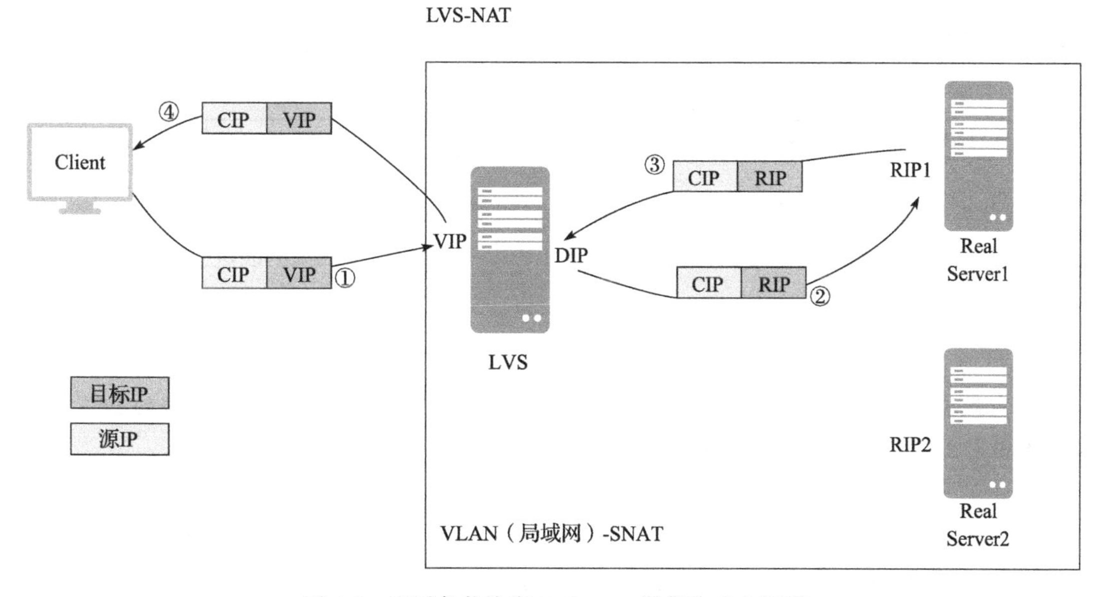

图 4-9　四层负载均衡 LVS-NAT 数据包走向原理

云诀窍

我们可以看到，目标服务器处理完数据包返回给客户端的时候，会经过 LVS，然后再把数据包回给客户端。由此可以看到，LVS NAT 模式存在很大的性能瓶颈（就是在于 LVS 这一端），而相比于 DR 及 IP-TUN 模式，数据包后端服务器直接返回给客户端就不存在这个问题。在实际运用中，我也遇到过这个真实的性能瓶颈案例。之前工作过的一家公司主要从事电商领域，在一年一度的双十一备战中，流量高峰期客户端出现严重的卡顿、丢包和延时。当时负载均衡采用的就是 LVS 的 NAT 模式，我们发现高并发高流量模式下，内网的流量可达到千兆。那时紧急切换到 LVS DR 模式，故障很快消除了。

（2）阿里云 SLB 下的四层负载均衡

阿里云[⊖]四层负载均衡针对 LVS 的一些问题进行了定制和优化，新增转发模式 FULLNAT，如表 4-5 所示。

⊖　阿里云 LVS 开源地址：https://github.com/alibaba/LVS

表 4-5 阿里云四层负载均衡对 LVS 的优化

问题	LVS	阿里云四层负载均衡优化
问题 1	LVS 支持 NAT/DR/TUNNEL 3 种转发模式。上述模式在多 VLAN 网络环境下部署时，网络拓扑复杂，运维成本高	新增转发模式 FULLNAT，实现 LVS-RealServer 间跨 VLAN 通信
问题 2	和商用负载均衡设备（如 F5 等）相比，LVS 缺少 DDoS 攻击防御功能	新增了 SYNPROXY 等 TCP 标志位 DDoS 攻击防御功能
问题 3	LVS 采用 PC 服务器，常用 Keepalived 软件的 VRRP 心跳协议进行主备部署，其性能无法扩展	采用 LVS 集群方式部署
问题 4	LVS 常用管理软件 Keepalived 的配置和健康检查性能不足	对 Keepalived 的性能进行了优化

由此可见基于 LVS，阿里云四层负载均衡实现了跨 VLAN、具备防 DDoS 攻击的能力、采用集群方式部署。这 3 个方面相比原生态的 LVS，功能上做了很大的改进。

云诀窍

实践应用中，我们发现使用阿里云的四层负载均衡，数据包的走向跟后端的 ECS 有没有绑定公网 IP 有直接关系（仅限经典网络）。

- 当后端 ECS 不绑定公网的时候，负载均衡转发数据包给后端 ECS。后端 ECS 处理完将返回数据包给负载均衡，负载均衡再返回数据包给客户端。这种方式类似 LVS 的 NAT 模式。
- 当后端经典网络的 ECS 绑定公网的时候（只有经典网络的 ECS 绑定的公网 IP 会单独分配公网网卡 eth1），负载均衡转发数据包给后端 ECS。后端 ECS 处理完将数据包直接通过公网网卡返回给客户端。这种方式类似 LVS 的 DR 模式。在 ECS 的公网网卡监控中看不到这块的流量明细，这块流量内容直接归并到 SLB 中计算了。但我们通过 Zabbix 相关监控，可以看到 eth1 公网网卡流量，并能抓到相应明细。有时候实际公网网卡流量甚至远远超过公网带宽峰值，由此可以看到，这部分返回给客户端的数据包走公网网卡，不受后端 ECS 绑定的公网带宽限制，且不纳入 ECS 的流量计费，单独放在 SLB 流量计费中了。

如果 ECS 有公网 IP 和私网 IP，禁用公网网卡就会影响负载均衡服务，因为在有公网网卡的情况下，默认路由会走公网，如禁用就无法回包，因此负载均衡服务会受影响。建议不要禁止，如一定要这么做，需要修改默认路由为私网才会不影响服务。但需要考虑业务是否对公网有依赖，如通过公网访问 RDS 等。

（3）Nginx/HAProxy 下的四层负载均衡

四层负载均衡 Nginx/HAProxy 数据包走向原理如图 4-10 所示。以下是对四层负载均衡 Nginx/HAProxy 数据包走向原理的详细说明。

1）客户端请求数据包报文的源地址是 CIP，访问目标地址是 DIP+IP 端口。

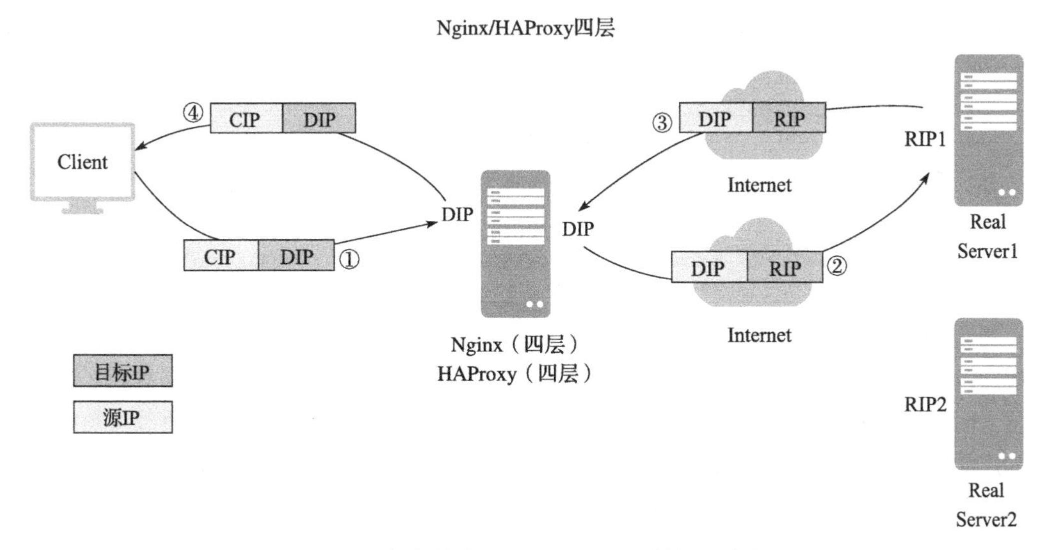

图 4-10　四层负载均衡 Nginx/HAProxy 数据包走向原理

云诀窍

需要重点注意的是，这里已经跟 LVS 有本质的区别。LVS 的 NAT 模式对外是以虚拟 VIP 作为请求入口（IP 层为三层），然后在三层负载均衡的基础之上用 IP+PORT 接收请求，再转发到对应后端服务器，所以 LVS 的 NAT 模式是三层负载均衡 + 四层负载均衡。而 Nginx/HAProxy 的四层对外直接暴露的是 DIP+TCP/UDP IP 端口服务。

2）负载均衡在用户空间接收数据包，并且负载均衡和后端服务器发起新的 TCP 三次握手，建立新的 TCP 连接。所以这时候是负载均衡代替客户端与后端发起新的 TCP 请求连接。请求数据包为一个新的请求数据包，报文的源地址是 DIP，目标地址是 RIP。所以在后端服务器中，netstat -n 查看到的是和负载均衡的通信 IP。但负载均衡和后端服务器是建立新的 TCP 连接，所以后端服务器和负载均衡所在服务器可以进行跨 VLAN（局域网）通信。

3）报文发送到后端服务器后，服务器响应该请求，并将响应数据包报文返还给负载均衡。相比 LVS 的 NAT 模式，Nginx/HAProxy 下的四层负载均衡无须将每台内部的后端服务器的网关地址设为负载均衡所在服务器的内网地址，即无须配置 SNAT。因为是负载均衡和后端服务器建立了新的 TCP 连接，不必担心数据包不会返回给负载均衡。

4）然后负载均衡将此数据包报文的响应内容进行重新打包并返回给客户端。

6. 七层负载均衡

在常见负载均衡分类中，其实应用最为广泛的还是七层和四层负载均衡。而七层和四层负载均衡最主要的区别是，在七层负载均衡中能获取用户请求的 HTTP 头信息。具体什么是

HTTP 头信息，我们以 nginx.conf 配置中定义的 Nginx 日志文件的格式内容从侧面进行说明：

```
log_format '$remote_addr - $remote_user [$time_local] "$request" '
'$status $body_bytes_sent "$http_referer" '
'"$http_user_agent" "$http_x_forwarded_for"';
```

然后我们在对应的日志文件中可以看到具体客户端的请求头内容信息，如下：

```
45.127.220.171 - - [02/Dec/2018:14:10:17 +0800] "GET https://qiaobangzhu.
cn HTTP/1.1" 301 184 "-" "Mozilla/5.0 (Windows NT 6.1; WOW64) AppleWebKit/537.36
(KHTML, like Gecko) Chrome/51.0.2704.103 Safari/537.36"
```

可以看到在七层负载均衡中，我们能获取客户端访问的 IP、HTTP 请求类型（GET/POST)、访问的域名主机地址及请求的 URL 明细、浏览器的类型等，这便是 HTTP 请求头信息。而七层负载均衡的原理就是根据 HTTP 请求头来做判断转发，在七层负载均衡中应用最为广泛的当数虚拟主机功能。其实虚拟主机功能的核心就是获取 HTTP 请求头中的 HOST 字段来对应匹配转发。七层负载均衡原理架构图如图 4-11 所示。

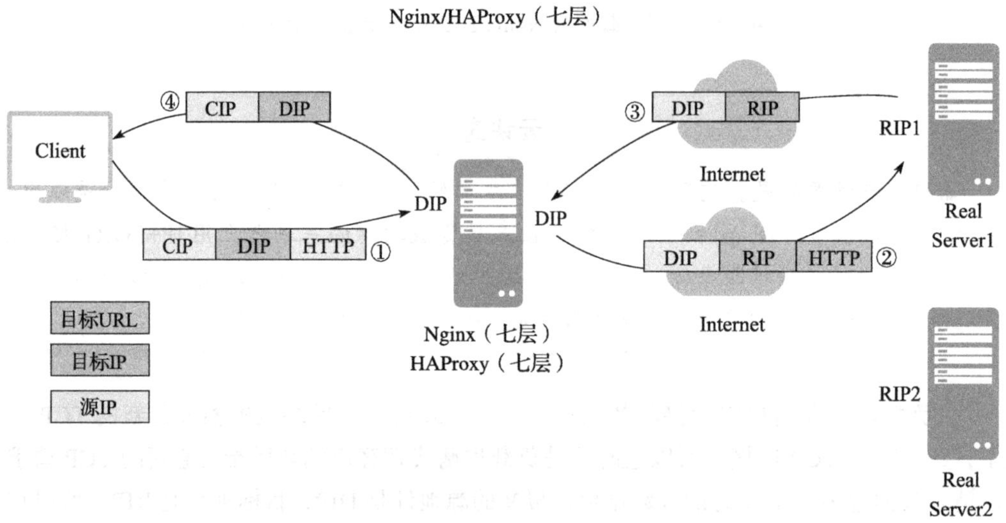

图 4-11 七层负载均衡数据包走向原理

以下是对七层负载均衡数据包走向原理的详细说明。

1）和 Nginx/HAProxy 的四层一样，客户端请求数据包报文的源地址是 CIP。只不过在实际应用中，这里访问的目标地址并不是 DIP+IP 端口，而是 URL。

2）同样和 Nginx/HAProxy 的四层一样，负载均衡在用户空间接收数据包，并且负载均衡和后端服务器发起新的 TCP 三次握手，建立新的 TCP 连接。所以这时候是负载均衡代替客户端与后端发起新的 TCP 请求连接。请求数据包是新的，报文的源地址是 DIP，目标地址是 RIP，并且还有客户端请求的目标 URL（这里可以看到，对于七层负载均衡，目标地址可能一直在变，但访问的目标 URL 始终不变，除非修改了客户端请求内容）。

3）报文送到后端服务器后，服务器响应该请求，并将响应数据包报文返还给负载均衡。跟 Nginx/HAProxy 一样，这里无须额外配置后端服务器的网关，即 SNAT 相关配置。

4）然后负载均衡将此数据包报文的响应内容进行重新打包并返回给客户端。

综上所述，因为七层中能获取应用层 HTTP 的请求内容，所以七层负载均衡有如下常见应用场景：

- 七层作用在 HTTP 应用层，所以七层的负载均衡只能跟 Tomcat、PHP 等 Web 服务做负载均衡。
- 可以根据请求的域名来做转发。比如请求者访问 A 域名，转发到后端 A 服务器；请求访问 B 域名，转发到后端 B 服务器。这个功能，在七层叫虚拟主机功能，是七层应用中最为热门的应用实践。
- 可以根据请求的 URL 来做转发。比如请求者访问的 URL 包含 A 目录，就转发到 A 服务器；请求访问的 URL 包含 B 目录，就转发到 B 服务器。
- 可以根据请求的浏览器类型来做转发。比如请求者使用的浏览器类型是 Chrome，就转发到 A 服务器；请求者使用的浏览器类型是 Firefox，就转发到 B 服务器。

而四层只能获取访问的目标 / 源 IP 地址和端口。所以四层的负载均衡，单纯地是将请求轮询转发到后端目标服务器。并不能跟七层一样，做相应的逻辑判断，然后最终再转发给符合要求的后端目标服务器。相比七层，四层的应用场景包括：

- 对 MySQL、LDAP、Redis、Memcache 等四层应用做负载均衡。
- 对七层 HTTP 的 Web 类应用做负载均衡，如 Tomcat、PHP。
- 对七层 Nginx、HAProxy 的负载均衡做负载均衡（具体在实践中，四层和七层怎么来搭配使用，详见第二篇中负载均衡的相关章节）。

但四层中没办法跟七层一样，做虚拟主机的应用。我曾经在面试中问过这个问题，就是 LVS 能不能识别域名来做转发。比如请求者访问 A 域名，转发到后端 A 服务器；请求访问 B 域名，转发到后端 B 服务器。有意思的是，有一些经验丰富的运维人员对这个问题还回答不出来，这就需要好好看一下底层原理和对应负载均衡的应用场景了。答案肯定是不行的，因为 LVS 在四层和二层，没办法识别封装在七层中的数据包内容。

再举个七层负载均衡实践的例子，要访问我们驻云内部的某个系统，要求客户端必须使用 Chrome 浏览器，可参考以下核心配置：

```
location / {
    if ( $http_user_agent !~* ^.*Chrome/5|6.* ){
rewrite ^(.*)$ https://qiaobangzhu.cn/error.html permanent;
}
  proxy_pass http://192.168.2.2:81/;
proxy_set_header Host $host;
proxy_set_header X-Real-IP $remote_addr;
proxy_set_header X-Forwarded-For $proxy_add_x_forwarded_for;
}
```

实现的核心配置就是获取七层头信息里面的数据来做对比判断，如果符合，执行对应的操作即可。这个是四层 / 二层负载均衡无法实现的功能。

7. 负载均衡的“一次连接”和“两次连接”核心总结

（1）LVS 二层 / 四层的“一次连接”

LVS 的 DR 模式、NAT 模式对数据包的处理都仅做“一次连接”，即负载均衡对数据包仅做转发，如图 4-12 所示。

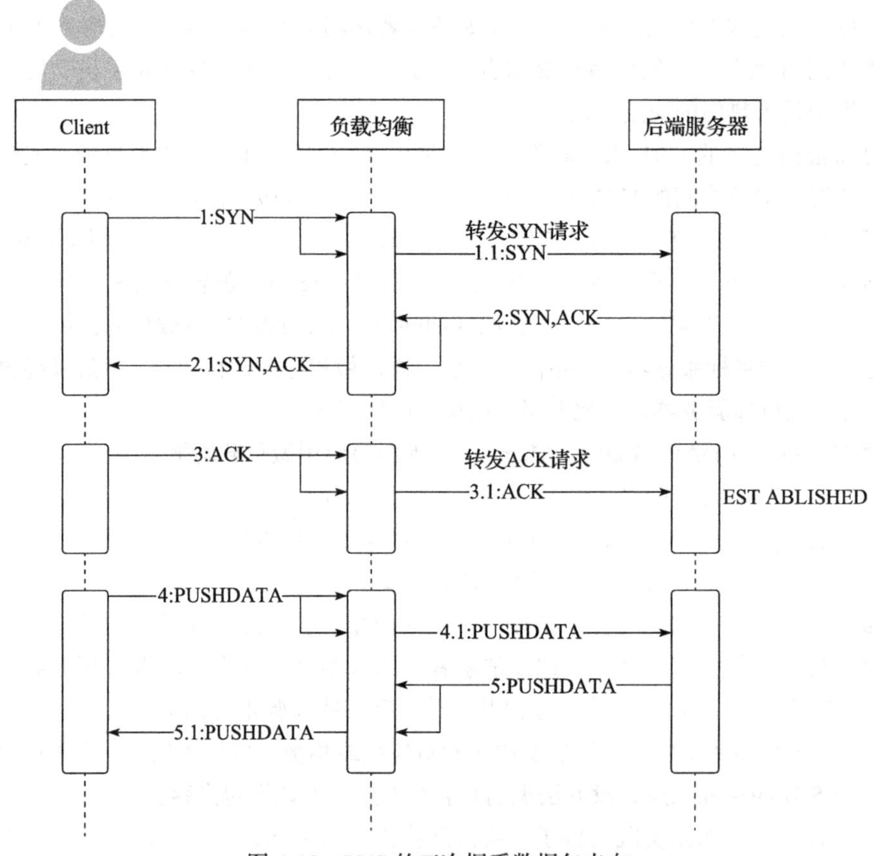

图 4-12 LVS 的三次握手数据包走向

LVS 能够做到“一次连接”的本质原因是 LVS 工作在内核空间。LVS 3 种模式都是工作在内核空间，数据包的处理也仅在内核空间，这也是 LVS 轻量高效、高性能的最为本质的原因，如图 4-13 所示。

云诀窍

LVS 能够做到“一次连接”，所以通过四层 SLB，我们能直接在后端服务器 ECS 中 netstat -n 查看到客户端通信的源 IP 地址。

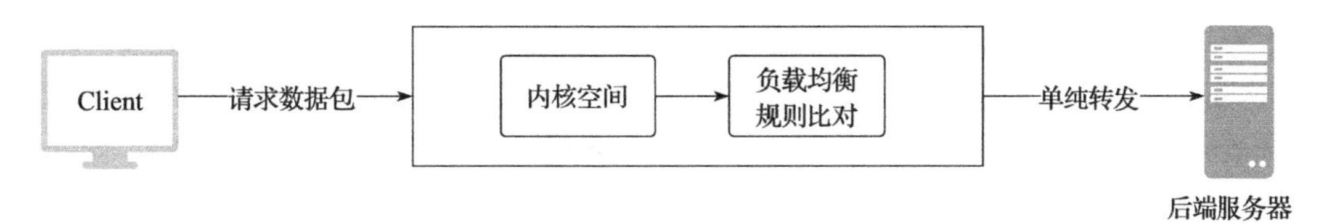

图 4-13　LVS 请求数据包走向

（2）Nginx/HAProxy 四层的“二次连接”

相比于 LVS，Nginx/HAProxy 四层要建立“二次连接”，如图 4-14 所示。

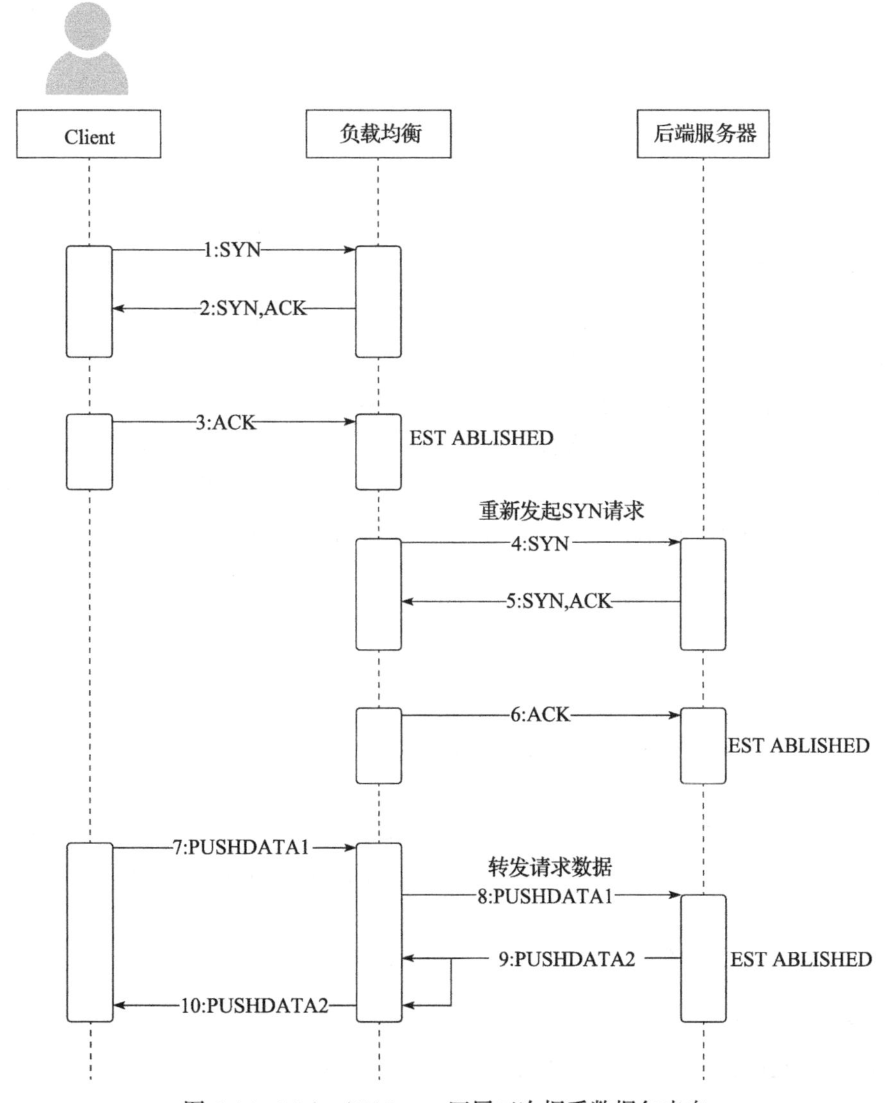

图 4-14　Nginx/HAProxy 四层三次握手数据包走向

客户端在向负载均衡进行 TCP 三次握手后，负载均衡会马上发起新的 TCP 连接，即为“二次连接”。由于是负载均衡与后端建立新的 TCP 三次握手及转发客户端请求的数据，所以在后端服务器 netstat -n 查看到的请求通信的 IP 是负载均衡的 IP。而相比于 LVS，Nginx/HAProxy 四层工作在用户空间，对数据包的处理是在用户空间完成的，数据包的流转及处理过程增多，这也是 Nginx/HAProxy 的性能和达不到 LVS 这个量级的本质原因，如图 4-15 所示。

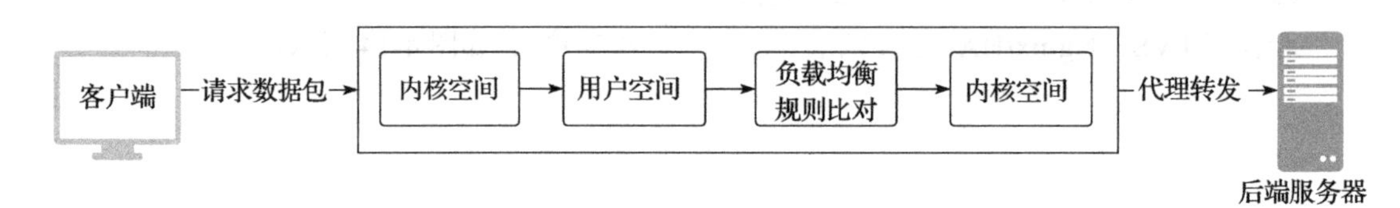

图 4-15 Nginx/HAProxy 请求数据包走向

（3）Nginx/HAProxy 七层的“二次连接”

相比于 Nginx/HAProxy 四层的二次连接，而 Nginx/HAProxy 七层的二次连接有些不一样，如图 4-16 所示。

Nginx/HAProxy 四层的二次连接，是客户端和负载均衡进行 TCP 三次握手后，负载均衡和后端服务器马上进行新的 TCP 三次握手。而 Nginx/HAProxy 七层的二次连接，在客户端和负载均衡进行 TCP 三次握手后，还需要等客户端 Pushdata 传输数据，之后负载均衡和后端服务器才会建立新的 TCP 三次握手。由此可见，Nginx/HAProxy 四层的二次连接转发效率会更高。加上 Nginx/HAProxy 七层会进行一些 Rewrite 规则的判断，会损耗一些 CPU 和内存的性能。所以相较而言，Nginx/HAProxy 四层的性能要高许多。

同样，由于是负载均衡跟后端建立新的 TCP 三次握手及转发客户端请求的数据，所以在后端服务器 netstat -n 查看到的请求通信的 IP 是负载均衡的 IP。所以在后端服务器中，HTTP 头的 remote_addr 虽然代表客户端的 IP，但实际值是负载均衡的 IP。为了避免这个情况，七层负载均衡通常会增加一个叫作 x_forwarded_for 的头信息，把连接它的客户端 IP（上网机器 IP）加到这个头信息里，这样就能保障后端服务器可以获取到客户端真实的 IP。

但实际上，我们会遇到后端服务器再把请求转发给到下一个目标服务器的情况，即：“客户端请求 >>> Nginx >>> Nginx1 >>> Nginx2”的结构，我们在 Nginx1 服务器上通过 x_forwarded_for 的头信息获取到了客户端的真实源 IP，那如何在 Nginx2 上进一步获取客户端的源 IP 呢？在 Nginx1 上的转发规则中，配置如下代码：

```
proxy_set_header X-Forwarded-For $proxy_add_x_forwarded_for;
```

这样会让 Nginx1 转发给后端 HTTP 头中的 x_forwarded_for 信息中保存客户的真实源 IP。

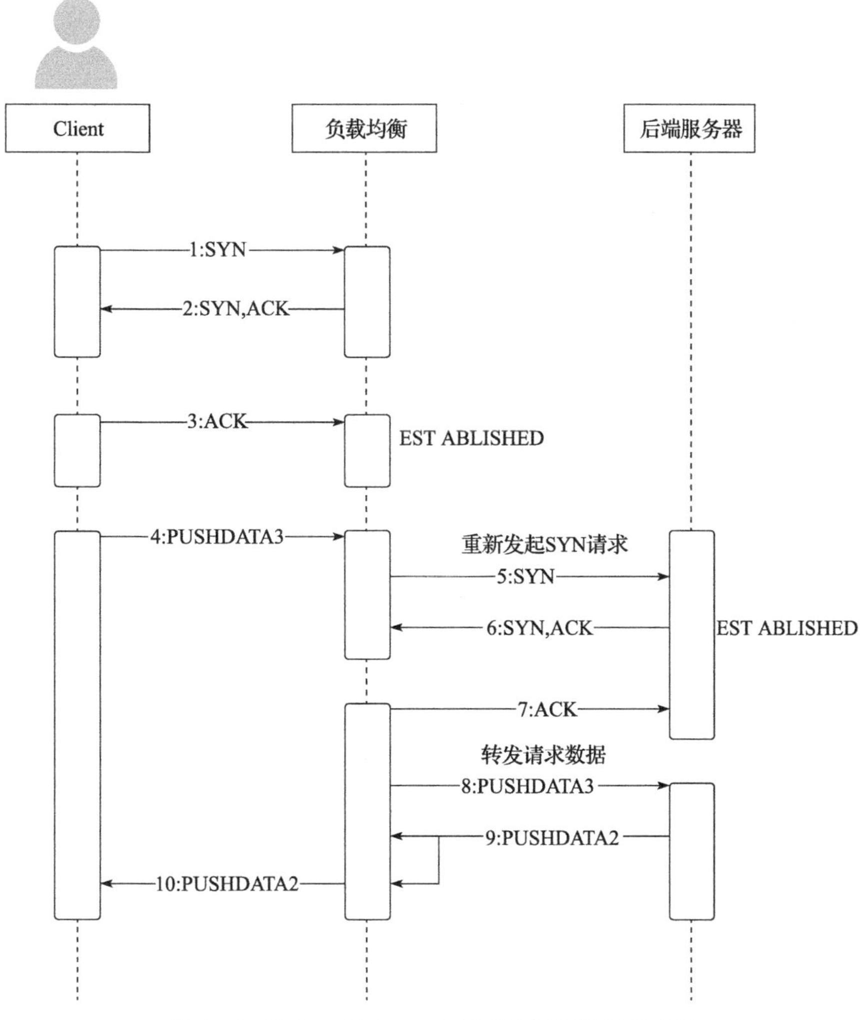

图 4-16　Nginx/HAProxy 七层三次握手数据包走向

云诀窍

Nginx 七层能够进行“二次连接”，所以通过七层 SLB，我们在后端服务器 ECS 中 netstat -n 查看到和后端服务器通信的 IP 为 SLB 的 IP 地址，而不能直接获取客户端通信的源 IP。

8. DNS 负载均衡

从 OSI 七层模型来看，DNS 的域名解析其实作用在第七层应用层。数据包请求时序图如图 4-17 所示。

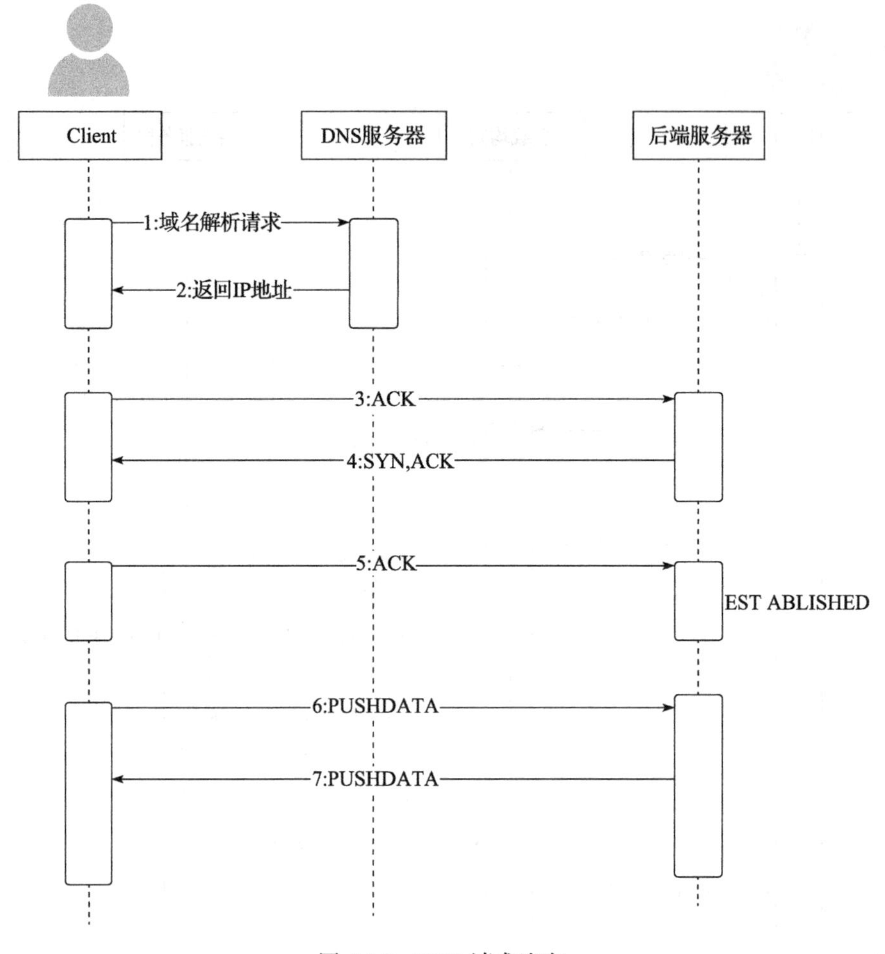

图 4-17 DNS 请求流向

在图 4-17 中，本质上 DNS 的负载均衡还算不上七层负载均衡，因为 DNS 解析是在 TCP/IP 通信之前进行的。即如果在应用中用到了域名，需要先去请求 DNS 服务器获得目标 IP 地址，才能建立 TCP/IP 通信。相较于应用广泛的四层和七层的负载均衡，DNS 做负载均衡的场景就没那么常见了。

DNS 做负载均衡会带来两个很大的问题，两个问题分别如下：

1）实践中，通过 DNS 解析配置多个 A 记录地址。不同的客户端来请求 DNS，返回 A 记录配置的不同的源 IP（也可以是负载均衡的 VIP 地址），从而达到负载均衡的效果。但我们发现，设置 DNS 的负载均衡，落到不同源 IP（也可以是负载均衡的 VIP 地址）的请求流量往往分布得很不均匀。有可能是某个后端地址的请求量很大，而另一个后端地址的请求量却很小。

2）由于客户端往往有 DNS 相应缓存，如若 DNS 解析的某个源 IP 服务异常，一般它不会主动剔除这个有异常的源 IP 解析。这可能会导致部分客户的解析访问还是这个有异常的服务地址。虽然现在 DNS 有智能解析的高级功能，能主动监测后端服务的可用性。但是我们唯一不能把控的就是客户端的 DNS 缓存，大部分客户端的电脑 DNS 都有缓存。有可能是 DNS 已经解析到最新的 IP，但这时候客户端的 DNS 缓存还是会获取解析到的旧的 IP，这会导致这个客户端可能一段时间内一直解析访问到那个有异常服务的 IP。

DNS 的负载均衡，一般在超大规模的应用中，特别是跨地域的分布式应用中运用得非常广泛，常规的中小型、中大型应用，不是特别推荐尝试 DNS 的负载均衡。DNS 作为负载均衡的应用场景将会在第二篇中详细介绍。

9. 总结

不同负载均衡的类型的功能特性汇总如表 4-6 所示。

表 4-6　不同类型负载均衡的功能特性总结

	工作原理	功能应用场景	配置复杂度	RS 的网关是否配置为 DIP	是否跨 VLAN	RS 是否必须绑定公网	后端是否能直接获取客户端请求源 IP
LVS-DR	二层	二层 / 三层 / 四层 / 七层	高	否	否	是	是
LVS-TUNNEL	三层	三层 / 四层 / 七层	高	否	是	是	否
LVS-NAT	四层	四层 / 七层	高	是	否	否	是
Nginx/HAProxy 四层	四层	四层 / 七层	中	否	是	否	否
Nginx/HAProxy 七层	七层	七层	中	否	是	否	否
阿里云 SLB 四层	四层	四层 / 七层	低	否	是	否	是
阿里云 SLB 七层	七层	七层	低	否	是	否	否
DNS	七层	二层 / 三层 / 四层 / 七层	低	否	是	否	是

4.3.3　演变方面：负载均衡的两种演变

很多人容易把负载均衡和反向代理混淆。从某种程度上来说，反向代理是负载均衡的演变应用。

1. 演变一：反向代理

在实际应用中，Nginx/HAProxy 七层 / 四层应用除了叫作负载均衡以外，人们也喜欢叫它反向代理。但很少有人会把 LVS 称为反向代理，因为 LVS 是单纯的负载均衡。

之所以把 Nginx/HAProxy 七层 / 四层应用称为负载均衡，是因为七层 / 四层都带有 proxy 模块，能对请求流量做分流转发，起到负载均衡的效果。

之所以把 Nginx/HAProxy 七层 / 四层也称为反向代理，是因为 Nginx/HAProxy 的七层 / 四层应用有如下特性。

1）在转发客户端请求的过程中建立了“两次连接”。在接受了客户端请求后会将请求重新封装，以类似“代理”的角色重新将其转发给后端。

2）与后端服务器能进行跨 VLAN 传输，甚至可以基于 Internet 进行传输。这里的特殊性是在南北互通的问题上，南北互通在反向代理中应用得非常广泛。何为南北互通？此概念是从国内电信和网通分开之后出现的，即南方电信与北方联通线路之间的网络互通问题。这个问题困扰了中国网民很长时间，严重困扰着广大站长和网络内容、服务提供商。我曾工作的上家公司的电商业务主要部署在上海电信双线机房，北方有些联通用户来访问站点时就很卡。当时的核心解决方案就是通过反向代理来实现，如图 4-18 所示。

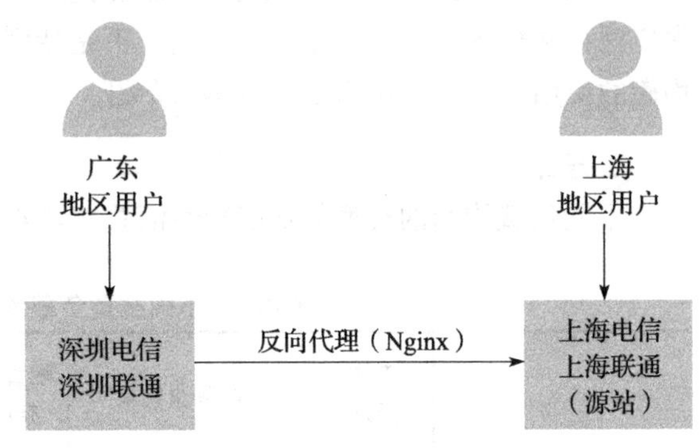

图 4-18 反向代理的实践应用

图 4-18 中，在深圳联通机房的一台服务器上部署了 Nginx 作为反向代理服务器。广东地域相关联通客户访问这台深圳代理服务器的速度肯定能得到保障，同时深圳联通这台机器网络由于直接在主干线路上，所以访问上海电信机房的速度也能一定程度上得到了保障。针对深圳地域访问时有网络问题的客户，在本地 HOST 中将域名解析强制解析绑定指向深圳代理服务器。这样请求都会走向代理服务器，从某种程度上有效提升了访问速度。Nginx 反向代理的核心配置如下：

```
server {
    listen 80;
    server_name qiaobangzhu.cn;
    index index.html index.htm;
    location / {
        proxy_pass http://qiaobangzhu.cn/;
        proxy_set_header Host $host;
        proxy_set_header X-Real-IP $remote_addr;
        proxy_set_header X-Forwarded-For $proxy_add_x_forwarded_for;
    }
}
```

此外，需要在代理服务器上，在 HOST 中配置强制将 qiaobangzhu.cn 的 IP 解析至上海电信机房的源 IP。这样在深圳的客户访问 Nginx 反向代理服务器时，能及时将请求转发至最终目标服务器。

之所以把 LVS 称为负载均衡而不是反向代理，是因为 LVS 的以下特性：

- 在转发客户端请求的过程中，只建立了“一次连接”，对客户端请求数据包只做纯转发。
- 与后端服务器只能在一个 VLAN 中，不能跨 VLAN。

由以上两点可以看到，LVS 单纯只做分流转发，只具备负载均衡的功能。

2. 演变二：正向代理

既然说到反向代理，还有个正向代理不可不知，它也是七层的应用场景。正向代理和反向代理的应用场景与 SNAT 和 DNAT 很类似，主要是底层原理不一样。

反向代理与 DNAT： DNAT 主要来做端口映射，LVS 四层的负载均衡和四层的 DNAT，就如同七层的负载均衡和七层的反向代理。当访问目标服务器的 80 端口时，会在内核层修改目标 IP 和端口并转发给到后端服务器。如果后端仅有一台服务器，这时候我们称之为 DNAT（端口映射）；但如果后端有多台服务器，就称之为负载均衡。DNAT 和反向代理在实际运用中也是应用得非常广泛的。比如，想在家里远程登录公司内网的一台电脑，那么可以在路由器上设置端口映射，我们只需要访问公司固定公网 IP+ 对应端口，即可访问公司内部的电脑。在云端则可以设置对应 DNAT 来访问后端某台内网 ECS 上的端口应用。相比于 DNAT，反向代理在云端应用得更加广泛。几乎所有的 Web 类应用都会在 ECS 前面挂上七层 SLB（具体实践见第二篇中的负载均衡相关章节）。

正向代理与 SNAT： 可以通过一台有公网的代理机将几台内网机器对公网的请求转发出来，实现内网机器对公网的访问。这是正向代理和 SNAT 的核心功能，只不过正向代理主要是七层的 HTTP 代理。即一般我们要在客户端的浏览器中主动设置代理 IP，且只能通过代理访问 Web 网站。比如，我们想发个邮件或登录客户端 QQ 是不行的，而 SNAT 一般会将客户端中的网关配置为代理服务器的 IP。这时不仅能访问 Web 网站应用，其他互联网的应用访问都没问题。所以可以看到，SNAT 在企业级应用中非常普遍，基本上在公司内网网络（有个独立 IP）都是通过 SNAT 方式共享上网的。在云端实践中，为了安全性，我们不可能给每台服务器都开公网，所以 SNAT 在云端的应用也是非常广泛的。但正向代理在云端很少应用。一般在内部企业中，限制员工只能访问特定网页的时候应用。

正向代理和反向代理的具体区别如图 4-19、图 4-20 所示。

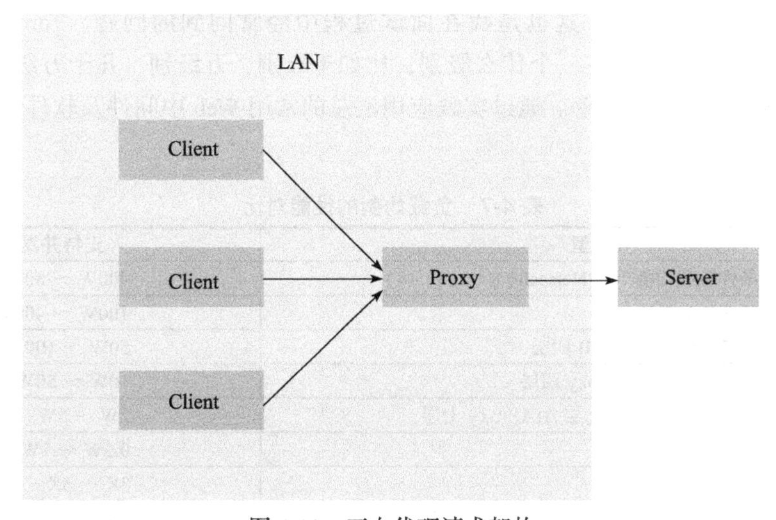

图 4-19 正向代理请求架构

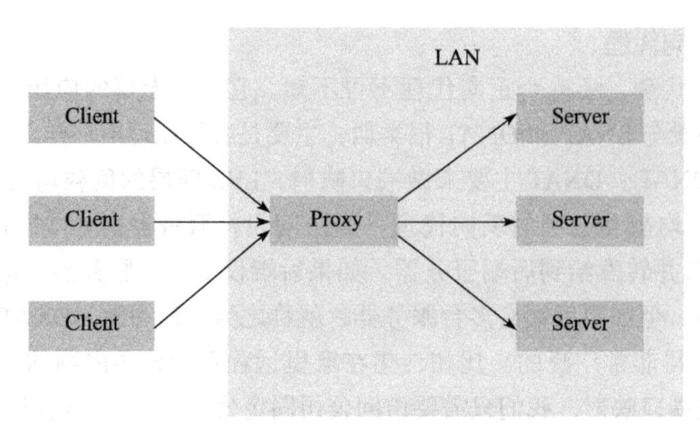

图 4-20 反向代理请求架构

正向代理中，Proxy 和 Client 同属于一个 LAN，对 Server 透明，需要客户端主动配置代理 IP 和端口。而在反向代理中，Proxy 和 Server 同属于一个 LAN，对 Client 透明，不需要客户端进行配置。实际上，对比正向代理和反向代理中的 Proxy，其所做的事情都是一样的，都是代为转发请求和响应。

4.3.4 性能方面：负载均衡隐藏的性能秘密

负载均衡的应用所能承受的性能是决定我们选择使用什么样量级性能的负载均衡非常重要的因素。在云端 Web 服务器选型的部分也跟大家介绍了一个采用 Apache 做负载均衡的失败案例，其失败原因，一方面是我当时刚参加工作，经验较少，正好看到 Apache 有这方面功能就用了。另一方面，本质上来说还是我对负载均衡底层原理、性能方面掌握不足。在负载均衡的分类部分已跟大家详细介绍了不同负载均衡的底层原理，并进行了对比，相信大家已对不同类型的负载均衡性能有了一定的概念。

关于负载均衡的性能，这也是我在面试过程中经常问到的问题。Tomcat、Apache、Nginx、LVS 的抗并发能力在一个什么级别，比如千级别、万级别、几十万级别？实际上，90% 的人对这个问题并不了解。通过实践应用汇总的常用 Web 中间件及软件负载均衡的抗并发能力级别如表 4-7 所示。

表 4-7 负载均衡的性能对比

类型	支持并发
硬件负载均衡（F5/Netscaler）	400W ～ 800W
LVS DR 模式	100W ～ 400W
LVS NAT 模式 /SLB 四层	50W ～ 100W
Nginx 四层 /HAProxy 四层	10W ～ 50W
SLB 七层 /Nginx 七层 /HAProxy 七层	2W ～ 5W
IIS	0.5W ～ 1W
Apache	3K ～ 5K
Tomcat	1K

无可厚非的是，硬件负载均衡在抗并发能力及稳定性方面是最强的。虽然它的性能是最好的但同时也是最贵的，售价几万元到几十万元不等。

LVS 工作在内核空间，用于处理客户端请求仅“一次连接”，单纯进行网络数据包流量转发，对 CPU 和内存消耗极低，基本上抗并发的能力取决于具体的网络带宽，其性能基本上跟硬件负载均衡媲美。

而 Nginx/HAProxy 工作在用户空间，用于处理客户端请求需要“二次连接”，并且对 CPU 及内存有性能要求。相较而言，LVS 在内核层对性能的要求极低，与 Nginx/HAProxy 根本不是一个层次。

Nginx/HAProxy 的四层相比于 Nginx/HAProxy 的七层，转发效率更高，也没有七层 Rewrite 等复杂逻辑处理，所以性能上更胜一筹。

虽然都说 Nginx 是个轻量级，但对性能消耗很低，这仅仅是相比于 Apache、IIS、Tomcat、PHP 等 Web 服务器及中间件而言。在 LVS 面前，面对几十万的高流量并发，Nginx/HAProxy 全无法承载。

而 IIS、Apache、Tomcat 服务器都是 Web 服务器，底层基于 Select 网络模型，擅长进行逻辑处理，适合处理 Web 类请求应用，不适合高并发场景，基本上极限并发能力在千这个量级别。而 Nginx/HAProxy 底层基于 Epoll 网络模型，擅长进行网络流量转发及 I/O 处理，所以适合高并发场景。Tomcat 是一个轻量级的 Java 容器，默认不配置优化，能支持百以内的并发连接。优化了 Tomcat 的配置文件 server.xml，Tomcat 能支持 1k 左右的并发连接。Tomcat 以单程多线程的模式来应对客户端请求，相比于多进程的 PHP，抗并发能力弱。所以在实际运用中，我们会选择中低配的服务器来跑 Tomcat（推荐选择 4 核 8G），因为中高配的服务器配置，跑单台 Tomcat 太浪费服务器性能配置，除非在中高配的服务器中部署多个 Tomcat（服务器配置相关内容会在第 5 章中进行详细介绍）。

4.3.5　选型方面：云端负载均衡的两种选型

在云端实践中，对负载均衡的选择肯定优先采用阿里云 SLB（“云产品的 8/2 选择原则”）。在具体实际应用中，若对七层有 Rewrite 的需求，或者对四层有更多调度算法等的需求，这时候 SLB 的功能暂时达不到要求，可能需要在 ECS 上搭建 Nginx/HAProxy 四层 / 七层负载均衡。但在云端实践中，SLB 的四层 / 七层基本上满足日常 80% 的需求。所以云端负载均衡的选型，基本上也就是云端负载均衡 SLB 的选型。那么，什么时候选择七层、什么时候选择四层呢？如表 4-8 所示。

表 4-8　SLB 的两种类型选择场景

SLB 类型	协议	场景
四层	TCP/UPD	Web 类：Nginx、Apache、IIS、Tomcat 或自行研发的 HTTP 服务的负载均衡
		TCP 类：Redis、MySQL、Memcache、MongoDB、LDAP 或自行研发的 TCP 服务的负载均衡
		UDP 类应用
七层	HTTP/HTTPS	Web 类：Nginx、Apache、IIS、Tomcat 或自行研发的 HTTP 服务的负载均衡

在 TCP 类服务中，对于负载均衡，我们只能选择四层负载均衡。

在 HTTP 类的 Web 服务中，既能选择四层也能选择七层。这里选型的区别如下：

如果需要虚拟主机的七层负载均衡（SLB 中叫虚拟服务器组），我们只能选择七层负载均衡。但这部分需求在七层负载均衡使用场景中只占比 20%。事实上，在 80% 的企业级 HTTP 负载均衡应用中，只有单纯转发的功能，没有对虚拟主机的转发需求。所以这里优先选择的不是七层，而是四层（相关内容将在第 7 章中进行详细介绍）。因为四层在性能方面更加强悍，在应用入口采用四层负载均衡进行分流是标准且成熟的企业级架构。

如果需要前端 SLB 挂证书 SSL，也就是 HTTPS，那么只能选择七层负载均衡。但这种架构在电商高流量高并发的场景下也会出现力不从心的性能问题，还是建议前端采用四层负载均衡，证书放在后端 ECS 中的 Nginx 进行配置。但是在常规的中小型 Web 应用中，这方面的性能等是完全没问题的。

4.4 云端存储的四种类型

在云端有很多存储类云产品，最为常见的就是云盘、OSS、RDS，还有 NAS、共享块存储等相应存储类产品。相应存储类的云产品本质上还是为了解决数据持久化的问题，所以需要用到存储类的产品。存储的数据结构类型也决定了我们选择什么样类型的存储类产品。数据的结构类型一般有以下 3 种。

- 结构化数据：类似包含预定义的数据类型、格式和结构的数据，常见的如关系型数据库中的数据表里的数据。
- 半结构化数据：具有可识别的模式并且可以解析的文本数据文件，比如 XML 数据文件、JSON 数据文件。
- 非结构化数据：顾名思义，没有固定结构的数据。通常为不同类型的文件，比如文本文档、图片、视频、日志文件、代码文件等。

根据以上 3 种数据结构，云端存储的产品类型主要分为以下两大类：

- 数据库类云产品（主要为云 RDS、云 MongoDB、云 Redis、云 Memcache）主要用于解决结构化数据及半结构化数据的持久化存储的问题。
- 块存储（云盘）、共享块存储（共享云盘）、共享文件存储、OSS 对象存储主要用于解决非结构化数据的持久化存储的问题。

数据库选型的内容后面会详细介绍，下面主要介绍非结构化数据的持久化存储，以及选择块存储（云盘）、共享块存储（共享云盘）、共享文件存储、OSS 对象存储的对应场景。

4.4.1 类型一：块存储

块存储是阿里云为云服务器 ECS 提供的块设备（云盘），高性能、低时延，满足随机读写，您可以像使用物理硬盘一样格式化并建立文件系统来使用块存储。

云盘主要解决非结构化数据持久化存储的问题，在云端云盘主要分为系统盘和数据盘两种类型，这决定了云盘存储数据的应用场景：

- 系统盘主要存储操作系统所要运行的文件及日志。
- 数据盘可以存储 Java/PHP/Python 等代码文件，也可以存储图片、音视频、日志等文件。

云盘在云端的应用方面，一般大家最为关心的话题有如下两个。

1. 云盘的备份

云盘的三副本技术（底层基于网络存储的分布式文件系统）能保障数据的高可靠性。数据在同一地域不同可用区（不同机房）多份存储冗余，不用担心底层由于物理硬件的问题而丢失数据，并且基于底层多副本冗余，云盘还提供了快照、镜像（主要针对系统盘）的备份，这让磁盘的备份更加方便灵活。底层的多副本冗余 + 快照 / 镜像的备份，基本上满足了企业级对磁盘数据备份的绝大多数需求。至于怎么基于云盘来进行进一步的应用层方面的数据备份，将会在第二篇中进行详细介绍。

2. 云盘的性能

早期，阿里云底层虚拟化基于 XEN，同时支持 5000 台物理机集群。但由于底层 XEN 技术的限制，虚拟出的 ECS 在 I/O 隔离、I/O 性能等方面都很差。80% 用户都表示 I/O 性能太低，甚至速度还没有自己的 U 盘快。对于最原始的普通云盘类型，I/O 确实无法得到保障。

云诀窍

我们在做普通云盘性能压测的时候，发现普通云盘的 I/O 低主要体现在磁盘写入 I/O 方面，其实数据的读取速度基本上能满足需求。

官方为了解决这一问题，折中推出了本地磁盘类型的云盘产品。即基于 ECS 云服务器所在物理机（宿主机）的本地硬盘设备，其底层仅采用 RAID10 来保障数据可靠性。由于本地磁盘其实就是物理磁盘，没有云平台的高可靠性的特点，某种程度上来说，这款产品的推出就是在走传统 VPS 虚拟机的套路。由于整个飞天系统底层技术架构的限制，只能以此来满足绝大部分用户对 I/O 的诉求。

云诀窍

云端本地磁盘推出的时候，我们也做了性能压测。主要是因为有用户希望在云端部署 Oracle，但又对云盘的 I/O 性能比较担心。当初 ECS 还只能挂载 4 个数据盘，我们

100GB×4 块本地磁盘 + LVM 虚拟出一块逻辑卷给 Oracle 做 data 目录，并进行了 Oracle 数据同时写入、删除、更改、查询的模拟压测，Oracle 的 IOPS 性能能达到 5 万左右。这时候服务器负载已经很大了，不过总体来说性能压测结果还比较不错的。

随着 KVM 的推出，当前阿里云基于 KVM 自主研发的飞天系统已经支持两万台物理机进行集群。在磁盘 I/O 上，推出高效云盘、SSD 云盘，彻底解决了之前云盘 I/O 低的问题，并且成为当前云盘默认的主流标配产品。

云盘的性能对比汇总如表 4-9 所示。

表 4-9 物理盘与云盘的性能对比

磁盘类型	最大写入速度	最高写入 IOPS	性能备注
U 盘	20 ～ 30Mbps	数百（但很稳定）	IOPS：数百（还很不稳定）
普通云盘	30 ～ 40Mbps	数百（还很不稳定）	
笔记本	80Mbps	—	
高效云盘	140Mbps	5 000	5000
本地磁盘 / 物理磁盘	100 ～ 200Mbps	8 000	7200 转 /1 万转 /1.5 万转
SSD 云盘	300Mbps	25 000	最大 IOPS：2W
SSD 硬盘	400 ～ 500Mbps	—	固态硬盘的速度一般是机械硬盘的速度的两倍以上
ESSD 云盘	4 000Mbps	1 000 000	

不同云盘的单路随机写访问时延如下：

- ESSD 云盘：0.1 ～ 0.2ms；
- SSD 云盘：0.5 ～ 2ms；
- 高效云盘：1 ～ 3ms；
- 普通云盘：5 ～ 10ms。

4.4.2 类型二：共享块存储

ECS 共享块存储是一种支持多台 ECS 实例并发读写访问的数据块级存储设备，即常规云盘只支持同时挂载在一台 ECS 上，但共享块存储支持同时挂载在多台 ECS 上。共享块存储产品专为企业级客户的核心业务高可用架构而设计，主要是为了解决 Shared-Everything 架构下对块存储设备的共享访问场景，比如政府、企业和金融行业常用的 Oracle RAC 数据库高可用架构、服务器 High-Availability Cluster 的高可用架构等，其应用场景比较单一。

共享块存储产品本身并不提供集群文件系统，需要自行安装集群文件系统来管理共享块存储。如果只是将共享块存储挂载到多台 ECS 实例，依旧使用常规文件系统来管理时，会造成磁盘空间分配冲突和数据文件不一致两个问题。具体如下：

（1）磁盘空间分配冲突

如果一块共享块存储挂载到多个实例上，当实例 A 写文件时，会查询文件系统和可用的磁盘空间，文件写入后会修改实例 A 上的空间分配记录，但不会修改其他实例的记录。因此，当实例 B 写入文件时，可能会对实例 A 已经分配出去的磁盘空间进行再次分配，造成磁盘空间分配冲突。

（2）数据文件不一致

当实例 A 读取数据并将其记录在缓存中时，实例 A 上另一个进程来访问同样的数据就会直接从缓存中进行读取。但如果此时实例 B 修改了该数据，而实例 A 并不知道，其依旧会从缓存中读取数据，从而造成业务数据不一致。

正确使用共享块存储的方式是采用集群文件系统进行块设备的统一管理，如 GFS、GPFS 等。典型的 Oracle RAC 业务场景中推荐采用 ASM 统一管理存储卷和文件系统。

4.4.3　类型三：共享文件存储

云端 Linux 系统下的 NFS（Network File System）服务，Windows 系统下的 SMB（Server Message Block）服务，以及阿里云文件存储 NAS（Network Attached Storage）产品，都是共享文件存储，也叫共享文件系统存储。相比于共享块存储，共享文件存储的应用场景就非常广泛了，它们有以下共同特点：

- 共享访问：允许网络中的计算机之间通过 TCP/IP 网络共享资源，在共享文件存储的应用中，本地客户端应用可以透明地读写位于远端服务器上的文件，就像访问本地文件一样。相比于共享块存储，共享文件存储是基于网络 + 文件系统级别的共享。而共享块存储是基于网络 + 块存储级别的共享，类似磁盘 ISCSI 技术。虽然实现效果都是共享，但本质原理有所不同。
- 强一致性：即任何对文件的修改成功返回后，后续的访问会立即看到该修改的最终结果。这是和共享块存储最大的不同，共享块存储需要通过集群文件系统保障数据读写的强一致性。

在云端使用共享文件存储（NFS/SMB/NAS）的典型应用场景如下：

- 负载均衡中的典型场景：使用负载均衡 + 多台 ECS（如 Web 服务器）部署的业务。多台 ECS 需要访问同一个存储空间，以便多台 ECS 共享数据。
- 代码共享场景：多台 ECS 应用，部署的代码一致。我们可以将代码放在同一个存储空间，提供给多台 ECS 同时访问。代码的集中管理也极大地节省了维护管理成本。
- 日志共享场景：多台 ECS 应用，需要将日志写到同一个存储空间，以方便做集中的日志数据处理与分析。
- 企业办公文件共享场景：企业有公共的文件需要共享给多组业务使用，需要集中的共享存储来存放数据。类似 FTP 的应用场景，只不过 FTP 面向公司员工间共享。
- 容器服务的场景：部署的容器服务需要共享访问某个文件数据源，特别是在资源编排的容器服务。对应的容器可能会在不同服务器中进行服务漂移，所以文件共享访问尤为重要。

- 备份的场景：用户希望将线下机房的数据备份到云上，我们可以通过跨地域远程挂载文件系统来存储数据备份。只不过这里需要借助 VPN 网关或者 NAT 网关的技术，将 IDC 和云端网络打通或者进行映射。具体实践可参考第 8 章中的内容。

在云端的 NAS 产品出来之前，我们一直是在 Linux 下自行搭建 NFS 服务来满足对共享文件存储的需求。虽然在 ECS 中搭建 NFS 服务是非常容易的，只需要简单的几行配置，但有一个始终困扰着我们的问题，那就是高可用的问题，即只要 NFS Server 一宕机，那么所有 NFS Agent 都没办法读取共享的文件。在传统的 IDC 应用中，可以采用 DRBD（Distributed Replicated Block Device 分布式复制块设备）+ NFS + Keeplived 技术来保障 NFS 的高可用，避免单点故障。但由于保障 NFS 高可用的技术较为复杂和烦琐，且实现成本较高，所以基本上使用 NFS 时都不会额外采用高可用方案（算是使用 NFS 默认的规则）。再加上云端不支持虚拟 VIP 的技术，自然也不支持 Keeplived，这就导致云端自建 NFS 的高可用不能通过技术手段得到保障。但云端 NAS 产品的出现彻底解决了传统自建 NFS 服务的这个问题。虽然产品刚刚出来，NAS 的 I/O 性能确实不尽如人意。但其具有的特性，免去 NFS 服务的自建维护，我们相信，随着后续产品的优化，NAS 的 I/O 性能也会逐步得到改善，这使得我们在云端共享文件存储中将其作为默认的选择。

4.4.4 类型四：对象存储

与块存储和文件存储管理数据的方式不同，对象存储是以对象的形式管理数据的。对象和文件最大的不同就是在文件的基础之上增加了元数据。一般情况下，对象分为 3 个部分：数据、元数据以及对象 ID。对象的数据通常是无结构的数据，比如图片、视频或文档等；对象的元数据则指的是对象的相关描述，比如图片的大小、文档的拥有者等；对象 ID 则是一个全局的唯一标识符，是用来区分对象的。

在实际应用中，分布式文件系统实现了对象存储，如常见分布式文件系统 GFS（Google File System）、MFS（MooseFS）、HDFS（Hadoop 分布式文件系统）、TFS（Taobao File System）等。阿里云对象存储服务（Object Storage Service，OSS）底层就是基于淘宝的开源分布式系统 TFS。

相比于块存储和文件存储，使用对象存储（分布式文件系统）访问数据有很大不同。它可以通过 RESTful API 接口对对象进行访问操作，并且可以用 HTTP 动词（GET、POST、PUT、DELETE 等）描述操作。虽然在云端提供了 OSSCMD/OSSUTIL 等一系列的工具，方便用户快捷地操作 OSS 中存储的数据，但这些工具本质上还是基于分布式文件系统的 RESTful API 接口的，并不能像块存储、文件存储访问本地磁盘数据那么方便。

所以我们可以看到分布式文件系统有如下应用特点：

- 对象存储主要应对的是海量数据存储，不必担心存储容量空间的问题，并且能应对高并发的场景。而块存储和文件存储都存在容量空间扩容的问题，因此在高并发场景下性能较差，所以可以看到对象存储偏向大型应用。

- 由于对象存储是通过 RESTful API 接口对对象进行访问操作的，所以需要通过编码来实现，才能把对象存储引入业务系统中。这会造成较大的编码成本，建议慎用。在中小型规模的应用中，不推荐使用。

阿里云对象存储 OSS 虽然底层也是基于分布式文件系统的，但是定制了许多功能特性。其结合 OSSCMD/OSSUTIL 等一系列工具，进一步降低了 OSS 的使用门槛。这使得 OSS 相比传统分布式文件系统的应用场景更加广泛，主要使用场景如下：

- 图片和音视频等应用的海量存储：OSS 可用于图片、音视频、日志等海量文件的存储。各种终端设备、Web 网站程序、移动应用可以直接向 OSS 中写入或读取数据。OSS 支持流式写入和文件写入两种方式。
- 网页或者移动应用的静态和动态资源分离：利用 BGP 带宽，OSS 可以实现超低延时的数据直接下载。OSS 也可以配合阿里云 CDN 加速服务，为图片、音视频、移动应用的更新分发提供最佳体验。而 CDN 没办法对块存储和文件存储中的数据直接做静态加速，需要结合 HTTP 服务才能间接对其中的数据进行加速访问。
- 云端数据处理：上传文件到 OSS 后，可以配合媒体和图片处理服务进行云端的数据处理。
- 云端数据备份：可以将 ECS、RDS 的备份或者线下 IDC 的数据很方便地同城或异地备份至 OSS 中。

下面来看看阿里云 OSS 的使用误区。

考虑到存储空间的可扩展性、存储性能等问题，在云端存储文本文档、图片、视频、日志文件等非结构化数据时，都会默认优先使用 OSS，好像 ECS 只适合存储代码文件，更有甚者建议用户去更改代码。

一方面，在实际应用中，90% 的是中小型应用，未来也没有太广阔的业务扩展。要想提升静态资源的访问，直接在前端挂个 CDN 即可，没有必要用 OSS 去做动静分离，后端非结构数据是不是 OSS 存储不重要，只要 CDN 静态回源能去 ECS 中取到这个源数据就可以。

而另一方面，有些陈旧的系统连开发商都找不到了，这时候要花费额外的开发成本去进行二次开发是没有意义的。直接使用 ECS 云盘或者远程挂载 NAS 就能解决问题，没必要去研究及使用 OSS。中小型业务场景不会涉及复杂的分布式系统架构，所以做这个规划没有太大必要。当然，具体技术的使用还是要取决于业务需求及场景。

4.5　云端缓存的两大选型秘籍

在运维实践中，缓存的目的是提升访问性能，这是一种牺牲时间换取性能的技术。以前要获取数据时，直接去数据源获取即可。有了缓存后，想要获取数据，先去缓存获取，如果缓存中有，则直接返回；如果缓存中没有，则去后端数据源中取，并将取回的数据存放至缓存中，以方便下次请求访问。可以想见，直接去缓存中获取数据，省去了对后端数据源进行复杂逻辑处理后再获得数据的步骤，其性能得到了很大提升。但弊端是，缓存中的数据都有时效性，比如 5 分钟、1 小时等，即 5 分钟、1 小时内，缓存中的数据都是一样的，并不是实时最新的。所以在对数据一致性、实时性要求较高的业务场景下，并不适合做缓存。

那么在什么时间点需要考虑缓存介入来提升性能呢？这里建议参考一下"I/O 5 分钟法则"，我觉得其在缓存领域也非常适用："即如果一条记录频繁被访问，就应该考虑放到缓存里。否则的话，客户端就按需要直接去访问数据源，而这个临界点就是 5 分钟。"

缓存的类型主要分为前端缓存和后端缓存，而前端缓存的应用就是静态缓存，大家熟知的 CDN 就是前端静态缓存的典型代表。而后端缓存的应用又分为动态请求（如 ASP、PHP、JSP）缓存和数据库热点数据缓存。

4.5.1 秘籍一：云端静态缓存唯一的选型

静态缓存，一般是指 Web 类应用中，将 HTML、JS、CSS、图片、音视频等静态文件 / 资源通过磁盘 / 内存等缓存方式提高资源响应速度，减少服务器压力 / 资源开销的一项缓存技术。

1. 静态缓存常用技术

静态缓存的实现技术主要有 Squid、Varnish、Nginx。Squid 是一个代理缓存服务器，它支持 FTP、Gopher、HTTPS 和 HTTP 协议。而 Varnish 也是一款代理缓存服务器，只不过它只支持 HTTP 代理缓存。相较于 Squid，Varnish 的功能虽然不多，但 Varnish 的精简，也是其最大的性能优势。Nginx 的静态缓存需要第三方模块来完成，只能满足基本缓存需求。不过 Nginx+Memcache 的组合，使其和 Squid、Varnish 都具备了专业的静态缓存功能。Squid、Varnish、Nginx 三者的功能特性对比如表 4-11 所示。

表 4-10 Squid、Varnish、Nginx 缓存功能特性对比

软件	存储模式	性能	配置复杂度	功能	purge 效率
Squid	硬盘	普通：不支持多核	普通	多，支持 ACL 角色控制，也支持 ICP 缓存协议	低
Varnish	硬盘 / 内存	高：多核支持，内存缓存模式，性能强	简单	少，不支持集群，支持后端存活检查	低
Nginx+Memcache	内存	高：多核支持，数据存放 Memcache 中（内存），性能强	需要编程	多，七层无所不能，丰富的插件可以充当多角色服务器	高

单纯做静态缓存的话，Varnish 技术上的优势要高于 Squid。Varnish 采用了 Visual Page Cache 技术，对内存的利用更佳，它避免了 Squid 频繁在内存、磁盘中交换文件，性能要比 Squid 好很多。有一个经典案例：挪威最大的在线报纸 Verdens Gang 使用 3 台 Varnish 代

替了原来的 12 台 Squid，其性能比以前更好。不过 Squid 在七层其他功能上有优势，它和 Nginx 都支持正向代理、ACL 权限控制等功能，这是 Varnish 所欠缺的。

2. 云端静态缓存选型

说到这里，不得不提 CDN 了，从技术层面来看，CDN 的静态缓存核心技术就是 Squid/Varnish/Nginx 等缓存方案的体现，只不过 CDN 将静态缓存的技术产品化、服务化了。

CDN 的技术手段是通过 DNS 智能解析 + 静态缓存来实现的，功能方面就是将内容提供商的静态资源数据以最快捷的方式分发到离用户尽可能近的地方与用户进行交互，以节省内容重复传输的时间。“互联网高速公路的最后一公里”正是对 CDN 的形象描述。

在传统 IDC 的模式中，出于费用、维护等方面的考虑，我们一般都是通过 Squid/Varnish/Nginx 与业务应用搭建静态缓存。在云计算模式中，现在 CDN 已经是按需付费的模式。一键配置、低成本高效率的优势，使得云计算模式下的静态缓存可以使用 CDN 解决静态缓存的所有需求。在云端大量的实践中，我们已经很难看到有客户应用还自行搭建 Squid/Varnish/Nginx 等静态缓存的案例了，CDN 在云端实践中几乎已成为静态缓存的代名词，也成为云端静态缓存选型的唯一选择。不过面对大型应用，我们还需要在后端使用二级缓存进一步保障系统稳定性，如图 4-21 所示。

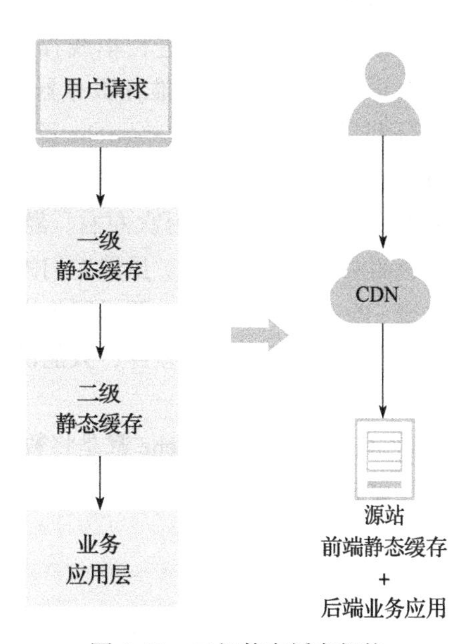

图 4-21　二级静态缓存架构

有的读者可能会疑惑，为什么前端已经有了 CDN 缓存，这里还需要自己再架设一层 Web 缓存呢？的确，在中小型常规业务中没有必要，但做过高并发高流量项目的人应该会发现，后端 NFS 文件服务器的 I/O 压力是巨大的（主要是用 CDN 回源请求来更新 CDN 缓存中的数据），有时甚至会发生拒绝提供服务器的现象。这层二级缓存可以起到加速后端 Web 服务器响应及降低 NFS（或本地存储）文件服务器磁盘 I/O 压力的作用。

4.5.2　秘籍二：云端动态缓存唯一的选型

相比前端缓存的静态缓存，后端缓存的动态缓存，主要是指动态类数据的缓存，包括以下两个类型：

- 动态页面的缓存。例如，对 .do、.jsp、.asp/.aspx、.PHP、.js(nodejs) 等动态页面进行缓存。
- 对数据库频繁访问查询的热点数据内容进行缓存。

静态缓存主要解决了网络带宽压力、服务器 I/O 压力等性能问题，而应用动态缓存的技术主要是为了减少对数据库的压力。动态缓存是典型的牺牲数据的实时性换取性能的技术。如果业务对数据的实时性要求不太高，且业务访问量又很大，那么这时候特别适用采用动态缓存。比如新闻、论坛帖子文章，一方面内容发布后很少更新，且数据实时性要求不高，一些高访问量的新闻、帖子，我们就可以采用动态缓存。在动态缓存应用中，最为重要的就是缓存时间。缓存时间不宜设置过长，否则这段时间内，客户端访问的都是缓存数据；也不宜设置过短，否则就不能有效抵挡压力。所以具体情况还是需要根据实际业务请求压力，以及用户能承受多长时间的数据差异而定。

1. 动态缓存常用技术

动态缓存的实现技术普遍采用 Memcache、Redis。它们都是一款基于内存的 Key/Value 数据库。两者的对比如下：

（1）性能方面

Redis 采用的是单进程单线程模式，对 CPU 的利用不够理想，只能跑满单核（在第 5 章会详细介绍 Redis 的推荐服务器配置）。而 Memcached 采用的是单进程多线程模式，能充分利用多核 CPU。Memcache 源码仅有两千多行，相比于 Redis 有复杂的集群模式等，Memcache 要轻量级得多。但由于两者都是基于内存的，因此速度方面没有可比性，都是每秒能在内存中操作 10 万次左右。经常看到大家做压测对比 Redis、Memcache，对比高并发来检测两者的访问内存。虽然它们的底层原理、运行模式有很大差异，但是这个访问速度的对比，没有太大意义。主要是因为它们的应用场景都是基于内存操作，对内存的操作速度差异不大，如果真有很大差异，只能说明访问慢的那款软件底层源码出 BUG 了。

（2）功能方面

- ❑ Redis 和 Memcache 都是将数据存放在内存中，都是内存数据库。
- ❑ Redis 不仅支持简单的 String 类型数据结构，同时还提供 LIST、SET、HASH 等数据结构的存储。

（3）持久化方面

Memcache 不支持，Redis 支持 RDB/AOF 将内存数据保存在磁盘内。

（4）分布式方面

Memcache 需要在代码层通过 HASH 算法进行分布式，而 Redis 自带主从、分片集群策略。

2. 云端动态缓存选型

在云端，我们不需要在 ECS 上自行搭建 Memcache 及 Redis，云数据库 Memcache 版、云数据库 Redis 版能直接解决我们对内存数据库的诉求。云数据库 Memcache 版、云数据库 Redis 底层是基于 Tair 实现的，Tair 是由淘宝网自主开发的 Key/Value 结构的数据存储系统。Tair 有 4 种引擎：MDB、RDB、KDB 和 LDB，分别对应 4 种开源的 Key/Value 数据库：

MemcacheDB、Redis、Kyoto Cabinet 和 LevelDB。

云数据库 Memcache 版、云数据库 Redis 版基本上解决了高可用、持久化、性能等方面的问题。即我们无须担心 Redis、Memcache 搭建、高可用、后期扩展等问题。所以对云端动态缓存的选型主要取决于业务应用功能性方面，这也是云端动态缓存选型的唯一考虑。对数据结构和处理有高级要求的应用选择 Redis，其他简单的 Key/Value 存储选择 Memcache。

4.6　云端数据库选型的三个方面

数据是企业的生命，这个数据绝大多数情况下体现在数据库中存储的数据上，即结构化数据。在数据库技术领域，各种数据库如同形形色色的编程语言，让人应接不暇。但万变不离其宗，从 ACID 模型到 CAP 定理再到 BASE 模型，都是数据库发展的基础，更决定了众多数据库的类型划分。

4.6.1　分类方面：数据库的三大分类

1. 数据库的分类及选型依据

CAP 定理（CAP theorem），在 2000 年由 Eric Brewer 教授提出，又被称作布鲁尔定理（Brewer's theorem）。它指出对于一个分布式系统来说，其不可能同时满足以下 3 点。

- Consistency（一致性）：所有节点在同一时间具有相同的数据。
- Availability（可用性）：保证每个请求不管成功或者失败都得到响应。
- Partition tolerance（分区容错性）：系统中任意信息的丢失或失败不会影响系统的继续运作。

根据定理，分布式系统只能满足 3 项中的两项而不可能满足全部项。因此系统架构师不要把精力浪费在如何才能设计出同时满足 CAP 三者的完美分布式系统上，而应该研究如何进行取舍，以满足实际的业务需求。换个角度来讲，同样可以根据业务需求特性，我们对应选择满足 CAP 定理的相应数据库。这是对众多数据库进行分类划分的依据，更是实践中进行数据库选型的重要依据。

2. ACID 模型所带来的"三高"问题

ACID 模型是指在数据库管理系统（DBMS）中，事务（Transaction）所具有的如下 4 个特性。

- Atomicity：原子性；
- Consistency：一致性；
- Isolation：隔离性；
- Durability：持久性。

传统关系型数据库实现了 CAP 定理中的 Consistency（一致性）和 Availability（可用性），

但对 Partition Tolerance（分区容错性）不够支持。关系型数据库在事务方面的特性，让其在业务关键核心数据（如用户信息），特别是金融类领域中是无可替代的。至今，这也是金融领域把 Oracle 关系数据库作为标配的重要原因。但关系型数据库对集群的 Sharding（分片）支持极弱，如 Oracle、MySQL、SQL Server 等典型的关系型数据库，并没有 MongoDB、Redis 对应的 Sharding（分片）集群功能。

随着互联网 Web2.0 网站的兴起，以及大数据和云时代的到来，传统关系型数据库面对“性能”问题已经力不从心，暴露了很多难以克服的性能“三高”问题。

- 对数据库高并发读写的需求：关系型数据库中的经典主从架构已经远远满足不了读写高并发需求，特别是在高并发写方面的需求。
- 对海量数据的高效率存储和访问的需求：面对 TB 和 PB 级别的数据存储，关系型数据库根本力不从心。
- 对数据库的高可扩展性和高可用性的需求：关系型数据库的集群模型只是解决了架构在垂直扩展方面的问题，但根本不能解决通过水平横向扩展添加机器来解决扩展性的问题。

3. BASE 模型及非关系型（NoSQL）数据库的发展

BASE 的英文意义是碱，而 ACID 是酸，可以看到 BASE 和 ACID 是对立的。那什么是 BASE 模式呢？它具有以下特性。

- Basically Availble：基本可用；
- Soft-state：软状态；
- Eventual Consistency：最终一致性。

由此可以看到，BASE 模型是反 ACID 模型的，它完全不同于 ACID 模型。BASE 思想主要强调基本的可用性，支持分区失败，允许状态在一定时间内不同步，保证数据达到最终一致性即可。所以 BASE 模型也是对 CAP 定理的实现，实现了 CAP 定理中的 Availability（可用性）和 Partition tolerance（分区容错性），弱化了 Consistency（一致性）。

关系型数据库所带来的“三高”问题，奠定了在云时代非关系型（NoSQL）数据库的发展。而非关系型（NoSQL）数据库，除了实现 CAP 定理的 AP 外（也可以称为 BASE 模型），也实现了 CAP 定理中的 CP（Consistency（一致性）和 Partition Tolerance（分区容错性），但对 Availability（可用性）支持不足）。从中可以看到，不管是 AP 还是 CP，其中都有个字母 P。这是因为对于分布式存储系统而言，分区容错性（P）是基本需求。即 NoSQL 数据库中，集群（Sharding）分片的功能是常态。非关系型数据库的水平横向分片（Sharding）功能（能够单纯通过增加机器解决存储扩容、高并发读写的性能问题），解决了关系型数据库中的垂直纵向扩展（比如主从、Cluster 集群都是垂直扩展，不能通过一直加机器解决性能问题）带来的性能问题。

4. 数据库的三大分类

根据 CAP 定理，我们将数据库进行了分类汇总，如表 4-11 所示，这也是我们根据业务需求进行数据库选型的重要依据。

表 4-11　数据库的三大分类

分类	实现原理	实践
关系型数据库（ACID 模型）	CAP 定理中的 CA	关系型数据库三剑客：Oracle、MySQL、SQL Server
BASE 模型	CAP 定理中的 CP	CP 实践：BigTable、HBase、MongoDB、Redis、MemcacheDB、Berkeley DB、InfluxDB、OpenTSDB 等
非关系型数据库	CAP 定理中的 CP（也可以称为 BASE 模型） CAP 定理中的 AP	AP 的实践：Dynamo、Tokyo Cabinet、Cassandra、CouchDB、SimpleDB 等

5. 常见的热门数据库

对于常见的热门数据库，我们可以参考 DB-Engines（链接地址：https://db-engines.com/en/ranking）的全球数据库流行度排行榜。它对 343 个数据库进行了排名，这里取 2019 年 1 月的排行榜结果的前 20 名作为参考，如图 4-22 所示。

343 systems in ranking, January 2019

Rank			DBMS	Database Model	Score		
Jan 2019	Dec 2018	Jan 2018			Jan 2019	Dec 2018	Jan 2018
1.	1.	1.	Oracle	Relational DBMS	1268.84	-14.39	-73.11
2.	2.	2.	MySQL	Relational DBMS	1154.27	-6.98	-145.44
3.	3.	3.	Microsoft SQL Server	Relational DBMS	1040.26	-0.08	-107.81
4.	4.	4.	PostgreSQL	Relational DBMS	466.11	+5.48	+79.93
5.	5.	5.	MongoDB	Document store	387.18	+8.57	+56.24
6.	6.	6.	IBM Db2	Relational DBMS	179.85	-0.90	-10.43
7.	7.	↑9.	Redis	Key-value store	149.01	+2.19	+25.88
8.	8.	↑10.	Elasticsearch	Search engine	143.44	-1.26	+20.89
9.	9.	↓7.	Microsoft Access	Relational DBMS	141.62	+2.10	+14.92
10.	10.	↑11.	SQLite	Relational DBMS	126.80	+3.78	+12.54
11.	11.	↓8.	Cassandra	Wide column store	122.98	+1.17	-0.89
12.	12.	↑15.	Splunk	Search engine	81.43	-0.76	+17.42
13.	↑14.	↑17.	MariaDB	Relational DBMS	78.82	+1.56	+20.52
14.	↓13.	↓12.	Teradata	Relational DBMS	76.19	-2.98	+3.56
15.	15.	↑18.	Hive	Relational DBMS	69.91	+2.52	+14.42
16.	16.	↓14.	Solr	Search engine	61.48	+0.13	-2.89
17.	17.	↓16.	HBase	Wide column store	60.39	+0.38	-1.24
18.	18.	↑19.	FileMaker	Relational DBMS	57.15	+0.50	+1.95
19.	19.	↑20.	SAP HANA	Relational DBMS	56.64	+0.33	+10.47
20.	↑21.	↑22.	Amazon DynamoDB	Multi-model	55.09	+0.80	+17.17

图 4-22　热门数据库排行榜前 20 名

从图 4-22 中的前 20 名排名中可以看到以下亮点：

1）Oracle、MySQL、SQL Server 得分持续下滑，Oracle 下滑了 14.39 分，MySQL 下滑了 6.98 分。SQL Server 在近一个月内还算平稳，只下滑了 0.08 分。但特别是相比去年同期，Oracle 下滑了 73.11 分，MySQL 和 SQL Server 更是分别下滑了 145.44 分和 107.81 分。

2）PostgreSQL 领衔持续增长，相比 2017 年同期，2018 年增长 79.93 分。以其卓越表现，蝉联 2018 年度数据库荣誉，或许这将是 PostgreSQL 三连冠的开始。在关系型数据库整体持续下滑而非关系型数据库持续增长的趋势下，PostgreSQL 作为发布于 1989 年的年轻关系型数据库，还能保持这么高的增长，可见是众望所归。PostgreSQL 的主要优点是，基于坚实的 RDBMS 实现（实现了 CAP 定理中的 Consistency（一致性）和 Availability（可用性）），因其稳定性和功能集而倍受青睐。特别是对 JSON 数据类型和运算符的支持，以及在新版本中提高了分布式数据库的性能和支持，让其在数据库领域格外耀眼。

3）MongoDB 紧跟 PostgreSQL 之后，也保持着良好的增长趋势，相比去年同期，增长 56.24 分。MongoDB 作为 2013 年和 2014 年的年度数据库，同时作为最受欢迎的 NoSQL 非关系型数据库，它的热度一直未曾消退。如今，熟悉 MongoDB 已成为研发、运维等技术岗位招聘人才的重要标准，已成为相关技术人员求职加薪的重要技术筹码。MongoDB 的主要优点是面向文档存储，它支持的数据结构是类似 JSON 的 BSON 格式，在使用 MongoDB 的时候，首选要学会忘记 SQL。相较于通过表状的结构来保存数据，文档结构的存储方式能够更加便捷地获取数据。在 MongoDB 中，不用因为增加一个属性而去声明表结构及字段类型，这一优势给我们的业务开发带来了很大便捷性。同时 MongoDB 使用的是内存映射存储引擎，特别是大内存的服务器让其性能更优越，加上提供内置 Sharding+GridFS 出色的分布式文件系统功能，其在海量数据存储、高并发读写的场景下有得天独厚的优势。

4）在 2018 年度数据库排名第三的就是 Redis 了，Redis 是 NoSQL 中最受欢迎的 Key-Value 数据库，主要应用在后端业务数据的缓存中。Key-Value 数据库还有一个被大家熟知的就是 Memcache 数据库，但是我们在前 20 名排名中已看不到它的身影。在 2019 年 1 月的数据库流行度排名中，Memcache 被排在了第 24 名。这主要是因为 Memcache 的功能太单一，只提供简单的 K/V 类型的数据结构，不支持数据库持久化、不支持主从及 Sharding 集群分配功能。而 Redis 在 Key-Value 数据库领域提供丰富的数据结构存储、数据持久化（内存数据保存在磁盘中）、主从及 Sharding 集群的架构功能，故其适用于很多业务场景，几乎取代了 Memcache。

下面给出最近 6 年的年度数据库。

- 2018 年度数据库：PostgreSQL；
- 2017 年度数据库：PostgreSQL；
- 2016 年度数据库：Microsoft SQL Server；
- 2015 年度数据库：Oracle；
- 2014 年度数据库：MongoDB；
- 2013 年度数据库：MongoDB。

下面再来看看数据库排行走势，如图 4-23 所示。

前三名 Oracle、MySQL、SQL Server 作为关系型数据库，得分一直在 1000 分以上。短期内还没有其他数据库可以威胁到它们，依然呈现三足鼎立之势。还记得大学学的数据库这门课程，上机操作练习就是 SQL Server。我在实习做 Java 开发的时候才接触到 MySQL，Java 和 MySQL 作为开源技术在 Linux 系统中应用广泛，不过在 Windows 环境下 Java 调用 SQL Server 的实践也是非常广泛的。

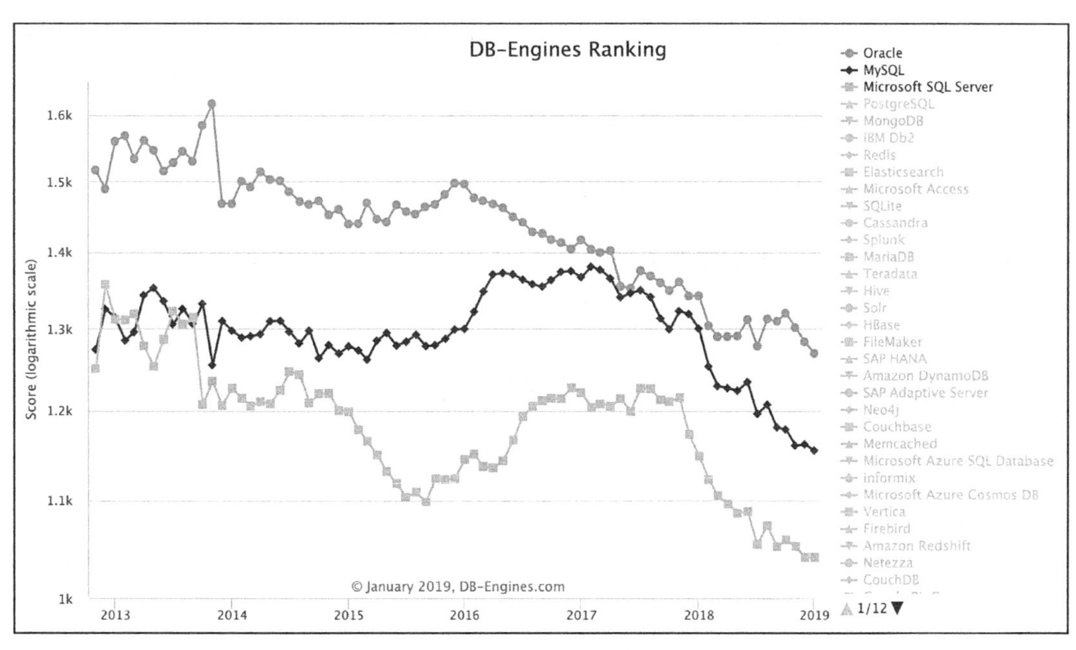

图 4-23　关系型数据库走势

不过结合最近 6 年的趋势，我们可以看到 Oracle、MySQL、SQL Server 得分一路下滑，它们将会迎来寒冬。相对来说，非关系型数据库 NoSQL 却稳健增长，走势要明朗许多，如图 4-24 所示。

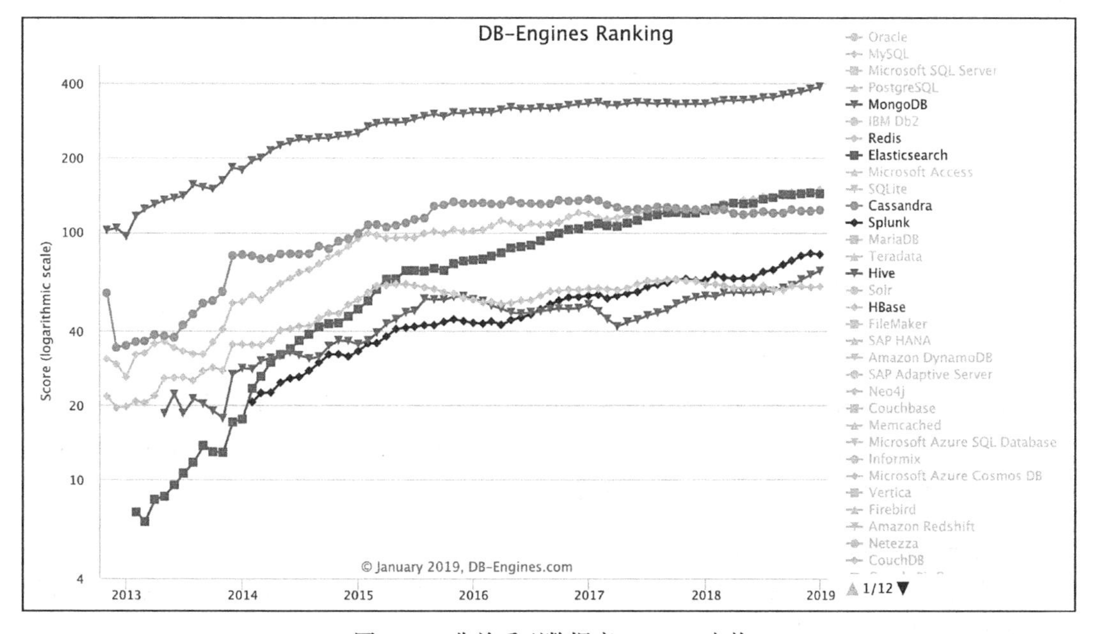

图 4-24　非关系型数据库 NoSQL 走势

根据图 4-24 所示的趋势可以看出前面所言非虚。随着互联网 Web2.0 网站的兴起，也即将进入 Web3.0。传统关系型数据库已满足不了云计算 / 大数据 / 人工智能对海量数据存储及高并发读写的性能需求，而这些也是非关系型数据库（NoSQL）的优势。

4.6.2 性能方面：数据库的性能秘密

在数据库的应用中，数据库能承受的性能是我们选择使用数据库时要参考的非常重要的因素。过高或过低的评估都将直接影响业务系统对外能提供的吞吐量，以及后期业务发展所带来的扩容问题。表 4-12 中的性能参数可作为大家在云端运维架构设计中的参考。相应的性能参数是实践经验总结，不是绝对值，具体情况需要根据业务情况来确定。

表 4-12 数据库性能对比

	Oracle	MySQL	Redis（Key-Value 存储）	MongoDB（文档存储）	HBase（列存储）
单表存储极限	1 亿～ 10 亿	1 亿	无限制	10 亿～海量数据	10 亿～海量数据
QPS	2 万～ 5 万	1 万～ 3 万	10w ～高并发（取决于集群规模）	1w ～高并发（取决于集群规模）	1w ～高并发（取决于集群规模）

在关系型数据库中，单表存储的极限在亿级别。特别是 MySQL，单表存储过亿时，数据查询会异常缓慢。而 Redis、MongoDB、HBase 等非关系型数据库，都支持 Sharding 分区功能，数据存储基本不受限制。在 QPS 方面，关系型数据库的极限在万级别，而非关系型数据库，根据集群规模不同，能轻松应对 10 万级别以上的高并发读写需求。

4.6.3 选型方面：云端数据库选型的两点考虑及一个步骤

1. 数据库选型的两点考虑

进行一个数据库的选型，主要需要考虑如下两点：

- 一是业务侧的背景需求，比如是游戏行业、电商行业还是金融行业，存储的是游戏装备 / 充值记录，还是电商用户订单 / 商品信息，又或者是金融交易数据等。业务侧对数据的结构、未来规划及扩展的需求，决定了我们是选择关系型数据库还是非关系型数据库这一大类别方向。
- 二是运维侧的架构需求，主要表现在数据库的性能及数据库架构扩展能不能满足对业务侧快速发展迭代在数据库存储、性能、扩展方面的需求。即选择对应数据库技术能不能支撑业务的迭代和快速发展。

2. 传统数据库的选型步骤

在实际应用过程中，我们对数据库的选型会经过图 4-25 所示的环节，这些都会影响我们对数据库的选择及考量。

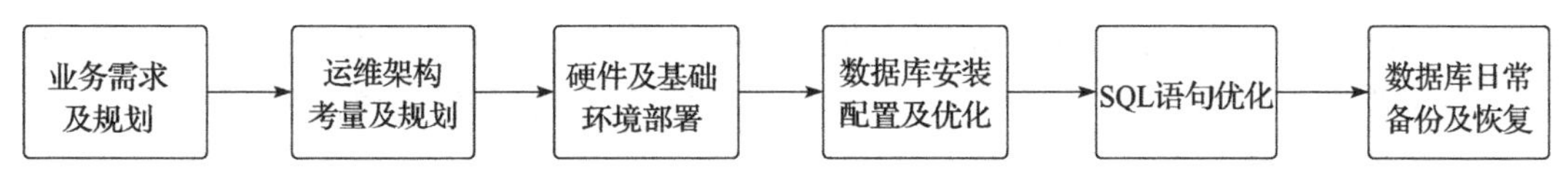

图 4-25　传统数据库选择步骤

业务需求主要对应的是软件代码层面的架构及规划：

- 对数据结构、数据表及集合的规划设计，选择适合业务需求的关系型数据库或者非关系型数据库，满足业务对数据增删查改的需求。
- 需要考虑一些热点数据查询需不需要借助 Key-Value 内存数据库做缓存，从架构上减少数据库压力，提升业务系统的性能效率及稳定性。
- 在代码连接池方面，设计合理的连接池，连接数不宜过大或过小，以免导致后端数据库连接数不释放等性能问题。
- 在一些对数据库高并发的场景加入队列的控制，也是有效减轻对数据库直接压力冲击的一种方式。

运维架构层考量及规划：

- 存储的数据规模及后期扩展，采用主从还是副本集，又或者是 Sharding 的数据库架构？
- 出现异常怎么进行快速切换，是需要代码层主动切换 IP，还是数据库结合通过 DNS+LB（负载均衡）+HA（高可用）的技术完成无缝切换？

硬件及基础环境部署：

- 选择什么配置的服务器（数据库对服务器性能的需求是 IO > 内存 > CPU，在第 5 章中会详细介绍），服务器型号及对应磁盘阵列（Raid0、Raid1、Raid0+1、Raid1+0、Raid5）。
- 操作环境设置，Ulimit 文件打开数、LVM 磁盘管理、内核优化等。

数据库安装配置及优化：

- 选择对应数据库版本进行安装部署及配置。
- 根据服务器配置优化数据库配置参数（一般从连接数、缓存、内存占用数等方面进行优化），使数据库服务器性能达到最优。

SQL 语句优化：

慢查询是 DBA 做的最常见的事情，我们需要对 SQL 语句及索引做出优化及调整。在实践中我们得出以下两条实践经验：

- 80% 的数据库性能问题都出在 SQL 语句上。
- 80% 的 SQL 语句性能问题都是由索引引起的。

日常备份及恢复有如下特性：

- 数据库的备份是非常重要的，备份永远只是为了那 1% 的可能性。备份中有一个非常重要的就是备份的可用性，我们需要定期检测备份可用性。当数据库需要回滚时却发现备份数据不可用而无法回滚，这将是灾难性的事故。
- 备份采用冷备还是热备？采用物理备份（数据库底层磁盘文件备份）还是逻辑备份

(数据 SQL 语句 DUMP 导出)？相应的备份方案也与业务情况及状态相关。比如常规业务（业务规模、业务数据敏感性），我们每天采用逻辑备份的冷备即可满足大多数备份需求。

在对传统数据库进行选择时都会经过以上步骤，而每一步都需要花费较多的时间精力进行设计、规划、配置、优化，甚至可能因为数据库在某一步骤的一些功能缺陷而导致不得不放弃对该数据库的选择。

3. 云端数据库仅有的一个步骤选型

在云端数据库的选型将会面临巨大转变，当前基本上不用考虑运维侧的架构侧的需求，完全偏向考虑业务侧的需求，即选择对应的云数据库，如图 4-26 所示。

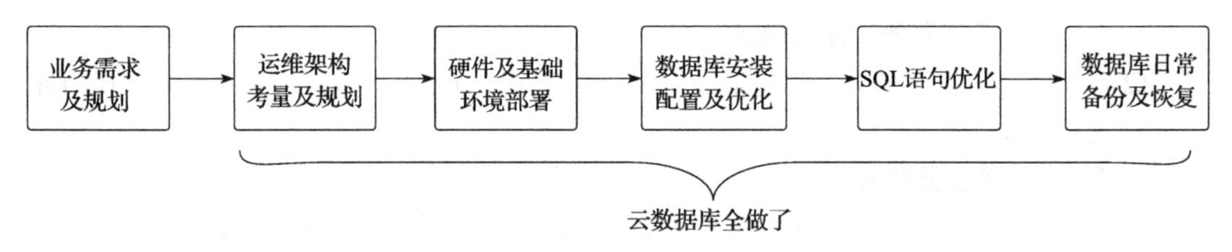

图 4-26 云端数据库选择步骤

- 云数据库的运维架构层考量及规划：云数据库底层已经通过 DNS+LB（负载均衡）+HA（高可用）的技术保障数据库高可用，增加主从节点、增加 Sharding 都可以在控制台界面一键式操作。
- 云数据库的硬件及基础环境部署：云数据库已经封装成产品服务，不需要考虑选择什么服务器配置来部署数据库，只需要开通对应规格型号的云数据库即可使用。
- 云数据库的安装配置及优化：云数据库在参数方面已经优化成最优，不需要手动再去调优对应的数据库配置参数。
- 云数据库的 SQL 语句优化：云数据库在控制台直接给出慢查询的明细及优化建议。
- 云数据库的日常备份及恢复：云数据库自带热备及冷备，只需要手动在控制台设置对应的备份策略即可。

通过以上对比可以发现，维护、调优、备份、扩展等这些传统数据库选型考虑的重要因素，在云端数据库的选择上完全不用担心。而我们更多的是要从业务角度出发选择需要什么样类型的数据库。

- 需要存储什么类型的业务数据：比如用户数据、交易数据，对数据一致性上要求较高，需要优先考虑关系型数据库。
- 需要存储什么量级的数据：比如 TB 级别数据，关系型数据库的存储已经很慢了。
- 需要提供什么访问量级的访问：比如上万的并发请求，关系型数据库性能已经快到极限。

4. 云数据库分类

云端常见关系型及非关系型汇总如表 4-13 所示。

表 4-13　云端常见数据库

数据库类型	功能分类	数据库名称
关系型	SQL 语句	云数据库 PolarDB
		云数据库 RDS：MySQL 版本
		云数据库 RDS：SQL Server 版本
		云数据库 RDS：PPAS 版（高度兼容 Oracle）
		云数据库 RDS：PostgreSQL 版
		云数据库 RDS：MariaDB 版
		分布式关系型数据库 DRDS
非关系型	内存数据库（Key/Value 型）	云数据库 Redis 版
		云数据库 Memcache 版
	面向文档型	云数据库 MongoDB 版
	列数据库	表格存储 TableStore
		云数据库 HBase 版
	时序数据库	时序数据库 InfluxDB 版
		时序数据库 TSDB 版

Chapter 5 第5章

配置选型

我们经常会遇到这样的问题，业务端反馈给后端一个在线用户数/活跃用户数，要求做架构规划时，需要用多少台服务器，大多数人都是一头雾水，不知道从何入手、如何去评估设计。最终，设计完全凭自己的感觉进行，用尽量多的服务器以及更多的成本预算，这就成了设计这个架构方案的“核心思想和精髓”。

同样，要部署一个Web类应用或一个数据库，具体要用什么样的服务器配置及宽带配置，相信大多数人同样还是一头雾水，仍是凭借感觉给出配置清单，用尽量高配的服务器及宽带，这就成了给出配置清单的“核心依据和精华”。

事实上，在这些实践中，都是有技巧和章法的，相信本章总结的实践经验会让你在云端配置选项上有很大收获。

5.1 衡量业务量的指标

PV访问量、IP访问量、用户数、活跃用户数等都是常见衡量业务访问量大小的指标。通过合适的指标来评估及衡量业务量，是我们做容量配置规划的基础也是第一步。

5.1.1 一台Tomcat跑两亿PV的笑话

我们先来看一个真实的案例，某金融投资客户的业务跑在一台Tomcat上（注意，这里仅是一台4核8GB的ECS上搭建的Tomcat）。客户开展活动时，访问压力会增大，所以要求我们做好保驾护航及扩容工作。此时我们会慎重地询问客户活动时的访问压力是平时的多少倍。结果得知，活动期间可能引入的客户流量会暴增，初步估计是两亿PV。两亿PV的高访问量带给我的不只是震惊，更多的是触动，我开始思考客户的这个需求背后隐藏着的更深入的一些问题。后来，我也经常通过这个案例跟大家探讨业务真实访问压力与服务器性能配置的指标关系。

这个案例引人反思，也反映出当前企业普遍对容量配置规划没有概念：

- 不懂 PV 的概念，不懂 2 亿 PV 的量级是多大。
- 即使最近做活动有流量提升，但是仅有一台 Tomcat 跑着小业务的日常流量，突然要求其跑 2 亿 PV 的流量，这巨大的反差更是说明企业对业务流量没有清晰的认识。

5.1.2　衡量业务量的指标

衡量业务量的指标项有很多，比如，常见 Web 类应用中的 PV、UV、IP。而比较贴近业务的指标项就是大家通常所说的业务用户数。但这个用户数比较笼统，其实和真实访问量有比较大的差距，所以为了更贴近实际业务量及压力，我们又把用户数的指标分成了活跃用户数、在线用户数以及并发用户数。常见衡量业务量级的指标汇总如表 5-1 所示。

表 5-1　常见衡量业务量级的指标项

指标	计算周期	所表示的业务指标含义
PV	按天	PV 是 Page View 的简写。一般指 Browser/Server（浏览器 / 服务器）架构中的 Web 类业务一天内页面的访问次数，每打开或刷新一次页面，就算作一个 PV
UV	按天	UV 是 Unique Visitor 的简写。一般指 Browser/Server（浏览器 / 服务器）架构中 Web 类业务一天内访问站点的用户数（以 Cookie 为依据）
IP	按天	IP 是指 Browser/Server（浏览器 / 服务器）架构中 Web 类业务一天内有多少个独立的 IP 浏览了页面，即统计不同的 IP 浏览用户数量
用户数	—	一般指业务系统的注册用户数
活跃用户数	按天	指注册用户数中，一天中实际使用了业务系统的用户数量，跟 UV 的概念一样
在线用户数	按天	指一天的活跃用户数中，用户同时在一定的时间段内在线的数量
并发用户数	—	指在线用户数基础上，某一时刻同时向服务器发送请求的用户数

5.2　业务访问量与性能压力指标的转换

得到业务访问量的指标数据后，我们要将其转换成为系统压力的指标数据。这一步让抽象的业务访问量的指标数据，变成技术人员熟悉的性能压力指标数据，是容量配置规划的关键一步。

5.2.1　指标转换原理

我们对业务量数据没概念的原因在于这些都是业务的运营数据，无法转换成技术人员所熟悉的性能压力数据。这也是多数技术人员面对业务量数据时，对容量规划需要多少台服务器无从下手的根本原因，所以解决此问题的关键，就是把业务量的数据指标转换成技术人员熟悉的性能压力指标。这样在做架构规划设计、容量规划和成本预算时才能有章可循，从而使其思路更加清晰。

在配置实践中，业务访问量与性能压力指标的转换模型，特别是针对业务还处于前期需求规划期间的容量规划（业务系统还未研发上线，只能大体预估到未来可能的业务量，拿不到后端系统运行的实际性能压力状态数据），最为常见的做法就是把业务量的数据指标，最终转换成对系统的每秒请求数（某一秒内同时向服务器发送的请求数量，以下简称每秒请求数）这个指标，进而评估对应业务量，究竟产生了多少性能压力，最终设计出合理的架构，及要用多大规模的服务器及配置。值得注意的是，因为实际的业务特点不同，采用的开发语言及数据库技术也不同，所以这个转换以及要用多少规模的服务器及配置，只是一个估算的参考值，并不是最终的真实值。

如果业务还处于前期需求规划期间，业务量和性能压力的转换原理如图 5-1 所示。

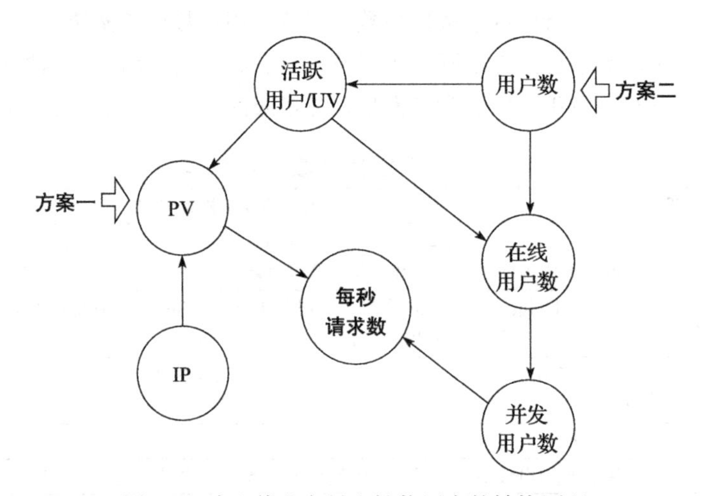

图 5-1 未上线业务量和性能压力的转换原理

在浏览器 / 服务器（Browser/Server）架构的 Web 类应用的实践中，常见的做法是把 PV 转换成每秒请求数，或者把用户数最终转换成每秒请求数。通常一般的做法都是将其转换成自己所熟悉的 PV 指标。

如果业务系统已经上线，生成指标转换的模型就要简单得多。一方面，当前业务系统有多少用户量及活跃用户量等业务数据，运营人员基本都能很直接地给出。另一方面，业务系统的运行性能状态也能通过监控很直接地体现出来。有了这两组数据，我们就能将用户量与性能压力进行转换对应，也能做出未来业务量下的容量规划等。对于业务系统已经上线的这种情况，业务量数据指标也不一定非要转换成对应的每秒请求数，可以根据实际情况选择合适的性能压力指标。当然，在条件允许的情况下，如果能对当前业务系统进行一次压力测试是最好的。压测结果能够让业务的用户访问数和实际系统可能出现的性能压力对应起来，特别是针对未来活动及可能出现的大流量的情况。

业务系统已经上线，业务量和性能压力的转换原理如图 5-2 所示。

如果未来业务量增加，要做容量规划和成本评估，可以直接根据对应的业务指标将当前系统性能状态指标关联起来。常见的做法是使用简单的四则运算，比如，100万用户量，当前用了10台服务器，业务高峰期资源使用率是50%。如果变成200万用户量，至少要再加10台服务器。当然，在实际应用中，用户量增加对系统的压力可能不是呈线性级关系，而是指数级的关系，所以这个估算只是在做容量规划、成本预算规划时的主要参考值。最终需要看实际业务情况，同时还要结合监控看资源的具体使用时的性能情况。

通过以上对业务数据指标的转换可以看出，在做架构设计时，核心目的是前期在做规划的时候，能够看到未来的规模及容量大概要在一个范围区间，所以采用对应的估算也是尽量保障规划设计尽可能地接近真实情况，但这并不是绝对值，只是参考值。这也是接下来跟大家介绍指标换算模型时所要注意的，真实情况还要结合监控和压测实际来看。

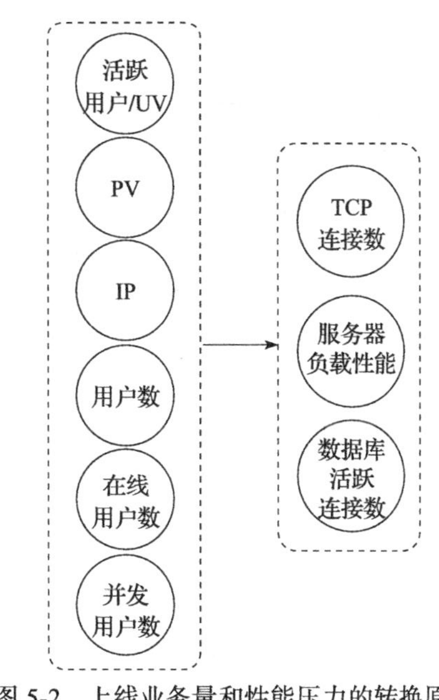

图 5-2 上线业务量和性能压力的转换原理

5.2.2 性能指标转换计算模型实践

2013年，我面试过一家互联网公司的运维岗位，那是一家初创公司，起步规模不大。我非常清楚地记得面试官问过我一个问题：“一个500万PV的网站，大概要用多少台服务器？”这个问题是针对业务还处于前期需求规划状态提出的，考查的是根据业务规划如何做配置评估和成本预算。当时我回答这个问题的思路不是很清晰，只是说要看业务的复杂度等。这些年我一直在进行思考和总结，寻找将运营的业务数据跟系统的性能压力数据关联起来的方法，以便最终可合理地规划业务所需要的服务器资源量。

首先，我们要弄明白的是500万PV的业务访问量到底会对系统产生多大的请求压力。500万PV，即一天24小时中访问了业务页面500万次，如果用500万 ÷24小时 ÷60分钟 ÷60秒即可得出每秒的页面请求数，用这个结果表示对系统产生的请求压力值的话，那么得到的结果和实际情况将会有很大的偏差。因为实际的业务访问过程，比如，凌晨等业务低峰期，基本上没多少业务访问量。在实践中可以发现，一天中的80%业务请求量主要发生在40%的时间内，这成为我们计算PV值对应请求压力的重要依据。24小时的40%是9.6小时，即80%的请求发生一天的9.6个小时当中。基本与绝大多数的业务场景吻合，业务请求主要集中在白天，晚上则相对较少。

PV请求量计算模型如下：

每秒处理请求的数量 =（80%× 总 PV 量）/（24 小时 ×60 分 ×60 秒 ×40%）

从而100万/500万PV请求量对应的计算结果为：

（80%×100 万）/（24 小时 ×60 分 ×60 秒 ×40%）= 23.1 个请求 / 秒

（80%×500万）/（24小时×60分×60秒×40%）= 115.7个请求/秒

即服务器一秒能处理23.1个请求，就可以每天承受100万PV的业务量。服务器一秒能处理115.7个请求，就可以每天承受500万PV的业务量。

其次，在真实的业务场景下，有低谷也会有高峰，我们主要考虑高峰期的情况。假如一天中高峰期的请求量是平时请求的两倍或3倍（比如，电商之类的一些活动，高峰波动会更大，具体乘以多少根据业务情况而定），示例如下：

23.1个请求/秒×2倍 = 46.2个请求/秒

23.1个请求/秒×3倍 = 69.3个请求/秒

115.7个请求/秒×2倍 = 231.4个请求/秒

115.7个请求/秒×3倍 = 347.1个请求/秒

最终，如果服务器在一秒内能处理46.2～69.3个请求/秒，那么就能应对100万PV的业务请求量。

如果服务器在一秒内能处理231.4～347.1个请求/秒，那么就能应对500万PV的业务请求量。

5.2.3 业务指标转换计算模型实践

通过以上指标转换模型，我们可以知道对应的PV业务访问量具体对应多大的请求性能压力。这个数据，可以给我们做架构规划、容量规划、成本预算提供很好的参考。如果业务还处于前期需求规划期间，只是知道IP/用户数/活跃用户数/在线用户数/并发用户数这些业务访问指标，我们可以先将其转换成对应的PV业务访问量，进而折算成每秒请求数，或者先转化为并发用户数，再折算成每秒请求数。

实践案例1：IP访问量向PV访问量的转换计算模型

虽然网站的IP访问量、PV访问量等明细数据信息，可以通过CNZZ等网站流量统计分析出来（需要在网站页面安装插件，主要分析统计七层客户端请求数据），但这里还是简要地介绍一下，主要是想让大家理解在实践背后，怎么估算自己业务的实际性能压力值。IP的访问量转到PV访问量，其实转换的核心在于Web网站的业务类型，不同业务特性的计算模型实践总结如表5-2所示，仅供读者参考。

表5-2 不同业务特性的计算模型

业务分类	业务特性	计算模型
下载类	偏向内容下载，一般用户要下载什么内容都是明确的，页面的PV量和IP访问量不会相差太大	PV量 = IP量/活跃用户量 ×（2～5倍）
音视频类	偏向内容查看，一般有吸引人的内容会让用户长时间停留某个页面，页面的PV量和IP访问量相比下载类差距大些	PV量 = IP量/活跃用户量 ×（5～10倍）
电商类、论坛类、资讯类	偏向内容筛选，一般都是以浏览为主，对不同页面的浏览可能性比较大，页面的PV量和IP访问量差距比较大	PV量 = IP量/活跃用户量 ×（10～30倍）

值得注意的是，假设每个用户都有独立的IP，则IP访问量等于活跃用户量。但在实际用户场景中，活跃用户量是大于IP访问量的（偏差一般为1～2倍）。这是因为很多用户的公网局域网通过SNAT方式访问公网，这时候不同用户访问系统，其实系统中识别的只是一个IP。但由于根据不同Web的业务形态，将其转换成PV量，就考虑到2～5倍、5～10倍、10～30倍，甚至更高倍数的冗余。所以在这种高倍数估算的前提下，我们就会认为IP访问量约等于活跃用户量。

实践案例2：用户数向并发用户数的转换计算模型

一般指业务系统的注册用户数，这个业务数据其实是“死”的。比如，注册了10万个用户、100万个用户，最后没人访问业务系统，那就没有任何意义了。假如一个10万用户量的Web类用户，一天活跃用户数是1万人，同时在线的人员是1000人，那么这表示在最高峰期，有1000人同时登录了系统，但这并不表示实际服务器承受的压力。因为服务器承受的压力还与具体的用户访问模式相关，比如，这1000人同时使用系统的时候：

- 可能有40%的用户：在浏览系统内容（注意，停留页面“看”这个动作是不会对服务端产生任何负担的，并不同于数据库查询的操作）。
- 可能有20%的用户：在填写复杂的表格（填写过程并不对服务器产生请求压力，只有在“提交”的时候才会向服务端发送请求）。
- 可能有20%的用户：在挂机（也就是什么都没有做，也不会对服务器产生请求压力）。
- 最后剩下的20%用户：在页面中做点击、跳转、提交等操作，可能只有这种情况下才实际对服务器产生请求压力。

计算模型参考：

用户数 × 业务因子（10%～30%）= 活跃用户数

活跃用户数 × 业务因子（10%～30%）= 在线用户数

在线用户数 × 业务因子（10%～30%）= 并发用户数≈每秒请求数

5.3 云端服务器配置模型

在实践中我们可以总结得出不同的服务器配置大概能跑的性能压力。再结合我们根据业务访问量指标评估的性能压力指标，就能得出我们在云端业务所采用的服务器配置模型。然后可以根据部署的应用服务类型不同，对计算资源的所需的偏向不同，再具体最优选择对应CPU与内存资源配比的配置。接下来跟大家详细分享云端服务器配置模型的最佳实践。

5.3.1 PV量对应的服务器配置

如果业务还处于前期需求规划阶段，想知道对应PV访问量的业务要用什么样的服务器配置，又需要用多少台，根据前面所说的，先通过业务访问量与性能压力指标的转换，把具体访问的PV量对应到服务器每秒处理的请求数中，然后只需要知道对应服务器每秒处理的请求数一般都是用多少配置的服务器来运行即可。在实践中，一台 8 核 16GB 的服务器基本上能处理 Web 类应用上百的请求，所以可以对应 100 万 PV。具体的 PV 量、服务器的大概配置以及所用的服务器台数，可参考如表 5-3 所示。

表 5-3 PV 量和服务器配置 /RDS 配置性能对应表

PV（万）	服务器配置列表	RDS 配置列表
1	1 核 /1G/1 台	无
10	2 核 /4G/1 台	1 核 /1G
50	4 核 /8G/1 台	2 核 /4G
100	8 核 /16G/1 台	4 核 /8G
500	8 核 /16G/10 台	8 核 /16G
1 000	8 核 /16G/20 台	16 核 /64G

如果业务系统已经上线，根据业务规划做配置评估和成本预算要容易得多。正如前面所说的，业务数据指标（不仅是针对业务 PV 访问量）、服务器性能状态指标都是现成的数据。以下是配置估算的三要素：

- 作为基准参考模型：平时业务访问量对应平时服务器性能状态，采集平时所用的服务器配置以及用了多少台。特别是 IDC 业务迁云，云上要用什么配置的服务器，要用多少台，当前在线下服务器的配置、性能使用状态等都是重要的基准参考数据。
- 作为冗余参考模型：活动高峰期业务访问量对应高峰期间服务器性能状态，采集高峰期所用的服务器配置以及用了多少台，如“双十一”电商秒杀活动，或者平时的优惠活动，需要额外增加服务器来冗余活动访问量。这期间的性能数据，是我们规划下次活动要采用什么样的服务器配置及对应台数的重要参考数据。
- 作为规划参考模型：性能压测模拟业务访问量对应性能压测期间的性能状态，采集高峰期所用的服务器配置以及用了多少台。系统性能瓶颈、未来业务扩展和评估，都需要进行必要的性能压测，对应的压测结果是我们未来做容量规划、成本预算的重要依据。

5.3.2 服务器 CPU/ 内存配置模型

互联网公司是用计算机来支撑业务的，业务必然会消耗计算机中的资源，这些资源包括 CPU、内存、存储、网卡等。在服务器配置中，最为核心的就是 CPU 和内存的配置。实践中，不管是部署什么业务，大家都喜欢用高配。比如，部署 Tomcat 用 8 核 16GB/8 核 32GB，部署 Nginx/Apache 也用 8 核 16GB/8 核 32GB，部署数据库也用 8 核 16GB/8 核 32GB。主要原因在于大家对相应中间件的特性不了解，不知道采用什么样的服务器配置最合理，因此采用高配的服务器相对会比较保险。虽然云平台让大家使用资源更加方便快捷，也省去了很多维护管理的成本，但是在云上，服务器配置的合理性、资源使用过剩浪费，这基本上是每个企业都会遇到的普遍现象。比如，某客户的用 16 核 64GB 的服务器跑一个 Tomcat。再如，某电商客户做活动，用 16 核 128GB 的服务器跑 Java 应用，这些都是对业务软件性能特性不了解导致资源严重过剩的问题。

云诀窍

据监控数据显示，互联网企业的服务器CPU利用率平均在10%～20%，磁盘空间的利用率在20%～30%。在云端，有80%企业存在计算资源和存储资源闲置浪费的现象。

当前阿里云在服务器配置中（2019年1月数据），最高配的配置是160核1920GB。最为常见的配置还是1核1GB、1核2GB、2核4GB、4核8GB、4核16GB、8核16GB、8核32GB、16核64GB、16核128GB等。不管多少核多少GB，实践中最为常见的服务器配置都存在着一个规律，即CPU与内存资源配比一般都是1∶1、1∶2、1∶4、1∶8，这是服务器配置中的标配。具体CPU与内存的资源配比是1∶1、1∶2、1∶4、1∶8的服务器，它们的应用场景及适合部署的软件服务，经实践汇总如下：

1. CPU与内存资源配比：1∶1

适用于个人网站、官网等小型网站部署，一般在低配机器中，如1核1GB、2核2GB。基本上在云端实践中，很少看到基于4核4GB、8核8GB、16核16GB的ECS进行运维部署。

2. CPU与内存资源配比：1∶2

1∶2的处理器与内存配比可以获得最优计算资源性价比，不管是线下IDC的物理服务器，还是云端ECS服务器的配置，1∶2均为黄金比例。比如，1核2GB、2核4GB、4核8GB、8核16GB、16核32GB，这些都是实践中的黄金比例配置。1∶2的配比适用于绝大部分业务场景部署，尤其是需要消耗高资源的计算。这个配置特别适合游戏类应用，如端游、页游、手游等。当前在电商类高并发、秒杀活动类应用中使用得也特别广泛。而在对应1核2GB、2核4GB、4核8GB、8核16GB、16核32GB这些黄金配置中，应用最多的当属8核16GB，这是云上服务器黄金比例配置中的最佳实践。

1∶2的配比，需要单独拿出来说一下，这个配置特别适合Web服务/应用类，因为这类应用对CPU、内存的要求很高，都需要最优的计算资源。4核8GB偏向中小型Web服务/应用类部署，8核16GB偏向中大型Web服务器/应用类部署。常见的Web服务/应用类配置部署实践如下：

- Tomcat适用中低配：2核4GB、4核8GB，特别是4核8GB是最优选择。因为Tomcat是单进程多线程的模式，是个轻量级且并发请求数最多也就只能跑到1000左右。所以单台Tomcat高配的服务器并不能跑满服务器的性能，会造成很大的资源浪费。如果想跑满中高配服务器性能，常规做法就是在一台服务器上部署多台Tomcat。
- 针对PHP的配置相对Tomcat来说就灵活得多，因为PHP是多进程模式，常规的PHP-FPM就是PHP的FastCGI进程管理器。不管低配、中配还是高配，都能跑满服务器性能，所以 PHP 的实践配置是根据业务访问量来决定的。PHP 的进程管理，在实践中低配适用于动态模式，高配适用于静态模式，这会让 PHP 的性能达到最优。由此也可以看到，PHP 的多进程的模式相比于 Tomcat 单进程多线程的模式，在性能架构方面更优。

- Nginx 是轻量级的高性能中间件，Nginx 基于 Epoll 网络 I/O 模型，在高并发场景下对性能消耗很低。如果在服务器上仅部署 Nginx 做转发，2 核 4G/4 核 8G 的配置足够了，无须 8 核 16G 的高配。如果 Nginx + PHP 做 FastCGI，更多性能的消耗在于 PHP，所以一般用 4 核 8GB/8 核 16GB 的经典配置。
- Apache 基于 Select 网络模型，偏向计算型中间件。所以在服务器配置中，起码用 4 核 8GB，有一定业务量推荐用 8 核 16GB。
- Squid 对多核利用不太好，所以适合用 2 核 4GB、4 核 8GB 的中低配配置。
- Python、Node 和 PHP 都是进程运行的模式，Supervisor 对 Python 做进程管理、PM2 对 Node 做进程管理，就如同 PHP-FPM 对 PHP 做进程管理。Python、Node、PHP 都偏向应用代码运行，对 CPU 和内存性能都有要求。中小型应用用 2 核 4GB、4 核 8GB 中低配，中大型应用用 4 核 8GB、8 核 16GB 中高配即可。

3. CPU 与内存资源配比：1∶4

1∶4 的配比，比如，2 核 8GB、4 核 16GB、8 核 32GB。这类配比的配置偏向内存，特别适合部署数据库类的应用。比如，当 RDS 满足不了业务需求，需要自行在 ECS 上搭建的时候，8 核 32GB 是保障数据库具有良好性能的经典配置。但值得注意的是，数据库类应用涉及数据持久化，需要 SSD 云盘提供高存储 IOPS 且低读写延时。

数据库对服务器性能的需求首先是 I/O，因为数据库是个存储类应用，涉及数据持久化，所以对 I/O 性能的要求是最高的。其次才是内存，因为高内存会有效提升数据库的缓存性能，很大程度上提升数据库的性能。特别是 MongoDB 基于内存映射，大内存配置能有效地发挥出 MongoDB 的性能特点。最后，数据库其实对 CPU 的要求并不是那么高，所以偏向内存的配比配置，特别适用于部署数据库类的应用。

4. CPU 与内存资源配比：1∶8

处理器与内存资源配比为 1∶8，比如，2 核 16GB、4 核 32GB、8 核 64GB，这类是高内存资源占比。尤其适用于数据库类中的内存型应用，比如，Redis、Memcache 的部署。

在实践中，如果用 8 核 16GB 部署一台 Redis，会造成性能过剩。在缓存选型中也跟大家介绍过，Redis 是单进程单线程模式，对多核利用得不太好，所以适合偏向用 1∶4/1∶8 的 2 核 8GB/2 核 16GB 高内存资源占比的配置。当然如果想要 Redis 把多核的性能资源利用好的话，可以跟 Tomcat 一样，在一台机器上部署多个 Redis 实例。

5. 根据业务特别配置选项

根据不同业务的特点，消耗的资源偏向也是不同的。用户可以参考自身业务特别来选择对应的资源，参考实例如下：

- 对于存储型业务，如百度网盘。其主要业务就是存储用户的文件，主要消耗的资源偏向存储空间。
- 对于计算型业务，如游戏行业。其主要业务就是游戏引擎的计算，主要消耗的资源偏向 CPU。
- 对于流量型业务，如优酷。其主要业务就是通过网络传输视频文件，主要消耗的是网络带宽。

介绍到这里，相信大家对服务器 CPU/ 内存配置选型有了比较清楚的理解。但是除了 CPU 和内存的配置之外，服务器的配置还有磁盘、带宽配置等。带宽配置的选型接下来会给大家详细介绍，至于磁盘空间的选型，即用多大空间的磁盘，要简单得多。磁盘空间的选择参考如下：

- 如果没有文件存储，只有系统日常基础日志存储，系统磁盘就足够了。
- 部署代码的应用，都有代码日志存放的需求，这时候一般系统盘默认的 40GB 容量空间满足不了存储需求。大部分场景需求都是存放业务代码、存放代码日志文件，所以常规的 100 ～ 300GB 磁盘空间是标配。磁盘空间利用率一般不高，建议结合线上实际用量，合理利用。
- 除了存放业务代码、代码日志外，还有很多需求就是存放应用相关的数据文件，如用户上传的文件数据等。对此，根据用户量、文件大小等，都能评估出所需要的磁盘空间的大小。
- 数据库类的应用，磁盘空间一般需求较大，都是 500GB 以上。要存储数据库的 Binlog、数据文件、备份等，则需要较大的存储空间。另外，数据库主要满足的是数据读写的需求，所以对磁盘 I/O 有一定要求，一般采用 SSD 云盘。

云诀窍

通过实践发现，100GB、300GB、500GB 存储空间是企业对服务器磁盘配置的标配，但同时 80% 的企业服务器的磁盘利用率仅在 20% ～ 30%。

5.4 云端带宽配置选型

带宽配置的选型，同样需要经过业务访问量与性能压力指标转换的这关键一步。然后通过得到的性能压力指标，就可以转换估算出大概需要的带宽量。而云端带宽类型选择的 8/2 原则，也体现了云计算按需所取的优势特点。

5.4.1 带宽配置估算模型

曾经有一个带宽配置的极端案例，某母婴闲置交易电商平台，开发人员选择的服务器配置是8核16GB 50Mbps的固定带宽配置。还一次性买了10台，每台服务器配置每个月消费近5000元人民币。这是一个配置选项失败的极端案例，主要原因在于业务人员对带宽的配置完全没有概念：

- 采用50Mbps固定带宽，出现带宽利用严重过剩的问题。核心点在于未能将业务访问量有效转换成开发人员所熟悉的带宽性能数据，这导致大多用户对带宽配置选择完全没概念。相比于CPU/内存/磁盘的配置，对带宽配置更是茫然无知，所以只好选择固定的高带宽。
- 如果需求只是入口流量，带宽一般采用SLB，带宽性能、架构扩展、安全性都比ECS直接绑定公网带宽要好。此用户业务，主要采用SLB，所以如果只是入口流量需求，没必要给后端配置高配的固定带宽。
- 如果需求是出口流量，需要主动去访问公网服务，需要配置公网带宽。这里采用SNAT的方式（那时候还没有NAT网关服务），更不需要给每台服务器都绑定这么高配的固定带宽。
- 即使开了50Mbps的带宽，默认也要选择按使用流量的带宽类型，这样可以节省高昂的费用。即使选择固定带宽，场景也是非常苛刻的，后面会跟大家详细介绍。

对于已上线的业务估算带宽配置，看平时带宽的峰值即可。如果业务还处于前期需求规划期间，对于带宽配置的评估，关键还是先把业务请求量（这里用的更多的是PV量，如果是其他业务请求量，要先转换为对应的PV请求量）先转换成每秒请求量，然后再把每秒请求量转换为带宽配置。

带宽计算模型：

带宽配置＝每秒请求数量 × 每次请求传输的数据量

＝（80%× 总PV量）/（24小时 ×60分 ×60秒 ×40%）×X Mbps/s

经实践发现，在Web类的应用中，80%的带宽会被静态资源传输占用，如果采用CDN，能够有效减小后端服务器的带宽配置。假设每个请求页面平均传输数据是20KB（不包含图片等静态资源，否则流量更大），则针对100万PV和500万PV的网站，要选择的带宽配置如下：

100万PV带宽配置（平时访问量）=（80%×100万）/（24小时 ×60分 ×60秒 ×40%）×20KB/s = 23.1个请求/秒 ×20KB/s = 462KB/s（大B的单位）= 3696bps/s（转换成小b），即3.5Mbps

100万PV带宽配置（峰值的2倍）=（80%×100万）/（24小时 ×60分 ×60秒 ×40%）×2倍 ×20KB/s = 46.2个请求/秒 ×20KB/s = 924KB/s（大B的单位）= 7392bps/s（转换成小b），即7Mbps

100万PV带宽配置（峰值的3倍）=（80%×100万）/（24小时 ×60分 ×60秒 ×40%）×3倍 ×20KB/s = 69.3个请求/秒 ×20KB/s = 1386KB/s（大B的单位）= 11 088bps/s（转换成小b），即11Mbps

500万PV带宽配置（平时访问）=（80%×100万）/（24小时 ×60分 ×60秒 ×40%）×20KB/s = 115.7个请求/秒 ×20KB/s = 2314KB/s（大B的单位）= 18 512bps/s（转换成小b），即18.5Mbps

500万PV带宽配置（峰值的2倍）=（80%×100万）/（24小时 ×60分 ×60秒 ×40%）×2倍 ×20KB/s = 231.4个请求/秒 ×20KB/s = 4628KB/s（大B的单位）= 37 024bps/s（转换成小b），即37Mbps

500万PV带宽配置（峰值的3倍）=（80%×100万）/（24小时 ×60分 ×60秒 ×40%）×3倍 ×20KB/s = 347.1个请求/秒 ×20KB/s = 6942KB/s（大B的单位）= 55 536bps/s（转换成小b），即55Mbps

5.4.2 带宽类型选择的8/2原则

在云端配置实践中，在关于SLB、ECS、EIP的带宽类型选择上，很多人选择固定带宽。比如，1Mbps、2Mbps、5Mbps、10Mbps、20Mbps，事实上，大多数情况下是没有必要的。在云端带宽配置的选择中：

- 80%的应用默认选择按量带宽，即按量带宽是云端带宽类型选择的最佳实践。
- 20%的应用选择固定带宽。这个特定的条件就是，如若每天按量下载的量合计费用超过带宽平均每天费用，则使用固定带宽。

实践案例1：固定带宽与按量带宽费用对比

固定带宽和按量带宽费用对比，如表5-4所示。

表5-4 固定带宽和按量带宽费用对比表

配置	费用
1核/1G/0Mbps	36.8元/月
1核1G/5Mbps固定带宽	161.8元/月
每月5Mbps固定带宽费：161.8元/月 – 36.8元/月 = 125元/月 每天5Mbps固定带宽费：125元/月 ÷30天 = 4.2元/天 每天5Mbps固定带宽费对应的流量：4.2元/天 ÷0.8元/G = 5.25G	

通过以上计算可知，如若使用5Mbps峰值带宽，每天业务产生的流量超过5.25GB，那么这时候使用固定带宽才划算。当每天业务产生的流量低于5.25GB的时候，优先使用按量付费。

我们发现往往80%的情况都是每天业务产生的实际流量是低于固定带宽的成本的，比如：

- 很多用户选择1～5Mbps的固定带宽，是为了进行远程连接管理，或者访问服务器上某个应用需要开个公网带宽。而这时候每天访问产生的流量是很低的，完全没必要使用固定带宽。
- 而选择5Mbps以上的固定带宽，多半是为了业务的访问考虑。如果数据传输（如异地备份），每天产生的大流量导致使用按量成本较高，这时候才采用固定带宽。

实践案例 2：按量带宽实践案例

在 2014 年有一个上云迁移的客户案例，客户主要是做股票投资的视频直播。在 IDC 机房中租用对应的服务器和带宽，不仅费用高昂，还经常被别人刷流量进行 DDoS 攻击，视频直播常在高峰期卡顿。想通过迁移到云上解决安全、成本、性能的问题。其配置清单如下：

8 核 16GB/300GB/20Mbps 固定带宽 ×1 台费用：2300 元 / 月

但是，迁移到云上并没有有效解决其成本问题，虽然比 IDC 的租用费用少些，但实际上没有太大成本差别。另外，客户访问还是很卡。因此，客户想把业务再迁回 IDC。此时，我们在与客户接触后，了解到其业务问题所在，并据此简单换了一下使用方式。变更后的配置清单如下：

8 核 16GB/300GB/2Mbps 按量带宽 +SLB 按量（峰值不限）费用：
896 元 / 月 +300 元 / 月按量（实际的账单费用数据）

流量走 SLB，并且放开带宽峰值且使用按量带宽，结果不仅降低了成本，还提升了用户的访问速度。因为我们发现客户的业务特点是：在一天上午特定 1 小时内进行直播，直播流量很大，并且有时候超过 20Mbps 的固定带宽峰值。而其他时间点流量都不高，所以这个场景特别适用按量的带宽。选择 SLB 并且是 1Gbps 的带宽峰值，相比于 ECS 带宽的性能及稳定性更好，并且成本上可节省 1100 元 / 月，而且效率变高了。2Mbps 的按量带宽，也仅用于远程管理服务器，产生的流量费用几乎可以忽略不计，并且云上的 5Gbps 的免费防御 DDoS 攻击流量，基本上可以防御小规模的流量攻击。

第二篇 Part 2

云端实践篇

- 第 6 章 云主机实践
- 第 7 章 云端负载均衡实践
- 第 8 章 云端存储实践
- 第 9 章 云端缓存实践
- 第 10 章 云端数据库实践
- 第 11 章 云端运维实践
- 第 12 章 云端监控实践
- 第 13 章 云端容器 /DevOps 实践

本篇是基于云端选型篇，在云端运维架构涉及的常见技术的重要实践，也是本书的重点篇幅，包含云端云主机、云端负载均衡、云端存储、云端缓存、云端数据库等云端最热门的技术实践，并且结合上云迁移、云端混合云及容器、云端运维实践这3类云端最常见的热门需求给出真实的客户案例，从而分享云端混合云技术架构、云端容器技术架构、云端监控、云端自动化运维等当前最热门的技术实践。

第6章 Chapter 6

云主机实践

云主机是云平台最为核心的产品，其最核心的用途是可直接部署业务，即 ECS 是支撑业务运行的基石。在 ECS 上也可以部署数据库、负载均衡、存储、缓存等系统服务，并提供给业务使用，这也是 ECS 最不可少的用途之一。同时云的高可用性、高可扩展性、按需所取、低成本、灵活管理等特性，也会在云主机上直接得到体现。

通过云主机的两个核心用途（一个是用于代码部署，另一个是用于部署一些业务所需的系统服务），我们可以看到，云主机这款产品随着云技术的发展，可能会被逐步淡化甚至淘汰掉。因为大部分需求已无须我们自行在云主机上搭建数据库、负载均衡、存储、缓存等系统服务来实现了，只需要自行购买 RDS、SLB、OSS、CDN 等云产品即可。而云主机仅运行代码（如 Java、PHP、Python、Node）的功能，也可以被新的云产品功能替换掉。早些年，阿里云推出过一款 ACE 云代码托管引擎，即可以把代码直接传到该引擎上托管执行，从而不用再对它进行监控、维护、扩展、调优等操作。不过，可能那时候这款产品太超前，加上其产品功能还不够完善，有诸多限制，最终它没能存活下来。但是 Kubernetes 技术的日益成熟以及普遍应用，让我们可以从中看到未来代码运行技术的趋势，对用户而言，肯定会是无服务器、无操作系统的全新概念。

相比于传统硬件服务器的本地磁盘存储、一台物理服务器支撑、共享 IP、不支持快照 / 镜像的特点，云主机具有基于网络分布式集群存储、多台物理服务器支撑、独立 IP、云镜像 / 云快照等特点。它完成了从单机版到分布式版的蜕变，因而有了高可用性、高可扩展性、按需索取、低成本、灵活管理等特性。但云主机在网络、分布式架构、自动化管理方面的新特性也决定了云端实践的新特性。经过多年的实践来看，这些新特性也是具备划时代意义的。

6.1 云网络下的业务新架构

在如红警、魔兽等游戏流行的年代，其实也是IDC物理硬件盛行的年代。那时候打游戏“进入房间”时能明显地感觉到，电信专区、网通专区、移动专区的速度是不一样的（见图6-1）。如若你家的宽带是电信的，那么进入网通专区里面，那真会卡的一步都操作不了。

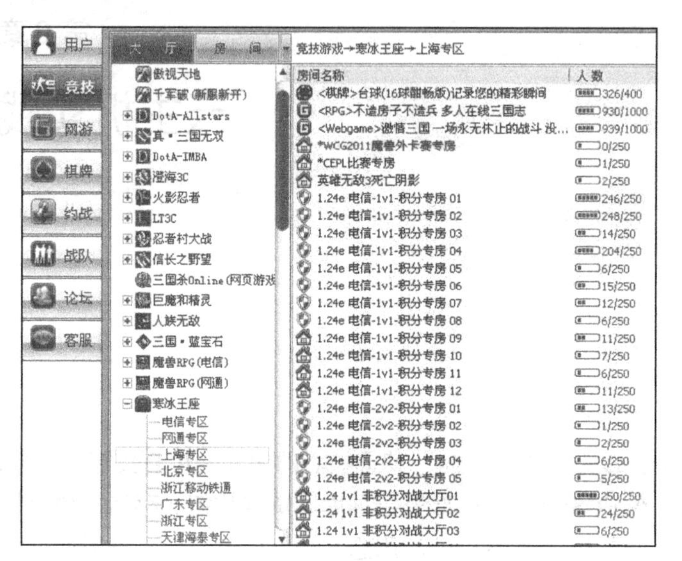

图6-1 游戏中不同运营商分区示例

这是IDC网络架构的通病，即中国基础网络的运营商、用户都具有区域性，联通用户多分布在北方，而电信用户多分布在华东、华南，这就导致了经典的南北互通问题，即南方电信与北方联通线路之间的互访很慢。传统IDC的双线机房就是用于解决这个问题的，即在服务器上绑定两个公网IP，一个是联通公网IP，另一个是电信公网IP，客户发出请求时根据自身网络运营商选择访问对应的目标IP，从而避免出现卡顿的问题。但是这种解决方式的灵活性并不是很高，并没有从本质上有效地解决该问题。

云网络的出现，从根本上有效地解决了该问题。云网络其实也不是什么复杂的技术，其本质就是BGP网络，只不过云网络将BGP网络进行了普及。在传统存在南北互通问题的网络架构下，最大的问题就是路由的问题。比如，我们的服务器放在上海电信的机房，深圳一位联通用户在访问我们的服务器时，要先绕到联通的广州总出口，然后再绕回上海。大多数联通用户访问电信网络时都这么绕着走，这样总出口带宽就会遇到瓶颈，然后访问就被卡住了，甚至直接卡到不能进行正常的业务访问。事实上，BGP线路之所以能解决这个问题，就是因为其解决了路由选择的问题，即能决定走什么路由过来，不绕远路，这样一来，问题自然就解决了。路由的问题解决了，BGP不仅能实现南北互通，而且也能解决其他网络的互通问题。比如，教育网、移动网等，因为它有权限决定路由，所以也就可以优化路由，这条路堵，就换条路。云平台使用BGP线路，具有较高的网络质量及速度，这是非常具有吸引力的实用特性。阿里云杭州千岛湖机房更是可供8家运营商同时接入，如果按照双线机房概念来理解，那就是八线机房了，即一个公网IP能对应8家运营商网络线路。

所以在云端，我们就不用再考虑移动、网通、电信还需要分别对应运营商的网络单独去部署了。而现在的一些网络竞技游戏、对战平台等，也很难再看到所谓的电信区、网通区。如若业务还停留在这个时代下的网络架构，那么它们终归会被云时代所淘汰。比如，现在如火如荼的热门游戏王者荣耀，就直接按照1到100的数字排列来简单划分不同服务区，而不再单独划分电信专区、网通专区，其云端游戏的分区如图6-2所示，电信、网通、移动等用户可以直接随意进入。

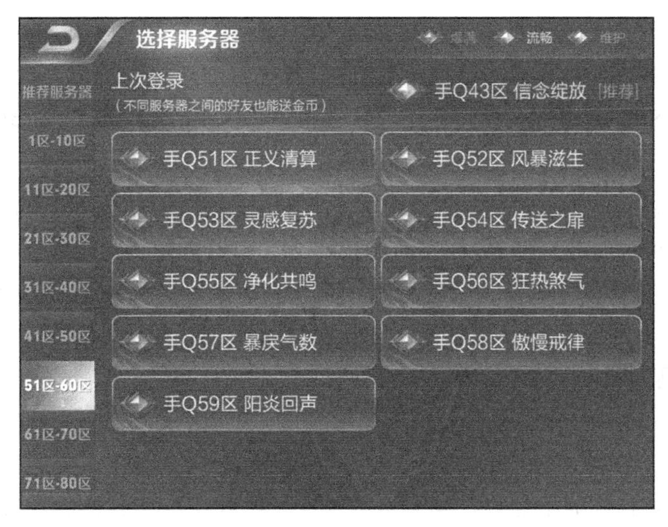

图6-2 云端游戏的分区

6.2 云的技术本质优势

传统的物理机环境强调的是单一系统的纵向扩展能力，即IOE（IBM小型机+Oracle+EMC存储）架构的硬件，就是通过单机性能的纵向扩展来满足业务对计算资源的需求。随着互联网发展、多系统海量计算性能的需求，传统物理机下的技术架构很难再支撑。云计算的出现，解决了多系统的横向扩展问题，即通过添加大量廉价云主机的横扩展来满足不同业务对海量计算资源的需求。我们可以看到传统物理机技术架构单一作战能力凶猛强悍，如同猛虎。而云计算下的技术架构的特点是群体作战能力势如破竹，如群狼，最终猛虎也难以招架住群狼。而“群狼战术”的本质就是如今分布式架构的特点，云计算的普及，也推进了分布式架构的发展。

6.2.1 云主机与硬件服务器性能对比的误区

早期，很多客户觉得云主机的性能比较差，更有用户直接用传统的性能压测工具来评估云主机的性能。最终发现两者性能的差距主要体现在CPU和磁盘I/O上，传统硬件服务器的高频+超线程CPU、磁盘阵列+SSD磁盘，让硬件服务器的性能更强悍。特别是IOE架构的硬件，更是让云主机在性能上没办法匹配，可以说硬件服务器完胜。这是因为云主机底层基于虚拟化，针对很多物理机虚拟出了很多的云主机（类似VPS虚拟机，只不过和VPS虚拟机不同的是，云主机是基于分布式的，没有单点问题），主要解决了IDC时代下资源利用的问题。

云诀窍

阿里云飞天系统早期的底层虚拟化基于XEN技术，同时能支持5000台物理机集群。后来飞天系统底层虚拟化改为基于KVM，能同时支持20 000台集群。技术上有了很大改进，并且引入了SSD云盘，在性能和稳定性上相对于XEN版本来讲，得到了很大的改善。

所以“资源共享，按需使用”是云计算区别于传统IT架构的关键及核心，也是云计算模式最大的优势所在。无论是计算、存储还是网络，用户享受到的技术及价格红利都离不开共享的作用。可以说脱离了共享，云计算就无从谈及。阿里云针对不同的业务场景需求，实际上提供了两类产品：共享型、独享型，这样就可以满足用户不同场景下对计算资源性能的需求，共享型实例如图6-3所示。

共享型实例系统采用的是随机的更贪婪的调度CPU的模式，一个核的使用可能会调度分配给不同的云主机实例。所以如若一个实例占用导致CPU飙高，可能也会导致其他实例出现CPU负载飙高且性能不稳定，其实这类性能异常在实践中我们也经常遇到。相比于共享型实例，独享型实例用系统固定调度CPU模式，一个核的使用会固定调度给某云主机实例，不会因为其他用户的资源使用繁忙或空闲而产生波动，独享型实例如图6-4所示。

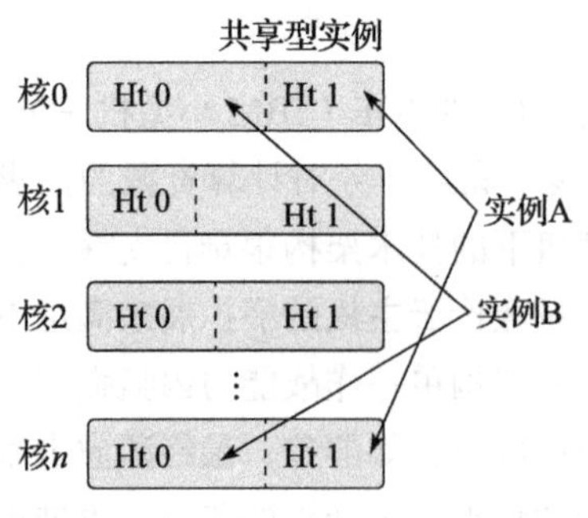

图6-3 共享型实例底层物理资源分配

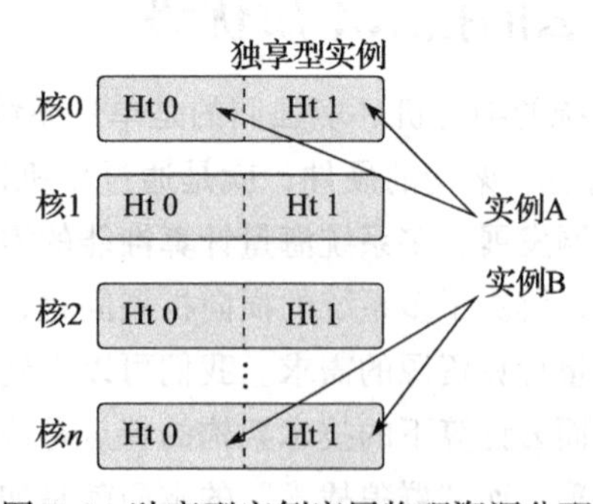

图6-4 独享型实例底层物理资源分配

但独享型实例系统的本质还是共享资源，只不过是在细分的核数上看似为独享。独享型是在底层硬件计算资源上，将计算资源（核数、磁盘、内存、网络）划分给一个公共的“大池子”（云计算平台），用户按需索取相应的计算资源即可，多个用户共同使用这个大的计算资源池。

虽然资源共享带来了资源利用、按需使用、弹性管理及伸缩、成本上的优势，但是同时也带来了性能问题。可想而知，大家同时使用一个底层计算资源与自己独占底层硬件计算资源，两者相比自然是独占的性能最高。所以把云主机的性能和传统硬件服务器的性能做对比，是没多大意义的。一方面，硬件服务器的性能肯定完胜，这是必然结果。另一方面，云平台的优势其实并不在这里。所以嫌弃云主机性能差，觉得还不如迁到IDC里面使用硬件服务器的用户，是没能真正地理解云的特点及优势的。对云主机的性能进行评测，以便对容量进行规划（用多少台服务器），这才是有意义的。

6.2.2 云的本质优势在于分布式架构

正如前面所说的，单纯地比较单台物理硬件和单台云主机的性能是没多大意义的。云的发展，其实也是分布式架构的普及以及发展。技术架构的发展，已经从单机架构到分布式架构，再到如今的微服务架构，所以如若业务对单机性能要求很高，只能进行垂直扩展（即升级服务器配置）来解决性能问题，而不能进行水平扩展（通过简单加服务器），显然这样的业务不能真正发挥云平台的优势，甚至不适合云平台。极端情况下，使用云主机还不如使用单台物理机。

所以在云端实践中，不要把云主机当成硬件服务器来使用，也不要指望通过升级服务器配置来解决业务性能扩展问题。阿里云IOE架构（后来业务基本全部部署在阿里云上）的核心其实也是分布式架构，去除对底层高配性能硬件的依赖，在架构上考虑采用海量低配硬件资源来满足庞大的业务量需求。

6.3 云时代下的资源自动化管理

云平台其实是自动化最高的实现，在云平台（阿里云管理控制台）上管理ECS，其实就是智能操作，既简单又快捷。

- 灵活的资源类型：包年包月、按量付费。
- 灵活的地域选择：华东1（杭州）、华东2（上海）、华北1（青岛）、华北2（北京）、华北3（张家口）、华北5（呼可浩特）、华南1（深圳）、西南1（成都）、澳大利亚（悉尼）、马来西亚（吉隆坡）、印度尼西亚（吉隆坡）、日本（东京）、新加坡、德国（法兰克福）、英国（伦敦）、美国（硅谷）、美国（弗吉利亚）、印度（孟买）、阿联酋（迪拜）等。
- 灵活的配置选择：1核、2核、4核、8核、16核等。
- 灵活的带宽选择：按固定带宽、按使用流量选择。
- 灵活的环境配置：各种Web类、数据库类等ECS镜像，环境一键式安装。
- Web界面全自动化操作：启动、停止、重置密码、升降配、安全组配置、快照/镜像管理、创建相同配置/相同环境机器等。

在 IDC 上架设一台服务器，要先购买服务器、安装基础环境，然后上架机房，整个流程十分烦琐而且效率低下。而在云时代，你会发现资源管理是如此快捷方便，上架一台服务器，就跟在淘宝网上购物一样方便。进行环境配置、软件部署时，就跟选择商品型号一样简单。而且，不仅是在 Web 控制台上操作方便，随着云 API 的推出，还能让我们通过代码接口管理云端资源。API 的开放，意味着云时代下面的资源管理控制完全不需要人工干预，全部都可以交给程序完成。如图 6-5 所示，通过简单的命令和参数，就能创建一台 ECS。

```
root@web2:~# python ecs.py --RegionId=cn-hangzhou --ImageId=centos6u5_64_20G_aliaegis_20140703.vhd --InstanceType=ecs.t1.small --Se
curityGroupId=G1188576972723562 --HostName=image-test1 --Password=20140801 CreateInstance
<?xml version="1.0" encoding="utf-8"?><CreateInstanceResponse><InstanceId>i-23pu1zkou</InstanceId><ZoneId>cn-hangzhou-z15</ZoneId><
RequestId>D45F8B0E-6E7F-4339-891E-DE939F17E992</RequestId></CreateInstanceResponse>
root@web2:~# ^C
root@web2:~# python ecs.py --InstanceId=i-23pu1zkou AllocatePublicIpAddress
<?xml version="1.0" encoding="utf-8"?><AllocatePublicIpAddressResponse><IpAddress>121.199.20.106</IpAddress><RequestId>C148A396-292
6-4C7A-9A9D-3A469AF688D6</RequestId></AllocatePublicIpAddressResponse>
root@web2:~# ^C
root@web2:~# python ecs.py --InstanceId=i-23pu1zkou --InternetMaxBandwidthOut=5 ModifyInstanceSpec
<?xml version="1.0" encoding="utf-8"?><ModifyInstanceSpecResponse><RequestId>3B6868DE-2491-49C2-B414-532FC44EF69F</RequestId></Modi
fyInstanceSpecResponse>
root@web2:~# ^C
□: command not found
root@web2:~# python ecs.py --InstanceId=i-23pu1zkou --Size=50 AddDisk
<?xml version="1.0" encoding="utf-8"?><AddDiskResponse><DiskId>d-238cxfln0</DiskId><RequestId>82891340-FA14-47A1-BE4B-CE9844D13CBC<
/RequestId></AddDiskResponse>
root@web2:~# █
```

图 6-5 API 创建 ECS

比如在红米手机的秒杀活动中，会瞬间开启 200 台机器且持续两小时来应对，然而 IT 资源才消费了 600 元人民币：

1）搭建好环境，制作好镜像。

2）活动前通过 API 秒开 200 台服务器来应对活动。

3）活动结束后，通过 API 瞬间释放资源。

而这要是在传统 IT 架构中，则根本不敢想象。比如，之前云平台出现的电商公司，每年“双十一”，都会提前一个月准备 IT 资源及相关环境部署，而如今采用云端运维，在 Linux 系统中通过简单的 Shell 或者 Python 脚本就能灵活管理、控制资源。不过对于此类功能在云端已经做成成熟的产品了，如 ESS 弹性伸缩，它能动态调整弹性计算资源，实现真正意义上的无须人工干预、资源动态伸缩。

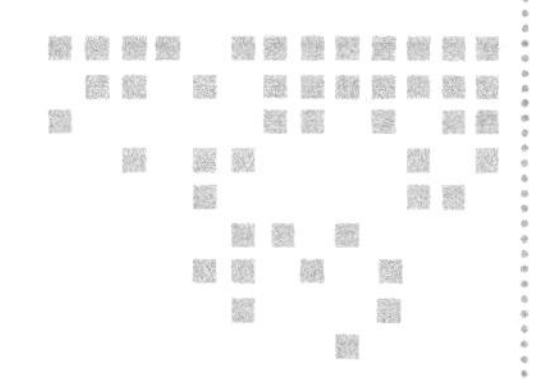

第 7 章 Chapter 7

云端负载均衡实践

很多人把集群架构和分布式架构混为一谈，这其实是个很大的认识误区。集群架构主要是热备的高可用架构，它通常采用虚拟 VIP 技术（如 Keeplived、Hearbeat）来解决单点故障的问题，让架构高可用。集群的虚拟 VIP 技术只能让一台服务器平时作为 Backup 热备，只有在出现故障的时候才会切换到 Backup 上，平时 Backup 热备都处于空闲状态。分布式架构的技术特点就是引入了负载均衡，让不同服务器来同时处理业务压力。负载均衡是分布式架构的起点，高可用架构底层最需要及最依赖的就是负载均衡。本章在传统开源负载均衡经验的基础上，结合云平台的最佳实践经验进行讲解，让读者对负载均衡技术有个全新的认识。

7.1 "1 + 1 > 2"经典架构

"1 + 1 > 2"的经典架构是分布式架构的精髓，也是理解云的本质优势在于分布式架构的核心点。

单机部署思路：一台配置为 4 核 8GB 的主机，部署着一个分布式业务，如传统电商系统。

分布式架构部署思路：如若将 4 核 8GB 的主机拆分成两台配置为 2 核 4GB 的主机，那么通过负载均衡部署效果会有什么不一样？

单机部署与两台部署的架构对比如表 7-1 所示。

表 7-1 单机部署与两台部署的架构对比

部署方式	成本	性能		安全性		可扩展性	稳定性	管理维护
单机部署：4 核 8GB	402 元 / 月	云主机带宽：200Mbps	40GB 默认云磁盘性能	暴露公网 IP	直接攻击源站	垂直扩展	单点故障	简单
两台部署：2 核 4GB*2	202 元 / 月	SLB 带宽：1Gbps	2 倍 40GB 默认云磁盘性能	隐藏后端 IP，避免常见扫描	直接攻击 SLB，具有抗攻击能力	水平扩展	无	复杂

相比于单机部署，我们可以看到拆分成两台机器 + SLB 部署后在成本方面相差不大，但在带宽性能、磁盘性能、安全性、可扩展性、稳定性方面都比单机部署要高出许多。值得一提的是，为什么说 SLB 具有抗攻击能力？这在第一篇中也介绍过，SLB 四层采用 LVS，新增了 SYNProxy 等 TCP 标志位，具有 DDoS 攻击防御功能。

如果要问拆分成两台部署有什么缺点，那就是在管理维护方面变复杂了。但在如今，这也不值得一提，服务器动辄几十台、上百台规模，云平台的自动化也会降低管理维护成本。所以总的来看，从架构角度上来说“1 + 1”是大于 2 的，而且是远远大于 2 的。

7.2 单机 + SLB 架构的必要性

很多人觉得单机前面添加一个 SLB 是多此一举，有些客户甚至怀疑给他们开了多余的资源，故意增加他们的预算等。下面先看表 7-2 所示的单机与单机 + SLB 架构对比。

表 7-2 单机与单机 + SLB 架构对比

部署方式	成本	性能	安全性		可扩展性	稳定性	管理维护
单机	一样（SLB 按带宽流量收费）	云主机带宽：200Mbps	暴露公网 IP	直接攻击源站	垂直扩展	单点故障	简单
单机 + SLB		SLB 带宽：1Gbps	隐藏后端 IP，避免常见扫描	直接攻击 SLB，具有抗攻击能力	水平扩展	单点故障	简单

相比于单机部署，单机 + SLB 部署虽然稳定性上也存在单点故障，但是在性能、安全性、可扩展性方面依然有很大优势。关键是在可扩展性上两者有本质区别。单机版的时候，业务的域名 IP 直接绑定在 ECS 的公网 IP 上。如若后期业务量增加，没办法采用一台服务器来应对业务量，那么就得引入 SLB，或者在 ECS 上自建 Nginx 等负载均衡。这时候域名要重新解析到新的 IP 地址上，因此需要中断业务。相比较而言，单机 + SLB 的方式，虽然 SLB 后面只有一台机器，但业务域名解析的 IP 地址用的是 SLB 的 IP 地址。如果后期业务量增加，只需要在 SLB 中加入新的服务器即可，而且对用户请求端来讲，这完全是无感知的，也不需要中断业务。

由此可见，单机 + SLB 架构并非毫无用处，实则是必不可少的。

7.3　被 LBHA 误导的架构

下面来看某汽车官网的一个案例（PHP）。

客户第一次提出的需求：要避免单点故障！

客户第二次提出的需求：要高可用！

客户第三次提出的需求：PHP 最好配置 Session 化管理，因为从网上资料来看，分布式 Session 管理要更好些。

客户最后提出的需求：Session 文件不要放在磁盘上，而是放在内存文件系统中（tmpfs），以保障业务访问速度。

这个案例之所以让我印象深刻，是因为一个简单的企业宣传官网，并没有多少人访问，客户的三大需求，却是按照千万级架构标准要求提出的，这显然是不合理的。

如果是给上海证券交易所部署阿里云的专有云，私有化部署驻云 CBIS 云管控平台，客户提出跨机房高可用的部署方案。因为客户业务是重要的金融领域业务，对业务高可用性有极高的要求，所以我们在架构设计、架构部署上是需要额外花费巨大成本投入的，这个要求是合理的，因为业务系统的重要性且对业务系统宕机极其敏感（损失按秒计算）。

大家都知道负载均衡（LB）和高可用（HA）的概念。但是什么时候用分布式架构，什么时候用高可用架构，其实需要根据业务情况来定。业务没有到达金融证券、淘宝这样的量级，对业务中断时间的担忧是过分的敏感和担心。对于一个本身没有多少业务访问量的官网来说，即使宕机，对公司业务的影响也不大，能在小时级别、分钟级别快速恢复即可。所以对简单业务而言，没必要花费额外成本在高可用、负载均衡方面，还给后期管理维护平添麻烦。相反，如果业务规模、业务重要性要求能在秒级内恢复等，就需要额外的成本投入在高可用的架构保障中，而不要单纯为了分布式而做分布式，为了架构而做架构。

7.4　DNS 的两大主流实践

设置域名 A 解析记录、CNAME 解析记录、邮箱服务器等，这是 DNS 域名解析设置的核心功能。大家一直以为 DNS 只能做域名解析，并且在传统物理机架构的应用中，DNS 作为负载均衡也一直不被看好。随着分布式架构的普及和发展，DNS 在云端负载均衡的实践中迎来了“咸鱼大翻身”，并且凭借核心秘密的智能解析功能，在 CDN、跨地域分布式架构中得到广泛且重要的应用。

7.4.1　实践一：不推荐 DNS 作为负载均衡的误区

在传统负载均衡实践中，通常都不推荐用 DNS 做负载均衡。DNS 负载均衡示意图如图 7-1 所示。

在图 7-1 中，为域名配置多个 A 解析地址，这样不同的用户请求域名会返回不同的解析 IP 地址，用户请求到不同的后端目标服务器地址，从而达到了分流分压的目的。但 DNS

作为负载均衡会遇到常规的几个问题：

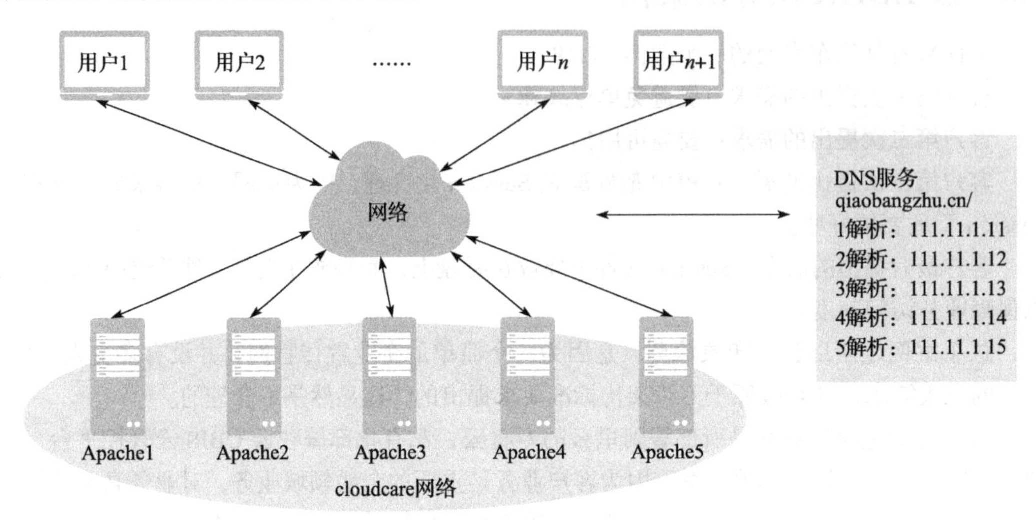

图 7-1 DNS 负载均衡

- 本地 DNS 缓存问题：DNS 如若剔除 IP，则可能会因为用户客户端是本地 DNS 缓存，而导致他们所访问的地址还是原来的 IP 地址。
- 负载不均衡的问题：DNS 调度算法仅支持轮询，而且它会根据客户端源 IP 请求来返回不同的解析地址。由于很多企业都是采用 SNAT 上网的模式，如若源 IP 的企业人员多，那么用户请求也就会多，而若源 IP 企业人员少，那么用户请求也少最终目标服务器就会出现负载不均衡的现象。
- 高可用的问题：攻击防御能力很弱，每次出现攻击就靠一台机器支撑。一旦这台机器出现故障，后续解析到这台机器的访问请求都将是异常的。

在云端实践中，云解析 DNS 在负载均衡中的实践是非常成熟的，已经达到企业级应用标准，在很多实践方案中都会用到，基本上告别了不推荐使用 DNS 做负载均衡的时代。但云端对 DNS 的应用，相比传统使用 DNS 来做负载均衡的架构是不一样的。如图 7-2 所示。

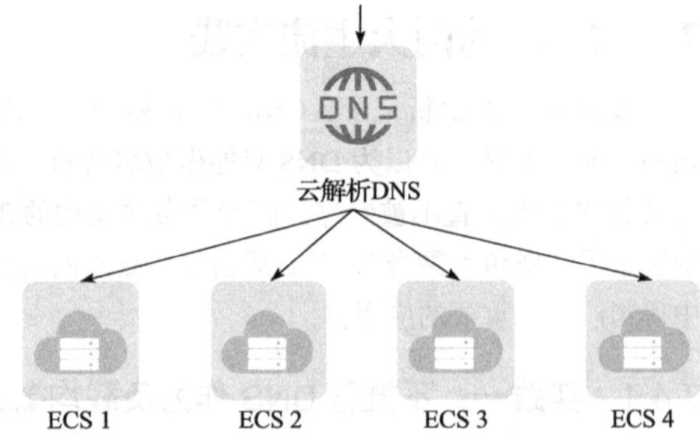

图 7-2 DNS 负载均衡在 ECS 中的应用

DNS 的 A 解析记录配置多条 ECS 的公网 IP，但依然是传统 DNS 部署架构，相比于物理服务器，虽然 ECS 的故障能快速恢复，但整体上并未改变，目前不推荐这种部署架构。如果换成如图 7-3 所示的部署架构会有什么不同呢？

DNS 的 A 解析记录 IP 地址配置为 SLB 的 IP 地址，这样暴露给 DNS 的解析 IP 是集群 IP 地址，负载均衡后面往往挂着多台服务器。相比 DNS 直接把 IP 解析到 ECS 上，高可用的问题就解决了。但是在这里我们发现负载不均衡的问题还是未能解决。即 SLB1 上、SLB2 上流入的流量不均衡，可能导致一个流量偏高，一个流量偏低，最终后面的 ECS 计算资源并不能得到有效利用。下面再对架构进行调整，如图 7-4 所示。

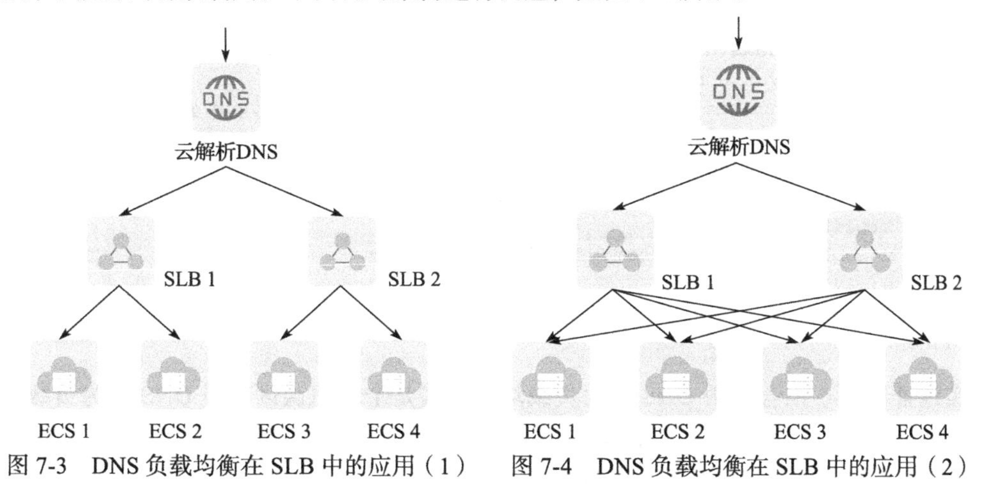

图 7-3　DNS 负载均衡在 SLB 中的应用（1）　图 7-4　DNS 负载均衡在 SLB 中的应用（2）

图 7-4 中，ECS 分别挂载到了不同的 SLB 上，即使前端两个 SLB 的流入流量不同，但最终请求流量都是转到后端 ECS 服务器进行处理。所以采用 DNS 引起的负载不均衡的问题就被解决了。但是这个架构有一个新的问题，就是只有 4 台 ECS 服务器，却要用两个 SLB，且要将 DNS 的 A 解析到两个地址上。原本一个 SLB 就可以解决的事情，现在变成两个 SLB，增加了维护管理成本，将原本简单的事情复杂化，这显然是不合理的。所以中小型架构并不适合以 DNS 作为负载均衡。DNS 的负载均衡架构，主要适合大规模应用。当后端有一两百台 ECS，而一台 SLB 的性能又有限时，此时采用多个 SLB，DNS 调用的优势和必要性就体现出来了。通过 Nslookup 淘宝和阿里云官网我们发现，其实这两者都是采用 DNS 作为负载均衡的架构，即返回了多个解析 IP 地址。

Nslookup 查询域名 www.taobao.com 的 DNS 记录结果如下：

```
Server:202.96.209.133
Address:202.96.209.133#53
Non-authoritative answer:
www.taobao.com canonical name = www.taobao.com.danuoyi.tbcache.com.
Name: www.taobao.com.danuoyi.tbcache.com
Address: 114.80.184.124
Name: www.taobao.com.danuoyi.tbcache.com
Address: 101.227.209.252
Name: www.taobao.com.danuoyi.tbcache.com
Address: 114.80.174.46
Name: www.taobao.com.danuoyi.tbcache.com
Address: 114.80.184.125
```

Nslookup 查询域名 www.aliyun.com 的 DNS 记录结果如下：

```
Server: 202.96.209.133
Address: 202.96.209.133#53
Non-authoritative answer:
www.aliyun.com canonical name = www-jp-de-intl-adns.aliyun.com.
www-jp-de-intl-adns.aliyun.com canonical name = www-p-de-intl-
adns.aliyun.com.gds.alibabadns.com.
www-jp-de-intl-adns.aliyun.com.gds.alibabadns.com canonical name =
v6wagbridge.aliyun.com.
v6wagbridge.aliyun.com canonical name = v6wagbridge.aliyun.com.gds.alibabadns.com.
Name: v6wagbridge.aliyun.com.gds.alibabadns.com
Address: 140.205.230.13
Name: v6wagbridge.aliyun.com.gds.alibabadns.com
Address: 140.205.34.3
Name: v6wagbridge.aliyun.com.gds.alibabadns.com
Address: 140.205.32.4
Name: v6wagbridge.aliyun.com.gds.alibabadns.com
Address: 106.11.93.21
```

实践证明，不推荐使用 DNS 作为负载均衡其实是个认识误区。但 DNS 作为负载均衡还有一个问题没有解决，那就是本地 DNS 缓存的问题。不过随着云时代的普及以及技术的发展，这方面所带来的问题几乎可以忽略不计。

一方面，域名云解析的 TTL（域名变更生效时间）已经在秒级，几乎是实时生效（个人版 TTL 是 10 分钟（600 秒）、企业标准版 TTL 是 1 分钟（60 秒）、企业旗舰版 TTL 是 1 秒）。

另一方面，采用 DNS 负载均衡，在实际应用中后端很少采用 ECS 的 IP，后端解析的 IP 地址都是集群 IP 地址。所以本身来讲，集群就考虑到高可用性，后端业务入口出现故障的可能性很小。这就使得在实际应用中，需要调整 DNS 解析的情况很少。

即便要调整 DNS，但在实践中，由于 TTL 生效很快，因此大部分客户都是很快生效到最新的解析上，只有小部分客户访问受到影响，这时指导异常客户清理本机 DNS 缓存，或者强制绑定本机 host 指向域名解析，也未尝不是一种很好的方式。

7.4.2 实践二：DNS 不为人知的核心秘密功能

DNS 的智能解析功能是跨地域的分布式架构中不可缺少的核心功能。在 CDN 或跨国际应用中，目前应该没有能替代它的解析方案。实际上，智能解析是 DNS 的核心秘密功能，但很多人对这项隐藏的技能不是太了解。接下来主要介绍这方面的实践。

1. 智能解析核心功能

域名智能解析是指域名解析服务器根据来访者的 IP 类型，对同一域名相应地做出不同的解析。智能解析的原理是，有一个全世界现有的 IP 地址库，每个地址对应哪个地域下的运营商线路都会记录在这个 IP 地址库中。客户端请求 DNS 服务器，DNS 服务器会去查询这个 IP 地址库，然后返回这个 IP 地址对应的地域及运营商线路。所以可以看到，智能解析主要有两种类型：运营商线路解析、运营商地域线路解析。

（1）运营商线路解析

如果在IDC有5台服务器，分别位于电信、网通、移动、教育网、海外，我们可以在云解析中这样填写记录：

- 默认线路：电信服务器IP；
- 网通线路：网通服务器IP；
- 移动线路：移动服务器IP；
- 教育网线路：教育网服务器IP；
- 海外线路：海外服务器IP。

客户端请求源IP是来自电信的访问者，DNS将域名解析到该域名对应的电信服务器的IP地址上。客户端请求源IP是来自网通的访问者，则DNS将域名解析到该域名对应的网通服务器的IP地址上。可以看到，DNS的运营商线路智能解析，其实也能解决传统IDC网络架构中存在的南北网络互通的问题。不过在云端，如今DNS在运营商线路智能解析这方面基本上派不上用场。主要是因为云端网络都是BGP线路，一个IP对应电信、网通、移动、教育网等多家运营商线路。所以云解析变成这样填写记录：

- 默认线路：ECS/SLB公网IP；
- 网通线路：ECS/SLB公网IP；
- 移动线路：ECS/SLB公网IP；
- 教育网线路：ECS/SLB公网IP；
- 海外线路：ECS/SLB公网IP。

上述记录可以简化成一条云解析记录：

- 默认线路：ECS/SLB公网IP。

（2）运营商地域线路解析

运营商地域线路解析，其实是运营商线路解析的细分。能够针对某运营商解析细分到该运营商的地域级别。

- **国内运营商地域线路分布**

- 移动：国内区域；
- 联通：国内区域；
- 电信：国内区域；
- 教育：国内区域。

在DNS国内地域解析线路中，我们可以选择上述的移动、联通、电信、教育这4个选择类别来细分解析。国内运营商地域线路细分案例如图7-5所示。

在图7-5中，用户请求访问域名地址，DNS能够自动判断访问者的IP地址是“上海联通”还是“北京联通”，然后智能地返回设置的对应的“上海联通”和“北京联通”的服务器IP地址完成域名解析。

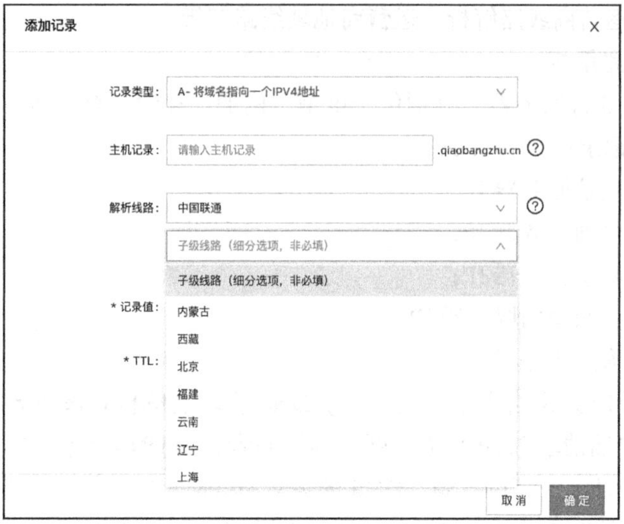

图 7-5 国内运营商地域线路细分

- **海外运营商地域线路分布**

在 DNS 海外地域解析线路中，我们可以选择“海外、海外大洲[1]、海外（国家 / 地区）[2]”这 3 个选择类别（这是阿里 DNS 产品设置的 3 个选项）来细分解析。举个海外地域解析的实践案例，假如阿里云用三台服务器部署海外业务，分别在新加坡、美国、德国，那么我们可以在云解析中按如下方式填写记录。

- 海外 – 亚洲地区 – 新加坡线路：指向新加坡服务器的 IP；
- 海外 – 北美洲 – 美国线路：指向美国服务器的 IP；
- 海外 – 欧洲 – 德国线路：指向德国服务器的 IP；
- 默认线路：指向新加坡服务器的 IP。

这样亚洲地区用户请求访问域名地址，DNS 会解析到新加坡服务器的 IP 地址。北美洲地区用户请求访问域名地址，DNS 会解析到美国服务器的 IP 地址。欧洲地区用户请求访问域名地址，DNS 会解析到德国服务器的 IP 地址。另外，默认线路解析表示什么呢？是指除了亚洲、北美洲、欧洲这三个地区的用户请求访问域名地址，DNS 会默认解析到新加坡服务器的 IP 地址。

2. CDN 是智能解析的最佳实践

智能解析的最佳实践当属 CDN。CDN 虽然本质上是提供静态缓存加速，但静态访问加速的“就近访问”的核心，就是智能解析的核心功能，如图 7-6 所示。

北京终端用户请求流程如下：

1）终端用户（北京）向 qiaobangzhu.cn 下的某资源发起请求，会先向本地域名服务器

[1] 该选项下包括大洋洲、欧洲、北美洲、南美洲、非洲。

[2] 该选项下包括澳大利亚、新西兰、马来西亚、阿联酋、泰国、新加坡、越南、日本、缅甸、马尔代夫、尼泊尔、印度、沙特阿拉伯、韩国、菲律宾、印尼、老挝、柬埔寨、墨西哥、加拿大、美国、巴西、阿根廷、瑞士、西班牙、法国、俄罗斯、瑞典、荷兰、英国、意大利、德国、奥地利、南非等国家或地区。

LDNS 发起域名解析请求（这台服务器一般是由网络带宽供应商配置的，如电信，对应网络带宽供应商的 DNS 服务器一般在本市。这台服务器的性能一般都很好，会缓存域名解析结果，大约 80% 的域名解析到这里就完成了）。

2）当 LDNS 解析 qiaobangzhu.cn 时会发现本地缓存中没有该资源，于是它将请求转发给网站授权的域名解析对应供应商（比如阿里云的万网云解析 http://www.net.cn/）。

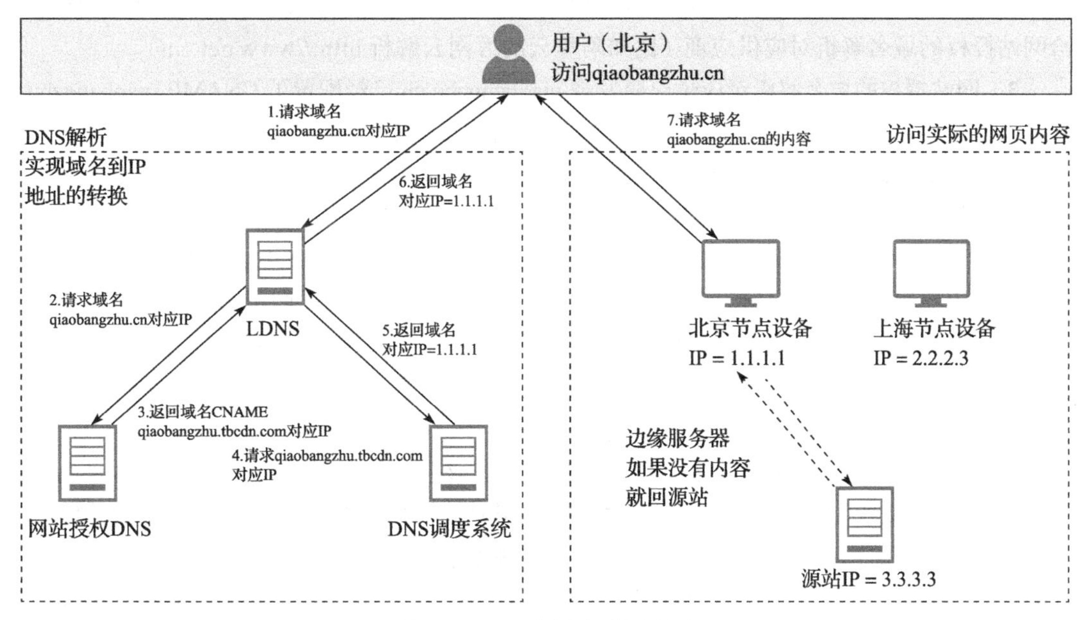

图 7-6　CDN 请求数据包流向

3）网站授权的域名解析对应供应商发现 qiaobangzhu.cn 已经配置了 CNAME qiaobangzhu.tbcdn.cn，并将 qiaobangzhu.tbcdn.cn 对应的 IP 地址返回给 LDNS。

4）LDNS 得到 CNAME qiaobangzhu.tbcdn.cn 对应的 IP 地址，将解析请求发送至阿里云 CDN 的 DNS 调度系统。

5）阿里云 CDN 的 DNS 调度系统根据终端用户的源 IP 判断出该终端属于北京地域，并为该终端用户请求分配北京缓存节点 IP，LDNS 获取 DNS 返回的解析 IP 地址 1.1.1.1。

6）用户获取解析 IP 地址 1.1.1.1，且此 IP 为北京地域的 CDN 缓存节点。

7）用户向获取的 IP 地址 1.1.1.1 发起对该资源的访问请求。这里又分为以下两种情况。

- 如果是静态请求（图片、js、css、html 等），若该 IP 对应的节点已经缓存了该资源，则会将数据直接返回给用户，此时请求结束。若该节点未缓存该资源，则节点会向业务源站 IP 地址 3.3.3.3 发起对该资源的请求。获取资源后，结合用户自定义配置的缓存时间策略，将资源缓存至节点（如图 7-6 中北京节点），并返回给用户，此时请求结束。
- 如果是动态请求则直接转给后端源站进行处理，由此可见 CDN 只做静态缓存加速，对动态请求是没办法进行加速的。

上海终端用户请求流程如下：

1）终端用户（上海）向 qiaobangzhu.cn 下的某资源发起请求，会先向本地域名服务器 LDNS 发起域名解析请求（这台服务器一般是由网络带宽供应商配置的，如电信，对应网络带宽供应商的 DNS 服务器一般在本市。这台服务器的性能一般都很好，会缓存域名解析结果，大约 80% 的域名解析到这里就完成了）。

2）当 LDNS 解析 qiaobangzhu.cn 时会发现本地缓存没有该资源，于是它会将请求转发给网站授权的域名解析对应供应商（比如阿里云的万网云解析 http://www.net.cn/）。

3）网站授权的域名解析对应供应商发现 qiaobangzhu.cn 已经配置了 CNAME qiaobangzhu.tbcdn.cn，并将 qiaobangzhu.tbcdn.cn 对应的 IP 地址返回给 LDNS。

4）LDNS 得到 CNAME qiaobangzhu.tbcdn.cn 对应的 IP 地址，将解析请求发送至阿里云 CDN 的 DNS 调度系统。

5）阿里云 CDN 的 DNS 调度系统根据终端用户的源 IP 判断出该终端属于上海地域，并为该终端用户请求分配上海缓存节点 IP，则 LDNS 获取 DNS 返回的解析 IP 地址 2.2.2.2。

6）用户获取解析 IP 地址 2.2.2.2，且此 IP 为上海地域的 CDN 缓存节点。

7）用户向获取的 IP 地址 2.2.2.2 发起对该资源的访问请求。这里又分为以下两种情况。

- 如果是静态请求（图片、js、css、html 等），若该 IP 对应的节点已经缓存了该资源，则会将数据直接返回给用户，此时请求结束。若该节点未缓存该资源，则节点会向业务源站 IP 地址 3.3.3.3 发起对该资源的请求。获取资源后，结合用户自定义配置的缓存时间策略，将资源缓存至节点（如图 7-6 中上海节点），并返回给用户，此时请求结束。
- 如果是动态请求则直接转给后端源站进行处理，由此可见 CDN 只做静态缓存加速，对动态请求是没办法进行加速的。

总结：

对比北京终端和上海终端用户请求流程可以看到，CDN 所谓“就近访问”的核心在于 DNS 的智能解析能分辨不同终端用户源 IP 的地域，然后再返回该地域的 CDN 缓存节点 IP 地址，从而实现“就近访问”。

3. 跨地域分布式架构是智能解析的最佳实践

在云端实践中，也经常遇到跨国际用户请求的需求：

- 应用部署在国内，海外用户访问不畅。
- 应用部署在海外，国内用户访问不畅。

用什么架构可以实现海外用户、国内用户访问通畅？下面将给出实践中总结出的两套成熟的标准方案。

方案 1：多个域名 + 多个站点

该方案如图 7-7 所示。业务中分多个域名，比如海外用户访问 B.qiaobangzhu.cn，解析 IP 绑定到海外机房部署的业务站点。国内用户访问 A.qiaobangzhu.cn，然后解析 IP

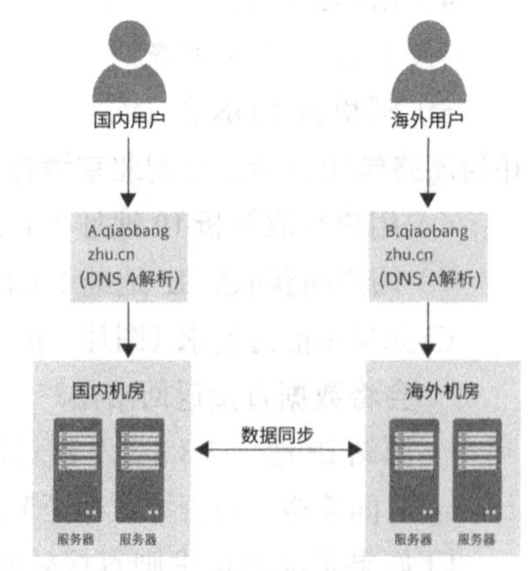

图 7-7 多个域名 + 多个站点

绑定国内机房部署的业务站点。这类架构的应用，在一些常见的热门开源类官网比较多。比如要下载对应的软件包，会给出很多下载链接地址。我们可以根据自己所在的地域，选择不同 URL 来进行“就近下载”。图 7-8 所示就是 Apache 的下载界面。

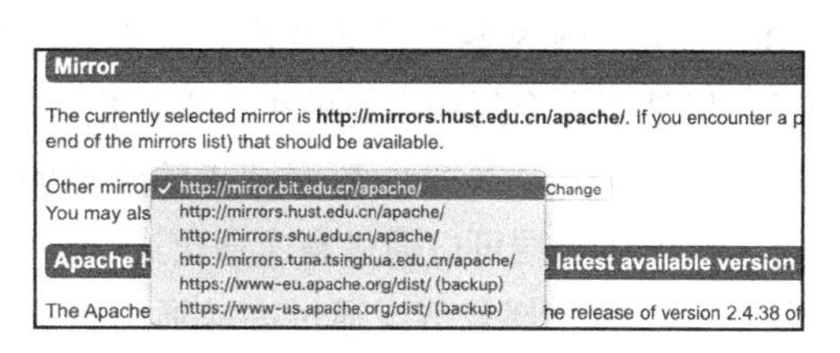

图 7-8　官网 Apache 安装包下载

方案 2（最佳实践）：单个域名（DNS 智能解析）+ 多个站点

在没接触到智能解析之前，我们一直都是推荐使用方案 1 中的多个域名 + 多个站点部署的方式。这种加上多个域名的方式，可能很多业务是不能接受的，大多数业务需求是只能用一个域名作为访问入口。比如国内知名扫地机器人在海外的官网，在日本、新加坡、美国、德国都部署节点，但暴露给用户的仅有一个域名地址。这时智能解析就很好地解决了该问题，它可以根据海外不同的地域，设置多个不同的 A 解析记录，如图 7-9 所示。

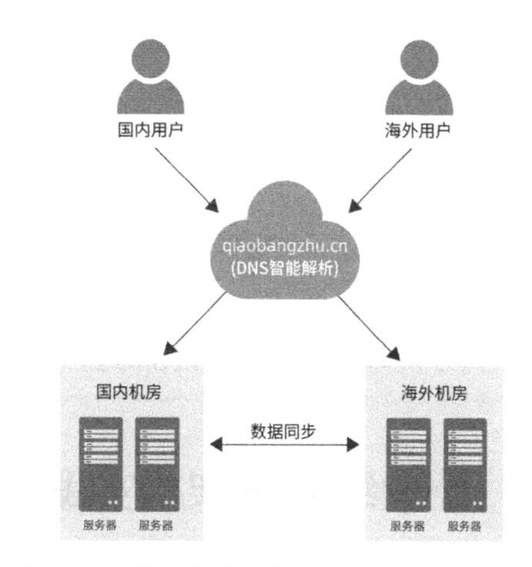

图 7-9　单个域名（智能解析）+ 多个站点

除了跨国际的分布式架构外，其实对国内的跨地域的分布式架构，特别是异地多活的架构来说，智能解析的核心功能更是必不可少，如图 7-10 所示。

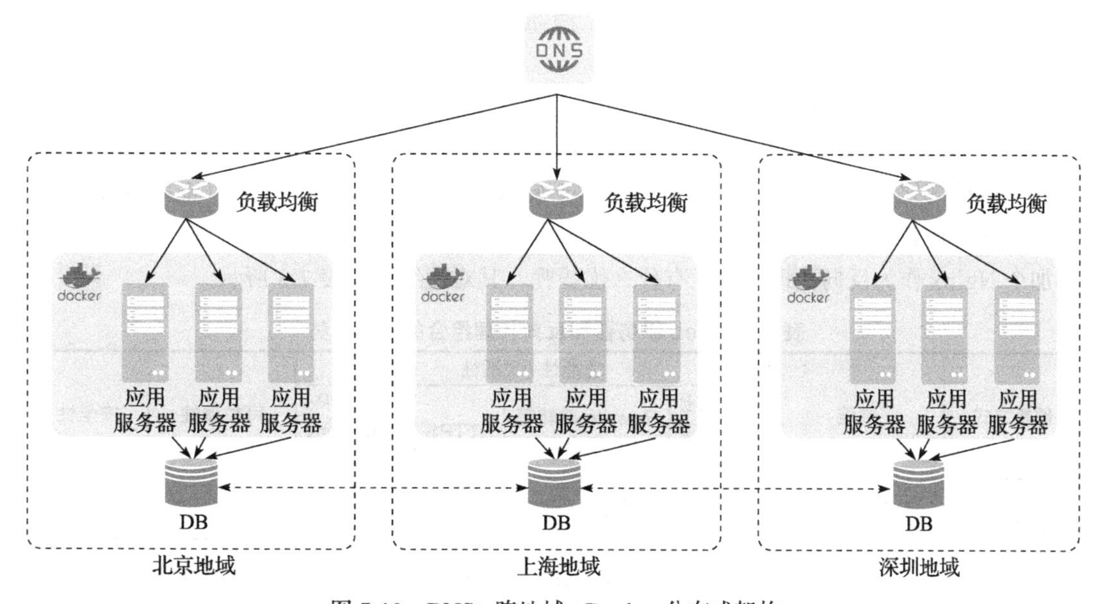

图 7-10　DNS+ 跨地域 +Docker 分布式架构

通过智能解析把不同地域的请求引流至各自不同地域部署的节点中，然后将节点中部署的业务再采用Docker进行部署。这样业务代码对平台无依赖，即可以无缝地接入线下IDC机房、国内各大云运营商，甚至是AWS上。虽然业务代码层的跨地域部署问题解决了，但是还有个问题没有解决，即数据库也可能需要进行跨地域部署。所以底层数据库跨地域进行同步时所带来的数据同步的延时问题，就成了跨地域分布式架构的第二大难题。不过，当前在云端可以通过高速通道进行专线打通。当前实际案例中，许多客户已经将海外部署节点和国内部署节点通过高速通道打通，从而保障网络传输速度及传输质量。然后结合DTS工具进行数据库底层的实时同步。

云诀窍

DTS数据传输（Data Transmission）是阿里云提供的一种支持RDBMS（关系型数据库）、NoSQL、OLAP等多种数据源之间数据交互的数据服务。它提供了数据迁移、实时数据订阅及数据实时同步等多种数据传输能力。通过数据传输可实现不停服数据迁移、数据异地灾备、跨境数据同步、缓存更新策略等多种业务应用场景，帮助用户构建安全、可扩展、高可用的数据架构。DTS将会成为云端数据同步、跨地域数据同步的最佳实践方案。

7.5 企业级Web架构实践

在企业的Web类应用实践中经常会碰到如下问题：

- Tomcat能直接对外提供Web服务，为什么前端还要加个Nginx？
- 用Django开发的Python Web应用，启动的对应Web端口服务能直接对外提供访问，为什么前端要加个Nginx？
- PM2启动的Node服务也能直接对外提供Web服务，为什么前端要加个Nginx？

如果公司业务是通过Tomcat、Python Web应用、Node Web应用直接对外提供访问，那其实这种部署架构就已经很不合理了。企业级Web架构实践，反向代理（也称负载均衡，反向代理和负载均衡的底层原理区别可参考4.3节）几乎已经成为标配。在Web应用中，前端加个Nginx作为反向代理，究竟有什么优势呢？其对比结果如表7-3所示。

表7-3 Web服务器和反向代理组合的对比优势

部署方式	性能	功能性/灵活性				可扩展性	安全性
		客户端七层访问请求明细	Rewrite跳转等七层功能	HTTPS	对来访IP：allow/deny权限控制		
Web服务单独部署	不支持	需要代码实现	需要代码实现	设置复杂	需要代码实现	无可扩展性	暴露后端真实端口
反向代理+Web服务组合部署	支持静态缓存，对静态资源处理性能强劲	日志查看方便	设置方便	设置方便	设置方便	支持动静分离，扩展灵活	隐藏后端真实端口

所以反向代理是企业级 Web 架构的最佳实践，在云端亦是如此。具体在负载均衡架构中，反向代理架构要怎么结合使用，会在接下来的 7.6 节中进一步介绍。

7.6　企业级负载均衡架构实践

那么什么样的负载均衡架构才对得起“企业级”3 个字？在分析很多中大型项目时，我发现它们在使用负载均衡时都有一个共同的特点，于是对这些特性结合在云端进行实践验证。

7.6.1　七层 SLB 性能实践案例

下面先来看一个案例：

在“双十一”活动前夕，我们采用性能测试服务（Performance Testing Service，PTS）对某电商用户的线上业务进行压测评估。

客户线上的环境配置如表 7-4 所示。

表 7-4　客户线上环境配置清单

线上环境的类型	线上环境性能配置情况
客户业务类型	电商类，采用 Java+Spring Cloud 的微服务
所使用 SLB 类型	采用七层超强型（slb.s3.large）：该规格最大可以支持连接数 1 000 000、新建连接数（CPS）100 000、每秒查询数（QPS）50 000
ECS 配置及台数	8 核 16G200G × 10 台
阿里云 Redis 配置	16G 集群版：最大连接数 80 000，最大内网带宽 384Mbyte
RDS 配置	16 核 64G500G：最大 IOPS14 000，最大连接数 16 000

该电商用户线上环境压测结果如图 7-11 所示。

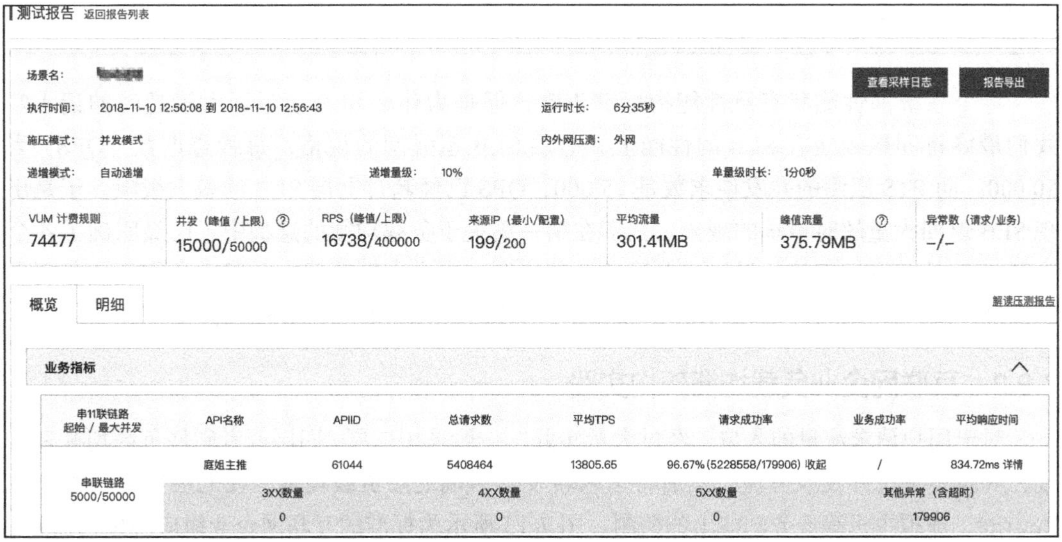

图 7-11　某电商客户线上环境压测结果

可以看到，这里进行了峰值 15 000 的并发压测，有 179 906 次请求超时。从获取的业务实时监控服务 ARMS（Application Real-Time Monitoring Service）中的监控数据来看（如图 7-12 所示），在全链路前端请求、数据库调用、Redis 调用方面的响应时间没有异常。

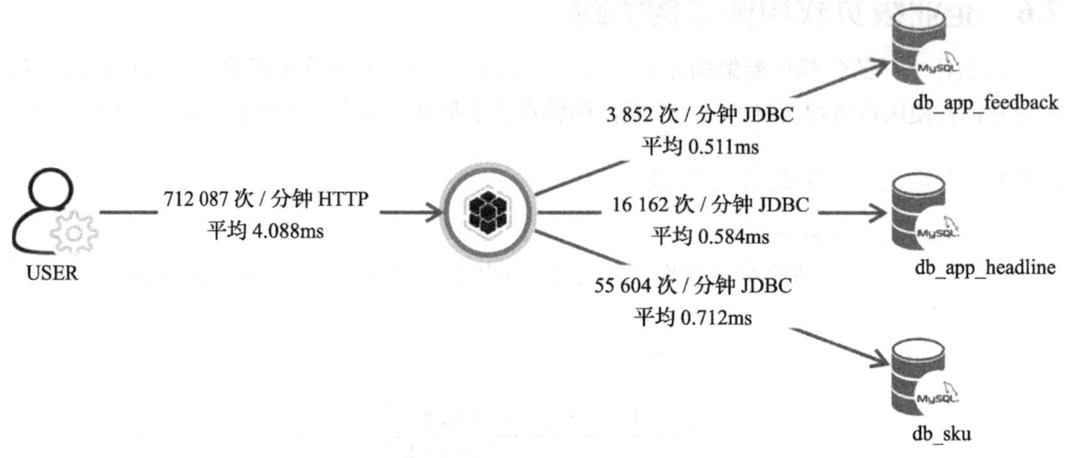

图 7-12 阿里云 arms 监控结果

再在驻云的监控系统中对系统层面的性能监控数据进行确认，如表 7-5 所示。

表 7-5 系统层面监控性能数据

监控数据	性能指标	性能状态
ECS	CPU 使用率及负载、内存使用率、网卡流入流出流量、磁盘 IO 性能、进程使用状态	内网流入流量飙升至 40 ～ 50Mbps，其他性能指标正常
操作系统日志状态	内核及系统状态	无异常报错
阿里云 Redis	连接数、流入流出流量	使用正常，高峰期 20% 的波动
RDS	连接数、CPU、IOPS	使用正常，高峰期 20% 的波动

各个系统的性能状态及性能指标都正常，但是为什么 SLB 会返回大量超时的请求？我们最终将问题锁定在 SLB 的性能上。七层 SLB 超强型的规格，每秒查询数（QPS）为 50 000。而 PTS 压测的并发请求数是 15 000，QPS 已经超过七层 SLB 的最大极限，于是出现 SLB 返回大量超时请求的现象。其实在第一篇关于负载均衡的选型中，已经明确了各个类型 SLB 的并发性能的数量级。七层的负载均衡，在中大型项目中并不适合作为业务请求的流量入口，特别是在电商高并发的场景下，七层 SLB 显得格外力不从心。

7.6.2 互联网企业负载均衡架构实践

对于用户请求流量的入口，经过大量实践，一般采用二层 / 四层或者硬件负载均衡来实现，从而实现抗并发及分流。然后将请求转发给后端七层负载均衡，在七层负载均衡上做 Rewrite、虚拟主机等业务功能上的控制。图 7-13 所示为标准的互联网企业级应用架构流程。

按照图 7-13 来设计，传统互联网负载均衡架构的标准实践如图 7-14 所示。

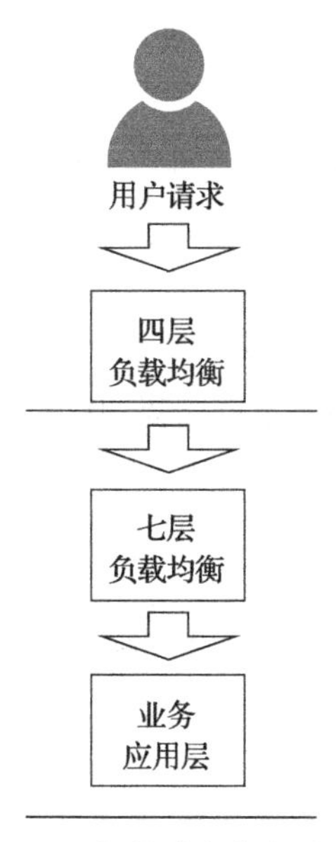

图 7-13　互联网企业架构请求负载均衡数据包流转

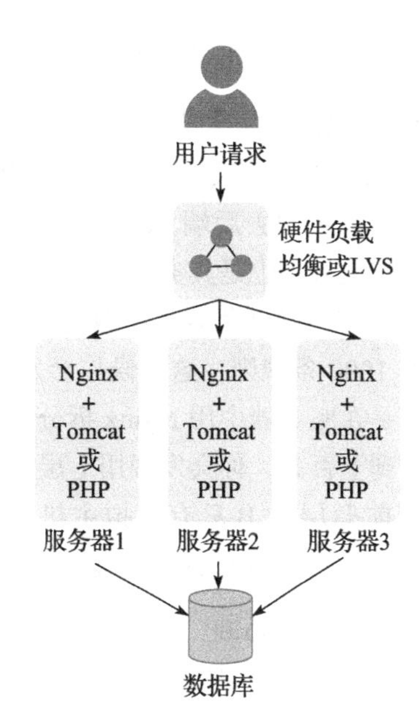

图 7-14　互联网企业架构负载均衡架构

我们并不会采用七层 Nginx、七层 Haproxy 作为流量入口，也不会采用 Nginx 四层、Haproxy 四层作为流量入口，主要是因为 Nginx/Haproxy 的“二次连接”对性能有损耗。采用 LVS 或者负载均衡作为互联网架构的流量入口，可以保障入口流量最大性能及效率被负载均衡转发，这是中大型项目的标准应用。在此之前已介绍过一家电商公司的案例，“双十一”活动期间，能把 LVS NAT 模式的内网千兆带宽跑满。LVS NAT 模型都遇到了性能瓶颈，我们将其切换成 LVS 的 DR 模式，使流量从后端服务器返回给客户端，这样才解决了相应的性能问题。如果用七层的负载均衡是不可能做到的。所以中大型应用中，前端用七层负载均衡，几乎都会成为瓶颈点。所以入口流量处仅通过硬件或 LVS 负载均衡做流量分发。而七层虚拟主机、Rewrite 等功能需求，就放在后端服务器上通过搭建 Nginx/Apache 来实现。

7.6.3　云端负载均衡中小型架构实践

如果是中小型应用，用户请求的 QPS 量级远远达不到 50 000，这时候其实还是优先推荐使用七层的 SLB 作为流量入口。如图 7-15 所示。

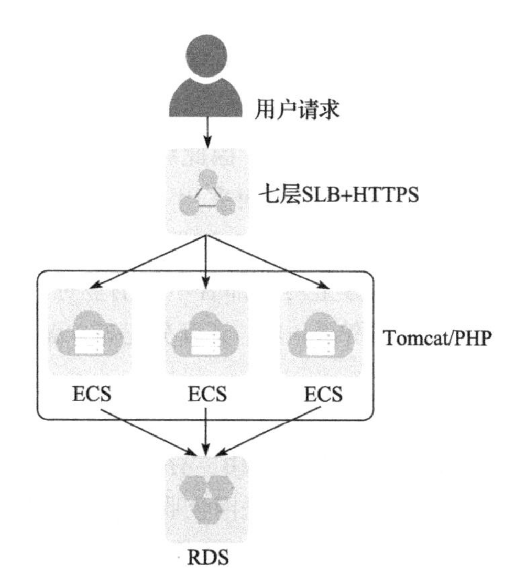

图 7-15　云端中小型互联网企业负载均衡架构

使用七层 SLB 作为流量入口，虽然没办法应对高并发的场景。但是在功能应用、管理维护等方面要比四层 SLB 方便且简单许多。主要有以下几方面特点：

1. 虚拟主机功能方面

虚拟主机能直接在七层负载均衡上进行配置，将虚拟主机进行集中管理效率会更高，这样就不用单独去后端 ECS 中的 Nginx 上配置虚拟主机。不过这方面功能既是使用七层负载均衡的优势，也是其劣势。

以前在用硬件负载均衡做七层的虚拟主机等七层规则管理的时候，如若配置条目很多，比如有 1000 条规则，这时候你会发现集中管理冗余，根本没办法集中维护这些配置。最后我们还是在服务器中用 Nginx 拆分成不同配置文件来进行管理维护。同样，如若虚拟主机的规则达到上百条，你会发现用七层 SLB 进行集中管理并不是一种很理想的做法。

当前七层 SLB 只有虚拟主机简单七层功能，并没有 Rewrite、Allow/Deny 控制功能。如果需要七层 SLB 的这些功能，还是只能通过在 ECS 中搭建 Nginx 来实现。

2. 证书配置方面

相比于四层 SLB，七层 SLB 可直接将证书配置在其中，而不用去后端在所有 ECS 的 Nginx 中配置证书。

云诀窍

采用七层 SLB 集中化管理证书，虽然在维护管理上提升了效率，但是在性能上损耗严重。实践发现，前端使用七层 SLB 进行证书集中管理，性能会损耗 20% ～ 30%。在高并发场景下尤为明显，我们在其他的客户实践中，专门用 PTS 压测得到了这个性能数据，并对其进行了验证。

---

3. 后端服务器资源利用方面

采用四层 SLB 仅做请求分流转发，请求都是逐一轮询给后端 ECS，因此后端 ECS 部署的代码、Nginx 配置要一样。而采用七层 SLB 时，它会根据虚拟主机的功能将请求转发给后端不同的 ECS，因此后端 ECS 上可以部署不同的业务代码。所以七层 SLB 在资源利用、调度分配等方面更加有效。

7.6.4 云端负载均衡中大型架构实践

如果是中大型应用，存在高并发访问场景。在云端，结合传统互联网企业标准架构所设计的符合中大型应用的云端标准负载均衡架构如图 7-16 所示。

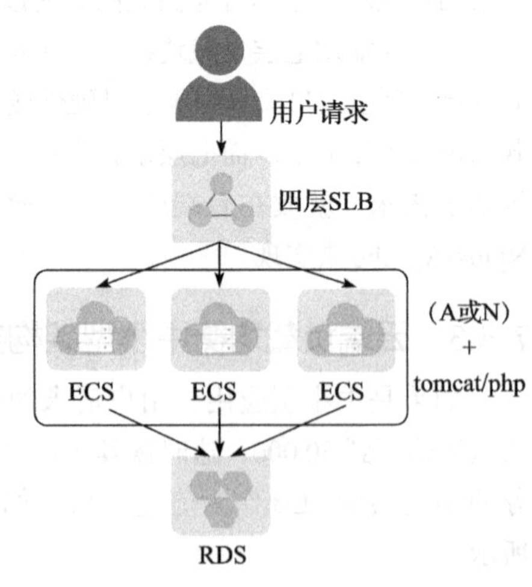

图 7-16 云端中大型互联网企业负载均衡架构

前端采用 SLB 四层作为请求流量入口，以应对高并发场景。如果需要配置 https 证书的话，可将证书放在后端 ECS 中用 Nginx 来配置。若还需要虚拟主机、Rewrite 等功能，可一并放在后端 ECS 中通过 Nginx 来实现。

7.7　通过代理 + VPN 提速跨国际网络访问

跨国际网络访问延时，一直是网络架构中的疑难杂症。比较暴力直接的解决办法，就是通过专线（阿里云的云企业网及高速通道服务）来解决网络连通的质量问题。但是专线也仅仅只解决了内部应用服务之间调用（比如数据库跨国际地域同步）的网络问题，没办法解决用户跨国际地域访问带来的网络延时问题。通过代理 + VPN 提速跨国际网络访问，在云端算是经典的应用实践。

7.7.1　跨国际网络访问的延时问题

我们有个客户在云端有跨国际应用，在美国东部、德国、新加坡、日本等地部署了业务应用。我们帮其部署了 CSOS（Cloud Security Operating Service）代理，但由于 CSOS Server 部署在我国杭州地域，美国东部、德国的 CSOS Agent 由于跨国际网络延时，导致服务器 SSH 经常连接不上。不过新加坡节点由于是亚太地域，网络访问延时问题比较少见。为了解决此问题，我们引入了类似反向代理中转的架构，以解决网络上带来的延时问题，如图 7-17 所示。

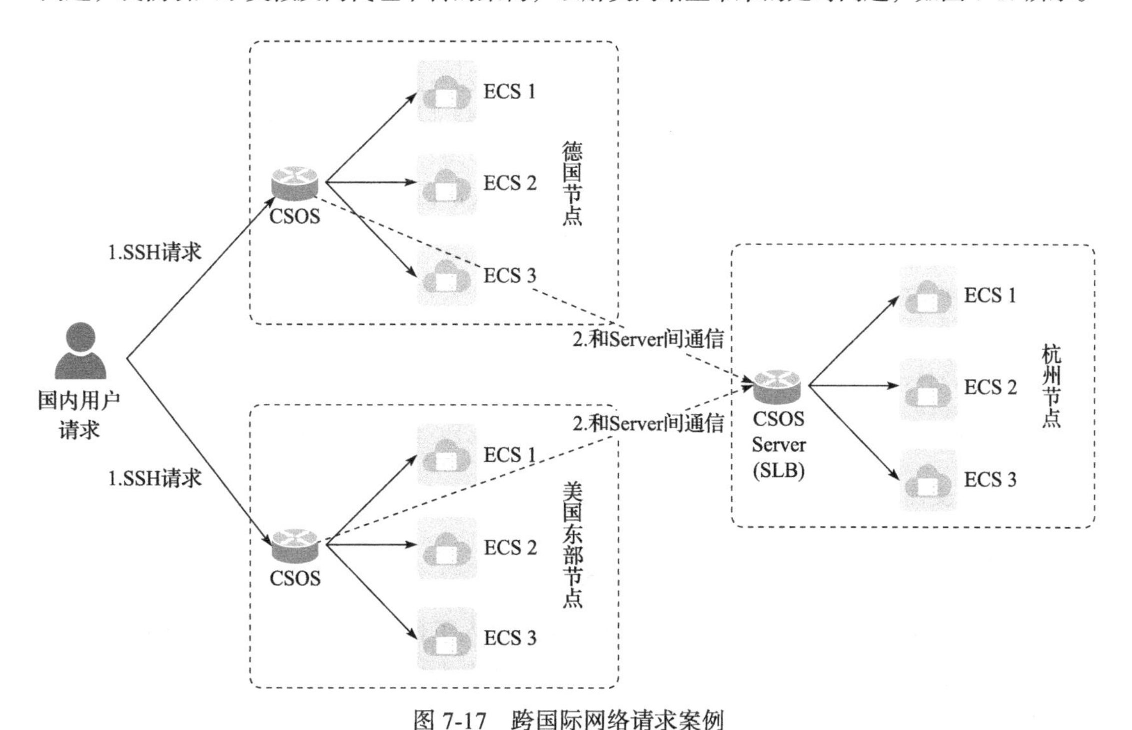

图 7-17　跨国际网络请求案例

国内请求通过跨国际网络直接ssh美国东部节点、德国节点时，网络延时较严重。此外，CSOS Agent也要跟杭州节点的机器进行通信，这种直接通信方式的延时也特别严重。这可以通过简单的ping实验来验证，临时在美国东部（弗吉尼亚）、德国（法兰克福）开通两台ECS，其公网IP地址分别为47.90.209.124和47.254.147.13。我在自己的笔记本上（电信100M带宽）直接ping美国东部的IP地址，命令如下：

```
ruijiedeMacBook-Pro:~ ruijieqiao$ ping 47.90.209.124 -c 10
PING 47.90.209.124 (47.90.209.124): 56 data bytes
64 bytes from 47.90.209.124: icmp_seq=0 ttl=49 time=315.406 ms
Request timeout for icmp_seq 1
64 bytes from 47.90.209.124: icmp_seq=2 ttl=49 time=308.317 ms
64 bytes from 47.90.209.124: icmp_seq=3 ttl=49 time=318.053 ms
64 bytes from 47.90.209.124: icmp_seq=4 ttl=49 time=363.914 ms
Request timeout for icmp_seq 5
64 bytes from 47.90.209.124: icmp_seq=6 ttl=49 time=402.804 ms
64 bytes from 47.90.209.124: icmp_seq=7 ttl=49 time=318.880 ms
64 bytes from 47.90.209.124: icmp_seq=8 ttl=49 time=339.382 ms
64 bytes from 47.90.209.124: icmp_seq=9 ttl=49 time=358.691 ms
--- 47.90.209.124 ping statistics ---
10 packets transmitted, 8 packets received, 20.0% packet loss
round-trip min/avg/max/stddev = 308.317/340.681/402.804/30.411 ms
```

延时300～500ms，普遍存在丢包情况。然后我又用本机直接ping德国的ECS，命令如下：

```
ruijiedeMacBook-Pro:~ ruijieqiao$ ping 47.254.147.13 -c 10
PING 47.254.147.13 (47.254.147.13): 56 data bytes
64 bytes from 47.254.147.13: icmp_seq=0 ttl=49 time=526.694 ms
64 bytes from 47.254.147.13: icmp_seq=1 ttl=49 time=371.693 ms
Request timeout for icmp_seq 2
Request timeout for icmp_seq 3
64 bytes from 47.254.147.13: icmp_seq=4 ttl=49 time=348.080 ms
64 bytes from 47.254.147.13: icmp_seq=5 ttl=49 time=322.598 ms
Request timeout for icmp_seq 6
64 bytes from 47.254.147.13: icmp_seq=7 ttl=49 time=445.749 ms
64 bytes from 47.254.147.13: icmp_seq=8 ttl=49 time=381.789 ms
64 bytes from 47.254.147.13: icmp_seq=9 ttl=49 time=400.785 ms
--- 47.254.147.13 ping statistics ---
10 packets transmitted, 7 packets received, 30.0% packet loss
round-trip min/avg/max/stddev = 322.598/399.627/526.694/63.205 ms
```

跟ping美国东部的ECS情况差不多，延时300～500ms，普遍存在丢包情况。

7.7.2 解决跨国际网络访问的代理架构

为了解决这个跨国际网络延时的问题，我们引入了代理节点。其核心原理跟前面介绍的负载均衡中为实现南北互通以Nginx反向代理作为中转的原理基本类似。其架构如图7-18所示。

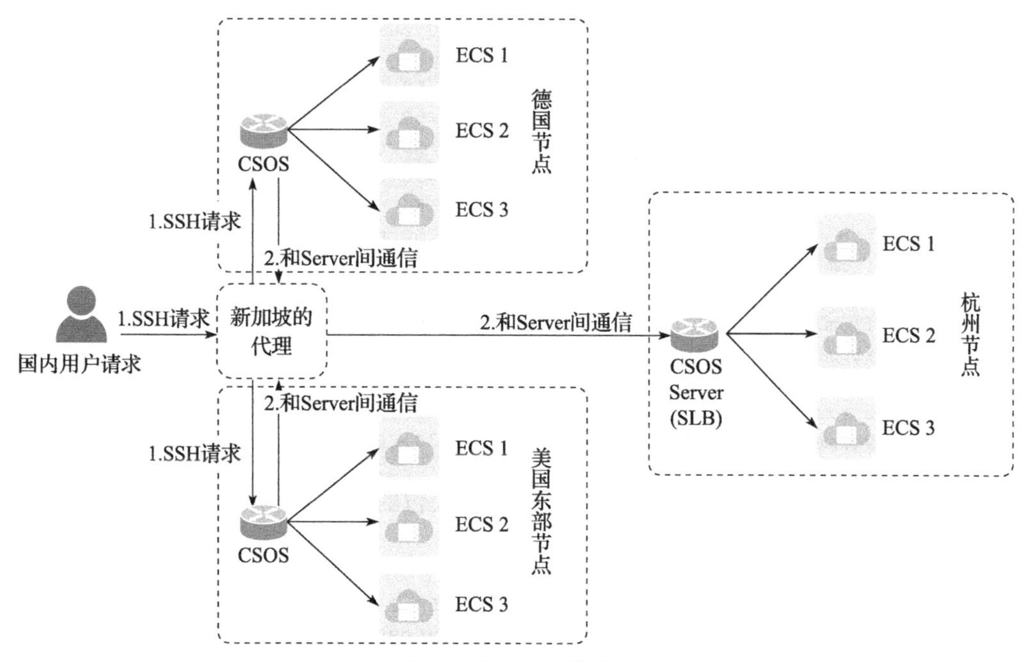

图 7-18　代理在跨国际网络请求中的应用

国内用户直接访问德国、美国东部节点，网络延时较严重。但若在新加坡放置一台代理服务器，那么直接访问这台代理服务器的速度一般都很快，这台代理服务器直接通过国际网络去访问德国节点、美国东部节点，其速度也很快。临时在新加坡开通一台 ECS，公网 IP 为 161.117.229.111。我在自己的笔记本上（电信 100M 带宽）直接 ping 新加坡的 IP 地址，命令如下：

```
ruijiedeMacBook-Pro:~ ruijieqiao$ ping 161.117.229.111 -c 10
PING 161.117.229.111 (161.117.229.111): 56 data bytes
64 bytes from 161.117.229.111: icmp_seq=0 ttl=48 time=34.748 ms
64 bytes from 161.117.229.111: icmp_seq=1 ttl=48 time=35.535 ms
64 bytes from 161.117.229.111: icmp_seq=2 ttl=48 time=34.012 ms
64 bytes from 161.117.229.111: icmp_seq=3 ttl=48 time=35.748 ms
64 bytes from 161.117.229.111: icmp_seq=4 ttl=48 time=35.284 ms
64 bytes from 161.117.229.111: icmp_seq=5 ttl=48 time=34.699 ms
64 bytes from 161.117.229.111: icmp_seq=6 ttl=48 time=35.266 ms
64 bytes from 161.117.229.111: icmp_seq=7 ttl=48 time=35.223 ms
64 bytes from 161.117.229.111: icmp_seq=8 ttl=48 time=35.483 ms
64 bytes from 161.117.229.111: icmp_seq=9 ttl=48 time=35.369 ms
--- 161.117.229.111 ping statistics ---
10 packets transmitted, 10 packets received, 0.0% packet loss
round-trip min/avg/max/stddev = 34.012/35.137/35.748/0.486 ms
```

可以看到延时很低，仅 34ms 左右，没有出现丢包情况。基本上 ping 新加坡服务器时，很少出现丢包的情况。然后再登录新加坡服务器，通过这台服务器 ping 美国东部服务器，命令如下：

```
[root@iZj6c31zbo0drgkckak1nvZ ~]# ping 47.90.209.124 -c 10
PING 47.90.209.124 (47.90.209.124) 56(84) bytes of data.
64 bytes from 47.90.209.124: icmp_seq=1 ttl=50 time=261 ms
64 bytes from 47.90.209.124: icmp_seq=2 ttl=50 time=264 ms
64 bytes from 47.90.209.124: icmp_seq=3 ttl=50 time=269 ms
64 bytes from 47.90.209.124: icmp_seq=4 ttl=50 time=263 ms
64 bytes from 47.90.209.124: icmp_seq=5 ttl=50 time=250 ms
64 bytes from 47.90.209.124: icmp_seq=6 ttl=50 time=268 ms
64 bytes from 47.90.209.124: icmp_seq=7 ttl=50 time=252 ms
64 bytes from 47.90.209.124: icmp_seq=8 ttl=50 time=265 ms
64 bytes from 47.90.209.124: icmp_seq=9 ttl=50 time=268 ms
64 bytes from 47.90.209.124: icmp_seq=10 ttl=50 time=269 ms
--- 47.90.209.124 ping statistics ---
10 packets transmitted, 10 received, 0% packet loss, time 9275ms
rtt min/avg/max/mdev = 250.621/263.351/269.341/6.355 ms
```

延时260ms左右，重点是网络稳定，不会出现丢包的情况。同样，登录新加坡服务器，通过这台服务器ping德国服务器，命令如下：

```
[root@iZj6c31zbo0drgkckak1nvZ ~]# ping 47.254.147.13 -c 10
PING 47.254.147.13 (47.254.147.13) 56(84) bytes of data.
64 bytes from 47.254.147.13: icmp_seq=1 ttl=49 time=266 ms
64 bytes from 47.254.147.13: icmp_seq=2 ttl=49 time=269 ms
64 bytes from 47.254.147.13: icmp_seq=3 ttl=49 time=264 ms
64 bytes from 47.254.147.13: icmp_seq=4 ttl=49 time=266 ms
64 bytes from 47.254.147.13: icmp_seq=5 ttl=49 time=264 ms
64 bytes from 47.254.147.13: icmp_seq=6 ttl=49 time=260 ms
64 bytes from 47.254.147.13: icmp_seq=7 ttl=49 time=264 ms
64 bytes from 47.254.147.13: icmp_seq=8 ttl=49 time=259 ms
64 bytes from 47.254.147.13: icmp_seq=9 ttl=49 time=267 ms
64 bytes from 47.254.147.13: icmp_seq=10 ttl=49 time=266 ms
--- 47.254.147.13 ping statistics ---
10 packets transmitted, 10 received, 0% packet loss, time 9266ms
rtt min/avg/max/mdev = 259.883/264.890/269.217/2.858 ms
```

延时也是260ms左右，同样，重点是网络稳定，不会出现丢包的情况。所以结合对比测试，加入新加坡的代理节点，网络的传输延时不仅会减少，还会使网络质量更稳定，不会出现丢包、不稳定等问题了。

同样，美国东部节点、德国节点的CSOS代理要跟我国杭州节点的CSOS服务器通信时，也让请求通过新加坡代理转发至我国杭州节点上。将CSOS代理中要跟csos.cloudcare.cn通信的请求通过配置VPN强制走新加坡代理即可实现。通过以上架构优化，基本上可以避免延时抖动的情况。

云诀窍

代理是跨国际网络应用中不可多得的成熟解决方案，但要确保代理节点的网络通畅，否则就失去了代理节点中转的意义，即国内到国外代理节点的网络要通畅，国外代理节点到目标服务器的网络也要通畅。

7.8　通过反向代理提速跨国际网站访问

接着上文跨国际网络访问的延时话题，还有另外一个场景，就是国内客户跨国际访问国外部署的网站（主要为亚洲地域外的其他地域）延时很高的问题（主要受访问出口带宽限制）。比如假设 qiaobangzhu.cn 网站部署在美国（弗吉尼亚），服务器的 IP 地址为 47.90.209.124，那么国内用户直接访问 qiaobangzhu.cn，可能经常出现卡顿，或者由于网络延时直接访问不了。怎么解决国内用户访问国外网站慢的问题呢？同样我们可以借助新加坡的服务器通过反向代理解决，架构如图 7-19 所示。

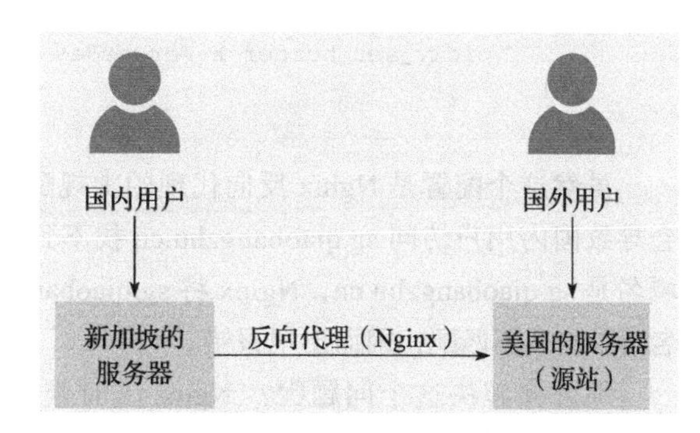

图 7-19　反向代理提速跨国际网站访问架构

除了要依靠新加坡的服务器外，核心技术还需要在该代理服务器上部署 Nginx 来中转用户请求。Nginx 是百年难遇的“神一般”的软件，只有你想不到的，没有它做不到的。本文主要介绍 Nginx 七层反向代理的技术特性，我们主要有两个方案实现，明细如下文。

7.8.1　方案一：双域名反向代理架构方案

双域名架构的方案跟 7.4.2 节中 DNS 实践的“多个域名 + 多个站点”方案比较类似，都是传统成熟的解决方案。具体配置流程主要有以下三大步。

（1）需要一台新加坡的 ECS

在新加坡开通一台 ECS 作为反向代理服务器，比如开通的服务器公网 IP 为 161.117.229.111。跟 7.7 节的案例一样，我们通过该代理服务器来中转国内用户的请求，从而达到提速的效果。

（2）需要一个二级域名

这里将一个新的二级域名（比如 sg.qiaobangzhu.cn）的 A 解析地址直接解析到新加坡服务器的 IP 地址 161.117.229.111 上，国内用户访问 sg.qiaobangzhu.cn 时，该服务器将请求中转给源站 qiaobangzhu.cn 服务器。当然这里也可以直接将 qiaobangzhu.cn 解析到该服务器的 IP 地址 161.117.229.111 上，虽然国内用户访问延时的问题解决了，但是国外用户访问 qiaobangzhu.cn 的请求都要通过该服务器绕着再走到源站，有些得不偿失。

（3）部署 Nginx 反向代理

在新加坡服务器上部署 Nginx 作为反向代理，将 sg.qiaobangzhu.cn 请求中转至 qiaobangzhu.

cn 上，Nginx 核心配置如下：

```
server {
 listen 80;
    server_name sg.qiaobangzhu.cn;
 index index.html index.htm;
    location / {
        proxy_pass http://qiaobangzhu.cn/;
        proxy_set_header Host $host;
        proxy_set_header X-Real-IP $remote_addr;
        proxy_set_header X-Forwarded-For $proxy_add_x_forwarded_for;
    }
}
```

虽然这个配置是 Nginx 反向代理的常规配置，但其实在这个场景下是有问题的，可能会导致国内用户访问 sg.qiaobangzhu.cn 找不到站点的异常。这是因为国内用户访问请求的域名是 sg.qiaobangzhu.cn，Nginx 将 sg.qiaobangzhu.cn 请求转到源站 qiaobangzhu.cn 上，域名请求出现不匹配，因而出现报错。

那怎样解决这个问题呢？Nginx 这时候就能发挥 HTTP 七层无所不能的价值了。在 HTTP 请求头信息中，host 字段表示请求的服务器网址，即我们只要修改这个字段的值，让转给源站的 HTTP 请求 host 字段的值为源站真实的域名地址即可。所以通过 Nginx 修改 host 字段的值，最终 Nginx 核心的正确配置如下：

```
server {
 listen 80;
 server_name sg.qiaobangzhu.cn;
 index index.html index.htm;
 location / {
     proxy_pass http://qiaobangzhu.cn/;
     proxy_set_header Host 'qiaobangzhu.cn';
     proxy_set_header X-Real-IP $remote_addr;
     proxy_set_header X-Forwarded-For $proxy_add_x_forwarded_for;
 }
}
```

另外，值得注意的是，很多人把 302 重定向和反向代理容易搞混淆。比如 Nginx 对 302 重定向的配置如下：

```
server {
 listen 80;
 server_name sg.qiaobangzhu.cn;
 index index.html index.htm;
 location / {
     rewrite ^ http://qiaobangzhu.cn$request_uri permanent;
 }
}
```

我们访问 sg.qiaobangzhu.cn 被重定向跳转到 qiaobangzhu.cn 上了，本质上最终还是要直接访问 qiaobangzhu.cn，这并没有解决访问网络延时的问题。

7.8.2　方案二：单域名反向代理架构方案

相比方案一中的双域名方式，用户要记住两个域名，这在用户体验上肯定没有只访问一个域名更友好。那能不能只通过一个域名结合反向代理，来解决跨国际网站访问延时的问题呢？答应是可以的，我们需要借助 DNS 智能解析的核心功能。具体配置流程同样也有以下三大步。

（1）需要一台新加坡的 ECS

同样需要在新加坡开通一台 ECS 作为反向代理服务器，比如开通的服务器公网 IP 为 161.117.229.111。

（2）设置 DNS 智能解析

在 DNS 的云解析中，我们需要将 qiaobangzhu.cn 解析线路明细设置如下：

- 默认线路：指向美国服务器的 IP47.90.209.124
- 海外 – 北美洲 – 美国线路：指向美国服务器的 IP47.90.209.124
- 国内：指向新加坡服务器的 IP161.117.229.111

通过 DNS 智能解析设置后，国内用户访问 qiaobangzhu.cn 会自动解析到新加坡服务器的 IP161.117.229.111 上，而海外用户访问 qiaobangzhu.cn 会自动解析到美国服务器的 IP47.90.209.124 上。

（3）部署 Nginx 反向代理

同样在新加坡服务器上部署 Nginx 作为反向代理，将国内用户访问 qiaobangzhu.cn 的请求中转至源站 qiaobangzhu.cn 上，Nginx 核心配置如下：

```
server {
 listen 80;
 server_name qiaobangzhu.cn;
 index index.html index.htm;
 location / {
     proxy_pass http://qiaobangzhu.cn/;
     proxy_set_header Host $host;
     proxy_set_header X-Real-IP $remote_addr;
     proxy_set_header X-Forwarded-For $proxy_add_x_forwarded_for;
 }
}
```

值得注意的是，新加坡的服务器将国内用户访问 qiaobangzhu.cn 的请求反向代理给 qiaobangzhu.cn，这时候新加坡的服务器解析 qiaobangzhu.cn 的 IP 地址得到的已经是美国服务器的 IP 地址 47.90.209.124 了。为了保险起见，我们可以在新加坡的代理服务器上的 host 配置文件（/etc/hosts）中将 qiaobangzhu.cn 的解析本地强制绑定到美国服务器的 IP 地址 47.90.209.124 上，这样就可以保障请求最终被转到美国服务器的源站上了。

Chapter 8 第 8 章

云端存储实践

云端存储实践，主要是数据持久化实践。数据是企业的生命，这里的数据主要体现为存储中的数据。本章主要讲非结构化类型数据的持久化存储实践，即块存储（云盘）、共享块存储（共享云盘）、共享文件存储、OSS 对象存储的云端实践。而结构化数据类型及半结构化数据类型的存储实践，即数据库类实践，将在第 10 章重点介绍。

8.1　云端块存储八大实践技巧

块存储（云盘）是非结构化数据（比如文本文档、图片、视频、日志文件、代码文件等）存储的重要手段，而在云端如何应用好云盘，接下来的这八大实践技巧能够让大家对看似简单的云盘有更加清晰的认识。

8.1.1　提升云盘 I/O 的三大技巧

云盘的 I/O 性能一直是用户热议的话题，基于虚拟化的技术，其实在底层 I/O 隔离方面不太理想。所以在上一代基于 XEN 技术的阿里云集群，常被认为 I/O 速度太慢，甚至有时还没有 U 盘快。虽然在新一代基于 KVM 技术的阿里云集群推出了高效云盘、SSD 云盘，这使得其在 I/O 性能方面得到了很大改善，这些提升 I/O 的性能实践，现如今依然具有实践参考价值，特别适用于对 I/O 性能要求很高的场景。

技巧一：分布式部署

分布式部署案例如下。

案例 1：云端某音频播放 FM 平台

音视频业务对 I/O 要求很高，这通过案例可以看出来。例如，某客户在云端杭州和青岛地域各开了两百多台 ECS，他们的业务在云端 ECS 的配置清单如表 8-1 所示。

表 8-1　某音频播放 FM 平台的配置清单

CPU 配置	内存配置	硬盘空间	公网带宽
1 核	512.00 ～ 1.5G	40G 数据盘	1.00 ～ 5.00M

案例 2：携程某业务平台

携程某业务平台对 I/O 也有很高的要求，它们的业务在云端 ECS 的配置清单如表 8-2 所示。

表 8-2　携程某业务的配置清单

CPU 配置	内存配置	硬盘空间	公网带宽
1 核	1G	用自带系统盘空间，无数据盘	无公网

结合以上两个案例与前面讲的“1+1>2”经典架构案例，我们发现把一台机器拆分到不同低配机器磁盘上，其 I/O 性能呈线性增长。所以在云端可采用大量机器进行分布式部署，此架构是提升 I/O 性能最有效的做法。

技巧二：夜间活动减少资源共抢

我们发现，夜间看电影或玩游戏时速度非常快。这是因为绝大多数互联网一天中 80% 的业务请求量主要集中在 40% 的时间内，即 80% 的业务请求量发生在一天的 9.6 小时当中，而这 9.6 小时绝大部分是白天请求访问量。所以在夜间，随着时间的推移，用户请求访问量会越来越少。

我们通过一个简单有趣的实验就能验证：

在白天业务高峰期，比如中午 12 时的时候，去 wget oss 中的一个 GB 级别的大文件，可发现下载速度一般是 2 ～ 5M/s。

在夜间业务低峰期，比如凌晨 2 时的时候，我们再去 wget oss 中的一个 GB 级别的大文件，这时候下载速度是 10 ～ 30M/s。

在云平台中，夜间的资源竞争少了很多，这时候也是 I/O 性能最好的时候。所以在进行架构设计的时候，可把需要 I/O、需要 CPU 计划的任务放在晚间进行。

技巧三：云盘的拆分及合并

云盘的拆分是指将一块云盘拆分成不同云盘来购买，把一块大空间分为几块小空间购买，比如需要 200GB 磁盘空间，可以分两次进行购买，一次购买 100GB。而且两次购买的时间间隔尽量拉长一点，这样多数情况下，这两块云盘的空间会被分配在底层不同的物理硬盘上。在两块物理硬盘上读写总比在一块物理硬盘上读写性能要好，尤其是将不同的应用部署在不同的磁盘空间上时效果更加明显。所以把一块云盘拆分成不同云盘进行挂载，在不同云盘中部署不同应用程序，也能有效提升 I/O 性能，这就是云盘的拆分。

一块云盘被拆分成多块云盘后就对应多块物理卷。我们需要格式化这些不同的云盘，并将其挂载在不同的目录中。如果我们有个程序，比如部署的数据库，需要把这些不同的物理卷目录都利用起来，这时候可以采用 LVM 虚拟出一块逻辑卷提供给数据库做 data 目录，通过 LVM 管理不同云盘。通过实践，我们发现 I/O 性能提升了 20% ～ 40%。关于这方面我们也通过压测工具进行了验证。可见，通过 LVM 合并不同的云盘，一定程度上也能提升 I/O 性能。

8.1.2 云盘使用的五大技巧

云盘使用的五大技巧分别如下。

技巧一：在云盘中不建议进行分区

在云端实践中，建议直接格式化一块云盘，不建议进行分区。后续如若这块云盘要升级扩容，只需要使用 resize2fs 指令扩大文件系统，然后重新挂载即可。

相反，如果这块云盘提前进行了分区。后续进行升级扩容时，就需要针对不同的分区来进行额外的扩容，操作烦琐且复杂。

技巧二：在云盘中不建议使用 LVM

在传统 IDC 中，使用 LVM 做磁盘管理默认是必需的。特别是 LVM 的快照功能，如同云盘的快照功能，是传统硬件磁盘中重要的数据备份手段。但在云端默认的情况下，不再推荐使用 LVM 进行磁盘管理，除非想提升 I/O 等。原因是阿里云云盘的快照是针对单块云盘进行的，如果采用 LVM 把多块云盘虚拟成一个逻辑卷。后续通过 LVM 存储的数据，如若发生异常需要回滚，那就没办法使用阿里云快照这个功能了。因为若多个云盘回滚的时间点不一致，就会导致 LVM 逻辑卷中的数据恢复不一致（当然如若想多个云盘的快照数据一致，我们可以停机跟系统盘、数据盘快照。因为这时候系统盘和数据盘中数据不再变更，所以快照不会导致数据不一致性的问题）。如果为了使用 LVM，而没办法使用阿里云云盘的快照功能，结果得不偿失。

技巧三：云盘的系统盘不建议做数据存储

在开 ECS 的时候，建议系统盘只选择 40GB。系统盘的空间仅用于存储系统日志、一些系统中间件软件的主目录数据，不建议存储业务代码、业务日志、数据库数据等。有些用户为了方便，直接将系统盘开成 500GB，并且将代码、业务日志直接放在系统盘里，这会带来很大的安全隐患。比如，我们有时候需要进行系统调优、内核升级，或者装一个软件，若此时系统出现问题需要回滚系统盘，那么就会导致存放在系统盘中的业务数据、数据库数据一起回滚。

技巧四：云盘最好不要依赖 ECS

对于一些重要数据的存储（比如用于搭建数据库的 ECS），在磁盘的选择上，不建议开通 ECS 的时候就选择云盘配置。这时候云盘跟 ECS 绑定在一起，ECS 释放，云盘也会跟着释放。在云盘的选择上，建议在 ECS 创建完成后单独创建云盘，然后再给对应的 ECS 绑定挂载云盘。这样云盘并不会随着 ECS 的释放而释放，安全性得到很大保障，并且云盘也能解绑再绑定在其他 ECS 上，这使得磁盘挂载应用具有更好的灵活性。

云诀窍

同样，在 IP 上通常不建议开通 ECS 的时候直接勾选绑定公网 IP，这时候这个公网 IP 会跟 ECS 绑定也会随着 ECS 的释放而释放。公网 IP 有时候在业务中也是非常重要的，建议单独开通 EIP，然后再跟 ECS 绑定，这样使用起来非常方便。

技巧五：云盘挂载最好放在 /etc/fstab 中

在实践中，我们经常遇到服务器重启后，虽然上面的服务都启动了，但是业务还是异常的情况，最后发现云盘、NFS 或 NAS 在本地没有挂载，导致业务数据读取不到。可能有的读者为了方便，喜欢把开机自启动的命令（包含磁盘挂载）放在 /etc/rc.local 中。由于 rc.local 中的内容是顺序执行的，一些执行异常、文件权限、环境变量等问题，都可能导致 rc.local 中的命令没办法开机自启动，所以在磁盘挂载的开机自启动中，默认需要把挂载命令放在 /etc/fstab 中。

8.2　云端共享文件存储的五种方法

在云端共享文件存储的实践场景也非常多，在“云端选型篇”中云端存储的选型也概要说明了共享文件存储常用的实践场景：负载均衡中的典型场景、代码共享场景、日志共享场景、企业办公文件共享场景、容器服务的场景、备份的场景等。特别是在负载均衡中的场景，文件共享是支撑分布式架构的基础，如图 8-1 所示。

在负载均衡的架构中，用户第一次写入文件的请求，可能会被负载均衡调度到后端服务器 1 上进行写入处理。而用户第二次读文件的请求，可能会被负载均衡调度到后端服务器 2 上进行读取操作，结果却读不到这个文件。在这种情况下，需要将不同服务器之间的文件进行共享或者集中管理。下面将介绍几种常见的实践方案。

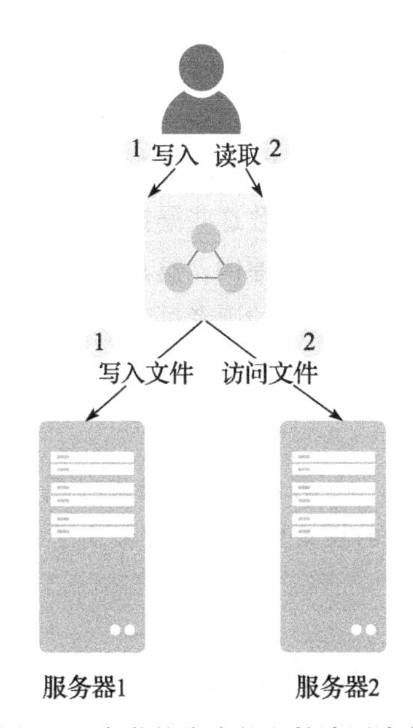

图 8-1　负载均衡中的文件读写请求

8.2.1　方法一：Rsync 文件共享实践

Rsync 是 Linux 系统下的数据镜像备份工具，在数据增量备份、数据迁移、数据同步等方面有着无可替代的地位。Rsync 自带 MD5 传输校验、文件传输压缩、文件传输限流等很多实用功能。很多迁移、备份工具，其底层实现原理跟 Rsync 差不多，所以服务器之间数据文件的同步首选 Rsync，服务器间通过 Rsync 做双向同步。不过 Rsync 在数据共享、文件集中化管理方面有着非常明显的缺陷。

- ❑ Rsync 不是实时同步的，每次同步需要手动执行 rsync 命令，或者结合 crontab 进行定时执行。
- ❑ Rsync 只适合进行两台服务器之间的数据同步。当服务器较多的时候，比如有 3 台服务器，同步就成为环状，如图 8-2 所示，这如同 3 台 MySQL 做主主环状同步一样，因此在生成环境中并不推荐多台同步。主要是环状一个环节同步失败，就会导致整体数据不一致。

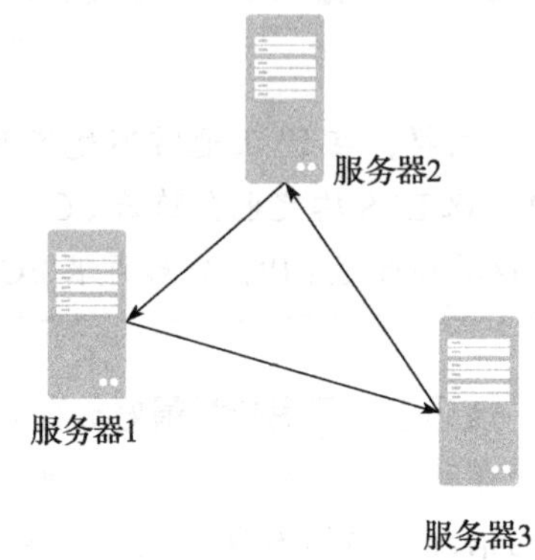

图 8-2　3 台服务器 Rsync 同步

8.2.2　方法二：Rsync + Inotify 文件共享实践

Rsync 只是实现了定时同步数据，但是定时任务的同步时间粒度并不能达到实时同步的要求。在 Linux Kernel 2.6.13 后提供了 Inotify 文件系统监控机制，通过 Rsync + Inotify 组合可以实现实时数据同步。

Inotify 是监控工具，监控目录或文件的变化，然后调用 Rsync 进行数据同步，以达到实时同步的效果，这是 Rsync + Inotify 组合的实现原理。Inotify 的实现工具有 3 款，分别是 Inotify 本身、Sersync、Lsyncd，在实践中建议优先使用 Sersync。主要是因为 Inotify 应用中有对应的 BUG ：“当向监控目录下复制大量文件，或者复制复杂层次目录（多层次目录中包含文件）时，Inotify 经常会随机性地遗漏某些文件。这些遗漏掉的文件由于未被监控到，因此就会导致这些漏掉的数据没办法同步”，而 Sersync 对 Inotify 这方面的缺陷进行了优化。由于篇幅等原因，这里不再介绍 Sersync 的安装配置及使用方法，网络上这方面的教程非常多，有兴趣的读者可以查询相关文献。

云诀窍

如若需要 Rsync 进行实时同步，Sersync 是比较好的选择。但实践中需要进行实时同步的场景中，大家更倾向于使用 NFS，这样更加方便快捷。

8.2.3　方法三：NFS 文件共享实践

实践中，Rsync、Rsync + Inotify、Sersync 更多应用于定时 / 实时的单向同步，很少看到双向同步的案例。所以 Rsync、Rsync + Inotify、Sersync 偏向于做数据同步，但在数据共享方面，特别是针对多台机器的数据共享，一般建议使用 NFS（Network File System，网络文件系统）。在开源的解决方案中，NFS 是标准的文件共享解决方案，如图 8-3 所示。

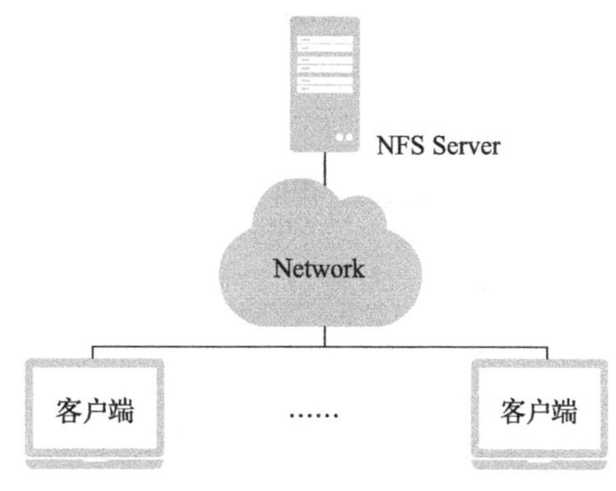

图 8-3　NFS 原理架构图

在客户端中我们能直接通过 mount 命令把 NFS Server 的目录挂载映射到本地目录中。对该目录的读写，就如同在本地磁盘上读写目录一样，可多个客户端共享该目录，实现数据的实时共享及同步。但 NFS 实践中有几个缺点一直被大家热议，下面分别讨论一下。

1. NFS 的高可用问题

NFS 的 Server 存在单点问题，如若 Server 出现异常，会导致客户端共享的数据都不可用。不过结合 7.3 节所提到的知识可知，一些中小型应用中没必要过多考虑 NFS 的高可用性，因为这些设计需要投入额外的成本。比如，有位客户的业务使用两台 4 核 8GB 的 Web 应用，前面挂着一个 SLB，这两台 ECS 用 NFS 做共享，当时客户就提出 NFS 单点问题怎么解决等问题。事实上，在小型业务中，基本上不用考虑 NFS 的高可用问题，通过云盘快照的功能保障数据备份即可满足需求。

在传统互联网业务使用中，一般使用 DRBD + Keeplived 来保障 NFS 的高可用，NFS 高可用架构如图 8-4 所示。

DRBD（Distributed Relicated Block Device，分布式复制块设备）可以解决磁盘单点故障，一般情况下只支持两个节点。

DRBD 的核心功能通过 Linux 的内核实现，最接近系统的 I/O 栈，但它不能添加上层的功能，比如检测到 EXT3 文件系统的崩溃。DRBD 的位置处于文件系统以下，比文件系统更加靠近操作系统内核及 I/O 栈。在实践中，DRBD 可以在两个节点中配置主从模式及双主模式，跟 MySQL 的主从和主主概念类似。不过在云端，由于不支持 Keeplived 虚拟 VIP 技术，所以以上高可用架构仅适合传统 IDC 业务架构。

在云端有没有高可用的架构可以保障 NFS 的高可用？答案肯定是有的，如图 8-5 所示。

两台 ECS 部署的 NFS，采用 DRBD 或者 Sersync 来实时同步数据文件。我们在内网自建 DNS 服务 DNSmasq（一个小巧且方便的用于配置 DNS 和 DHCP 的工具，适用于小型网络，它提供了 DNS 功能和可选择的 DHCP 功能），然后结合 Consul（一个用来实现分布式系统的服务发现与配置的开源工具）做服务心跳检测。客户端挂载的 NFS Server 地址为域名，而不是 NFS Sever 的 IP。如若 NFS Server 异常，Consul 服务会发现此异常，并将域名解析中这个异常 IP 的解析换成另外一个服务正常的 NFS Server 的 IP 地址。这样客户端连接就感知不到异常从而实现高可用切换。

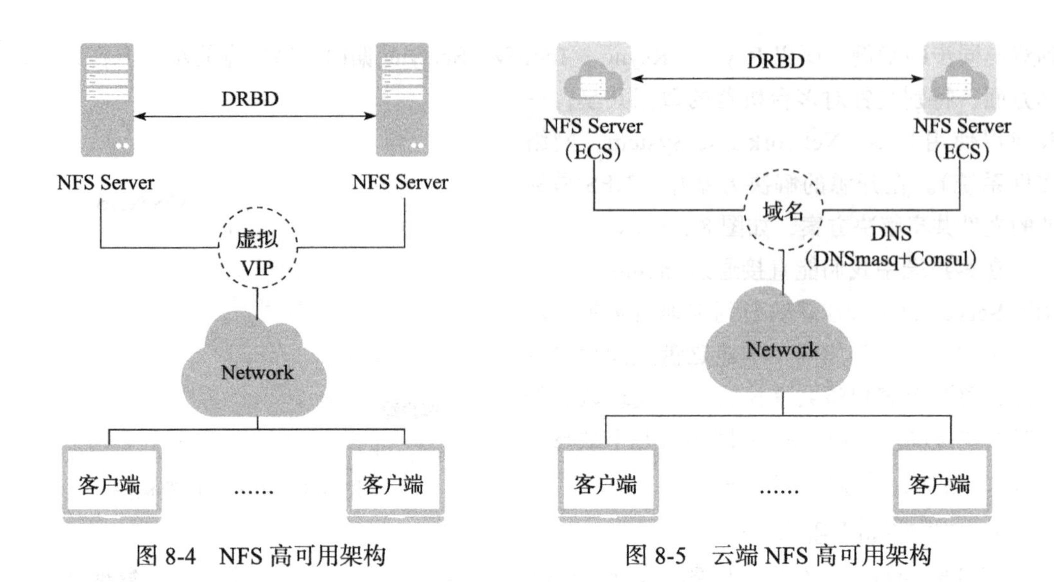

图 8-4 NFS 高可用架构

图 8-5 云端 NFS 高可用架构

2. NFS 的性能问题

若 NFS 客户端超过 10 台，在中大型项目中会对 NFS Server 造成较大的读写压力，那么这时候 NFS Server 在 I/O、网络带宽中都会出现较大的性能瓶颈。高并发 I/O 读写的场景下，已经不适合 NFS 部署了。这时候需要采用分布式文件系统进行数据集中存储管理，在云端可采用 OSS 对象来存储（底层基于淘宝开源分布式文件系统 TFS）。

8.2.4 方法四：NAS 文件共享实践

虽然 NFS 的部署配置非常方便快捷，但其实它的高可用配置、管理维护还是很复杂的。NAS（Network Attached Storage，阿里云文件存储）的推出，彻底解决了 NFS 安装配置、维护管理、高可用等方面的运维问题。它实现了“开箱即用”，这使得 ECS 之间进行文件共享变得非常方便快捷。

NAS 支持 NFSv3、NFSv4 及 SMB 协议，使用标准的文件系统语义访问数据，主流的应用程序及工作负载无须任何修改即可无缝配合使用。这使得 NAS 支持在跨地域及混合云的模式下使用，且 IDC 的线下业务能直接挂载到云端 NAS 文件系统上。NAS 主要在 VPC 内网，所以在网络上内网打通即可实现 NAS 跨地域挂载。

1. 通过 VPN 网关实现用户 IDC 或者跨地域挂载 NAS

通过阿里云 VPN 网关服务，可以将 IDC 内网和阿里云 VPC 内网打通，也可以把同城 / 异地的阿里云 VPC 内网打通。阿里云 VPN 网关基于公网传输，如若对传输质量、传输速度有一定要求，可以使用高速通道（Express Connect）专线服务来保障网络传输质量。如图 8-6 所示。

底层网络打通后，可以方便地进行以下操作：

- ❑ IDC 挂载阿里云 NAS 文件系统。
- ❑ ECS 同城 / 异地挂载阿里云 NAS 文件系统。

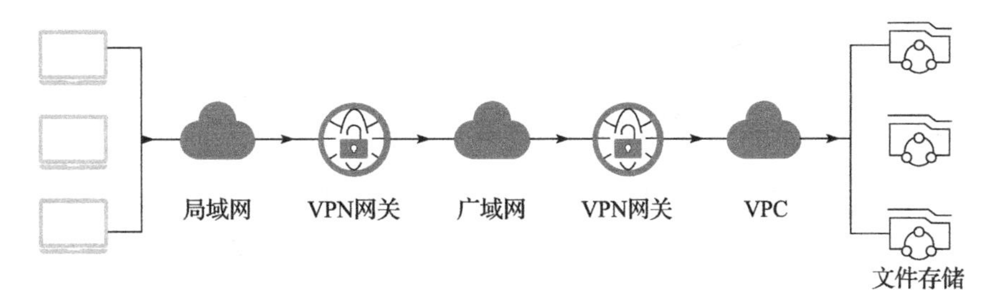

图 8-6　云端跨平台基于 VPN 网络的远程挂载

2. 通过 NAT 网关实现用户 IDC 或者跨地域挂载 NAS

VPN 网关或者高速通道的部署配置还是有一定难度及门槛的，通过 NAT 网关 DNAT 将内网的 NAS 服务映射至公网，这样就可以在 IDC 机房中或者在阿里云异地地域进行远程 mount 挂载，如图 8-7 所示。

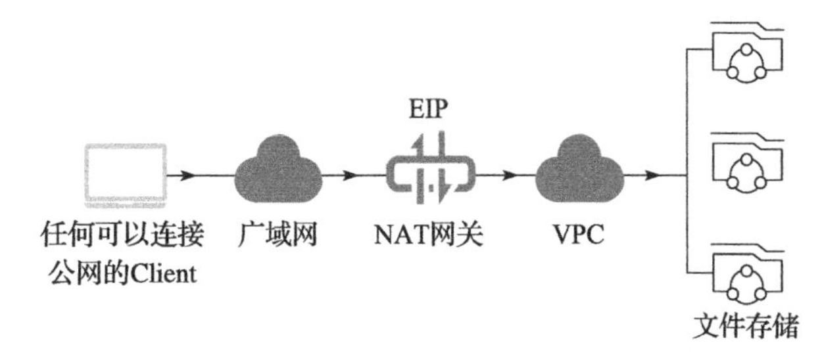

图 8-7　云端跨平台基于 NAT 网络的远程挂载

8.2.5　方法五：OSS 文件共享实践

在大型项目中，I/O 读写压力较大的高并发场景下，如果读写性能、存储空间都已经满足不了现有业务需求，这时候就需要考虑分布式文件系统（对象存储）。在云端 OSS 对象存储使用门槛比较高，需要通过代码在 RESTful API 接口对对象进行访问操作，从而实现文件数据的增删查改及集中化存储管理。在第一篇中，云端存储选型也提到过 OSS 的使用误区及门槛，除非业务规模需要，否则不建议使用这么笨重的分布式集群系统。

8.3　OSS 文件管理的六大技巧

OSS 作为对象存储（分布式文件系统），有很大一部分偏向业务侧的实践内容。比如：

- 如何使用 OSS 存储业务的海量文件数据？
- 如何使用 OSS 对业务中的音视频数据进行转码，对业务中的图片数据进行格式转换、图片缩放 / 裁剪 / 旋转等处理？
- 如何使用 OSS 结合 Hadoop、Spark、DataLakeAnalytics、MaxCompute 进行大数据处理与分析？

以上这些都是偏向于结合业务的场景，通过 OSS 的 RESTful 接口完成。而本章讲解的重点是云端对象存储运维层面的实践，关于 OSS + CDN 方面的实践，将在第 9 章中进行介绍。

OSS 的使用，最为重要的是在日常运维及业务开发中，怎样对 OSS 中的文件对象进行管理，即如何对 OSS 中的文件对象进行增删查改。

8.3.1 技巧一：使用 API 接口 /SDK 管理 OSS

OSS API 主要通过 HTTP 请求接口来对 OSS 中的文件对象进行管理，API 包含的内容主要是请求的语法、请求的相关参数以及请求返回的示例结果。以下是创建 bucket 接口的实例。

请求示例如下：

```
PUT / HTTP/1.1
Host: oss-example.oss-cn-hangzhou.aliyuncs.com
Date: Fri, 24 Feb 2017 03:15:40 GMT
x-oss-acl: private
Authorization: OSS qn6qrrqxo2oawuk53otfjbyc:77Dvh5wQgIjWjwO/KyRt8dOPfo8=
<?xml version="1.0" encoding="UTF-8"?> <CreateBucketConfiguration> <StorageClass>
Standard</StorageClass> </CreateBucketConfiguration>
```

返回示例如下：

```
HTTP/1.1 200 OK
x-oss-request-id: 534B371674E88A4D8906008B
Date: Fri, 24 Feb 2017 03:15:40 GMT
Location: /oss-example
Content-Length: 0
Connection: keep-alive
Server: AliyunOSS
```

阿里云控制台、OSS 图形化工具、OSS 命令行工具、OSS 本地文件系统挂载工具、OSS FTP 工具，底层都是基于 OSS API 接口进行二次开发。对 OSS API 的使用，一般都是在业务场景中，对开发人员的研发能力要求较高，使用门槛也较高。如果要快速进行二次开发，建议使用 OSS 的相关 SDK（Software Development Kit，软件开发工具包），当前已经支持 Java、Python、Android、iOS、.NET、Node.js、Browser.js、React Native、PHP、C、Ruby、Go、Media-C。

8.3.2 技巧二：使用阿里云管理控制台管理 OSS

既然 OSS API/SDK 的使用门槛都比较高，那下面就来介绍另一种简单智能化的操作——在阿里云管理控制台管理 OSS 中的数据，如图 8-8 所示。

阿里云的 OSS 管理控制台，主要偏向于对 OSS 的整体管理（OSS 整体使用情况、OSS 基础设置、域名管理等），不适合做 OSS 的文件数据管理，原因是阿里云的 OSS 管理控制台有以下两个缺点：

- 阿里云 OSS 控制台要求上传的文件要小于 5GB。
- 阿里云 OSS 控制台不支持 Multipart Upload 的分片上传。

所以阿里云 OSS 管理控制台只适合进行一些简单的日常文件管理，当数据量较多较大时，使用效率就会很低。

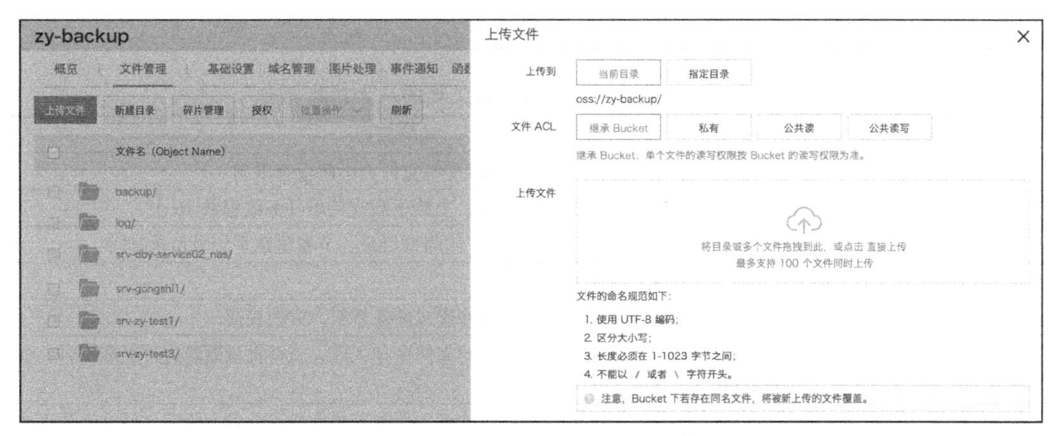

图 8-8　阿里云 OSS 管理控制台

8.3.3　技巧三：使用图形化工具管理 OSS

使用阿里云的 OSS 管理控制台存在诸多不便，要登录阿里云控制台，进入 OSS 管理，再进入文件管理等，而且 OSS 管理控制台的文件管理功能也比较少。为了更加方便快捷地管理 OSS 中的文件，可以使用相应的 OSS 图形化客户端管理工具。OSS Browser 是 OSS 官方提供的图形化管理工具，支持 Windows x32、Windows x64、MAC、Linux x64 的安装，缺点是仅支持 5GB 以下的文件上传或复制，因此一般不推荐使用。OSS 客户端的图形化管理工具，推荐使用驻云的 OSS 控制台客户端（支持 Windows 和 MAC，阿里云的云市场能找到相应工具）。OSS 图形化管理客户端工具如图 8-9 所示。

图 8-9　OSS 图形化管理客户端工具

这款工具主要有八大功能亮点，如表 8-3 所示。

表 8-3 OSS 图形化管理客户端工具的八大功能亮点

功能亮点	功能概要
支持批量文件上传	支持批量文件上传，文件个数以及单文件大小都没有限制
支持多线程多任务	上传下载支持同时任务数 99 个，上传下载支持单任务线程数 10 个
支持目录上传	支持目录上传，只需选择上传文件的根目录，节省重建多层级目录时间
支持 Bucket 及其文件下载	能对 Bucket 所有文件进行下载
灵活的文件复制	支持同区域不同 Bucket 之间文件或文件夹复制，方便快捷
支持删除 Bucket 及文件夹	支持直接删除 Bucket 及其下面的文件夹和文件，支持批量删除文件夹和文件，快速高效
支持回调设置	回调设置功能是当前 Bucket 文件或文件夹上传完成后，若文件或文件夹名称匹配到正则的规则，则去调设置的回调地址，注意回调地址是以 put 方法进行请求的
支持 RAM 授权	RAM（Resource Access Management）是阿里云为客户提供的用户身份管理与访问控制服务。使用 RAM 可以创建、管理用户账号（比如员工、系统或应用程序），并可以控制这些用户账号对您名下资源具有的操作权限。当企业存在多用户协同操作资源时，使用 RAM 可以让您避免与其他用户共享云账号密钥，按需为用户分配最小权限，从而降低企业信息安全风险

8.3.4 技巧四：使用本地文件系统挂载管理 OSS

OSSFS 能在 Linux 系统中把 OSS Bucket 挂载在本地文件系统中，能够像操作本地文件一样操作 OSS 对象，实现数据共享。

OSSFS 基于 S3FS 构建，具有 S3FS 的全部功能。其中包括以下几点：

- 支持 POSIX 文件系统的大部分功能，包括文件读写、目录、链接操作、权限、UID/GID，以及扩展属性（extended attributes）等。
- 使用 OSS 的 multipart 功能上传大文件。
- 支持 MD5 校验，保证数据完整性。

OSSFS 的数据走向原理如图 8-10 所示。

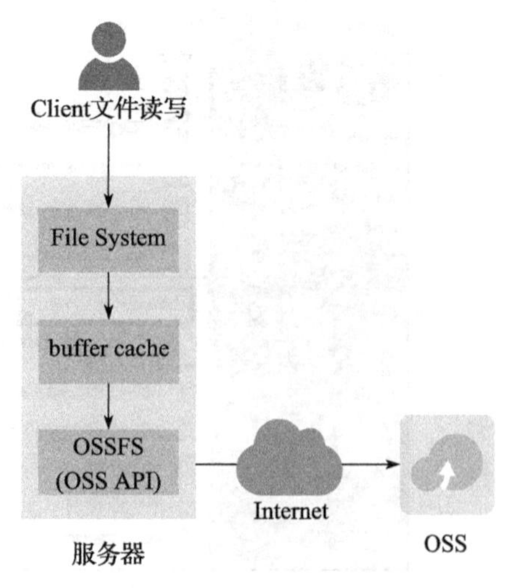

图 8-10 OSSFS 原理架构图

客户端对本地文件请求文件读写时，将经过 File System → buffer cache → OSSFS（其实是调用 OSS API）→ OSS 来实现，OSSFS 允许本地文件系统的读写请求通过 OSS API 直接读写操作 OSS 中的文件对象。

但 OSSFS 使用有如下缺陷：

- 多个客户端挂载同一个 OSS Bucket 或重命名 / 文件夹时，可能会出错，导致数据不一致。
- 不适合高并发读写场景，性能及稳定性不足。

所以并不推荐在业务场景中使用 OSSFS，但可以将其作为一个运维类工具，用在数据备份、数据同步等方面，方便用户日常管理 OSS 中的文件数据。

云诀窍

相比于 OSSFS，建议优先使用 2019 年新推出的阿里云云存储网关产品。而且商业产品，也适用于生产环境，OSS 存储资源会以 Bucket 为基础映射成本地文件夹或者磁盘。

- ❑ 云存储网关提供了 NFS 和 SMB（CIFS）两种文件访问协议，从而实现基于 OSS 的共享文件夹访问。
- ❑ 云存储网关还提供了 iSCSI 协议，将海量的 OSS 存储空间映射为本地磁盘，并提供高性价比的存储扩容方案。

8.3.5 技巧五：使用 FTP 管理 OSS

相比于 OSSFS，OSS FTP 工具能将 FTP 请求映射至 OSS 中。它是一个特殊的 FTP Server，在接收普通的 FTP 请求后，它会将对文件、文件夹的操作映射为对 OSS 的操作，从而使得用户可以基于 FTP 协议来管理存储在 OSS 上的文件。

OSS FTP 主要功能如下：

- ❑ 支持文件和文件夹的上传、下载、删除等操作。
- ❑ 通过 Multipart 方式分片上传大文件。
- ❑ 支持大部分 FTP 指令，可以满足日常 FTP 的使用需求。

OSS FTP 的数据走向原理如图 8-11 所示。

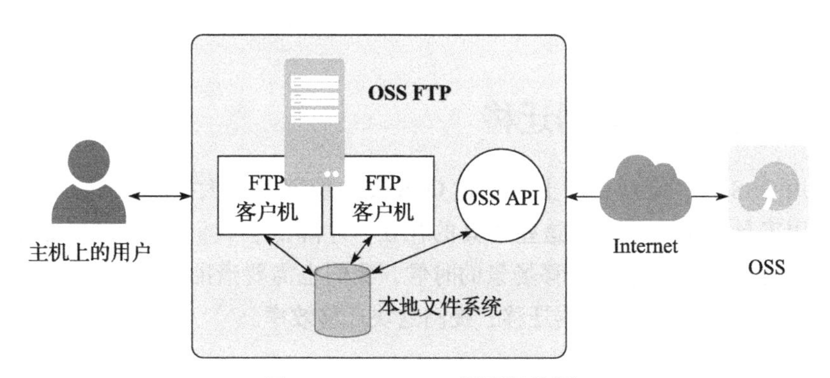

图 8-11　OSS FTP 原理架构图

客户端将 FTP 的请求中与文件、文件夹相关的操作通过 OSS FTP 映射为对 OSS 的操作。同样，OSS FTP 和 OSSFS 主要面向个人用户，运维也可将其视为辅助工具，但并不推荐在业务场景中使用。

8.3.6 技巧六：使用命令行工具管理 OSS

使用阿里云控制台管理 OSS、使用图形化工具管理 OSS、使用本地文件系统挂载管理 OSS、使用 FTP 管理 OSS，可见，虽然底层都是基于 OSS API 开发的对应工具，但是都是面向个人用户的。虽然业务上可能直接底层调用 OSS API 来向 OSS 中进行文件数据的存储及管理，但是有没有一款基于 OSS API 的企业级工具可以提升我们日常维护管理的效率呢？在之前，我个人一直特别喜欢用 OSSCMD 这款工具来对 OSS Bucket 及文件进行管理。主要是因为这款工具基于 Python 2.x，也可以直接修改源码来定制一些功能。比如，OSSCMD 可以通过 config 命令将 AK 保存在配置文件中，以使下次执行命令时不需要再输入 AK 信息。但存储在配置文件中的 AK 是明文，安全性上较敏感。当初我就直接修改了 OSSCMD 的源码，将存储的明文改为加密的密文，避免别人读取配置文件时直接获取 AK 信息。

当前，对 OSS 进行管理的命令行工具，官方推荐使用 OSSUTIL。OSSUTIL 是一个二进制 Binary 的工具包，不需要依赖 Python 环境，直接下载就能运行，同时 OSSUTIL 支持在 Windows、Linux、MAC 下运行。从这几个功能特性可以看出，OSSUTIL 比 OSSCMD 更加方便。由于 OSSUTIL 是一个命令行工具包，系统中能够通过 Shell、Python 甚至业务代码直接调用，如图 8-12 所示。OSS 命令行的推出，可以说一定程度上引领了云时代下运维备份的新篇章。这在接下来的云端容灾备份的实践内容中将进行详细介绍。

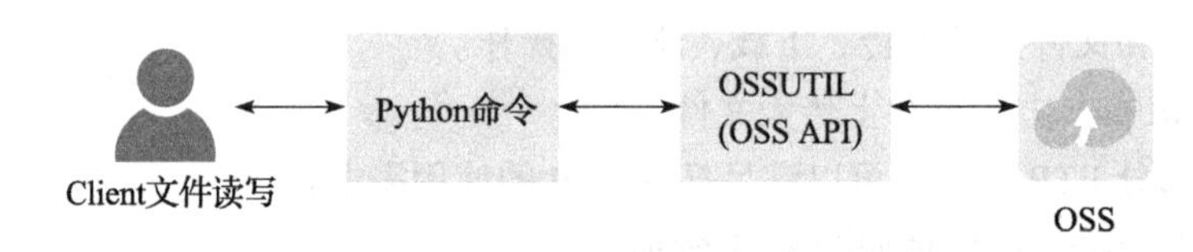

图 8-12 OSSUTIL 原理架构图

8.4 四招搞定 OSS 数据迁移

由于使用 OSS 有一定门槛，上文通过 OSS 文件管理的六大技巧，介绍了 OSS 文件管理的常用应用工具。正是因为有这些工具的存在，才降低了我们使用 OSS 的门槛。同样，当我们遇到涉及 OSS 海量数据迁移场景的时候，我们也需要借助对应工具或者阿里云自带对应的产品服务功能完成这块数据迁移，提高这块迁移效率。

8.4.1 第一招：OSSImport 工具

OSSImport 是一款基于 Java 开发的工具，可以将本地、其他云存储的数据迁移到 OSS，它有以下特点：

- 支持丰富的数据源，有本地、七牛、百度 BOS、AWS S3、Azure Blob、又拍云、腾讯云 COS、金山 KS3、HTTP、OSS 等，并可根据需要扩展；

- 支持断点续传；
- 支持流量控制；
- 支持迁移指定时间后的文件、特定前缀的文件；
- 支持并行数据下载、上传；
- 支持单机模式和分布式模式，单机模式部署简单，使用方便，分布式模式适合大规模数据迁移。

之前给客户做 OSS 的跨账号迁移时，使用的是 OSSImport 迁移工具，它的整体配置及迁移效率非常高，给我留下了深刻的印象。作为码农兼运维，个人还是偏向于使用这些开源的工具，因为它们操作起来方便快捷，比 Web 界面更加灵活。只需 4 步即可完成 OSSImport 配置，从而完成 OSS 数据迁移，如表 8-4 所示。

表 8-4　OSSImport 工具迁移配置步骤

操作说明	操作内容
步骤一：工具安装	下载 OSSImport 安装包进行解压即可，值得注意的是，OSSImport 基于 Java 开发，系统环境需要保证 Java 版本在 1.7 及以上
步骤二：部署方式选择	主要选择迁移的方式是采用单机模式还是分布式模式，不同的部署方式将影响数据迁移的方式
步骤三：配置文件	主要设置迁移的源数据和目标地址，更多设置规则请参考配置参数说明
步骤四：开启迁移任务	执行命令运行工具，开启迁移任务

8.4.2　第二招：OSS 在线迁移服务

OSS 在线迁移服务是官方在 2018 年下半年推出的，阿里云在线迁移服务是阿里云提供的存储产品数据通道。使用在线迁移服务，可以将第三方数据轻松迁移至阿里云的对象存储 OSS 上，也可以在对象存储 OSS 之间灵活地进行数据迁移。OSS 在线迁移服务基本上覆盖了常见的 OSS 数据迁移场景：

- 阿里云 OSS 之间的数据迁移；
- ECS 数据迁移至 OSS；
- HTTP HTTPS 源数据迁移至 OSS；
- 腾讯云 COS 源数据迁移至 OSS；
- AWS S3 源数据迁移至 OSS；
- 七牛云源数据迁移至 OSS；
- Azure Blob 源数据迁移至 OSS；
- 又拍云源数据迁移至 OSS；
- 百度云 BOS 源数据迁移至 OSS；
- 金山云 KS3 源数据迁移至 OSS；

- ❑ NAS 源数据迁移至 OSS；
- ❑ NAS 之间的数据迁移。

四步智能化 Web 界面操作即可搞定 OSS 数据迁移，如表 8-5 所示。

表 8-5 OSS 在线迁移服务迁移配置步骤

操作说明	操作内容
步骤一：创建源地址	登录阿里云数据在线迁移控制台，创建数据地址，主要设置源数据地址、源数据类型及源数据所需要的 AK 权限等
步骤二：创建目的地址	主要设置要迁移到目标 OSS 的地域、Bucket、目录及 AK 权限
步骤三：创建迁移任务	主要设置迁移方式（支持全量迁移和增量迁移）、迁移间隔、迁移次数
步骤四：开启迁移任务	查看迁移任务状态、修改限流、查看迁移报告、迁移失败后的重试等保障迁移任务正常完成

OSS 在线迁移服务的步骤其实跟 OSSImport 工具的迁移步骤基本一致，相比之下，OSS 在线迁移只需要在 Web 控制台进行简单配置即可，不需要安装配置，也不用理解每个参数的含义等。

8.4.3 第三招：跨区域复制

跨区域复制是在不同 OSS 地域之间自动、异步复制文件，将源存储空间中文件的改动（新建、覆盖、删除操作）同步到目标存储空间中。跨区域复制是 OSS 自带的一个功能，通过配置跨区域复制能完成同阿里云账号下不同 Bucket 之间的数据迁移，如图 8-13 所示。

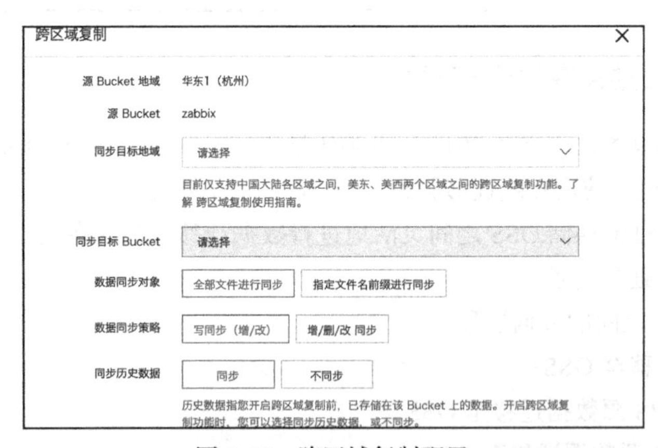

图 8-13 跨区域复制配置

相比 OSSImport 工具、OSS 在线迁移服务，跨区域复制功能不支持跨阿里云账号，只支持同个阿里云账号下不同地域的 Bucket 迁移。所以在同个阿里云账号下不同地域的 Bucket 迁移，使用跨区域复制的功能来实现非常简单。

8.4.4 第四招：OSS 离线迁移

OSS 数据迁移的最后一种方式就是离线迁移，那离线迁移适合哪些场景呢？当用户有 TB 级别的数据需要上传至阿里云 OSS 时，普通的走公网方式需要很长时间（如 10TB 的数据，上行链路为 20Mb/s，约需 20 天），而且难以保障数据的完整性、安全性等。所以海量数据迁移 OSS，采用离线迁移的方式就是在线下机房把数据导入磁盘，然后再把磁盘寄到阿里云机房，并导入 OSS 中。

驻云海量数据迁移 OSS 的优势如下：

- 10GB 高速专线连接至 OSS，确保最快速度上传。注意，目前 OSS 区域支持北京、杭州、深圳。
- 深入结合 OSS 产品，通过自主研发的工具实现数据切片多并发上传，无论是 GB 级大文件还是 KB 级小文件，都可以最快速度上传至 OSS。
- 通过数据加密、压缩、完整性验证、断点续传手段，确保整个上传过程快速便捷。
- 支持数据不同加解密方式。
- 根据客户需求定制数据上传 OSS。

海量数据离线迁移至 OSS 的基本流程如图 8-14 所示。

图 8-14　海量数据离线迁移至 OSS 的流程

对于海量数据进行离线迁移，我也有一些经验。2014 年我们帮陌陌（一款著名聊天软件）公司，从线下 IDC 机房迁移了一个 PB 级数据至阿里云 OSS 中。当初我们 3 个运维人员在陌陌公司的天津物理机房花费了一个月的时间，将数据导出至物理硬盘中（采用驻云自主研发的 TFS2OSS 工具），然后再将物理磁盘寄到北京阿里云机房，将数据从磁盘复制至 OSS 中（采用驻云自主研发的 Disk2OSS 工具）。

对于当前的 OSS 离线迁移，阿里云官方已推出闪电立方离线迁移的产品服务，将海量数据上云离线迁移标准化了。闪电立方离线迁移是阿里云提供的安全、高效、便捷的数据迁移服务，致力于保障大规模数据高传输效率、安全等。企业通过定制化的迁移设备（闪电立方），可实现 TB 到 PB 级别的本地数据迁移上云。

目前，闪电立方提供三种类型的设备，分别适用不同数据量的迁移场景，并且可多套设备叠加使用：

- 闪电立方 Mini 为塔式设备，存储计算一体，已经预装闪电立方 Agent。其可开机直接使用，提供图形化控制界面。
- 闪电立方 II 和闪电立方 III 为存储节点，需要使用额外的服务器部署闪电立方 Agent（即需要单独准备虚拟机或者物理机）。
- 闪电立方所有系列产品都有两个万兆的光口和电口，你可以根据交换机情况灵活选择。

闪电立方的三种类型设备的详细数据参考表 8-6（更多产品信息可参考阿里云官方产品帮助手册）：

表 8-6 闪电立方三种类型产品的详细数据

闪电立方产品类型	数据量	尺寸（高 × 宽 × 深，单位为毫米）	重量（设备 + 硬盘，单位为千克）	机架空间	网络能力	电源工作功率（单位为瓦）	电源额定功率（单位为瓦）
闪电立方 Mini	40TB 数据量的迁移	231.9 × 292.8 × 319.8	17.05（9.05+8）	无需	10GbE × 2，支持光口和电口	300	500
闪电立方Ⅱ	100TB 数据量的迁移	130 × 447 × 500	37.66（21.66+16）	3U	10GbE × 2，支持光口和电口	600	530 × 2
闪电立方Ⅲ	480TB 及其以上数据量的迁移	88 × 448 × 500、176 × 448 × 840	150.06（21.66+68.4+60）	2U+4U	10GbE × 2，支持光口和电口	1 500	1 730 × 2

8.5 运维容灾备份新篇章

传统的 IDC 进行数据备份的方式如图 8-15 所示。

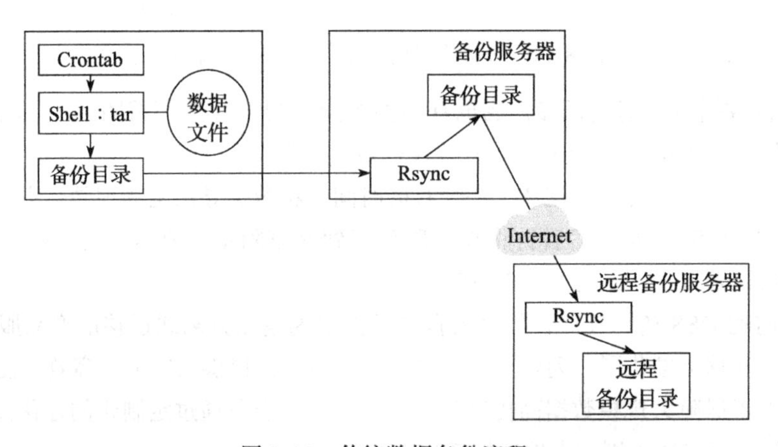

图 8-15 传统数据备份流程

传统运维容灾备份中有个很重要的角色就是备份服务器，可在内网中放置一台磁盘存储空间很大的备份服务器来集中存放业务数据的备份文件。如果是一些比较敏感的重要业务数据，那么可进一步将数据存放至远程备份服务器，甚至进行刻盘归档即可。而在云端，对象存储 OSS 彻底替代了传统备份服务器的角色。云端运维容灾备份架构如图 8-16 所示。

在云端，快照基本上能满足我们 ECS 的数据备份需求。不过，快照是针对磁盘级别进行备份的，若针对单个文件等更细粒度的备份，可以结合 OSSFTP、OSSFS、OSSUTIL、OSS 客户端、OSS 网关服务直接将数据从内网备份至 OSS 中。我们也可以将线下 IDC 的数据直接备份至云端 OSS 中。现在的混合云的结构中，异地容灾备份是非常热门的容灾方案。相比于传统 IDC 的备份方案，我们已经不再需要单独设置备份服务器了。

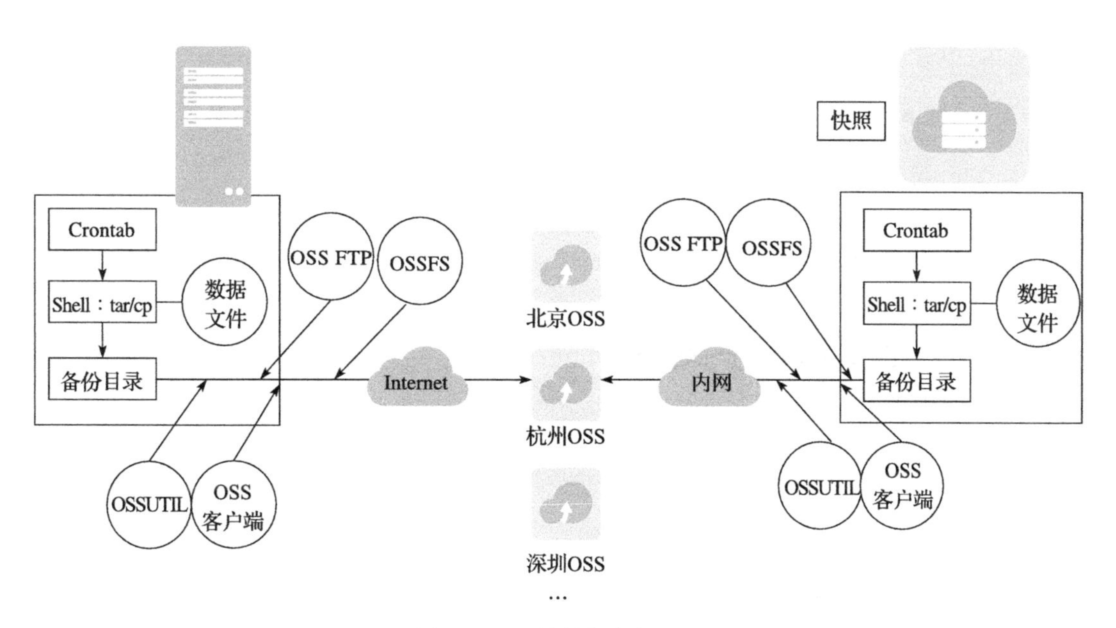

图 8-16　云端数据备份流程

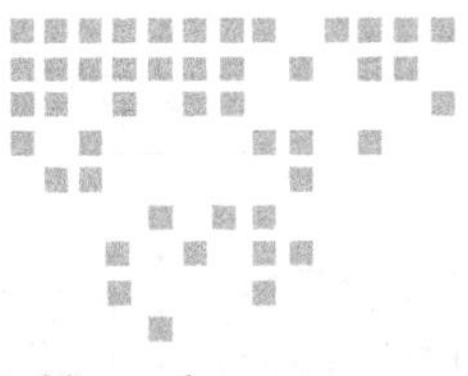

Chapter 9 第9章

云端缓存实践

缓存是一种典型的以牺牲数据时效性换取访问性能的技术，是中大型架构中应用最为广泛的技术。静态缓存，主要应用在Web应用中，提供网站访问性能。而动态缓存，除了常见的数据库热点数据缓存外，还应用在Session缓存及动态页面缓存中。除了大家常见的CDN静态缓存、Memcache/Redis数据库动态缓存技术实践外，本章还介绍了Session缓存共享、动态页面缓存等缓存领域其他方面的技术实践内容，相信对云端缓存技术的实践、架构规划等方面都是不错的参考。

9.1 使用静态缓存提升网站性能的四种方法

静态缓存，一般是指Web类应用中，将HTML、JS、CSS、图片、音视频等静态文件/资源通过磁盘/内存等缓存方式来存储，从而提高资源响应方式，减少服务器压力/资源开销。说起静态缓存技术，CDN是经典的代表作。静态缓存的技术面非常广，涉及的开源技术包含Apache、LigHttpd、Nginx、Varnish、Squid等。在第一篇中也跟大家详细介绍了静态缓存相关的技术选型，本文主要介绍静态缓存在实际运用中的5种实践方法，用以全面提升网站访问性能。

9.1.1 方法一：浏览器缓存

浏览器缓存，也称为客户端缓存，是静态缓存中最常见、最直接的表现形式，然而往往会被人忽略掉。

我们经常会在Nginx的配置文件中看到以下缓存配置（案例1）：

```
location ~ .*\.(gif|jpg|jpeg|png|bmp|swf)$
{
     expires 1d;
}
location ~ .*\.(js|css)?$
{
     expires 15d;
}
```

在写 JSP 的时候，经常也会在 HTML 标签中关于 HTTP 的头信息中看到“*expires*”的字样（案例 2）：

```
<title>My JSP 'index.jsp' starting page</title>
<meta http-equiv="expires" content="60">
<meta http-equiv="keywords" content="keyword1,keyword2,keyword3">
<meta http-equiv="description" content="This is my page">
```

在案例 1 和案例 2 中（Nginx 设置的 expires 优先级大于代码中设置的 expires 优先级），expires 用于给一个资源设定一个过期时间，也就是说无须去服务端验证，直接通过浏览器自身确认是否过期即可，所以不会产生额外的流量。此种方法非常适合不经常变动的资源。但如果文件变动较频繁，则不要使用 expires 来缓存。比如对于常见的类 Web 网站来说，CSS 样式和 JS 脚本基本已经定型，所以最适合通过 expires 来缓存一些内容到访问者的浏览器上。图 9-1 所示为通过 Chrome 访问服务器端的一张图片，通过 F12 键打开开发者前端调试工具。

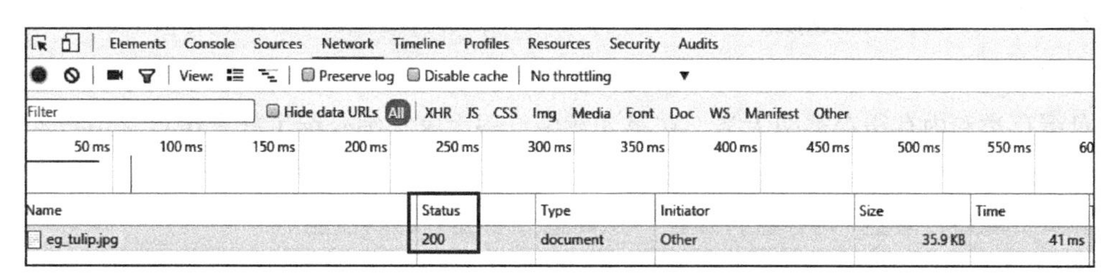

图 9-1　首次访问服务器图片的 HTTP 状态码

第一次访问时，响应的状态是 200，当第二次及后续访问的时候，响应状态变成了 304，如图 9-2 所示，这表示客户端已经开始获取浏览器缓存内容，不需要去服务器端获取对应的请求内容了，即 Nginx 中 expires 参数设置已经生效。待客户端缓存时间过期后，会再次请求服务器端内容来更新本地缓存。

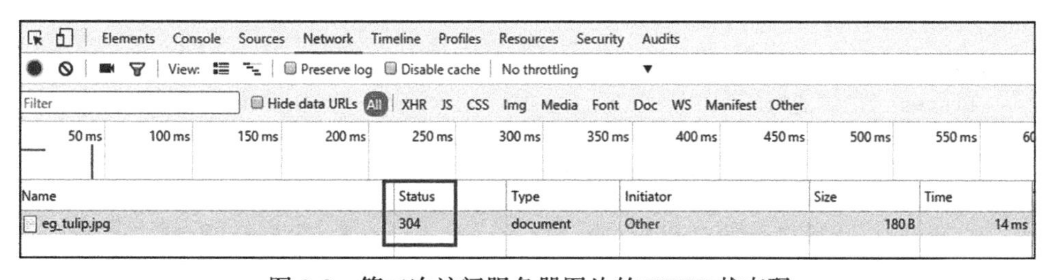

图 9-2　第二次访问服务器图片的 HTTP 状态码

这里介绍一个有意思的需求。比如，访问一个静态文件时，不想让客户端缓存，而是希望每次都去服务器端获取数据。那要如何实现呢？我们可以用 last-modified 参数来实现，last-modified 是根据文件更新时间来确定是否再次发送加载的。Nginx 的核心配置如下：

```
location ~ .*\.(gif|jpg|jpeg|png|bmp|swf)$
{
     add_header  Last-modified  10;
     expires 1d;
}
```

更改掉服务器传回客户端的“last-modified”文件，修改时间参数的值，这样就致使客户端本地保存的文件时间跟服务器端传回来的时间每次都不一致，所以每次客户端都会“误认为”服务器端有静态文件更新，然后每次都会去服务器端获取所谓的最新数据。这样我们就可以看到，不管浏览器访问多少次，返回的 HTTP 状态都是 200，再也找不到 304 状态了。

云诀窍

在 Nginx 中设置 expires，并不是指把静态内容缓存在 Nginx 中，而是设置客户端浏览器缓存的时间，这是很多人理解的误区所在。

9.1.2 方法二：磁盘缓存

除了存储在客户端的静态缓存（浏览器静态）技术外，服务器端的静态缓存技术主要分为磁盘缓存类和内存缓存类两大类。在第 4 章中已跟大家详细介绍了静态缓存常用技术，主要通过 Squid、Varnish、Nginx 一类中间件来实现，不仅处理静态数据的性能十分优秀，还能将静态资源通过磁盘 / 内存进行缓存，从而进一步提升访问性能。

所谓磁盘缓存，顾名思义，是指将静态资源文件通过磁盘进行缓存的技术。以 Nginx 配置为例：

```
#levels 设置目录层次
#keys_zone 设置缓存名字和共享内存大小
#inactive 在指定时间内无人访问则被删除，在这里是 1 天
#max_size 最大缓存空间
proxy_cache_path /alidata/www/default/cache_dir/ levels=1:2  keys_zone=cache_
one:200m inactive=1d max_size=30g;

server {
    listen       82;
    server_name  _;
    location ~ .*\.(gif|jpg|jpeg|png|bmp|swf|html)$
    {
        proxy_cache cache_one;                        # keys_zone 后的内容对应
        proxy_cache_valid  200 304 301 302 10d;       # 哪些状态缓存多长时间
        proxy_cache_valid  any 1d;                    # 其他的缓存多长时间
```

```
        proxy_cache_key $host$uri$is_args$args;    # 通过 key 来 HASH，定义 key 的值

        proxy_pass http://10.168.247.180:81/;
        proxy_set_header   Host              $host;
        proxy_set_header   X-Real-IP         $remote_addr;
        proxy_set_header   X-Forwarded-For   $proxy_add_x_forwarded_for;
    }

    access_log  /alidata/nginx/logs/default-cache.log;
}
```

可以看出 Nginx 主要通过 proxy_cache 来实现 Web Cache，熟悉 Nginx 的读者不难看出，以上配置在 location 这里，不仅可以实现静态文件的缓存，还可以实现动态文件的缓存（相关内容在 9.2 节中进行详细介绍）。下面编写个 test.html 测试文件，然后通过访问这个静态文件，来看看磁盘缓存的实际效果。test.html 源码如下：

```
<html>
<head>
<title>test cache</title>
<meta http-equiv="expires" content="-1">
</head>
<body>
<br>
<img src='eg_tulip.jpg'>
</body>
</html>
```

不难发现，服务器的 cache 目录里面，多了两个缓存文件：

```
/alidata/www/default/cache_dir/c/68/b0ad5d3e7f099bfff9e4fc6a159d868c
/alidata/www/default/cache_dir/f/fa/53edc39ed253e14415a29412cfc01faf
```

有意思的是，这两个文件里面的内容（通过 less 命令查看）分别如图 9-3 和图 9-4 所示。

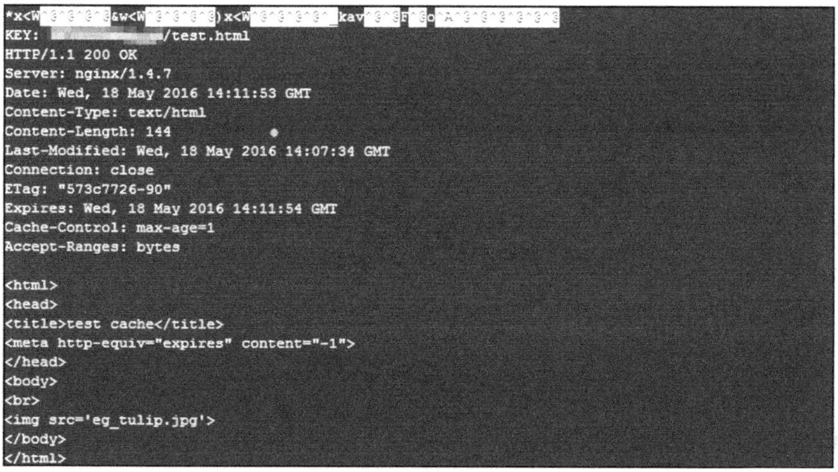

```
*x<W^@^@^@^@&w<W^@^@^@^@)x<W^@^@^@^@_kav^@^@F^@o^A^@^@^@^@^@
KEY: /test.html
HTTP/1.1 200 OK
Server: nginx/1.4.7
Date: Wed, 18 May 2016 14:11:53 GMT
Content-Type: text/html
Content-Length: 144
Last-Modified: Wed, 18 May 2016 14:07:34 GMT
Connection: close
ETag: "573c7726-90"
Expires: Wed, 18 May 2016 14:11:54 GMT
Cache-Control: max-age=1
Accept-Ranges: bytes

<html>
<head>
<title>test cache</title>
<meta http-equiv="expires" content="-1">
</head>
<body>
<br>
<img src='eg_tulip.jpg'>
</body>
</html>
```

图 9-3　缓存文件：b0ad5d3e7f099bfff9e4fc6a159d868c

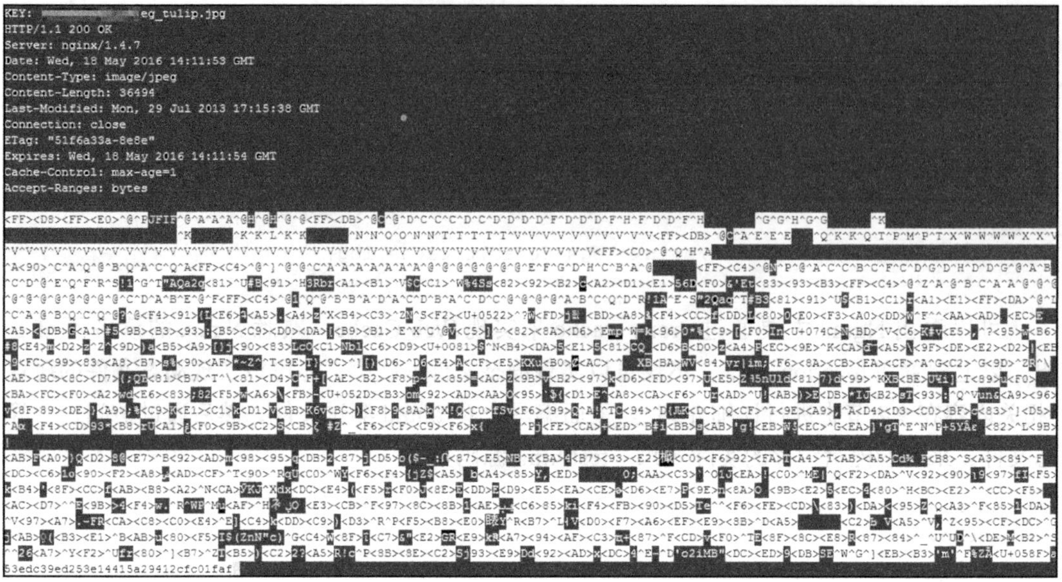

```
KEY: eg_tulip.jpg
HTTP/1.1 200 OK
Server: nginx/1.4.7
Date: Wed, 18 May 2016 14:11:53 GMT
Content-Type: image/jpeg
Content-Length: 36494
Last-Modified: Mon, 29 Jul 2013 17:15:38 GMT
Connection: close
ETag: "51f6a33a-8e8e"
Expires: Wed, 18 May 2016 14:11:54 GMT
Cache-Control: max-age=1
Accept-Ranges: bytes

<FF><D8><FF><E0>^@^PJFIF^@^A^A^A^@H^@H^@^@<FF><DB>^@C^@^D^C^C^C^D^C^D^D^D^D^F^D^D^D^F^H^F^D^D^F^H
...
53edc39ed253e14415a29412cfc01faf
```


图 9-4 缓存文件：53edc39ed253e14415a29412cfc01faf

所以不难看出，Nginx 把 HTML 内容和图片二进制全部缓存到本地磁盘上了。下次用户再次来访问 test.html 的时候，Nginx 会直接将缓存在本地磁盘的文件返回给用户。特别是后端，如若部署的是 Tomcat、IIS 等，Nginx 强大的静态缓存能力将有效减少服务器压力。

9.1.3 方法三：内存缓存

内存缓存，顾名思义，就是把静态文件缓存在服务器端的内存中。在这种缓存方式下，如若命中缓存的话，取内存中的缓存数据返回比取磁盘中的缓存数据返回性能要高很多。以 Varnish 为例，启动命令为：

```
varnishd -f default.vcl -s malloc,2G -a 0.0.0.0:80 -w 1024,51200,10 -t 3600 -T
192.168.100.2:3500
```

Varnish 的核心配置参数简介如下：

- -a address：port：监听端口；
- -f：指定配置文件；
- -s：指定缓存类型 malloc 为内存，file 文件缓存；
- -t：默认 TTL；
- -T address：port：管理端口；
- -w：最小线程，最大线程，超时时间。

default.vcl 的核心配置如下：

```
sub vcl_fetch {
```

```
if (req.request == "GET" && req.url ~ "\.(gif|jpg|jpeg|png|bmp|swf|html)$") {
    set obj.ttl = 3600s;
}
}
```

Varnish 将以 .gif、.jpg、.jpeg、.png 等结尾的 URL 的缓存时间设置为 1 小时。Varnish 设置完毕后，可用命令行的方式通过查看网页头来查看命中情况：

```
[root@test-varnish ~]# curl -I http://***.***.***.***/test.html
HTTP/1.1 200 OK
Server: Apache/2.2.27 (Unix) PHP/5.3.18 mod_perl/2.0.4 Perl/v5.10.1
Last-Modified: Sat, 10 Jul 2016 11:25:15 GMT
ETag: "55dh9-233f-33d23c3758dg2"
Content-Type: text/html
Content-Length: 23423
Date: Fri, 18 May 2016 21:29:16 GMT
X-Varnish: 1364285597
Age: 0
Via: 1.1 varnish
Connection: keep-alive
X-Cache: MISS from ***.***.***.***      # 这里的“MISS”表示此次访问没有从缓存读取

[root@test-varnish ~]# curl -I http://***.***.***.***/test.html
HTTP/1.1 200 OK
Server: Apache/2.2.27 (Unix) PHP/5.3.18 mod_perl/2.0.4 Perl/v5.10.1
Last-Modified: Sat, 10 Jul 2010 11:25:15 GMT
ETag: "55dh9-233f-33d23c3758dg2"
Content-Type: text/html
Content-Length: 23423
Date: Fri, 18 May 2016 21:40:23 GMT
X-Varnish: 1364398612 1364285597
Age: 79
Via: 1.1 varnish
Connection: keep-alive
X-Cache: HIT from ***.***.***.***       # 由“HIT”可知，第二次访问此页面时，从缓存中
                                          读取内容，也就是缓存命中
```

最后，我们可以通过 varnishadm 命令来清理缓存，也可以通过 varnishstat 命令来查看 Varnish 系统的缓存状态。

9.1.4　方法四：CDN（动静分离）

浏览器缓存、磁盘缓存、内存缓存分别是客户端缓存和服务器端缓存的设置，而在云端，CDN 已经包含了浏览器缓存、磁盘缓存、内存缓存所代表的静态缓存（客户端静态缓存和服务器静态缓存），这让我们节省了大量去部署配置的精力。但静态缓存的实施，一般不会单独去使用浏览器缓存、磁盘缓存、内存缓存等技术点，而是会配合动静分离的架构来应用，即将静态资源单独部署在静态服务器上，将动态请求的业务请求单独部署在业务服务

器上。事实上，CDN 不仅是云端静态缓存的最佳实践，更是动静分离的最佳实践。

如何通过 CDN 进行动静分离，在云端常规的做法有以下 3 种：

（1）小型应用

小型应用中，Nginx 作为前端反向代理服务器，主业务域名解析绑定在前端代理服务器上，且静态资源也存放至代理服务器上。在 Nginx 七层通过 Rewrite 对请求做判断，如果是静态资源请求，直接请求本机的静态资源，也可进一步设置对应的静态缓存。如果是动态请求，则转发给后端服务器处理。这是常规动静分离最为成熟的解决方案。这个场景下不需要 CDN 的接入，采用 ECS 带宽或者 SLB 带宽即可满足用户日常访问需求，如图 9-5 所示。

（2）中型应用

中型应用中，有一定用户规模。在用户请求中，静态资源已经开始占用较大网络带宽及消耗服务器的 I/O 性能。这时接入 CDN 来替代 Nginx 动静分离 Rewrite 规则，通过 CDN 的静态资源缓存分发，节省我们自己配置动态分离的成本及带宽成本，并进一步提升访问性能。在这个时候，不必过早引入 OSS，除非是出于业务上的规划需求等，否则会增加应用的维护成本和复杂度，没太大必要。中型应用中，静态资源一般会和应用代码一起部署。要实现静态加速，前端只需要加个 CDN，CDN 会针对客户端请求，进行回源并主动缓存静态资源，如图 9-6 所示。

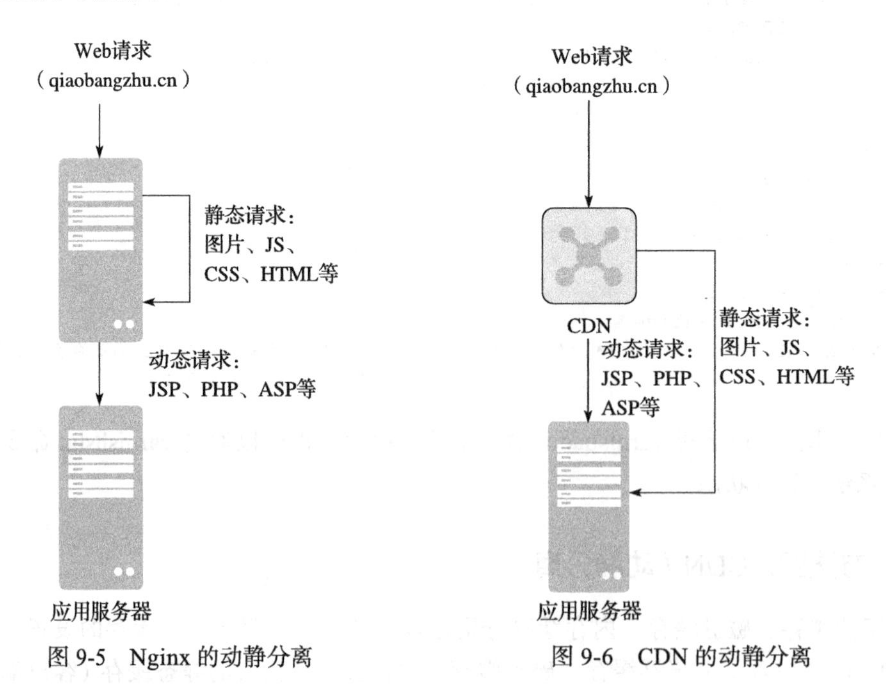

图 9-5 Nginx 的动静分离

图 9-6 CDN 的动静分离

（3）大型应用

大型应用中，主业务的域名会直接绑定在业务服务器的负载均衡 IP 上。静态资源会采用单独的 Web 服务器部署，并且会跟静态资源绑定独立的二级域名来做请求分流。用户在请求对应的页面（包含静态请求和动态请求）时，静态请求会被隐式重定向（不显示跳转后的 URL）引流到静态服务器上，所以对客户端而言是不可感知的。在京东、淘宝等大型 Web 应用中，毋庸置疑都是做了动静分离的，通过浏览器的 debug 模式，我们能清楚地看到 JS、CSS、图片等静态资源的数据源都是单独的二级域名的 URL 地址。不过这种方式的动静分离有个前提条件，就是需要进行一定的代码改造。

在大型应用中，我们怎么使用 CDN 进行动静分离呢？如果想进一步提升静态资源的访问速度，可以单独针对静态资源服务器加上 CDN，即将 CDN 的回源地址解析绑定到静态资源的域名上。在云端实践中，我们可以把静态资源单独放在 OSS 中，以 OSS 作为静态资源服务器，替代还需要单独部署 Web 服务器来管理静态资源的传统方式。然后前端再接入 CDN，CDN 的回源请求去 OSS 中获取数据。CDN 和 OSS 的无缝结合，使其在云端架构及管理维护上非常方便。如果网站业务是纯的静态内容，甚至可以将静态网站直接托管至 OSS 中运行，如图 9-7 所示。

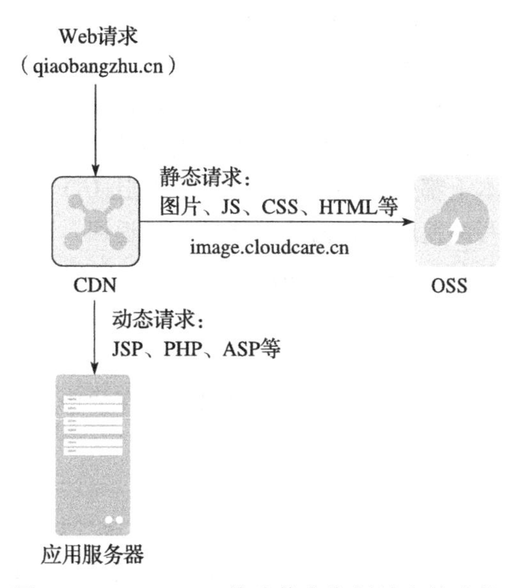

图 9-7　CDN+OSS+ 单独静态资源域名的动静分离

9.2　动态缓存的三种应用场景实践

静态缓存主要用于缓存客户端请求的静态数据，如图片、HTML、JS、CSS 等。而动态缓存，顾名思义，用于缓存业务中的动态数据，如业务处理的临时数据、频繁对数据库访问查询的热点数据、用户 Session 数据、动态页面数据等，甚至频繁访问的静态页面数据也是通过动态缓存技术（Redis、Memcache）进行缓存的。

9.2.1　场景一：数据库缓存

在动态缓存应用中，最为常见的就是数据库缓存了。

我们知道，常见的数据库比如 Oracle、MySQL 等，数据都是存放在磁盘中的。虽然在数据库层也做了对应的缓存，但这种数据库层面的缓存一般针对的是查询内容，而且粒度也太小，只有表中数据没有变更的时候，数据库对应的 Cache 才会发挥作用。但这并不能减少业务系统对数据库产生的增、删、查、改的庞大 I/O 压力。所以数据库缓存技术由此诞生，从而实现热点数据的高速缓存，提高应用的响应速度，极大缓解后端数据库的压力。

下面以 Memcache 数据库缓存为例，说明一下什么是数据库缓存（如图 9-8 所示）。

数据缓存有以下四大技术特点。

（1）性能优越

数据库缓存的第一个技术特点就是提高性能，所以数据库缓存的数据基本上都是存储在内存中的，相比 I/O 读写的速度，数据访问能更快速返回。而且从 MySQL 5.6 的版本开始，它已经把 Memcache 这种跟数据库缓存直接挂钩的中间件直接集成进去了，已经不用我们去单独部署对应数据库缓存的中间件了。

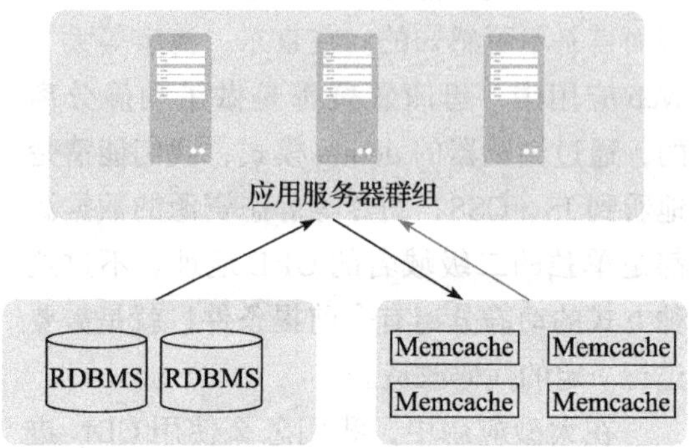

图 9-8 Memcache 对数据库的缓存

（2）应用场景

对于数据库的增、删、查、改，数据库缓存技术应用场景绝大部分针对的是“查”的场景，如一篇经常访问的帖子 / 文章 / 新闻、热门商品的描述信息、好友评论 / 留言等。因为在常见的应用中，数据库层次的压力有 80% 是来自查询，剩下的 20% 才是来自数据的变更操作。所以绝大部分的应用场景还是“查”缓存。当然，“增、删、改”的场景也是有的。比如，一篇文章访问的次数，不可能每访问一次，我们就去数据库里面加一次吧？这时，“增”场景的缓存就必不可少了。否则，一篇文章被访问了十万次，代码层次还要去做十万次的数据库操作。

（3）数据一致性

在很多应用场景中，当一个数据发生变更的时候，很多人在考虑怎样确保缓存的数据和数据库中的数据保持一致，确保从缓存中读取的数据是最新的。甚至，有人在对应数据变更的时候，是先更新数据库，然后再去更新缓存。这一方面会导致代码层次逻辑变得复杂，另一方面缓存也失去了存在的意义。在绝大多数的应用中，缓存中的数据和数据库中的数据是不一致的。即，我们牺牲了实时性换回了访问速度。比如，一篇经常访问的帖子，可能这篇帖子已经在数据库层次进行了变更。而我们每次访问的时候，读取的都是缓存中的数据（帖子）。既然是缓存，那么必然是对实时性可以有一定容忍度的数据，容忍度的时间可以是 5 分钟，也可以是 5 小时，这取决于业务场景的要求。相反，一定要求是实时性的数据库，就不应该从缓存里读取，比如库存，再如价格。

（4）高可用

为什么说数据缓存高可用呢，我们知道缓存为数据库分担了很多压力，同时也为应用提供了较高的访问速度。但如果当数据库缓存“罢工”了，这会出现什么后果？特别是在一些高并发的应用中，数据库层肯定会“消化不良”，最终会导致应用全面瘫痪。所以缓存的高可用显得非常重要。

9.2.2　场景二：集中 Session 管理的六种策略

在分布式架构中，负载均衡的引入会导致文件存储需要集中管理，并且会出现 Session 会话的问题。Session 会话的技术问题，其实偏向云端负载均衡的实践。但在 Session 会话保持的技术中，通过动态缓存相应技术（Redis/Memcache）来集中存储及管理 Session 是比较成熟的架构，所以主要在动态缓存这里来跟大家分享。

我们先来看看什么是 Session，Session 是程序中用于和客户端请求进行会话保持的一种技术。PHP 会默认将 Session 数据存在本机磁盘文件上，而 Tomcat 会默认将 Session 数据存放至 JVM 分配的内存中。我还记得曾在无锡一家公司面试 Java 开发的岗位时，最后一轮由技术总监面试，他问过我一个相关的技术问题，这个问题是针对系统登录的代码处理流程的。

技术总监问："用户登录状态存在哪里？"

我回答："存放在 Session 中。"

技术总监继续问："Session 是存在哪里的？"

我回答："存放在 Tomcat 中。"

技术总监继续问："Tomcat 中能存放多少 Session 数据？"

我顿时有点懵，对这个问题没有一点概念。当时回答："……好像没有限制吧。"

这些年，我一直想着这问题，现在终于有了答案。首先，Session 存放的用户状态数据是有大小的，这里假设每个 Session 存放的大小为 1KB。其次，Tomcat 使用的内存大小也有限制，这主要取决于 Tomcat 设置的可使用最大 JVM 内存，假设设置的大小为 1024MB（等于 $1024 \times 1024 = 1\ 048\ 576$KB）。则 Tomcat 中存放的 Session 的个数极限值是：1 048 576KB/1KB，即一百万个，这也从侧面说明能支持一百万用户同时在线。不过这是极值，我们未考虑代码处理中，还有其他业务计算的地方需要大量占用内存。

而什么又是 Session 共享问题呢？如图 9-9 所示。

当用户第一次发送登录请求时，负载均衡将请求转发至后端服务器 1，这时候程序会将用户登录的状态保存在服务器 1。当用户第二次发送查询请求时，负载均衡可能会将请求转发至后端服务器 2。但是如果到服务器 2 中没有发现登录的状态信息，这时候系统会跳转至登录页面要求用户重新登录系统。所以在负载均衡的分布式应用中，当请求转到服务器 2 上，也能获取到服务器 1 上的 Session 数据，我们需要在服务器端采用 Session 共享的相应技术来集中管理，常见的做法有以下 6 种。

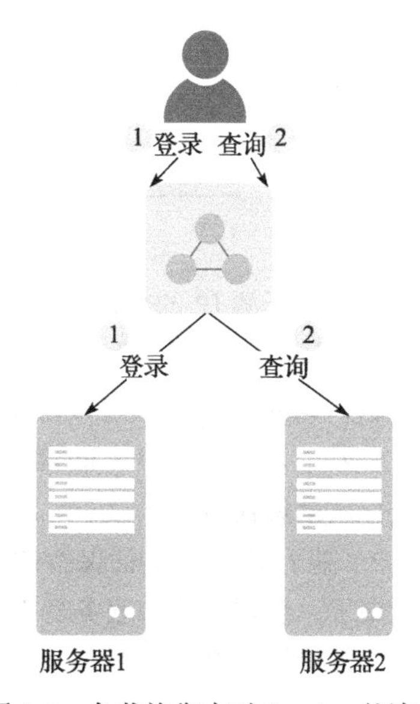

图 9-9　负载均衡中对 Session 的请求

策略一：基于源 IP 的会话保持

基于源 IP 的会话保持，是指负载均衡识别客户端请求的源 IP 地址，将同一 IP 地址的请求转发到同一台后端服务器进行处理。若将客户端的请求绑定在后端某一台服务器上，不让请求轮询到其他服务器上，那么就不会出现 Session 会话的问题。

比如，在 Nginx 中配置 ip_hash，通过识别客户端 IP，将请求转给后端同一个服务器（将请求绑定在某台服务器上处理），以达到会话保持的效果。这是中小型企业做 Session 会话保持的最常用的做法。配置案例如下：

```
upstream www.cloudcare,cn {
    server 192.168.1.1:80;
    server 192.168.1.2:80;
    ip_hash;
}
```

云诀窍

HAProxy 的 balance source 算法和 Nginx 的 ip_hash，它们的算法原理是一样的。

再如，四层的 SLB 会话保持，也是基于源 IP 地址的会话保持，如图 9-10 所示。

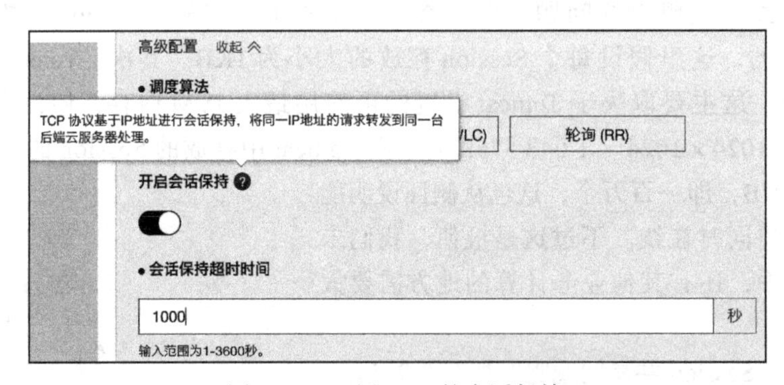

图 9-10 四层 SLB 的会话保持

虽然基于源 IP 的会话保持配置非常方便快捷，但是此方案有两个很明显的缺点：

1）基于源 IP 的会话保持在实践中虽然解决了会话保持的问题，但流量均衡做得并不是很理想，比如驻云上海办公网络（有 200 人办公）去请求 Nginx 时，如果 Nginx 配置了 ip_hash 参数，那么这 200 人的请求都会被 Nginx 转发到后端的某一台服务器上，并不能很好地进行流量负载均衡。

2）基于源 IP 的会话保持的体验性可能并不好，假如后端服务器出现异常宕机，那么问题就来了。绑定在这台服务器上存储的 Session 数据会全部丢失，下次客户请求由负载均衡调度，负载均衡看到后端这台服务器宕机，则将请求转发到新的后端服务器上，而新的后端服务器没有该用户请求的 Session 数据。这时候会让客户端重新登录系统，但用户端并不知道后端这台服务器宕机。所以会感觉莫名其妙，怎么又让我登录?

策略二：基于浏览器 Cookie 的会话保持

为了解决基于源 IP 会话保持所带来的后端流量不均衡的问题，出现了基于浏览器 Cookie 的会话保持，它很好地解决了该问题。哪怕再多人共用一个 IP 也不用担心，因为客户端是根据客户端请求的 Cookie 进行转发的。七层 SLB 的会话保持，就是基于 Cookie 的会话保持的，如图 9-11 所示。

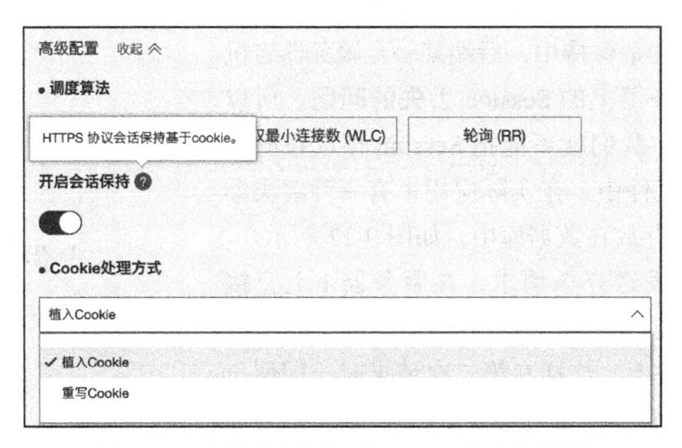

图 9-11 七层基于浏览器 Cookie 的会话保持

七层 SLB Cookie 处理主要分为以下两种。

1）植入 Cookie：指客户端第一次访问时，负载均衡会在返回请求中植入 Cookie，下次客户端携带此 Cookie 访问，负载均衡会将请求定向转发给之前记录到的后端服务器上。

2）重写 Cookie：根据需要指定 HTTP/HTTPS 响应中插入 Cookie，在后端服务器上维护该 Cookie 的过期时间和生存时间。

Nginx 使用第三方模块 nginx-sticky-module-ng 为每个用户插入一个 Cookie，后续请求也都会带上这个 Cookie。负载均衡会识别前端请求中的 Cookie，然后根据这个 Cookie 选择后端相应服务器。由于是第三方模块，所以需要重新编译 Nginx。然后在 Nginx 配置文件的 upstream 片段中去掉 ip_hash 等策略，并加上 sticky 配置。其中 sticky 后面还可以跟参数，比如“sticky expires = 12h domain = cloudcare.cn path =/; ”。

相比 Nginx，HAProxy 在 Cookie 方面的设置就要灵活得多。在云端选型篇的负载均衡选型中曾跟大家对比过 Nginx 及 HAProxy 的优缺点。HAProxy 在 Cookie 设置中，支持 Insert、Rewrite 和 Prefix 这 3 种设置 Cookie 的方式。

- Insert 设置 Cookie 方式：HAProxy 将在客户端没有 Cookie（比如第一次请求）时，在响应报文中插入一个 Cookie。
- Rewrite 设置 Cookie 方式：顾名思义，使用 Rewrite 模式时，HAProxy 将重写该 Cookie 的值。

❑ Rrefix 设置 Cookie 方式：HAProxy 将在已存在的 Cookie（例如后端应用服务器设置的）上添加前缀 Cookie 值。

此外，HAProxy 还提供了一些额外的针对 Cookie 的功能设置。由于篇幅有限，就不详细介绍，更多内容可以参考 HAProxy 官网。

策略三：数据库存放 Session

虽然基于浏览器 Cookie 的会话保持解决了基于源 IP 的会话保持中转发给后端流量不均衡的问题，但是没有解决基于源 IP 的会话保持中，后端某一台服务器宕机了，存储在这台服务器上的 Session 丢失的问题。所以为了解决这个问题，我们就不能把 Session 存放在服务器本地的内存或者文件中。在实际应用中有一种解决办法，就是把 Session 存放在数据库中，如图 9-12 所示。

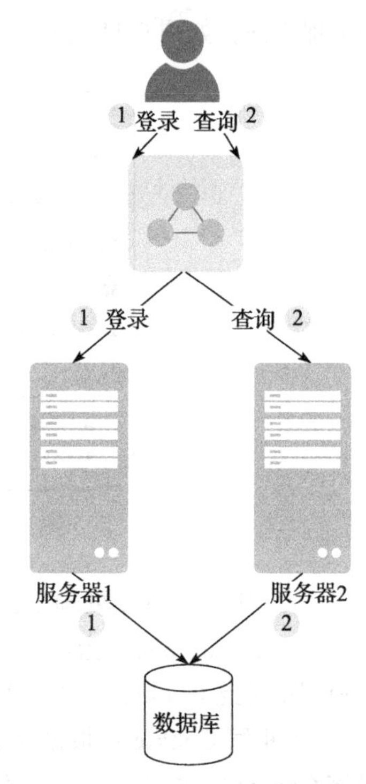

图 9-12 Session 存放在数据库中

当用户第一次发送登录请求，在服务器 1 上直接将 Session 数据存放至数据库中，而不是存放在本地内存或者本地磁盘文件上。这样在第二次请求时，即使负载均衡将请求转发至后端服务器 2 上，仍会首先去数据库中取出 Session 数据，这样在服务器 2 上就不会提示用户再登录了。虽然这种方式解决了后端服务器宕机 Session 丢失的问题，但是带来了更严重的性能问题，在实际应用中强烈建议不要这么使用。因为数据库往往是业务性能瓶颈点，如果将 Session 存储到数据库表中，频繁的数据库操作会影响业务正常访问，得不偿失。

在云端我们也曾遇到过对应的真实案例，某花卉电商系统，平时业务正常访问没多大问题。但是一到活动的时候，访问就奇卡无比。刚开始，我们还以为是前端 Web 或者 CDN 方面出了性能问题。后来才发现，在 RDS 数据库中有大量的 select 进程被堵塞，导致数据库性能被撑爆了。跟客户确认这些 SQL 语句的主要用途时，客户发现这是每次用户请求时，到数据库查询该请求对应的 Session 数据从而产生的语句。原来希望将 Session 存放在数据库中，解决 Session 会话保持的问题。但是一到活动期间，用户访问量增加，导致数据库操作频繁，数据库成为性能的瓶颈，从而导致业务性能严重跟不上。

PHP 使用数据库存放 Session 的配置案例如下。

php.ini 的配置如下：

```
session.save_handler = user
```

数据库表 [sessions] 的建表语句如下：

```
CREATE TABLE sessions (
    sesskey char(32) not null,
    expiry int(11) unsigned not null,
    value text not null,
    PRIMARY KEY (sesskey)
);
```

需要在 PHP 代码 [session_inc.php] 中实现 Session 文件持久化到数据库中，示例如下：

```
<?php
$SESS_DBHOST = "yourhost"; /* database server hostname */
$SESS_DBNAME = "yourdb"; /* database name */
$SESS_DBUSER = "youruser"; /* database user */
$SESS_DBPASS = "yourpassword"; /* database password */
.. session set ...
.. session get ...
?>
```

Tomcat 使用数据库存放 Session 的配置案例如下（context.xml）：

```
<Manager className="org.apache.catalina.session.PersistentManager" saveOnRestart=
"true" maxActiveSession="-1" minIdleSwap="0" maxIdleSwap="30" maxIdleBackup="0">
<!-- db store -->
<Store className="org.apache.catalina.session.JDBCStore" driverName="com.
mysql.jdbc.Driver"
connectionURL="jdbc:mysql://localhost:3306/demo?user=root&amp;password=123456"
sessionTable="t_session"
sessionIdCol="session_id"
sessionDataCol="data"
sessionValidCol="session_valid"
sessionMaxInactiveCol="max_inactive"
sessionLastAccessedCol="last_access"
sessionAppCol="application_name"
checkInterval="60"
debug="99" />
</Manager>
```

用于存放 Session 的数据库表结构如下：

```
CREATE TABLE `t_session` (
`session_id` varchar(128) DEFAULT NULL,
`data` mediumblob,
`max_inactive` int(128) DEFAULT NULL,
`last_access` bigint(20) DEFAULT NULL,
`application_name` varchar(128) DEFAULT NULL,
`session_valid` char(1) DEFAULT NULL ) ENGINE=InnoDB DEFAULT CHARSET=utf8;
```

策略四：动态缓存的集中 Session 管理

在实际应用中，通过使用数据库存储 Session 的方式来解决服务器宕机致使 Session 丢失的问题，显然是不可取的。而采用 Redis、Memcache 动态缓存技术来集中存储及管理

Session，是中大型应用中最为成熟且常见的方案。由于 Memcache 相比 Redis，不支持内存数据的持久化，所以在 Session 集中化存储管理中，默认优先选用 Redis。

PHP 中配置和 Memcache 的集成非常方便，php.ini 只需要配置两项：

```
session.save_handler=memcache
session.save_path="tcp://127.0.0.1:11211"
```

而配置 Tomcat 使用 Redis 来进行 Session 管理，相比 PHP 的配置要复杂得多，配置案例如下：

1）在 Tomcat/lib 中增加以下 jar 包：

```
commons-pool2-2.4.2.jar jedis-2.8.0.jar
tomcat-redis-session-manager-2.0.0.jar
```

2）修改 tomcat/conf/context.xml，增加下面两行内容：

```
    <Valve className="com.orangefunction.tomcat.redissessions.RedisSessionHandlerValve" />
<Manager className="com.orangefunction.tomcat.redissessions.RedisSessionManager"
    host="192.168.2.3"
    port="6379"
    database="0"
    password="cloudcare"
    maxInactiveInterval="600"/>
```

实现以上配置后，“session.setattribute()”向 Session 中存储的数据、“session.getAttribute”向 Session 中获取数据时，都不是存储在 JVM 的内存中了，而是直接存储在 Redis 中。

云诀窍

建议使用阿里云 Memcache/Redis，自建的 Memcache/Redis 搭建、维护、成本、效率等都不是最优方案。而且阿里云 Memcache 支持数据持久化，不用担心 Memcache 内存中的数据丢失。

策略五：基于 Tomcat 集群 Session 共享

动态缓存的集中 Session 管理中，Tomcat + Redis 通过配置 Tomcat 将 Session 直接存放至 Redis 中。但是，在代码语法使用上是有所不同的。除了这种方式外，还有其他方案吗？有，那就是 Tomcat 的 Session 集群共享，不过这种方式的配置管理有些烦琐。只适合小集群使用，大集群还是建议使用 Redis 或者 Memcache 进行共享。

相应的配置案例如下，在 conf/server.xml 文件中找到该行：

```
<Engine name="Catalina" defaultHost="localhost">
```

在该行下面配置集群配置信息就可以了，如下：

```
<Cluster className="org.apache.catalina.ha.tcp.SimpleTcpCluster" channelSendOptions="8">
<Manager className="org.apache.catalina.ha.session.DeltaManager" expireSession
sOnShutdown="false" notifyListenersOnReplication="true"/>
<Channel className="org.apache.catalina.tribes.group.GroupChannel">
<Membership className="org.apache.catalina.tribes.membership.McastService"
address="228.0.0.4"
port="45564"
frequency="500"
dropTime="3000"/>
<Receiver className="org.apache.catalina.tribes.transport.nio.NioReceiver"
address="auto"
port="4000"
autoBind="100"
selectorTimeout="5000"
maxThreads="6"/>
<Sender className="org.apache.catalina.tribes.transport.ReplicationTransmitter">
<Transport className="org.apache.catalina.tribes.transport.nio.PooledParallelSender"/>
</Sender>
<Interceptor className="org.apache.catalina.tribes.group.interceptors.TcpFailure
Detector"/>
<Interceptor className="org.apache.catalina.tribes.group.interceptors.MessageDispatch
15Interceptor"/>
</Channel>
<Valve className="org.apache.catalina.ha.tcp.ReplicationValve" filter=""/>
<Valve className="org.apache.catalina.ha.session.JvmRouteBinderValve"/>
<Deployer className="org.apache.catalina.ha.deploy.FarmWarDeployer"
tempDir="/alidata/tomcat/tmp/war-temp/"
deployDir="/alidata/tomcat/tmp/war-deploy/"
watchDir="/alidat/tomcat/tmp/war-listen/"
watchEnabled="false"/>
<ClusterListener className="org.apache.catalina.ha.session.JvmRouteSessionIDBi
nderListener"/>
<ClusterListener className="org.apache.catalina.ha.session.ClusterSessionListener"/>
</Cluster>
```

以上配置需要在多个 Tomcat 中进行配置，如果是同一个集群，里面配置信息保持一致就可以了。如果是其他集群，修改一下 address 就好了。

策略六：基于 NAS 文件共享

Session 除了可以存放在本地内存中以外，当然也可以存放在本地磁盘文件上。存放在本地内存中的数据，服务器宕机、内存数据丢失，都会导致 Session 丢失，但可以通过 Redis/Memcache 等动态缓存技术将 Session 进行集中管理并共享。同样，存放在本地磁盘文件中的数据，若因为服务器宕机，磁盘文件中的 Session 没办法访问，都可以通过 NAS 做磁盘文件共享。即使服务器宕机，存放在 NAS 中的 Session 文件还存在，并不影响客户请求及对 Session 文件的读写。但是 NAS 中的文件读写，涉及磁盘 I/O。相比之下，Redis、Memcache 读写是内存数据的读写操作，内存中的读取性能是非常快的，所以基于动态缓存技术的集中 Session 管理适合中大型项目应用。而磁盘 I/O 相比内存的速度要慢许多，大规模读写会造成很严重的性能瓶颈。所以 NAS 文件共享只适合中小规模项目应用。

PHP 使用本地磁盘文件存放 Session 的配置案例如下（php.ini）：

```
session.save_handler = files
session.save_path = "N;MODE;/path"
```

注释 N 表示多级目录，值为数字。MODE 表示创建的 Session 文件权限。/path 表示 Session 存储路径，可以配置本地磁盘路径，也可以配置 NAS 共享文件的路径。

Tomcat 使用本地磁盘文件存放 Session 的配置案例如下（context.xml）：

```
    <Manager className="org.apache.catalina.session.PersistentManager"
saveOnRestart="true" maxActiveSession="-1" minIdleSwap="0" maxIdleSwap="30"
maxIdleBackup="0">
    <Store className="org.apache.catalina.session.FileStore" checkInterval="60"
directory="../session/mySession.session"/>
    </Manager>
```

9.2.3 场景三：四招搞定动态页面缓存

何为动态页面缓存？即对 .do、.jsp、.asp/.aspx、.php、.js(nodejs) 等动态页面进行缓存。可以看出，动态页面一般都会涉及动态计算、数据库缓存、数据库等操作，所以每一次访问同一个页面，所获得的数据都可能有所不同。如若应用对数据及时性要求较高，则可能不太适合动态缓存。比如，对一个动态页面缓存了半个小时，用户请求访问该动态页面，返回缓存中的数据，很有可能，缓存中的页面数据即半个小时前缓存的页面数据状态。所以，动态页面缓存是典型的牺牲数据的及时性换取性能的技术，如图 9-13 所示。具体缓存设置要多长时间，得根据业务情况而定。

我在云端也曾遇到很多动态页面缓存方面的真实案例，接下来通过一个真实客户案例来详细介绍动态页面缓存技术。在两会期间，我们为新华社新闻推送业务提供了运维保驾护航服务。当时遇到了一个很棘手的问题，热点类新闻推送是高并发应用场景，如同电商的秒杀应用。瞬时的热点新闻访问，高并发的场景给数据库缓存及数据库带来了极大的压力。针对这种场景（采用 Nginx + PHP 部署的后端应用，前端为手机 APP 客户端），我们采用了动态缓存技术，单机处理能力从 50TPS 提升到

图 9-13 访问性能与时效性的天平秤

5000TPS，其性能得到了非常大的提升。

第一招：通过 Nginx 内置 Proxy 模块实现动态页面缓存

Nginx 的动态页面缓存，主要通过 HTTP 反向代理（负载均衡）内置 Proxy 模块的 proxy_cache 实现。基本上可以实现所有动态页面的缓存，当然，静态页面也能缓存（在 9.1 节中已分享过通过 Nginx 实现静态缓存的方式），架构原理如图 9-14 所示。

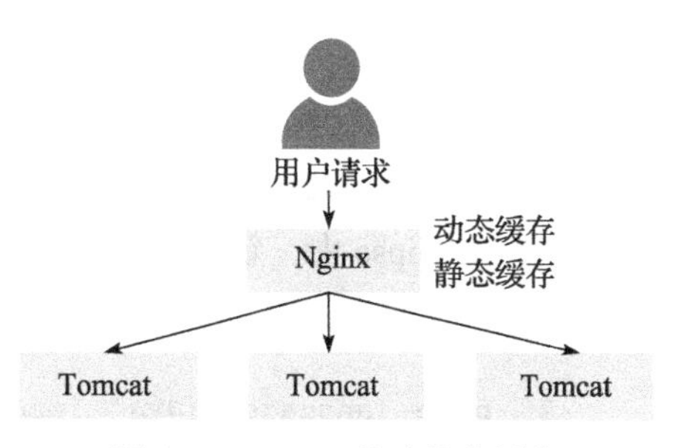

图 9-14 Nginx 的动静态缓存

在图 9-14 中，Nginx 做负载均衡反向代理，将用户请求转发至后端服务器。我们可以在 Nginx 这层根据规则设置动态 / 静态缓存，即每次客户请求，直接由 Nginx 将缓存数据返回，而不用再到后端获取响应数据。不过，Nginx 内置 Proxy 模板 proxy_cache 实现动静态缓存，缓存文件是存放在磁盘文件中的。在高并发访问的场景中，磁盘 I/O 可能是性能的瓶颈点。

Nginx 动态缓存的核心配置（以缓存 JSP 为例）如下：

```
#levels 设置目录层次
#keys_zone 设置缓存名字和共享内存大小
#inactive 在指定时间内没人访问则被删除，在这里是 1 天
#max_size 最大缓存空间
proxy_cache_path /alidata/www/default/cache_dir/ levels=1:2  keys_zone=cache_
one:200m inactive=1d max_size=30g;
server {
    listen       80;
    server_name  _;
    location /{
           proxy_pass http://10.117.39.67:8080;
           proxy_set_header   Host              $host;
           proxy_set_header   X-Real-IP         $remote_addr;
           proxy_set_header   X-Forwarded-For   $proxy_add_x_forwarded_for;
    }

    location ~ .*\.jsp$
    {
           proxy_cache cache_one;                        # keys_zone 后的内容对应
           proxy_cache_valid  200 304 301 302 10d;       # 哪些状态缓存多长时间
           proxy_cache_valid  any 1d;                    # 其他的缓存多长时间
           proxy_cache_key $host$uri$is_args$args;       # 通过 key 来 HASH，定义 key 的值

           proxy_pass http://10.117.39.67:8080;
           proxy_set_header   Host              $host;
           proxy_set_header   X-Real-IP         $remote_addr;
           proxy_set_header   X-Forwarded-For   $proxy_add_x_forwarded_for;
    }
```

```
    access_log  /alidata/nginx/logs/default-cache.log;
}
```

在介绍静态缓存的时候，有实现过类似的配置。其实对于 Nginx 而言，动态缓存和静态缓存的配置基本一致。唯一的区别就是，静态缓存的 location 配置中，正则匹配的是静态访问请求。而动态缓存的 location 配置中，正则匹配的是动态访问请求。

实践案例 1：Nginx 对 JSP 的动态缓存

在 MyEclipse 中，新建一个 test 的 Web 项目，然后在默认的 index.jsp 中简单输出测试文字、当前日期及一张图片。index.jsp 测试代码如下：

```
<%@ page language="java" import="java.util.*,java.text.SimpleDateFormat,java.
text.DateFormat" pageEncoding="utf-8"%>

<!DOCTYPE HTML PUBLIC "-//W3C//DTD HTML 4.01 Transitional//EN">
<html>
  <head>
    <title>This is test page</title>
    <meta http-equiv="pragma" content="no-cache">
    <meta http-equiv="cache-control" content="no-cache">
    <meta http-equiv="expires" content="0">
    <meta http-equiv="keywords" content="keyword1,keyword2,keyword3">
    <meta http-equiv="description" content="This is my page">
  </head>
  <body>
    This is my JSP page. <br>
    <img src='eg_tulip.jpg'><br>
    <%
      Date date = new Date();
      DateFormat df = new SimpleDateFormat("yyyy-MM-dd hh:mm:ss");
      out.print("Now the time is :" + df.format(date));
    %>
  </body>
</html>
```

然后将其部署到 Tomcat 中，且前端用 Nginx 做反向代理。为了测试方便，在后端仅部署了一台 test Tomcat。Nginx 反向代理的配置如下：

```
server {
    listen       80;
    server_name  _;
    location /{
           proxy_pass http://10.117.39.67:8080;
           proxy_set_header   Host              $host;
           proxy_set_header   X-Real-IP         $remote_addr;
           proxy_set_header   X-Forwarded-For   $proxy_add_x_forwarded_for;
    }
   access_log  /alidata/nginx/logs/default-cache.log;
}
```

我们可以看到，每次刷新浏览器时显示的时间都是不一样的，如图 9-15 所示。

图 9-15　访问 JSP 的结果

然后我们对 JSP 进行动态缓存，核心配置如图 9-16 所示。

```
proxy_cache_path /alidata/www/default/cache_dir/ levels=1:1  keys_zone=cache_one:200m inactive=1d max_size=30g;
server {
    listen       80;
    server_name  _;

    location /{
           proxy_pass http://10.117.39.67:8080;
           proxy_set_header   Host             $host;
           proxy_set_header   X-Real-IP        $remote_addr;
           proxy_set_header   X-Forwarded-For  $proxy_add_x_forwarded_for;
    }

    location ~ .*\.jsp$
    {
           proxy_cache cache_one;
           proxy_cache_valid  200 304 301 302 10d;
           proxy_cache_valid  any 1d;
           proxy_cache_key $host$uri$is_args$args;

           proxy_pass http://10.117.39.67:8080;
           proxy_set_header   Host             $host;
           proxy_set_header   X-Real-IP        $remote_addr;
           proxy_set_header   X-Forwarded-For  $proxy_add_x_forwarded_for;
    }

   access_log  /alidata/nginx/logs/default-cache.log;
}
```

缓存核心配置

图 9-16　Nginx 动态缓存配置

这时通过浏览器访问对应 JSP 的页面，我们就可以看到每次访问时，页面显示的时间是一模一样的了，由此可见，Nginx 的动态缓存功能已经实现。

我们在 Nginx 的服务器中缓存目录可以看到针对刚才访问 JSP 的缓存文件，直到缓存时间到期，Nginx 将会一直将存放在本地缓存中的磁盘文件内容，作为 Response 返回给客户端请求，如图 9-17 所示。

Nginx 对 JSP 的动态缓存和 Nginx 对 PHP 的动态缓存配置基本一致，唯一不同的是 JSP 动态缓存的 Nginx location 中匹配 JSP 类型即可。由于篇幅有限，Nginx 对 JSP 的缓存就不再详细介绍。

```
root@srv-zy-oss1:/alidata/www/default/cache_dir/d/3# cat 463e4b058cf8a59075a04e9149003c3d
□,xWÿÿÿÿÿÿÿÿ□噘ā嚚 pach
KEY: 121.41.121.75/test/index.jsp
HTTP/1.1 200 OK
Server: Apache-Coyote/1.1
Content-Type: text/html;charset=utf-8
Content-Length: 554
Date: Sun, 29 May 2016 14:30:40 GMT
Connection: close


<!DOCTYPE HTML PUBLIC "-//W3C//DTD HTML 4.01 Transitional//EN">
<html>
  <head>
    <title>This is test page</title>
        <meta http-equiv="pragma" content="no-cache">
        <meta http-equiv="cache-control" content="no-cache">
        <meta http-equiv="expires" content="0">
        <meta http-equiv="keywords" content="keyword1,keyword2,keyword3">
        <meta http-equiv="description" content="This is my page">
  </head>

  <body>
    This is my JSP page. <br>
    <img src='eg_tulip.jpg'><br>
    Now the time is :2016-05-29 10:30:40
  </body>
</html>
```

图 9-17 JSP 动态缓存结果文件

第二招：PHP 的动态页面缓存：fastcgi_cache

除了 Nginx 内置 Proxy 模块实现动态页面缓存外，PHP 也可通过自带的 FastCGI 缓存模块来实现动态页面缓存。实现原理及架构如图 9-18 所示。

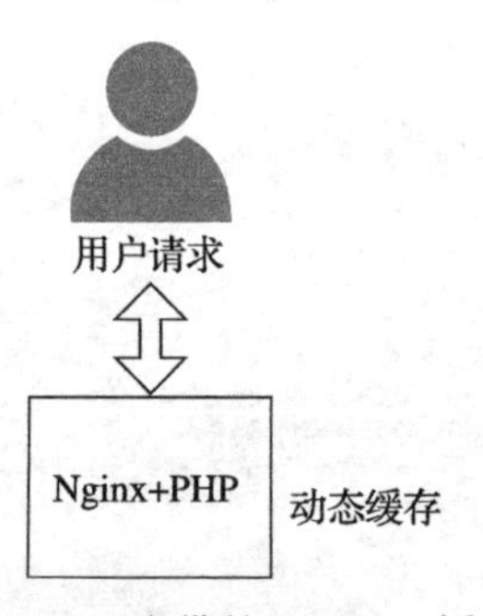

图 9-18 PHP 自带的 FastCGI 缓存模块

值得注意的是，PHP 的动态页面缓存是通过 FastCGI 自带的缓存实现的，而不需要通过 Nginx 反向代理来设置对应的缓存配置。FastCGI 跟 proxy_cache 模块一样，也是将缓存文件存放在磁盘文件中的。同样，在高并发访问的场景中，磁盘 I/O 也可能是性能的瓶颈点。

实践案例 2：fastcgi_cache 缓存实践

PHP 的测试代码（输出文字、日期及一张图片）如图 9-19 所示。

```
<html>
<head>
<title>FIRST PHP CACHE TEST</title>
<meta http-equiv="expires" content="-1">
</head>
<body>
<?php
echo ("This is php cache test");
echo ("<br>");
echo date('Y-m-d G:i:s');
echo ("<br>");
echo ("<img src='eg_tulip.jpg'>");
echo ("<br>");
?>
</body>
</html>
```

图 9-19 PHP 测试代码

Nginx 的核心配置如图 9-20 所示。

通过浏览器多次访问我们的 test.php 页面，这时我们发现此页面的内容是不变的，如图 9-21 所示。

同时，我们在服务器中可以看到存放在磁盘中的缓存文件，如图 9-22 所示。

```
fastcgi_cache_path /alidata/www/default/fastcgi_cache_dir levels=1:2 keys_zone=cache_fastcgi:128m inactive=1d max_size=10g;
server {
    listen       80;
    server_name  _;
        index index.html index.htm index.php;
        root /alidata/www/default;
        location ~ .*\.(php|php5)?$
        {
                fastcgi_pass  127.0.0.1:9000;
                fastcgi_index index.php;
                include fastcgi.conf;
                fastcgi_cache cache_fastcgi;
                fastcgi_cache_valid 200 302 301 1h;
                fastcgi_cache_valid any 1m;
                fastcgi_cache_min_uses 1;
                fastcgi_cache_use_stale error timeout invalid_header http_500;
                fastcgi_cache_key $request_method://$host$request_uri;
        }

        location ~ .*\.(gif|jpg|jpeg|png|bmp|swf|html)$
        {
                expires 1d;
        }
        location ~ .*\.(js|css)?$
        {
                expires 1d;
        }
        access_log  /alidata/nginx/logs/default.log;
}
```

图 9-20　Nginx 配置 FastCGI 缓存

图 9-21　访问 PHP 的结果效果图

```
root@srv-zy-oss1:~# cat /alidata/www/default/fastcgi_cache_dir/7/bd/25a04ce5bd15a4745e1b359a71127bd7
ÕLWÿÿÿÿÿÿÿÿ' HLW3□° Ks
KEY: GET://121.41.121.75/test.php
□□□⊕ wered-By: PHP/5.5.7
Content-type: text/html

<html>
<head>
<title>FIRST PHP CACHE TEST</title>
<meta http-equiv="expires" content="-1">
</head>
<body>
This is php cache test<br>2016-05-30 22:05:40<br><img src='eg_tulip.jpg'><br></body>
</html>
```

图 9-22　PHP 动态缓存结果文件

直到缓存到期，或者我们手动清理缓存文件，客户端才会收到最新的数据返回，否则将返回本地缓存的数据。

第三招：通过 Nginx 内置 Memcache 模块实现动态页面缓存

proxy_cache 和 FastCGI 都是将缓存存放在磁盘文件中的，高并发场景下，磁盘 I/O 会成为性能瓶颈。有没有一种缓存技术能用内存缓存动态页面？答案是肯定的，那就是 Nginx 内置的 Memcached 模块。Nginx 内置的 Memcached 模块 ngx_http_memcached_module，可以很轻松地实现对 Memcached 的访问，如图 9-23 所示。

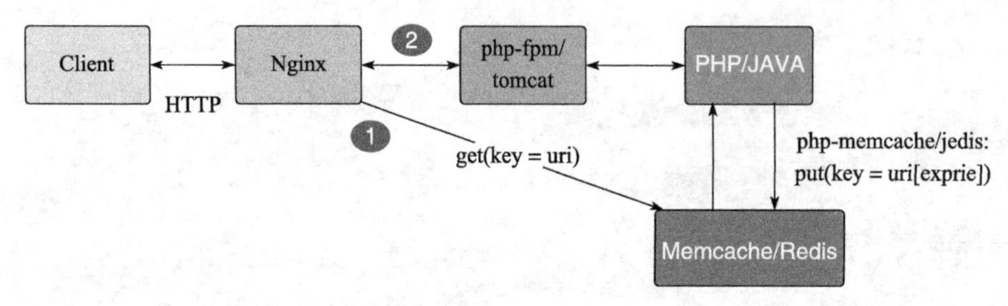

图 9-23 Nginx 内置的 Memcached 模块 ngx_http_memcached_module 的读写原理图

值得注意的是，Nginx 直接从 Memcache get 获取缓存页面。但是需要特别注意的是，数据的 set 存储是在代码中向 Memcache 写入的。

实践案例 3：Nginx + Memcache 缓存实践

在之前一家电商公司做运维的时候，我发现每次在电商做活动期间，Memcache 缓存服务器的流量每秒高达三四百兆字节。按照我那时候的理解，Memcache 存储热点数据（比如数据库访问的热点数据、业务临时业务数据等）怎么会有这么高的流量？然后我通过看 Nginx 的配置文件，发现在 Nginx 中配置 memcached_pass，好像能对 Memcache 直接进行读取。由于没见过这种用法，我带着疑惑向研发总监请教了这个问题。原来这是 Nginx 自带的 Memcache，后端把业务订单的拍照图片直接存放至 Memcache 中（数据库也存放一份），前端能直接通过 Nginx 访问 Memcache 中存放的图片信息。

所以以上案例是通过 Memcache 缓存了业务重要的热点静态资源，当然，缓存动态页面也是可以的，可采用如下设置：

```
server {
    listen       80;
    server_name  www.cloudcare.cn;

    location ~ .*\.php$ {
        set            $memcached_key $request_uri;
        memcached_pass host:11211;
        error_page     404 502 504 = @fallback;
    }

    location @fallback {
        proxy_pass     http://backend;
    }
}
```

这个配置会把所有请求 URI 后缀为 php 的访问，用 Memcached 模块来读取，同时使用请求 URI 作为 Memcached 的 key。当缓存没有命中或者出错时，可使用 @fallback 进行处理。

然后，用简单的代码把页面写进 Memcached 里：

```
$htmlContent = file_get_contents('http://www.cloudcare.cn');

$memcached = new Memcache();
$memcached->addServer('127.0.0.1', 11211);
$memcached->set('/cache/index.php', $htmlContent);
```

注意写缓存时的 key，由于我们访问的 URL 是 http://www.cloudcare.cn/cache/index.php，所以写进 Memcached 的 key 就是 URI/cache/index.php，然后我们访问 http://www.cloudcare.cn/cache/index.php 时，即访问 Memcache 中的缓存数据。

第四招：通过 Nginx 第三方模块实现动态页面缓存

Nginx 内置的 Memcached 模块 ngx_http_memcached_module，虽然实现了对 Memcached 的访问。但是数据的 put 存储，还要需要通过代码来操作。有没有一种技术，连 put 操作也直接通过 Nginx 完成了？事实上，可以通过第三方模块 memc-nginx 和 srcache-nginx 构建高效透明的缓存机制，如图 9-24 所示。

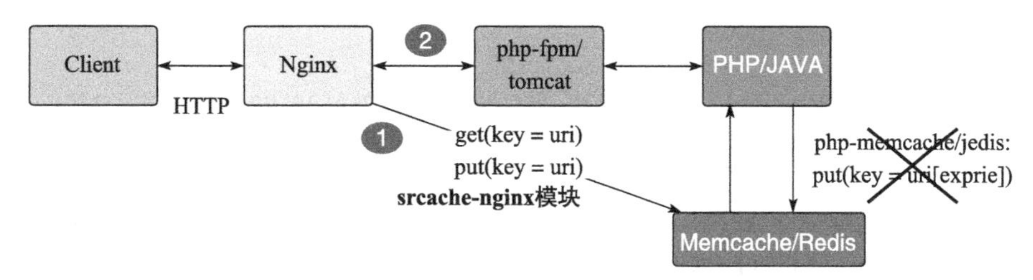

图 9-24　Nginx 第三方模块 memc-nginx/srcache-nginx 的读写原理图

直接通过 Nginx 对 Memcache 或者 Redis 进行数据的写入和读取时，具体配置如下，由于是第三方模块，因此需要重新编译 Nginx，加入第三方模块：

```
./configure --prefix=/usr/local/nginx \
--add-module=../memc-nginx-module \
--add-module=../srcache-nginx-module \
```

Nginx 的主配置如下：

```
#Memcache 服务 upstream
upstream memcache {
    server localhost:11211;
}
server {
    listen 80;
    server_name localhost;
#memc-nginx-module
location /memc {
    internal;
```

```
        memc_connect_timeout 100ms;
        memc_send_timeout 100ms;
        memc_read_timeout 100ms;
        set $memc_key $query_string;
        set $memc_exptime 300;
        memc_pass memcache;
    }
    location / {
        root /var/www;
        ndex index.html index.htm index.php;
    }
    # pass the PHP scripts to FastCGI server listening on 127.0.0.1:9000
    #
    location ~ \.php$ {
         charset utf-8;
         default_type text/html;
    #srcache-nginx-module
         set $key $uri$args;
         srcache_fetch GET /memc $key;
         srcache_store PUT /memc $key;
         root /var/www;
         fastcgi_pass 127.0.0.1:9000;
         fastcgi_index index.php;
         include fastcgi_params;
         fastcgi_param SCRIPT_FILENAME $document_root$fastcgi_script_name;
    }
    }
```

其中，memc-nginxs是标准的upstream模块，“location/memc”是相关配置。$memc_exptime表示缓存失效时间（单位：秒），这里统一设为300s（5分钟）。最后我们在“location ～ \.php$”中用srcache-nginx-module模块配置了缓存。这表示所有以“.php”结尾的请求结果都会被缓存。当然这仅仅是案例，实际生产应用中具体看业务需要，也不可能把全部动态页面设置成缓存的。

以上配置相当于对Nginx增加了如下逻辑：当URL请求是以“.php”结尾的时候，首先到Memcache中查询有没有以“uriargs”为key的数据，如果有，则直接返回。否则，执行location的逻辑。如果返回的HTTP状态码为200，则在输出之前以“uriargs”为key，将输入结果存入Memcache。

云诀窍

Nginx内置的Proxy模块的proxy_cache和Memcache模块ngx_http_memcached_module，以及Nginx的第三方模块memc-nginx和srcache-nginx这3项技术都可以应用在动态页面缓存中，同样也能应用在静态页面缓存上。其实动静缓存的配置，后端采用的技术都一样，具体取决于在Nginx location中匹配动态还是静态来让其缓存。

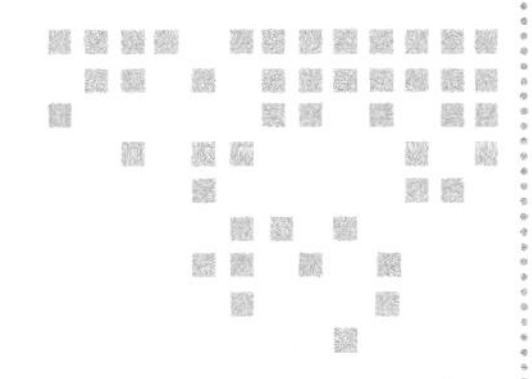

第 10 章 Chapter 10

云端数据库实践

云端数据库是个大类，常见的有关系型和非关系型（NoSQL）数据库。就拿 MySQL、MongoDB 等数据库来说，从数据库底层原理、业务代码场景使用实践、运维架构、调优等方面入手都能单独写几本书了。我曾买了一本高性能 MySQL 的书籍，有五百多页，内容还仅仅是 MySQL 技术层面的。

第一篇从运维架构层面针对云端数据库选型进行了讲解，方便大家参考选型数据库。而在本章主要从云端运维架构层来介绍数据库实践。要说到数据库运维架构的实践，主要分为垂直分区和水平分区两类。我们常见的主从架构、Sharding 分片架构，都属于垂直分区和水平分区的实践。而在实际应用中，我们一般是先做垂直分区，再做水平分区，接下来就主要针对这两种分区的应用场景介绍实践技巧。

10.1 垂直拆库三大应用场景实践

在数据库领域中，垂直分区和水平分区是一种纵向、横向的架构扩展手段。纵向垂直分区，针对不同的维度，应用场景大有不同。纵向的垂直拆分，可以针对数据库的库级别拆分，也就是说把数据分别放在不同的数据库中，然后把不同的数据库放在不同的服务器中。我们也可以针对数据库读写操作的纵向垂直拆分，这就演变成大家熟知的经典主从（读写分离）架构。在主从（读写分离）基础上加上高可用，就是数据库的集群技术应用，本质上也是数据库垂直拆分的应用。而相比于垂直拆分，水平拆分就是典型的分布式数据库应用，即把一个表的数据划分到不同的数据库，且两个数据库的表结构一样，且两个数据库同时对外提供访问。

10.1.1 场景一：垂直拆库的应用实践

在互联网的应用中，数据库很可能成为性能瓶颈。单纯的 SQL 优化、数据库性能优化可能已经满足不了业务的增长需求，所以数据库层面的垂直拆分是我们首先想到的架构手段。因为相比于水平拆分，垂直拆分的改造要少很多。在实际业务中，生产环境下可能会因为业务系统的不同，而有多个数据库存放在一台数据库中。当业务压力增大时，我们可以根据库级别进行拆分，如图 10-1 所示。

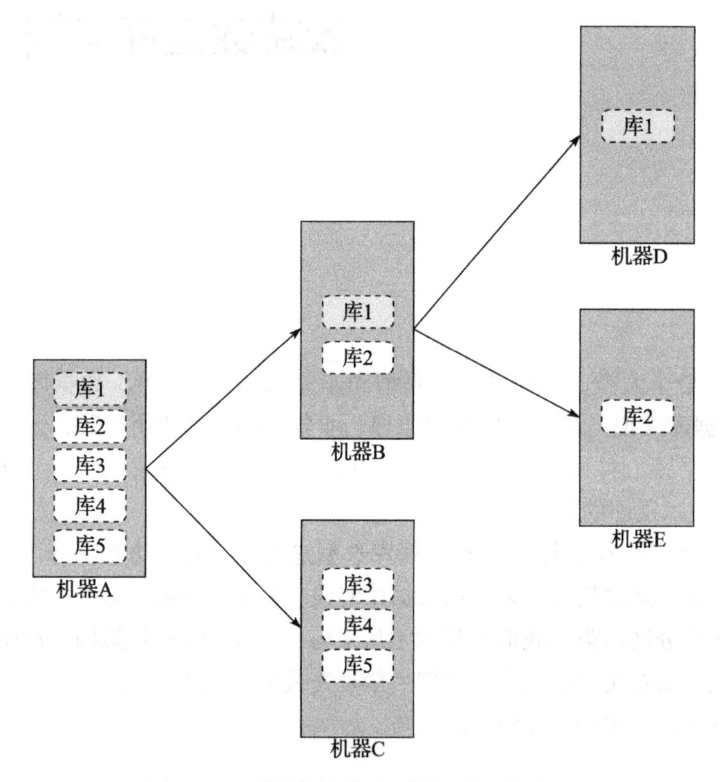

图 10-1 不同库拆分到不同机器上的流程

库 1、库 2、库 3、库 4、库 5 刚开始时都在一台机器的数据库实例中跑着，库 1 和库 2 的访问压力相对高些。随着业务发展，我们会考虑把除库 1 和库 2 以外的其他库单独拆分出来放在一台机器上，从而减少对库 1 和库 2 的资源争抢。当压力进一步增加的时候，可以进一步把库 2 拆分出来再放在单独的机器上运行。垂直拆库是在数据库扩展中改造工作量最小的，如果业务调用的库和库之间没有跨库查询等依赖关系，我们可以直接把库放在不同机器上运行，然后改一下代码连接数据库的地址。相反，如果业务查询有跨库查询等依赖关系，业务代码受到限制没办法进行扩展，则需要进行一定的代码业务改造。

既然库 1 这时候已经单独在一台机器上运行了，当库 1 的压力进一步增加时，又该怎么拆分呢？如图 10-2 所示。

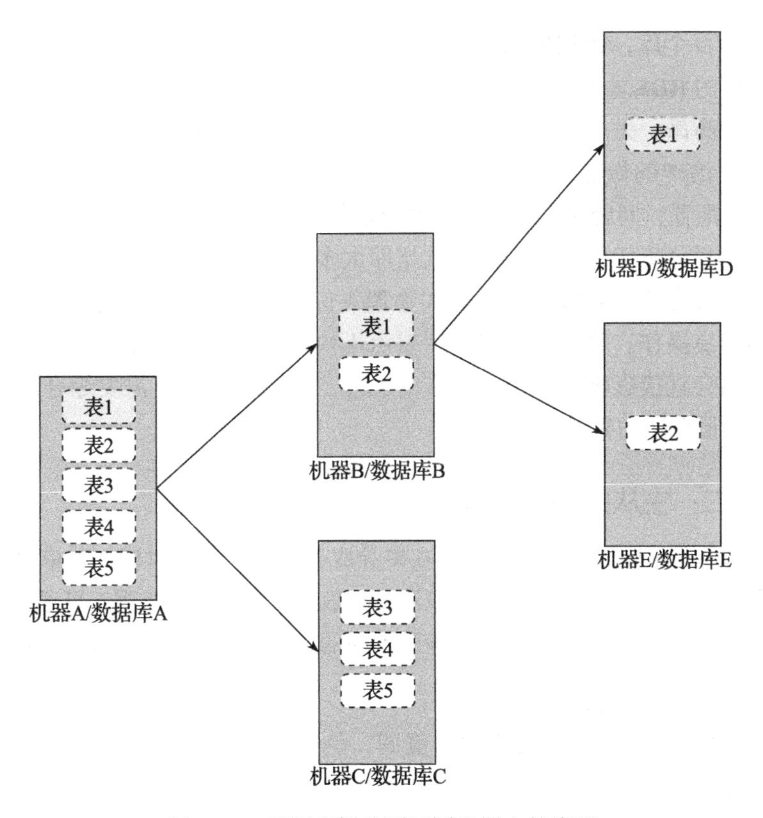

图 10-2　不同表拆分到不同机器上的流程

我们可以进一步针对库 1 中的表，把不同的表拆分到不同的数据库中，然后将不同的库放在不同的机器中运行。在实际业务中，业务的功能模块之间往往没有交集，比如日志模块、用户权限模块、商品信息模块等。所以这些功能模块所用的表之间都没有关联性，即数据库级别的表和表之间没有关联查询等操作。事实上，不仅可以把这些没有关联的表分别拆分放在不同的数据库中，还可以进一步把这些数据库放在不同的机器中。不过这种方式的拆分，一方面要求表和表之间没有关联关系，另一方面需要进行代码改造。

来看个例子，某 O2O 门店管理系统的应用，在中午业务高峰期时，ECS 服务器的系统性能负载就很高。在前端 ECS 服务器中的流量平时是小于 10Mbps 的，而在高峰期时的流量为 50Mbps。ECS 层面的压力主要集中在 CPU 消耗上，因此导致服务器负载很高。经研究发现瓶颈在数据库。在 Server 端，每个门店都是使用的单独的数据库，我们发现在 RDS 中有两百个左右的库，且有几个库的 Process 读写进程很多，这几个库的读写压力一看就知道是大的业务门店了。所以此时为了解决客户的性能瓶颈问题，我们建议把这几个大的门店的库单独拆分到其他数据库中。这时候可能就会有人问，为什么不直接升级 RDS 的配置来解决问题？或者用主从的读写分离来解决性能问题？升级配置及读写分离也是个解决办法，但是在这个场景下不是最优方案。主要原因有如下两点：

- 由于有两百个库，数据库层面应该用到 8 核 32GB 的中高配了。当你的业务只能升级用顶配的 RDS 才能解决时，更多的是需要业务优化、架构优化。高配的配置，一方面成本高昂，另一方面并不能发挥云的分布式架构优势。所以在笔者看来这是一种治标不治本的做法，当然如果 RDS 的配置是中低配，优先选用升级 RDS 配置。中低配的配置，问题更偏向聚焦在底层性能方面。
- 主动的读写分离架构，不太适合数据库太多的实例。库太多会导致在数据库备份还原方面比较麻烦。RDS 逻辑备份和物理备份都是针对整个实例，所以想单独还原单个库不容易操作。关键是不同的库表示不同的门店业务，如果某些库的读写压力较大，可能会直接影响其他门店业务的性能。所以拆分库，需要综合利弊，多方位权衡，找出最合适的做法。

10.1.2 场景二：主从的四种实践方案

垂直拆库需要把库拆分到最小粒度放在单独服务器上，这个时候如若单台服务器读写压力很高，接下来要怎么样进行架构扩展，以满足对数据库性能的诉求呢？可通过主从的读写分离架构，即将读写请求进行垂直拆分，引流到不同的数据库上来解决对数据库性能的诉求。

方案一：经典主从架构的实践

Replication 主从复制，又称之为 AB 复制。是数据库中最为经典、应用最为广泛的架构。从库通过实时同步复制主库，保障从库中的数据和主库中的数据一致，比如 MySQL 的 Replication 主要通过 binlog 来同步主库数据。如图 10-3 所示。

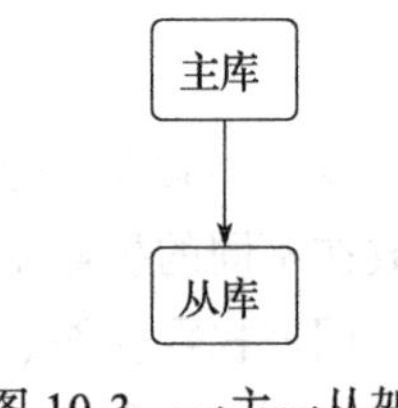

图 10-3 一主一从架构

主从复制的架构，根据应用场景的不同，还可以称之为读写分离或者双机热备。读写分离，主要是指在垂直拆分库中，单个库放在单台机器上，没办法再通过升级配置解决数据库性能问题。所以针对数据库增删查改，我们把对数据的查找放在从库上。把数据的增删改操作即写数据放在主库上，可见读写分离是针对数据库连接操作的垂直拆分。

在主从复制的架构中，相比读写分离的场景，双机热备的应用也比较广泛。在数据比较敏感的应用中，除了每天定时的冷备外，从库主要做主库的热备库，主库宕机，从库要随时顶上。从库除了做热备外，包括冷备的备份，也是建议放在从库上做，这样可避免在主库上做冷备对业务访问有性能上的影响。

云诀窍

常见数据库的主从架构中最为常见的实践为：

- Oracle 的 Data Guard
- MySQL 的 Replication 主从复制

- Redis 的 Replication 主从复制
- MongoDB 的 Replication 主从复制

即我们可以直接在 ECS 中搭建对应数据库的主从复制。

云端数据库的主从架构最为常见的实践如下。

- 云数据库 RDS：MySQL 版，可以添加只读实例，用于读写分离。也可以添加灾备实例，用于数据容灾。
- 云数据库 Redis 版的读写分离版，也是标准的主从应用。
- 云数据库 MongoDB 版的主从应用，可以添加副本集实例来满足需求。

方案二：主从架构的三种扩展应用

（1）一主多从架构应用

在实践中，主从有很多扩展架构的应用场景。为了进一步分担数据库读写压力，我们可以继续增加多个从库，如图 10-4 所示。

一主多从的应用也是非常广泛的，多个从库可以进一步分担查询的压力。因为在业务中，80% 的数据库压力都来源于查询压力。特别是业务中后台的一些分析功能，数据库查询分析会消耗很多数据库的性能。多个从库不仅能进一步分担数据库查询的压力，数据库的热备、冷备等也都可以放在不同从库上，这样，数据的备份就可以高枕无忧了。

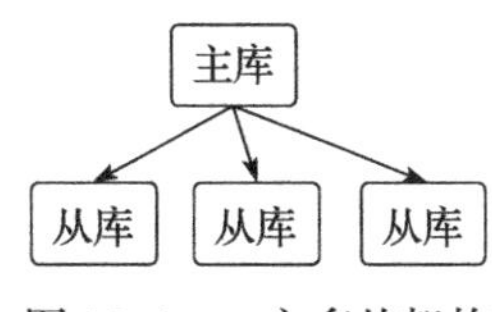

图 10-4　一主多从架构

云诀窍

读写分离，从架构上来看，核心点是增加一个或者多个从库，通过增加的从库来分担数据库的查询压力。在高并发场景下，增加多个从库能有效解决数据库大量查询的压力，但是没办法解决数据库的写（增删改）压力，这是读写分离的瓶颈点。

另外，主从复制的机制，从库会造成短期的数据不一致。主要是因为最新写入的数据只会存储在主库中，想要在备库中读取到新数据就必须先从主库复制过来，这会带来一定的延迟，造成短期的数据不一致。

（2）主主架构应用

为了解决读写分离写（增删改）的瓶颈点，主主架构是主从架构的扩展应用，如图 10-5 所示。

在生成环境中，为了进一步减少写的压力，有时也会采用主主主的环状读写分离，如图 10-6 所示。

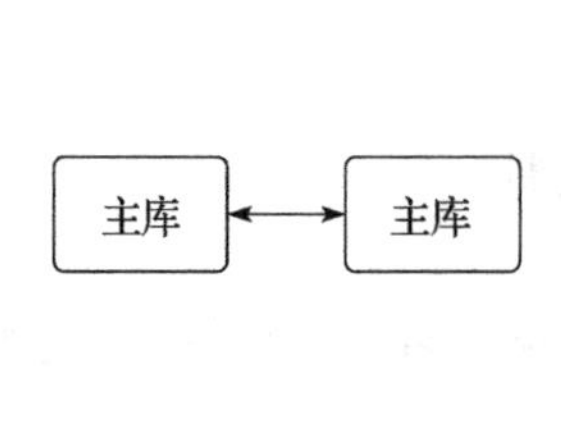

图 10-5 双主架构

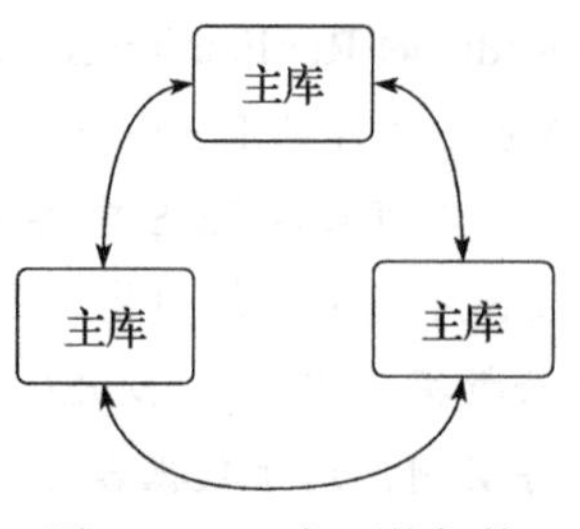

图 10-6 三主环状架构

值得注意的是，不管是在主主架构中还是在主主主架构中，都存在着两个主库对某个表同时写入的场景，从而插入的数据在主从同步的时候可能出现主键冲突。为了解决此问题，在两个主库中需要自定义主键自增规则，避免主从同步 ID 重复的问题，如 MySQL 通过 auto_increment_increment 参数自定义自增偏移。

云诀窍

在生成应用中，不推荐同时在主库中写入。即主主实现无缝迁移，不是为了均衡写压力。它的目的是高可用，而不是负载均衡。特别是主主主的架构，更是不推荐在生产环境中应用。两个同时写问题很多，三个同时写则会有主从同步等更多问题，很不靠谱。比如阿里云经典的 RDS MySQL 就是主主架构，用 DNS 暴露域名 URL 给到客户端连接，DNS 解析到某个主库上提供给客户端进行读写操作。还有个主库对客户端隐藏且不可操作，当读写的主库发生异常，DNS 完成 IP 地址切换解析。

（3）副本集架构应用

传统的主从架构，一般需要在代码配置文件中手动指定集群中的 Master。如果 Master 发生故障，一般都是人工介入修改配置文件，指定新的 Master。这个过程对于应用一般不是透明的，往往主从异常伴随着应用重新修改配置文件，重启应用服务器等。而相比传统主从架构，MongoDB 副本集（如图 10-7 所示），集群中的任何节点都可能成为 Master 节点。一旦 Master 节点发生故障，副本集可以自动投票，则会在其余节点中选举出一个新的 Master 节点。并引导剩余节点连接到新的 Master 节点，这个过程对于应用是透明的。目前 MongoDB 官方已不推荐使用主从模式，取而代之的是副本集模式。

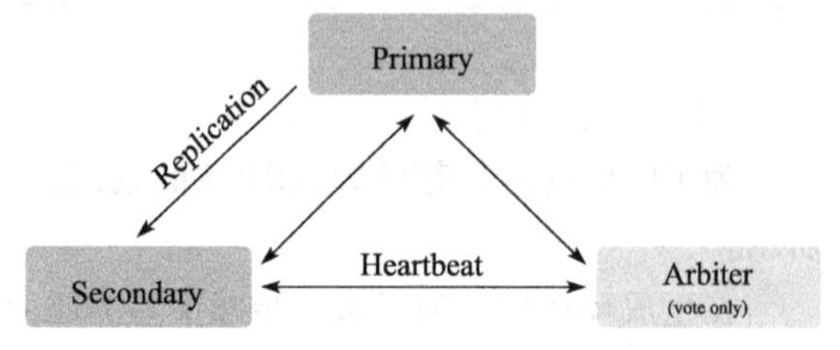

图 10-7 MongoDB 副本集架构

何为应用透明？来看看 Java 连接副本集进行读写分离的实践：

1）Mongo 主从之间通过执行 oplog 来保证数据的同步。主从之间的同步关系由 Mongo 自己的机制决定，时间一般在 ms 级别。详细时间取决于机器之间的网络状况，同时，oplog 不能设计得太小，一般建议在数据库大小的 10% 以上。

2）为了保证主节点和从节点之间的数据一致性，建议使用 Mongo 内部机制，它可保证一个写操作同步到所有从节点之后再返回写成功。具体实现方式可以参考 Mongo 的 getlasterror 机制来实现。

3）读写分离的代码调用方式有两个步骤，一是设置读写分离需要先在副本节点 SECONDARY 设置 setSlaveOk。二是在程序中设置副本节点负责读操作。

代码案例如下：

```
public class TestMongoDBReplSetReadSplit {
    public static void main(String[] args) {
            try {
                  List<ServerAddress> addresses = new ArrayList<ServerAddress>();
                  ServerAddress address1 = new ServerAddress("192.168.1.1" , 27017);
                  ServerAddress address2 = new ServerAddress("192.168.1.2" , 27017);
                  ServerAddress address3 = new ServerAddress("192.168.1.3" , 27017);
                  addresses.add(address1);
                  addresses.add(address2);
                  addresses.add(address3);

                 MongoClient client = new MongoClient(addresses);
                 DB db = client.getDB( "test" );
                 DBCollection coll = db.getCollection( "testdb" );

                 BasicDBObject object = new BasicDBObject();
                 object.append( "test2" , "testval2" );

                   // 读操作从副本节点读取
                  ReadPreference preference = ReadPreference. secondary();
                  DBObject dbObject = coll.findOne(object, null , preference);
                    System. out .println(dbObject);
           } catch (Exception e) {
                  e.printStackTrace();
           }
    }
}
```

读参数除了 secondary 一共还有五个参数：primary、primaryPreferred、secondary、secondary-Preferred、nearest。

- primary：默认参数，只在从主节点上进行读取操作。
- primaryPreferred：大部分在从主节点上读取数据，只有主节点不可用时从 secondary 节点读取数据。
- secondary：只在从 secondary 节点上进行读取操作，当存在问题时 secondary 节点的数据会比 primary 节点的数据“旧”。

- secondaryPreferred：优先从 secondary 节点进行读取操作，secondary 节点不可用时从主节点读取数据。
- nearest：不管是主节点还是 secondary 节点，从网络延迟最低的节点上读取数据。

在 Java 连接驱动中，Server 的连接地址是一个集合，集中包含副本集所有的 IP 地址。而客户端连接到副本集，不关心具体哪一台机器是否挂掉。主服务器负责整个副本集的读写，副本集会通过 oplog 定期同步数据备份。一旦主节点挂掉，副本节点就会选举一个新的主服务器。这一切对于应用代码服务器不需要关心，我们也不需要因为主从节点挂掉，而去修改应用代码的连接配置文件，以及重启应用代码服务器。只需要通过连接副本集的参数指明是在主节点读，还是在从节点读，其他一切底层会帮忙搞定。

方案三：主从连接的三种方式

主从读写分离的架构，由于可能有多主库多从库的情况，因此主库从库可能有多个 IP 地址。在实际应用中，代码要怎么连接？主要有以下三种方式。

（1）代码配置文件

首先来看最为常用的方式，即代码层 + 配置多个数据源的方式，如图 10-8 所示。

在代码中，针对写的操作，配置单独数据源。而针对查询的操作，也可以把不同查询的语句及类型配置到不同的数据源中。但这种方式有个缺点，这也是 MongoDB 官方不推荐使用主从，而推荐使用副本集的原因。即如若主从架构中有节点异常，我们需要手动更改代码配置，并且一般情况下还需要重启应用服务器。

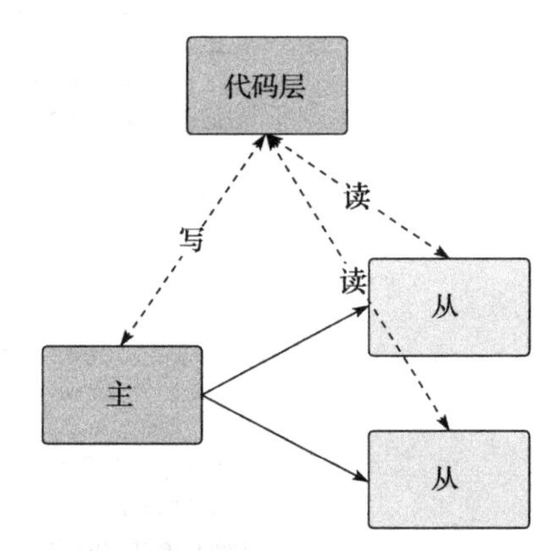

图 10-8 配置文件的主从调用

（2）集中配置管理

为了解决这种人工干预配置文件的低效率做法，可以采用 Zookeeper、Consul、Etcd 来做配置集中管理。这便是第二种方式，即配置集中化管理，如图 10-9 所示。

业务代码连接数据源的配置放在 Zookeeper（或 Consul/Etcd）中来管理，通过简单心跳代码，自动 Check 主从的节点是否可用。如果对应的节点异常，更新 Zookeeper（或 Consul/Etcd）中的数据源地址，这样业务代码获取的连接地址便会是最新无异常的地址。

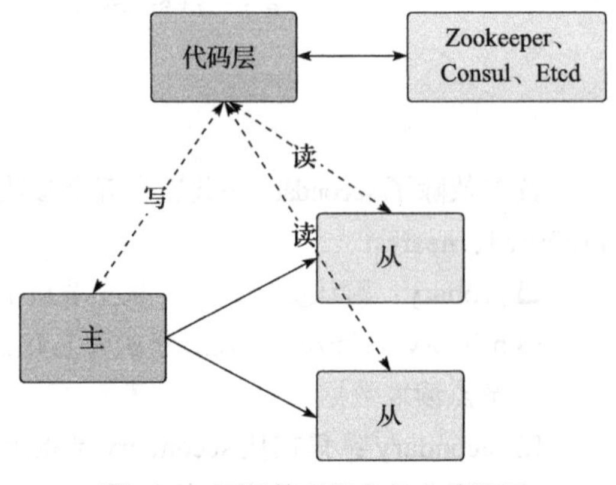

图 10-9 配置管理服务的主从调用

云诀窍

也可以将配置文件存放至Redis中，我们之前的电商业务系统就是这么做的。即业务要连接哪个数据库，先去Redis中获取要连接的数据库地址。只不过相比Redis，Zookeeper、Consul、Etcd是专门应用于服务发现的框架。

（3）读写分离中间件

代码配置管理、集中配置管理，都是通过代码层的控制来选择对应的主从读写分离库的。我们也可以采用读写分离的中间件来实现，应用业务代码连接不用关心后端有哪些主库及从库，真正意义上对应用是透明的，如图 10-10 所示。

业务代码连接读写分离的中间件 Proxy 用来分辨是写请求还是读请求，然后再将请求转发到后端对应的主从库来处理。相比于 Proxy 的方式，在程序代码端实现读写分离会带来一个问题，即数据库和程序的耦合度太高。如果数据库不小心宕机了，则同时意味着程序的不可用。如果数据库地址发生改变了，那么程序代码端也要进行相应的修改。引入读写分离中间件能很好地对程序端和数据库进行解耦，这样程序端只需关注数据库中间件的地址，而无须知晓底层实际上有几个数据库及如何提供服务。

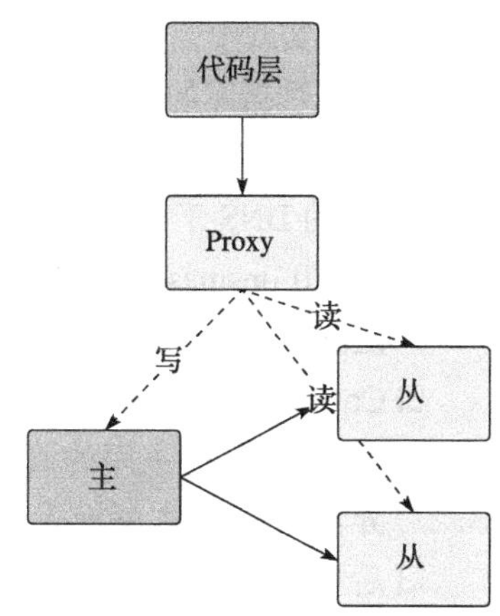

图 10-10 Proxy 代理的主从调用

云诀窍

常见的用于读写分离的中间件如下。

- MySQL Proxy：MySQL-Proxy是MySQL官方提供的中间件服务，是一个处于Client端和MySQL server端之间类似代理的程序，它可以监测、分析或改变它们的通信。它使用灵活，没有限制，常见的用途包括：读写分离、负载平衡、故障、查询分析，查询过滤和修改等。
- MyCAT：MyCAT是MySQL中间件，能够实现读写分离，前身是阿里大名鼎鼎的Cobar。由于Cobar在开源了一段时间后不了了之，于是MyCAT扛起了这面大旗。
- Amoeba：Amoeba算中间件中的早期产品，后端还在使用JDBC Driver，也能实现读写分离功能。
- RDS读写分离服务：阿里云RDS自带读写分离的功能服务，通过RDS的读写分离地址，可以使写请求自动转发到主实例，读请求按照设置的权重自动转发到各个只读实例。

方案四：主从的高可用架构

介绍到这里，相信大家已经对主从架构及应用场景比较熟悉了。在前面的实践中，已介绍了主从架构的作用主要是解决查询的压力，但没办法解决写的压力。并且从库由于要同步主库的数据，从库存在短暂的数据不一致。除了这两个缺点外，主从还有第三个缺点，就是高可用的问题。即客户端连接的主库宕机，怎么切换到从库中。其实在主从连接的三种方式中，也已经给出了相应的解决办法，但是并不推荐。比如，通过 Zookeeper、Consul、Etcd 服务发现框架，在应用代码层实现故障切换，连接可用的主从库，从而满足高可用的需求。但是这种方式需要编码，成本较高，并不是首先方案。另外读写分离的中间件，主要功能偏向读写分离转发方面，在故障转移方面偏弱，也并不是首选。

在云端实践中，主从的高可用架构和 RDS 的 DNS + 双主架构类似，如图 10-11 所示。

- 主从数据库的 IP 地址，通过 DNS 暴露给客户端连接。
- DNS 采用 Dnsmasq 自建，是一款轻巧的 DNS 工具，只需要通过 yum install dnsmasq 这条命令即可简单搞定安装。
- Consul 用于心跳检测，当主库正常，让 DNS 解析主库的 IP 地址。当主库异常，让 DNS 解析从库的 IP 地址。
- 后端不仅可以采用主从架构，也可以采用主主架构。如若采用主主架构，比如 A 库异常，切换解析到另外一个 B 库。当 A 库恢复，B 库的数据会反向同步给 A 库，我们不用再将解析切换回 A 库上了。也正如前面所说，主主架构主要应用在这种无缝迁移的高可用场景，并不是为了均衡写压力。

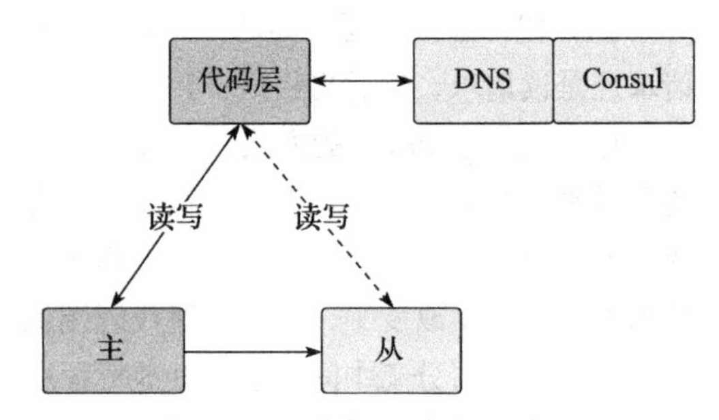

图 10-11 DNS+Consul 的主从高可用架构

传统的 IDC 除了采用 DNS + Consul 方案外，也可以采用主主 / 主从 + Keeplived 的方式来解决主从高可用的问题。还可以采用部署单 MySQL，结合 DRBD（Distributed Relicated Block Device 分布式复制块设备）和 Keeplived 的方式来解决数据库的高可用问题。但由于云端不支持 Keeplived 等三层的虚拟 VIP 技术，所以 DNS + Consul 是最佳实践推荐了。

云诀窍

传统 MySQL 主从的高可用架构，MHA（Master High Availability）目前在 MySQL 高可用方面是一个相对成熟的解决方案，是一套优秀的作为 MySQL 高可用性环境下故障切换和主从提升的高可用软件。但由于在云端，基本上 RDS 云数据库默认就已经解决了数据库高可用的问题，所以在云端实践中，很难再看到类似 MHA 这种传统经典的高可用架构的应用了。

10.1.3　场景三：集群技术的应用实践

最为常见的数据库集群技术，当属于 Oracle RAC 和 MySQL Cluster 了。Oracle RAC 是成熟的商业数据库集群技术，淘宝曾基于 Oracle RAC 组建了全亚洲最大的 Oracle RAC 集群。后来阿里去 IOE 架构，改用 MySQL 了。相比 Oracle RAC，MySQL Cluster 的应用面没那么广泛，由于搭建配置较复杂，成熟案例也不多，所以在生成环境及云端中，几乎未曾看到 MySQL Cluster 这方面的实践案例。

数据库的集群技术，主要是解决主从架构的高可用问题，也不存在主从延时导致从库短暂数据不一致的问题。而且需要特别强调的是，数据库集群仅解决了主从架构的高可用问题，并没有解决主库面对高并发写、大数据存储的问题。所以数据库集群技术并不是数据库分片 Sharding 技术。Oralce RAC 和 MySQL Cluster 的原理架构如图 10-12 所示。

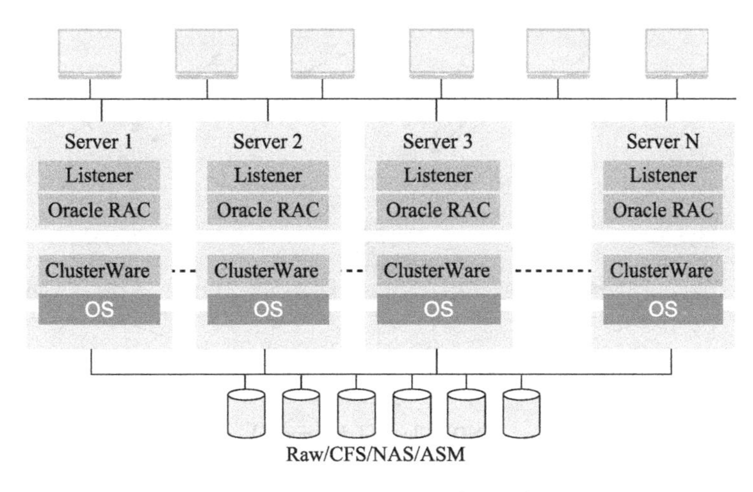

图 10-12　Oracle RAC 集群架构

Oracle RAC 通过多个实例共享存储上的数据文件，客户端通过连接多个实例地址来对集群数据库进行访问，所以实例的连接地址前面可以放四层 SLB 做负载转发，保障数据库高可用。RAC 降低了在实例级别的冗余过程，但 RAC 不能够解决数据的安全问题。尽管有多个实例，但是只有一份数据文件。如果数据文件损坏了，那么整个数据库就损坏了。

云诀窍

Oracle RAC 依赖于虚拟的 IP 技术，在云端由于不支持虚拟 IP 而导致 Oracle RAC 并不能正常部署在 ECS 上。但在云端基于 N2N VPN ，我们为客户实践了 Oracle RAC。虽然底层基于 VPN 网络，稳定性和性能都得不到保障，但这也是在云端首个实现 Oracle RAC 的成熟案例。

MySQL Cluster 的数据主要保存在数据节点集群中（NDB Cluster），每个节点的数据都是相同的，所以相比于 Oracle RAC，它不存在某个数据文件损坏，整个数据库就损坏的问题。但同时这也是 MySQL Cluster 在写方面的弊端，数据要在多个 NDB 节点中进行写入，导致写入效率和性能特别低下（曾用了 8 核 16GB 的五台硬件服务器搭建 MySQL Cluster 集群，在写入性能和压力测试方面还不如单台 MySQL）。客户端通过连接多个 SQL 节点来对集群数据库进行访问，同样在 SQL 节点连接地址前面可以放一个四层 SLB 做负载转发，保障数据库高可用，如图 10-13 所示。

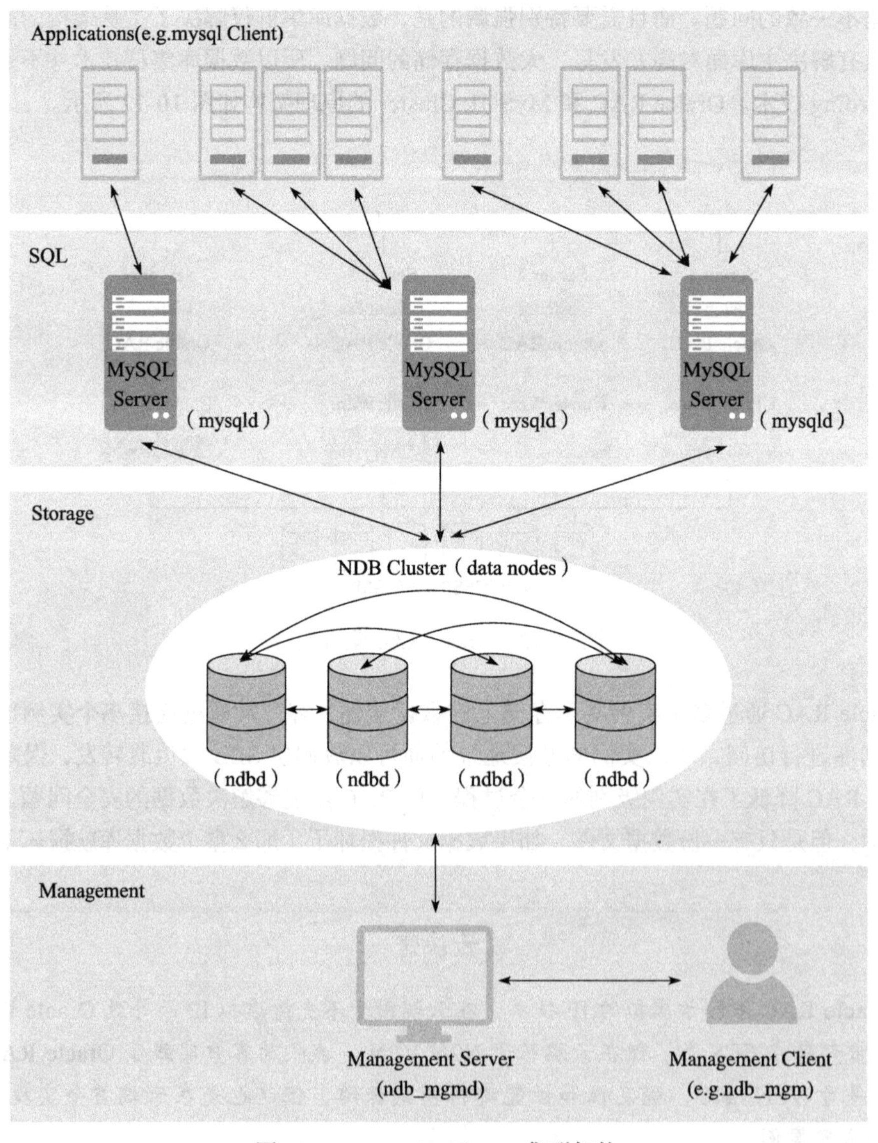

图 10-13 MySQL Cluster 集群架构

云诀窍

数据库集群技术只是能解决主从架构中高可用的问题，但是没有解决主从架构面对海量数据存储的问题。比如 TB、PB 数量级数据的存储，这时候需要采用分布式技术的数据库。

10.2 水平拆表三大应用场景实践

面对 TB、PB 大数据存储及读写场景，垂直拆库、甚至主从读写分离已经明显显得力不从心。水平拆表意味着我们可以将同一数据表中的记录通过特定的算法进行分离，分别保存在不同的数据表中，从而可以部署在不同的数据库服务器上，来应对大数据存储及读写的场景。但同时水平拆分会带来另外一个问题，就是如果有 join 关联查询，将会导致拆分后的表关联统计变得非常麻烦。另外拆分后的分布式架构，不可避免导致了整个架构的复杂性。虽然有像阿里这样技术实力强大的公司开发了透明的中间件层（如 DRDS）来屏蔽开发者的复杂性，但还是避免不了整个架构的复杂性。常见水平拆表主要有三种应用场景，接下来跟大家逐一介绍。

10.2.1 场景一：业务层水平分区拆表的三种方式

在分布式 Sharding 中间件及数据库 Sharding 技术不成熟的早期，想要在关系型数据库的单张表中存储 TB、PB 级别的含量数据，用单台服务器显然是不可能做到的。最为常用的方式就是在业务层面把存储在单个表中的数据分区拆分存放在不同的服务器的数据表中，不过这种方式对业务代码改造较大，而且分区拆分后，join 等操作非常困难。拆分原理架构图如图 10-14 所示。

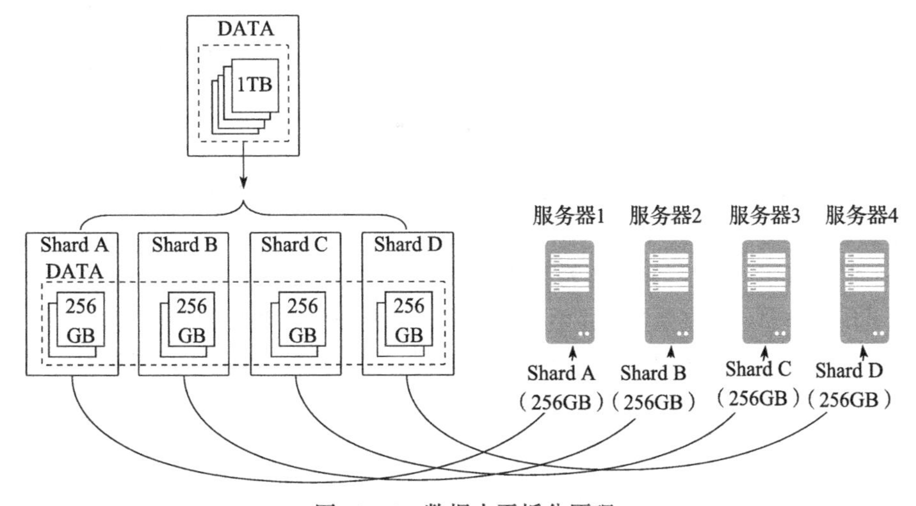

图 10-14 数据水平拆分原理

与垂直拆分最大的不同是，水平拆分能把一份数据拆分成 N 份放在不同机器上，这个 N 份原则上是任意份。比如在图 10-14 中，1TB 的数据能拆分成为四份 256GB。也可以拆分成为八份 128GB，还可以拆分成为十六份 64GB，等等。而垂直分库分表拆分到某台机器上，某个库或者某个表会达到拆分的最小粒度，此时就没办法再继续拆分下去了。比如 A 库 B 库 C 库部署在一起，经过拆分将 A 库独立部署在 A 机器上，这时候已经达到拆分的最小粒度。

现如今，随着分布式 Sharding 中间件及数据库 Sharding 技术的成熟（拆分的原理跟上图架构图原理一致，在本章其他中间件、数据库的 Sharding 技术的原理就不再重复介绍了），业务层面的水平分区拆表已不推荐。常见的业务层水平拆表手段如下。

方式一：哈希算法

原理：通过 <主键> % <节点数> 取余（如：id % 10），根据取余的不同结果，将数据存放至不同分区中。架构图如图 10-15 所示。

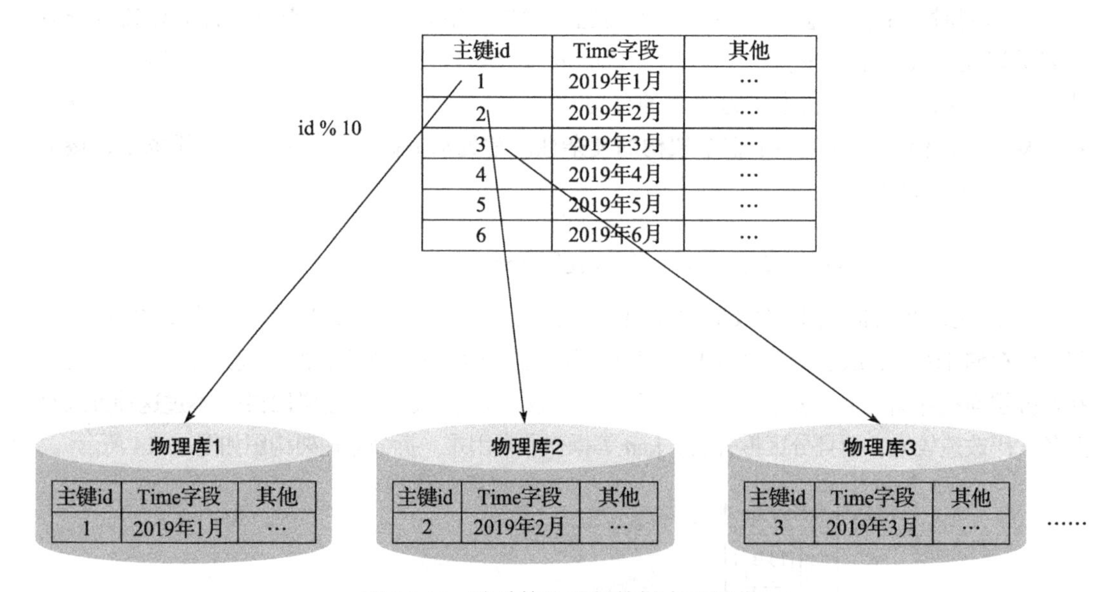

图 10-15 哈希算法进行数据水平拆分

优势：非常容易实现，应用程序找到分区，只需要进行简单的取余计算即可。哈希算法在分布式缓存 Memcache、Redis 中也应用比较广泛。当有大量缓存数据需要存放在多个 Memcache 或者 Redis 中时，采用哈希算法是非常方便快捷的。哈希算法可以为多个分区比较均衡地分配工作量，特别是当记录数量级较多时，各个分区更加趋近于均衡。

缺陷：不利于扩展。比如从 10 个分区扩展到 20 个分区，这便涉及所有数据的重新分区等问题。这样一来就不得不暂停站点，重新规划及计算了。

方式二：范围

原理：按照特定字段的范围来将数据存放至不同的分区中。比如按照时间字段的范围进行分区，我们可以将 Time 为 2019 年 1 月、2019 年 2 月的数据存储在一个分区中，而将 Time 为 2019 年 3 月、2019 年 4 月的数据存储在另一个分区中，以此类推。这使得应用程序需要维护一个简单的范围映射表，比如根据 Time 来计算所属分区。再比如也可以按照索引字段 id 的范围进行划分，将相应 id 范围的数据存放在不同的分区中。架构图如图 10-16 所示。

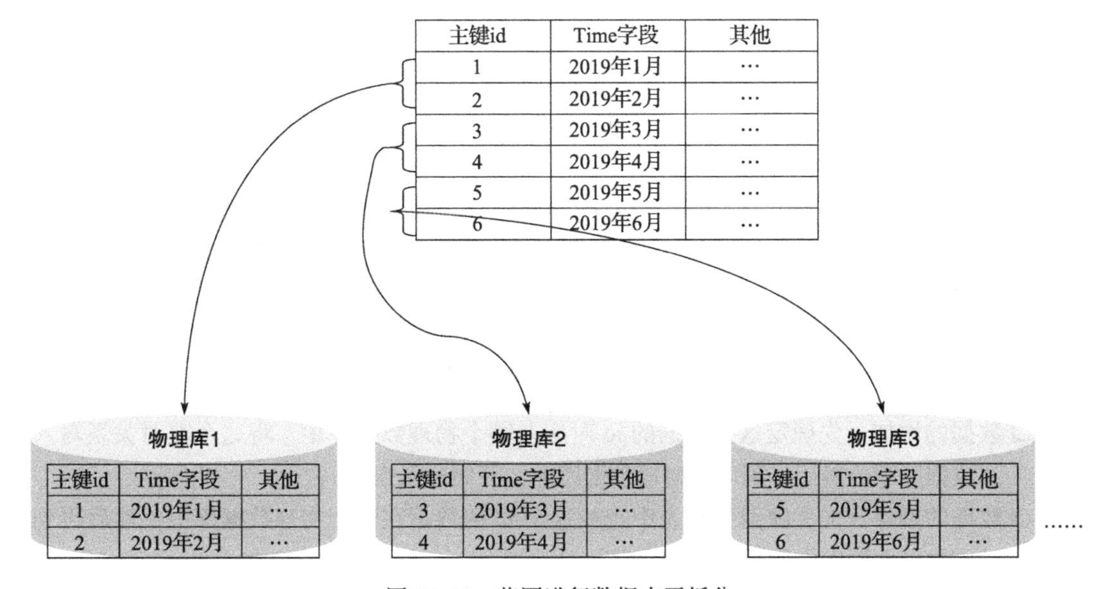

图 10-16　范围进行数据水平拆分

优势：带来很好的扩展性，随着时间推移数据在不断增长，我们可以创建更多的分区。

缺陷：各个分区的工作量会存在较大的差异，比如可能老数据所在的分区压力相对较小，或者一些特定年月的热点事件及业务活动导致所在分区的压力过大。

方式三：映射关系

原理：通过一个映射关系（如同索引的原理）来说明对应的数据存放在哪个分区中，比如映射关系中，我们可以指定 id 为 1 的数据存放至一分区中，id 为 2 的数据存放至三分区中，id 为 3 的数据存放至二分区中等。架构图如图 10-17 所示。

优势：详细记录了每一个数据与存放分区的对应关系，相比哈希算法的分区与范围分区，我们可以灵活地控制分区的规模，并且可以轻松地将数据从一个分区迁移到另外一个分区。

缺陷：维护的这个映射关系就是瓶颈。不建议将映射关系存放至数据库中，数据库的查询可能成为性能瓶颈。一般建议将映射关系存放至 Redis 缓存中，方便快速查询。

实践：曾经在用 Java 开发的千万级房屋出租系统中，用到了映射关系的分片。将房屋出租的信息拆分存储到十台 MySQL 物理数据库中。

- 映射关系表存储在 MySQL 数据库中。

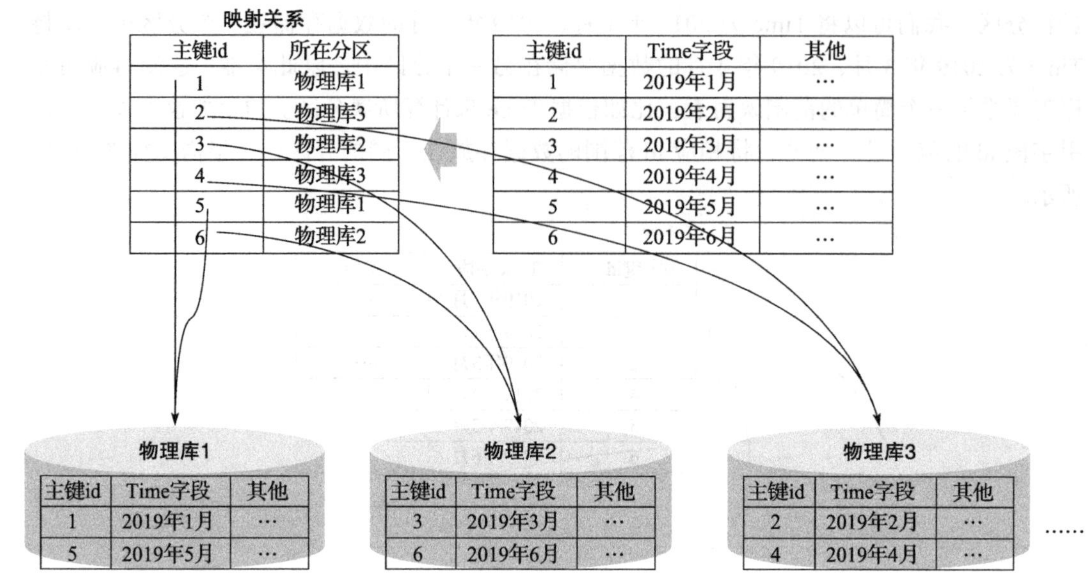

图 10-17 映射关系进行数据水平拆分

- 数据的增加，先确定这条数据的 id 对应在哪个物理数据库中，将这个映射关系写入到数据库中。然后再到对应物理数据库中，存储这条数据。
- 数据的删除，先去映射关系表中查找这个 id 的数据在哪个物理数据库中，然后再到对应物理数据库中删除掉这条数据。
- 数据的查询，数据的查询是分片中最为麻烦的，比如模糊查询，查询在地铁二号线张家高科站附近的房屋出租信息。这时候我们需要去十台物理数据库中查找满足条件的数据，最终再把十台物理数据库查到的结果汇总成最终结果。如若这里有 join 等操作，查询操作将变得更加麻烦。
- 数据的更改，先去映射关系表中查找这个 id 的数据在哪个物理数据库中，然后再到对应物理数据库中更改这条数据。

由于映射关系存储在 MySQL 数据库中，因此是存在性能瓶颈的。我在面试的时候曾被问到这方面的问题，虽然添加 Memcache/Redis 缓存能很大改善读取压力，但是面对高并发场景，写入压力是个很大的性能瓶颈。建议直接采用 Redis 缓存数据库来实现分布式存储映射关系。

10.2.2 场景二：数据库层次水平分区拆表的方法

Oracle、MySQL 等关系型数据库的高级特性中，都自带分区表的功能，即将数据按照一个较粗的粒度分在不同的表中。与业务层水平分区拆表不同的是，数据库自带的高级特性分区表只能把表拆分到同台机器的同个数据库中，并不能拆分到不同机器的不同数据库中。

例如 MySQL 支持多种分区表，最常见的就是根据范围进行分区，下面的例子是通过

PARTITION 语法将每一年的销售额存放在不同的分区表里：

```
CREATE TABLE sales (
order_date DATETIME NOT NULL,
-- Other columns omitted
) ENGINE=InnoDB PARTITION BY RANGE(YEAR(order_date)) (
PARTITION p_2017 VALUES LESS THAN (2017),
PARTITION p_2018 VALUES LESS THAN (2018),
PARTITION p_2019 VALUES LESS THAN (2019),
PARTITION p_catchall VALUES LESS THAN MAXVALUE );
```

PARTITION 分区子句可以使用各种函数。但有一个前提，表达式返回的值要是一个确定的整数，且不能是一个常数。由于篇幅有限，关于数据库自带的高级特性分区表使用场景及相应语法，这里就不过多介绍。请参考官方文档，相信比本文介绍得更为详细全面。

10.2.3　场景三：四大成熟分布式 Sharding 技术方案

数据库分布式 Sharding 技术是水平分区拆表应用中最为经典最为成熟的应用实践，当前主流的 Sharding 主要分为两大类。一类是通过分布式 Sharding 中间件实现水平分区拆表，另一类即通过非关系型数据库 NoSQL 实现水平分区拆表。在以下实践中介绍的四种成熟的分布式 Sharding 技术，便是围绕着这两大分类而展开的。

1. DRDS Sharding 技术

分布式关系型数据库服务（Distributed Relational Database Service，DRDS）是阿里巴巴致力于解决单机数据库服务瓶颈问题而自主研发推出的分布式数据库产品。DRDS 的前身为 TDDL（Taobao Distribute Data Layer），总的来说 DRDS 是一款分布式数据库中间件，只不过在云端将 TDDL 封装产品化便成为 DRDS 了。DRDS 相比 TDDL 而言，功能更加全面，是一款商业化产品，并且便于管理维护。

DRDS 高度兼容 MySQL 协议和语法，支持自动化水平拆分、在线平滑扩缩容、弹性扩展、透明读写分离，具备数据库全生命周期运维管控能力。而 DRDS 最核心的功能便是分片 Sharding 技术，支持 RDS/MySQL 的分库分表，在创建分布式数据库后，只需选择拆分键，DRDS 就可以按照拆分键生成拆分规则，实现将数据水平拆分存放至 RDS 中，如图 10-18 所示。

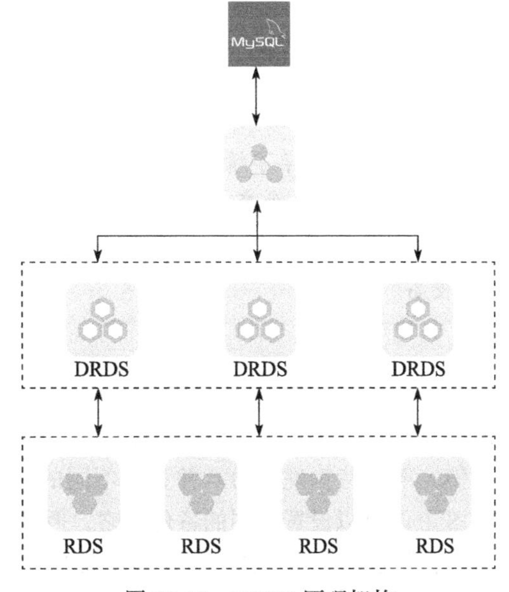

图 10-18　DRDS 原理架构

客户端通过 SLB 直接连接 DRDS，而不是 RDS。通过 DRDS 将数据拆分存放至后端 RDS 中，也通过 DRDS 将后端存储的数据查询汇总。虽然 DRDS 高度兼容 MySQL 协议和语法，但由于分布式数据库和单机数据库存在较大的架构差异，且存在 SQL 使用限制，因此使用 DRDS 将会有一些功能限制。相关兼容性和 SQL 限制的描述如下：

- 暂不支持用户自定义数据类型、自定义函数。
- 暂不支持视图、存储过程、触发器、游标。
- 暂不支持临时表。
- 暂不支持 BEGIN…END、LOOP…END LOOP、REPEAT…UNTIL…END REPEAT、WHILE…DO…END WHILE 等复合语句。
- 暂不支持类似 IF、WHILE 等流程控制类语句。

除了 SQL 限制外，使用 DRDS 还有一个关键点，就是 DRDS 的拆分键即分库 / 分表字段。DRDS 会根据拆分键的值将数据表水平拆分到每个 RDS 实例上的物理分库中。关于拆分键即分库 / 分表字段的设置规则及实践，在本文中就不再增加篇幅介绍，详情请参考阿里云官网 DRDS 的产品帮助文档。

云诀窍

正如前面所说，虽然有像阿里这样技术实力强大的公司开发了透明的中间件层（如 DRDS）来屏蔽开发者的复杂性，但是还是避免不了整个架构的复杂性。总体来说，使用 DRDS 的门槛很高。我们通过总结使用 DRDS 失败的客户案例，得出两点经验教训：

1）前期没有调研清楚业务需求究竟是什么，无法准确地跟进业务诉求，从而进行分库分表。例如，很多客户需求只是单表的数据可能会大点，有一些数据需要分析，其实这时候采用 RDS + 读写分离基本上能满足绝大多数企业级应用对数据库的需求，使用 DRDS 反而将简单事情复杂化了。

2）DRDS 虽然高度兼容 MySQL 协议和语法，但还是存在 SQL 使用限制。并且通过 DRDS 进行数据存储，需要进行拆分键即分库 / 分表字段规划，这块对 SQL 的门槛及要求较高。

另外，在运维管理方面使用 DRDS 时，有一点是值得重点注意的，那就是数据的备份。使用 DRDS 后，数据被拆分存放至后端不同的 RDS 中。所以 DRDS 的备份仅支持逻辑备份，不支持物理备份。并且在不同的 RDS 中单独备份 RDS 的数据是没有意义的，虽然 RDS 上面可以设置相同的备份策略，但是 RDS 当前的数据和事务都不相同。不管是逻辑备份，还是物理备份方式，都不能保证后端三台 RDS 备份数据的时间点是一致的。最终如若

还原 RDS 中的数据，可能导致 DRDS 对外的数据不一致。这就如同 8.1 节中不建议在云盘中使用 LVM 的原理一样，LVM 虚拟化多块云磁盘，而底层云磁盘的快照又不是在同一时刻进行。最终如若通过快照恢复了云盘，可能造成 LVM 中的数据不一致。

2. 三种 Redis Sharding 技术

Redis、MongoDB、HBase、InfluxDB 的分片 Sharding 技术都是它们自带的经典成熟特性，这是 CAP 定理中 Partition Tolerance（分区容错性）的特性。在第一篇的数据库选型中也详细介绍了这块明细：

"非关系型（NoSQL）数据库，除了实现 CAP 定理的 AP 外（也可以称为 BASE 模型），也实现了 CAP 定理中的 CP，即 Consistency（一致性）和 Partition Tolerance（分区容错性），但对 Availability（可用性）支持不足。我们可以看到，不管 AP 还是 CP，都有个 P。这是因为对于分布式存储系统而言，分区容错性（P）是基本需求。即在 NoSQL 数据库中，集群分片（Sharding）的功能是常态。

非关系型数据库的水平横向分片功能（能够单纯通过增加机器解决存储扩容、高并发读写的性能问题），解决了关系型数据库中的垂直纵向扩展（比如主从、Cluster 集群都是垂直扩展，没办法通过一直加机器解决性能问题）带来的性能问题。"

Redis 在 Sharding 技术实践中，有以下三种方式，都曾是云端中 Redis 热门的 Sharding 技术实践。

（1）分布式中间件 Codis

Redis 3.0 版本之前是不支持 Sharding 的，到 3.0 版本才开始支持分片 Sharding。并且早期阿里云官方的云数据库 Redis 并没有集群版本。所以在早期云端，要想实现对 Redis Sharding 的功能，一般有两种方法：

- 在业务代码层，通过类似哈希的算法，将数据存储在不同的 Redis 中。
- 采用 Redis 的分布式中间件 Codis。

由于业务层实现分片，研发成本较大，因此并不推荐。在早期云端 Redis 分片 Sharding 实践中，我们在云端 ECS 中跟客户搭建 Codis 集群来满足这方面需求。那具体什么是 Codis 呢？ Codis 是豌豆荚（刚开始老是把豌豆荚误认为是豆瓣网）使用 Go 和 C 语言开发、以代理的方式实现的一个 Redis 分布式 Sharding 集群解决方案，且完全兼容 Twemproxy。Twemproxy 由 Twitter 开源，Twemproxy 是一种代理分片机制。Twemproxy 和 Codis 都是成熟的中间件，可以大规模应用在生成环境中。不过 Twemproxy 的应用有以下三点不足之处：

- Twemproxy 本身存在单点，需要用 Keeplived 保障高可用。
- Twemproxy 最大的痛点在于，没办法平滑的扩容 / 缩容。如果需要增加 Redis 服务器，或者减少 Redis 服务器，对 Twemproxy 而言基本上都很难操作，除非再新建一个基于 Twemproxy 的 Redis 集群。
- Twemproxy 运维不友好，没有 Dashboard 控制面板来方便维护。

而 Codis 很好地解决了 Twemproxy 这方面的不足。Codis 的体系架构如图 10-19 所示。Codis-proxy 是客户端连接的 Redis 代理服务，也是 Codis 集群请求的入口。我们可以通过 HAProxy（也可以用四层 SLB）为多个 Codis-Proxy 做负载均衡，保障连接 Codis 集群是高可用的状态。

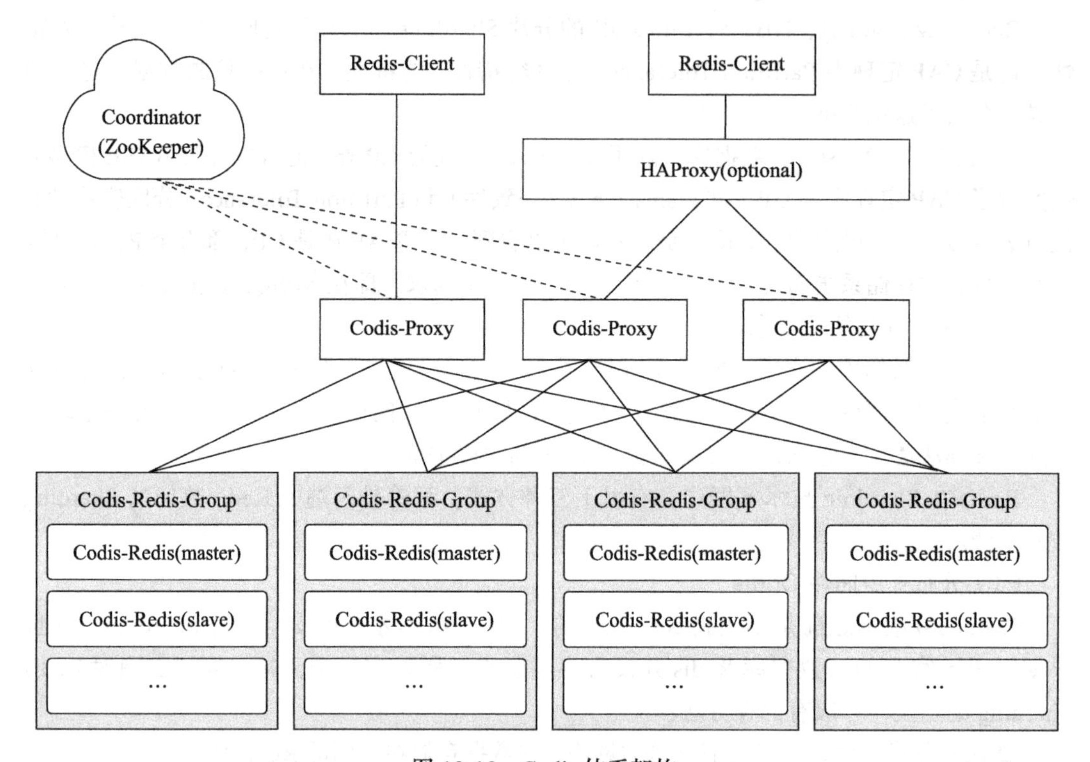

图 10-19 Codis 体系架构

顾名思义，Codis-Config，是 Codis 的管理工具，主要用于管理 Redis 及 Proxy 节点。启动 Codis-Config 顺便会启动 Dashboard 服务，我们可以通过 Web 页面查看 Codis 集群的运行状态。

Codis-Server 即 Redis 数据节点，Codis 采用预先分片（Pre-Sharding）机制，事先规定好了，分成 1024 个 slot。也就是说，最多能支持后端 1024 个 Codis Server。并且 Codis 引入了 Group 的概念，每个 Group 包括 1 个 Redis Master 及至少 1 个 Redis Slave。即一个 Codis Server 对应一个 Codis Group。

Zookeeper 的用途相信大家也都知道，主要用于存储 Redis 节点信息、Proxy 节点信息、路由（记录存在哪个 slot 中）等配置信息，也可以换成 Etcd 来做配置管理。

下面来看一下云端 Codis 实践，在云端某金融股票分析 APP 的应用，我们曾用 16 台 ECS 部署了 Codis 集群，架构如图 10-20 所示。

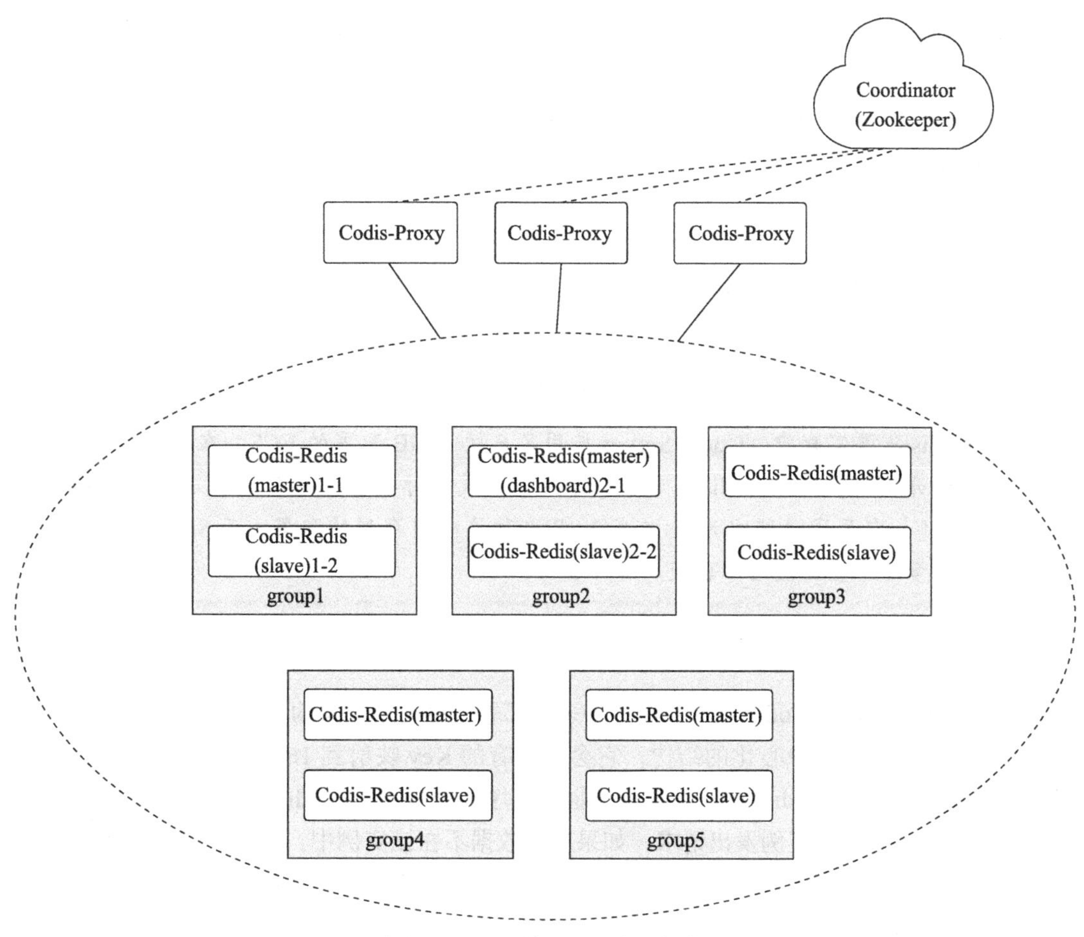

图 10-20　云端 Codis 实践架构

配置清单如表 10-1 所示。

表 10-1　Codis 实践配置清单

Zookeeper 配置清单	Codis Proxy 配置清单	Codis Server 配置清单
2 核 2G*3 台	8 核 16G*3 台	8 核 16G*10 台

Codis 实践 1：Codis-Server 在主库中未开启持久化，在从库上开启 RDB 备份，这样可以减少及避免主库由于备份而影响业务的访问。

Codis 实践 2：当 Codis-Redis 的 Master 异常，Codis-ha 切换 Slave 为 Master 的时候，由于 Redis 程序代码屏蔽了 HUP 信号，不支持在线重载配置文件，再加上是线上环境，不能通过重启来加载新的配置文件，所以这块通过 redis-cli 连接 redis，然后采用 config 命令来在线修改 Redis 状态，重新配置主从关系。

Codis 实践 3：Codis-ha 不稳定，经常误报警 Codis-Server 服务宕机，被迫将其 Slave

提升为 Master。经过考量和评估，最终将 Codis-ha 高可用脚本停止。后续主从切换维护，采用手动维护。不过在最新的 Codis 版本中，Codis-ha 的功能好像已经被优化改善。

Codis 实践 4：可以通过 Codis API 获取 Codis 集群状态，来结合监控系统做到对 Codis 的 7*24 的监控。常见的 API 接口如下所示：

codis_api_proxy="http://127.0.0.1:18087/api/proxy/list"

codis_api_overview="http://127.0.0.1:18087/api/overview"

codis_api_servergroups="http://127.0.0.1:18087/api/server_groups"

云诀窍

在 Codis 集群实践中，Codis Server 采用了 8 核 16GB 配置的 ECS，在配置选项中也向大家详细介绍了，由于 Redis 是单进程单线程模式，对多核利用不太好。因此 Redis 适合用于 CPU 与内存资源配比为 1∶4 或 1∶8 这种偏向内存型的配置，而 8 核 16GB 偏向计算型的在资源配置上使用不合理。

（2）Redis Cluster

Redis Cluster 相比 Codis 集群要简单许多，部署也更简单，架构如图 10-21 所示。

Redis Cluster 是去中心化的结构，它会将所有的 Key 映射到 16 384 个 slot 中。集群元数据信息分布在每个 Redis 实例节点上，业务程序通过集成的 Redis Cluster 客户端进行操作。客户端可以向任一实例发出请求，如果所需数据不在该实例中，则该实例引导客户端自动去对应实例读写数据。Redis Cluster 的成员管理（节点名称、IP、端口、状态、角色）等，都通过节点两两之间进行通信，定期交换并更新。

（3）阿里云 Redis

阿里云的 Redis 集群版体系架构如图 10-22 所示，阿里云的 Redis 集群版由以下四大组件构成。

- Redis-Config：顾名思义，集群管理工具，双节点容灾模式。
- Redis-Server：优化过源码的 Redis，即图 10-22 中的 Master 与 Slave 部署的 Redis，支持 slot、扩容迁移等。
- Redis-Proxy：如同 Codis-Proxy，用于暴露给客户端访问。阿里云采用 DNS + VIP 提供给客户端访问，到对应 Proxy 异常，DNS 自动切换到可用的 Proxy IP 上。
- Rds db：用于存储集群的元数据（meta data），类似 Zookeeper 的配置管理角色。

阿里云 Redis 在云端已产品化（云数据库 Redis 集群版），所以在云端缓存实践中。如果是在大数据存储、读写的场景下，则要考虑到分片 Sharding 技术。云数据库 Redis 集群版，无疑已成为最佳选择。我们不用关心底层的架构原理，也不用像 Codis 还要进行复制的安装配置。我们只需要开箱即用，开通 Redis 集群版，选择对应的规则配置即可。

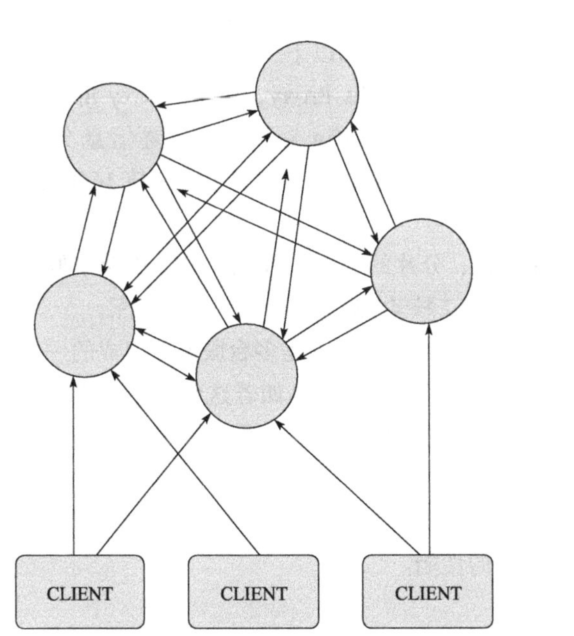

图 10-21 Redis Cluster 原理架构

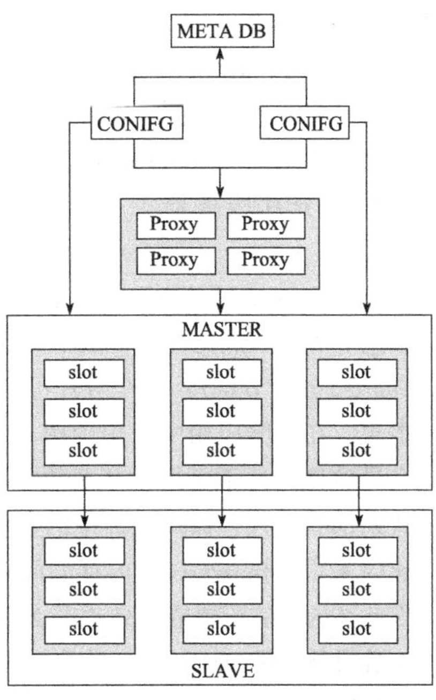

图 10-22 阿里云 Redis 体系架构

3. MongoDB Sharding 技术

MongoDB 的分片 Sharding 技术在云端应用非常广泛及常见，同时也是在云端四大成熟分部署 Sharding 技术中最为广泛及常见的。本文接下来将详细介绍 MongoDB Sharding 技术实践。MongoDB 作为一款人气爆棚的非关系型数据库，在企业级应用中广泛，技术价值较高，相应的集群 Sharding 技术值得大家深入学习。更多内容建议大家到 MongoDB 官网（链接地址：https://docs.mongodb.com/manual/sharding/）查看详情。

（1）MongoDB Sharding 的体系架构

MongoDB Sharding 原理架构如图 10-23 所示。

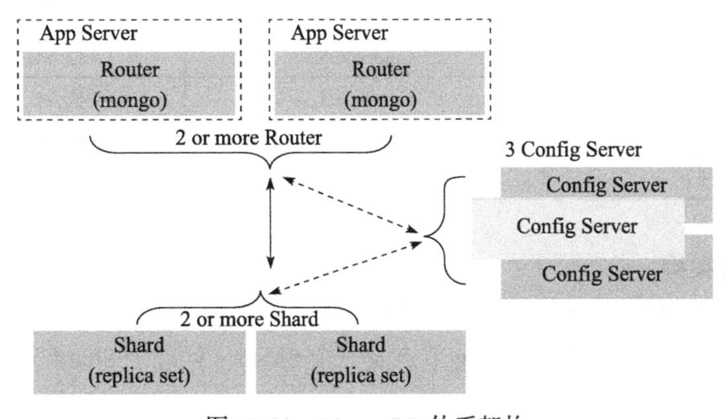

图 10-23 MongoDB 体系架构

这图是从官网借鉴的，可以说是很形象和经典了，让人一眼就能理解 MongoDB 的 Sharding 体系架构。MongoDB 的 Sharding 体系架构主要包括以下三个核心组件。

- Mongo（路由节点）：集群的请求入口，类似 Codis-Proxy、Redis-Proxy 角色。主要把所有对 MongoDB 的数据读写请求，根据 Config Server 的配置信息分配到不同的分片服务器上去。流量请求的入口，建议用 4 核 8GB、8 核 16GB 的中高配。
- Config Server（配置节点）：存放分片信息、分片的数据与片的关系，以及集群配置信息。配置节点的性能一般不高，建议使用 2 核 4GB、4 核 8GB 的中低配。
- Shard（分片节点）：一个分片可以是一台服务器，也可以是多台服务器组成的一个副本集。在实际应用中，很少用单台服务器部署一个分片。如若这台服务器宕机，就会导致该分片不可用，甚至数据丢失。所以在实际应用中，我们一般用副本集的模式来部署分片，保障分片中的数据高可用。分片节点就是 MongoDB 的数据节点了，建议采用 8 核 32GB 的内存型配置来部署。由于 MongoDB 存储引擎基于内存映射，因此高内存的配置能有效提升 MongoDB 的性能。

（2）游戏类应用 MongoDB 分片性能测试

- **业务概要**

本实践为 2014 年 8 月，某知名公司在阿里云上进行游戏类业务运维部署的案例。底层数据库采用 MongoDB，并且用到了 MongoDB 的分片 Sharding 技术。游戏业务初步的用户量为四十万玩家，并且同时有五六万玩家在玩游戏，数据库吞吐量（ops/sec）初步预估需要达到五万左右。由于当初还未推出云数据库的 MongoDB 版本，所以我们分别基于普通云盘和 SSD 云盘，对 MongoDB 集群进行了压测，并得出最终的部署方案。

- **测试工具及环境**

采用 YCSB 工具对 MongoDB 集群进行压测，测试环境的配置清单如表 10-2 所示。

表 10-2 MongoDB 性能压测配置清单

环境名称	操作系统	硬件配置
测试环境	Centos 6.5	4 核 /8GB/50GB*1 台
云磁盘环境	Centos 6.5	4 核 /8GB/50GB*3 台
本地 SSD 环境	Centos 6.5	4 核 /8GB/50GB*3 台
SLB（内网）	*2 台	

- **测试环境架构**

分别部署三个 Mongo 节点，并且采用 SLB 负载均衡，避免 Mongo 的单点故障，及提升 Mongo 连接效率。部署三个 Config 节点及三个 Shard，且每个 Shard 为一个副本集，部署架构明细如图 10-24 所示。

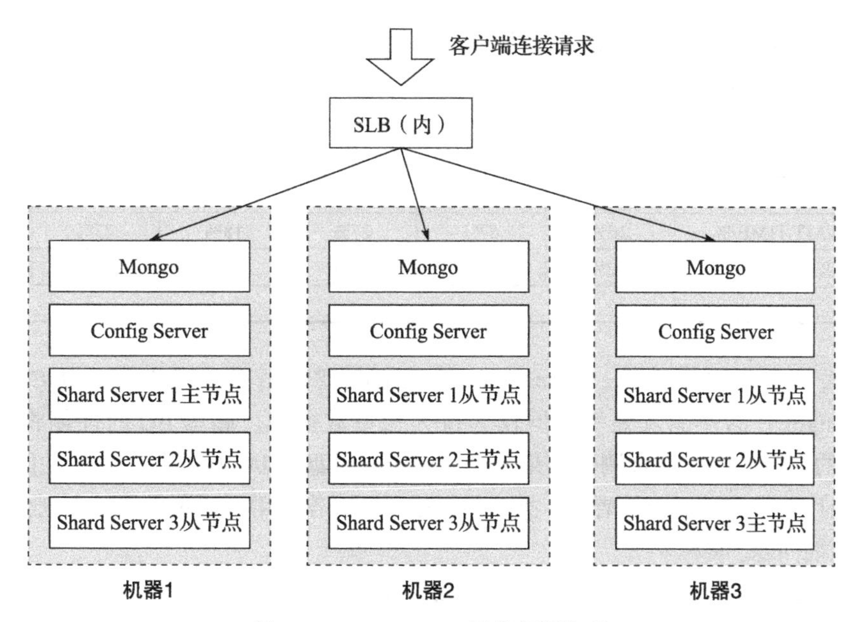

图 10-24　MongoDB 性能压测架构

- **测试结果**

性能测试结果如表 10-3 所示。

表 10-3　MongoDB 性能压测结果

用例	100% 写 (500W)		90% 写 /10% 读		65% 读 /35% 写		90% 读 /10% 写		100% 读	
磁盘类型	YUN	SSD	YUN	SSD	YUN	SSD	YUN	SSD	YUN	SSD
耗时（ms）	1 885 143	724 190	180 332	180 060	180 099	180 029	180 132	180 044	180 102	180 043
Throughput (ops/sec)	2 652	8 218	192	1 462	433	3 680	674	5 015	1 516	2 708
95thPercentile-Latency (insert ms)	41	7			234	18				
99thPercentile-Latency (insert ms)	156	27			622	79				
95thPercentile-Latency (update ms)			841	46	369	23	229	14		
99thPercentile-Latency (update ms)				206	840	110	584	33		
95thPercentile-Latency (read ms)			411	15	345	16	201	12	80	8
99thPercentile-Latency (read ms)				58	812	67	560	27	271	13

- **说明**

❑ 95thPercentileLatency（insert ms）表示 95% 的 insert 操作延时在多少毫秒以内；

❑ 99thPercentileLatency（insert ms）表示 99% 的 insert 操作延时在多少毫秒以内。

从以上结果可以看出，MongoDB 集群部署云磁盘上的性能明显不如部署在 SSD 上的性能。

服务器的状态如表 10-4 所示。

表 10-4 MongoDB 性能压测服务器性能状态

	YUN1	YUN2	YUN3	SSD1	SSD2	SSD3
CPU IO WAIT TIME/%	26%	67%	27%	18%	27%	23%
CPU USER TIME/%	9%	9%	15%	31%	22%	22%
可用内存	7GB					

从上面的内容可以看出，MongoDB 为 NoSQL 型数据库，高内存、高 CPU 虽然能够提升 MongoDB 的性能及效率。但作为持久化型数据库，磁盘 I/O 的性能将直接影响 MongoDB 的性能效率。结合测试结果来看，由于云磁盘的 I/O 性能低，对于性能要求较高的大规模应用，特别是用于部署 DB 类型的应用，不推荐采用云磁盘部署，否则会对业务带来严重的性能问题。

（3）游戏类应用 MongoDB Sharding 部署方案（SSD）

先来看一下部署注意点。

根据业务估算同时有四十万玩家在线，并且同时有五六万玩家在玩游戏。初步估算，数据库的吞吐量（ops/sec）需要达到五万左右。

MongoDB 集群的部署注意点：不要在负载饱和时才想到提高性能与承接能力，对于 MongoDB 集群部署要有前瞻性。

在 MongoDB 集群应用中，请保证拥有足够的分片节点 / 机器来应对未来业务增加带来的压力，不要到了集群负载饱和的时候才想到新增节点来提高承载能力。MongoDB 集群部署要有前瞻性，前期架构部署需要做好。如果在业务压力来临的时候，我们才想到去加机器，这个时候很可能已经来不及了。一方面，这个时候系统有一定的压力。另一方面，新加入的节点机器，Mongo 内部会进行相应的均衡迁移（此步会导致进一步消耗 Mongo 性能），这样会进一步加剧系统的压力，会给 Mongo 的稳定性及性能带来严重的后果。

下面再来看一下部署架构。

为了提高 Mongo 的高可用性及高性能，我们采用分布式的部署方案，并且会避免单点故障。

- 采用 SLB 来负载均衡 Mongo 节点，一方面避免 Mongo 单点故障，另一方面也可以提升 Mongo 的连接并发能力。
- Config 节点需要至少部署三份。
- 每个 Shard 节点需要有一个副本集保障 Shard 数据的安全，在实际生产环境中，推荐采用一主节点（Primary）、二从节点（Secondary）来部署单个 Shard 节点，保障每个 Shard 节点有三份数据冗余。同时，为了保障充分利用每台机器的系统资源，我们采用每台机器部署三个 Shard 节点。

注意　此种方式只适合高性能的 SSD 部署方式，由于云磁盘的 I/O 性能低，更多只适用于一主、一从、一仲裁的副本集部署 Shard 的方式，单台机器也只能部署单个 Shard 节点（因为在单台 ECS 上没有更多的 I/O 性能来部署更多的从节点及更多的 Shard 节点）。

依据业务场景估算，数据库的吞吐量（ops/sec）需要达到五万左右。根据对应的测试结果来看，按照至少三台组成一个副本集，这三台为一套环境，前期我们需要至少部署三套。明细如图 10-25 所示。

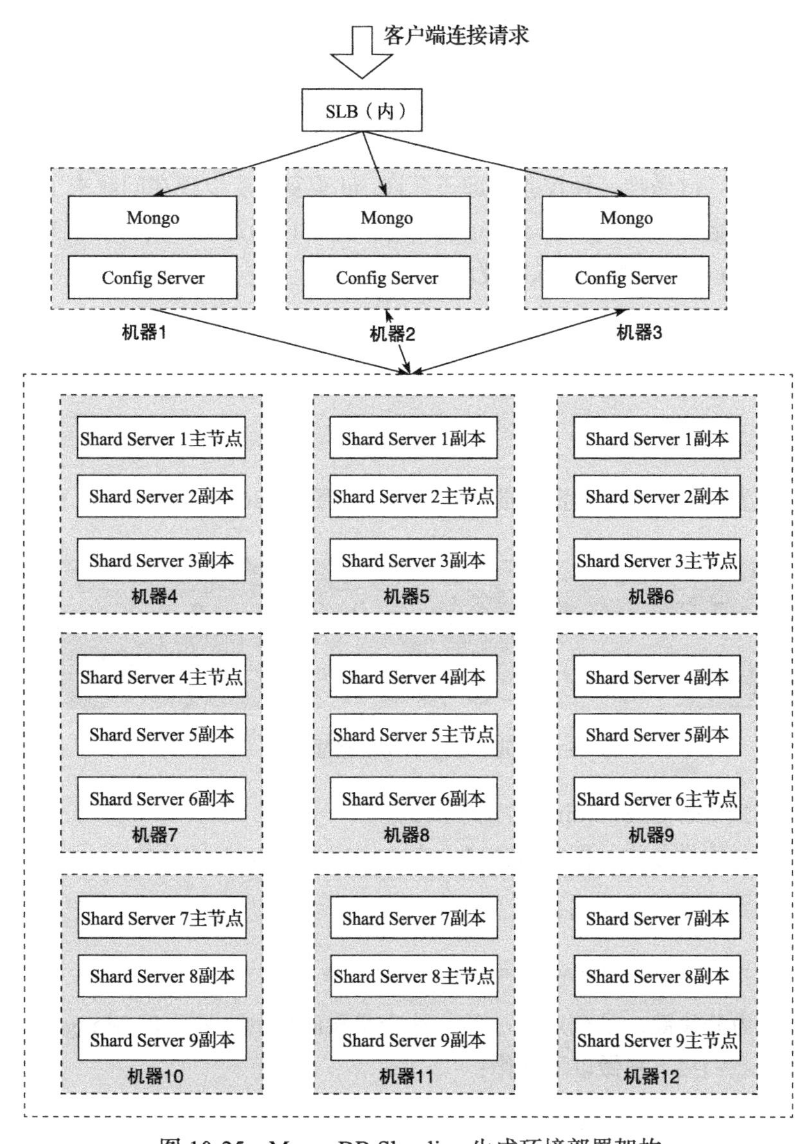

图 10-25　MongoDB Sharding 生成环境部署架构

部署配置的清单如表 10-5 所示。

表 10-5 MongoDB Sharding 生成环境部署资源清单

用途	配置明细	数量
SLB 负载均衡 Mongo	内网 TCP	1 台
部署 Mongo 及 Config 节点	4 核 /8GB/500GB/5Mbps	3 台
部署分片节点 部署分片节点的副本集	8 核 /32GB/500GB/0Mbps	3 台 *3 = 9 台

（4）MongoDB Sharding 的实践经验

第一条，Mongo 分布式环境不支持全局唯一性索引。

问题点：在实践中，_id 的值由客户端生成，再向 Mongo Sharding 集群中插入数据，能插入重复的 _id 值。为什么会这样？不管 _id 是客户端生成的，还是 Mongo 自己生成的。Mongo 应该都会对 _id 做唯一性校验，即不允许 _id 重复。所以现在问题来了，那为什么客户端重复的 _id 还能插入 Mongo Sharding 集群中。这可以通过以下两种方式来确认。

一是在 Mongo 单台实例中插入重复的 _id：

```
use test

db.t1.insert({"_id":1})

db.t1.insert({"_id":1})
```

通过插入重复的 _id，我们发现唯一性报错，如图 10-26 所示。

```
mongos> db.t1.insert({"_id":1})
WriteResult({
        "nInserted" : 0,
        "writeError" : {
                "code" : 11000,
                "errmsg" : "insertDocument :: caused by :: 11000 E11000 duplicate key error index: test.t1.$_id_  dup key: { : 1.0 }"
        }
})
```

图 10-26 单机 MongoDB 数据插入唯一性报错

二是在分布式 Mongo Sharding 实例中测试。

我们先对 test 库做分片，再对集合 t1 上的 key 字段做 hashed 分片。

```
db.runCommand({enablesharding:"test"})

db.runCommand({shardcollection:"test.t1",key:{"key":"hashed"}})
```

key 的值作为分片键，是全局唯一的，这个是没问题的。要不然 Mongo 的分布式环境就没法运转了。我们接下来做以下操作：

```
db.t1.insert({_id:1,key:1})
```

```
db.t1.insert({_id:1,key:2})

db.t1.insert({_id:1,key:3})
```

这时发现插入成功了，如图 10-27 所示。

```
mongos> db.t1.find()
{ "_id" : 1, "key" : 2 }
{ "_id" : 1, "key" : 1 }
```

图 10-27 MongoDB Sharding_id 重复性数据插入

但我们在插入第三条的时候，发现唯一性报错，如图 10-28 所示。

```
mongos> db.t1.insert({_id:1,key:3})
WriteResult({
        "nInserted" : 0,
        "writeError" : {
                "code" : 11000,
                "errmsg" : "insertDocument :: caused by :: 11000 E11000 duplicate key error index: test.t1.$_id_  dup key: { : 1.0 }"
        }
})
```

图 10-28 MongoDB Sharding 数据插入唯一性报错

结论：_id 在分布式环境中不做全局唯一性校验，分布式环境只对分片键做全局唯一性校验，且在分布式环境中不支持唯一性索引的建立。上面刚插入两条数据时能够成功加入，是因为两条数据被分别插入到了不同的分片，即不同的 Mongo 实例中。但第三条数据，又被重新分配到之前两条数据的分片实例中，所以在单个 Mongo 实例中出现 _id 唯一性校验异常。

第二条，数据不同步的异常。

在插入数据后，我们发现 db.accoun.count() 的值一直在波动，且持续很久。在 Mongo 分布式环境中，当插入数据后，Mongo 会内部均衡（内部数据迁移）使得每个分片的数据量一致。但这个均衡时间不会持续很久，所以这里均衡出现异常。

经过我们排查，发现均衡的异常是因为 _id 出现了重复。即 Shard1 分片中有个 _id 的值跟 Shard2 中的某个 _id 值重复，导致 Shard1 的数据迁移到 Shard2 的时候，出现唯一性校验错误，进而导致内部均衡重复性的持续。

所以在分布式环境中为了避免 _id 重复，通常两种解决办法：

- _id 让 Mongo 自生成。
- _id 设置成为分片键。

（5）短视频类应用分片实践案例

- **业务架构说明**

该业务主要为短视频的 PAAS 平台、第三方短视频类业务提供接口服务。平台架构如图 10-29 所示。

- 业务量：当前 16 台左右 ECS，二三十个服务左右。
- 访问量：日 PV 两千万，压力主要集中在 SDK 移动终端访问。服务器 SDK 的访问量不大，当前有两三千家企业客户，实际使用几百家左右。
- 服务端 SDK：只有成人视频检测这块的服务用到了 Mongo、HBase 数据库，其他转码、OpenAPI（Nginx 做了访问限制）、直播历史等未进行持久化。

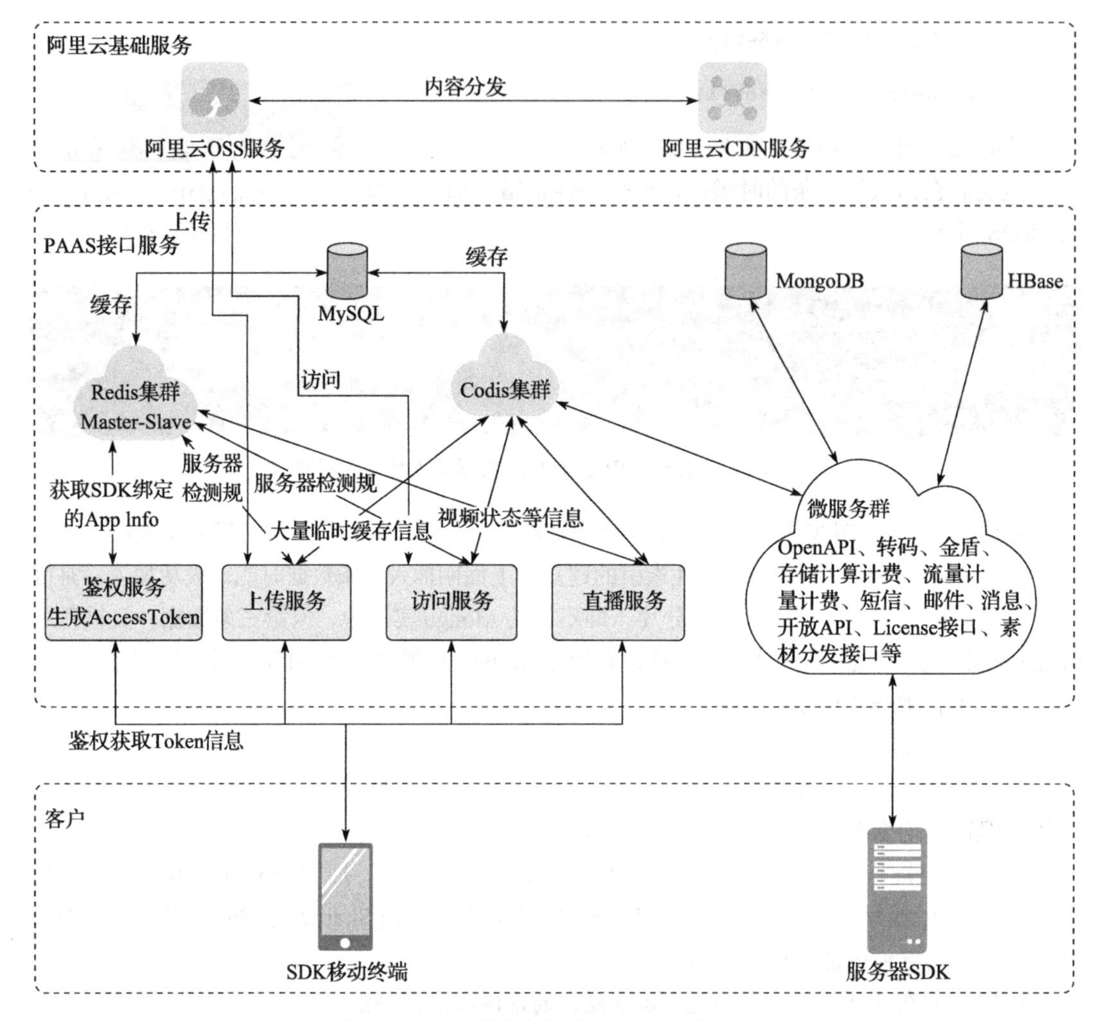

图 10-29 云端某短视频 PAAS 平台架构

- ❑ 语言环境：PAAS 平台用到了 Java、Python、Go 语言。
- ❑ Java：主要用于核心业务模块等，Web 容器为 Tomcat，非 Web 容器未守护进程。
- ❑ Python：用到转码，底层用到了 C 模块等。
- ❑ Go：适应新接口，授权接口，主要考虑到 Go 的并发能力不错。
- ❑ 数据库：主要采用 MongoDB 进行数据存储，由于考虑到后期业务数据量的关系，MongoDB 采用分片 Sharding 部署。另外 HBase 主要跟 Spark 结合进行数据分析。
- ❑ 离线分析：用到了 Spark，主要分析日活、作息时间等。
- ❑ MQ ：RabbitMQ 用于内部通信（非核心），然后也用到了阿里的消息队列，后期打算统一用阿里的消息队列。
- ❑ ELK：由于日志量比较大，主要存储程序的 Error 日志。

- Docker：在 1/5/13 编号的服务器上面部署了 Cocker，主要为了部署发布、扩展方便。Docker 采用手动部署，未采用阿里云 Cocker。
- 缓存 3-LB：上面部署了四个 Redis 实例，并做了主从，采用 SLB 做负载均衡。此 Redis 版本为 3.0+，而 Codis 的版本为 2.0+。由于 3.0+ 的 Redis 性能更优，所以并没有统一都采用 Codis，Redis 里面主要存放应用配置、应用付费信息等。数据量在 800MB 左右。
- 缓存 2-Codis：数据量几个 G，和 tag 为“缓存”的服务器组成集群。
- Zookeeper：仅用于 Spark 和 Codis。
- 程序发布：代码库在本地，自己写的 Python 脚本，每次发布使用 Python 脚本进行发布。

● **业务配置清单**

由于业务还处于前期，所以其整体配置清单都是偏向中低配，配置清单如表 10-6 所示。

表 10-6 云端某短视频 PAAS 平台配置清单

名称	Region 名称	公网 IP	内网 IP	CPU	内存	付费类型	网络类型	带宽
直播鉴黄	cn-hangzhou	120.27.246.34	10.172.28.239	2	4 096	包年包月	经典网络	5
鉴权 HA2	cn-hangzhou	118.178.184.212	10.27.101.44	2	4 096	包年包月	经典网络	5
访问 HA	cn-hangzhou	118.178.136.245	10.27.10.105	2	4 096	包年包月	经典网络	2
ELK 日志分析	cn-hangzhou	118.178.88.241	10.27.8.159	2	8 192	包年包月	经典网络	25
缓存 3-LB	cn-hangzhou	114.55.238.207	10.26.91.202	4	16 384	包年包月	经典网络	20
缓存 2-Codis	cn-hangzhou	114.55.109.27	10.26.248.123	4	16 384	包年包月	经典网络	5
License	cn-hangzhou	120.27.159.111	10.46.77.34	1	2 048	包年包月	经典网络	20
Access	cn-hangzhou	114.55.128.21	10.25.58.209	4	8 192	包年包月	经典网络	1
logger	cn-hangzhou	114.55.53.150	10.25.56.214	1	2 048	包年包月	经典网络	5
openSearch_api	cn-hangzhou	114.55.150.37	10.25.232.225	2	8 192	包年包月	经典网络	1
Spark	cn-hangzhou	114.55.34.121	10.45.50.121	4	8 192	包年包月	经典网络	100
缓存	cn-hangzhou	121.196.238.124	10.47.74.165	4	32 768	包年包月	经典网络	4
Console 和后台	cn-hangzhou	121.196.238.121	10.47.74.155	2	4 096	包年包月	经典网络	2
中间件	cn-hangzhou	121.196.238.95	10.47.74.154	4	8 192	包年包月	经典网络	2
Task	cn-hangzhou	120.27.149.116	10.47.105.171	4	8 192	包年包月	经典网络	2
鉴权	cn-hangzhou	121.196.228.99	10.47.56.92	4	8 192	包年包月	经典网络	1
上传	cn-hangzhou	120.27.148.218	10.47.105.132	4	8 192	包年包月	经典网络	1

通过以上配置清单，我们都能侧面看出该系统 IT 架构是否合理。结合第 5 章的实践，我们可以看到以上配置有三点不合理之处：

- 采用的经典网络，未采用 VPC 网络。
- 每台服务器都有公网 IP，安全方面使用不合理。另外我们看到带宽有 1Mbps、2Mbps 的，通过这些 1Mbps、2Mbps 带宽值也大体都能猜到一般是用于远程 SSH 连接使用。由此配置清单，能推算出这方面云端运维采用 SSH 直连，未采用堡垒机。我们也可以看到这方面的运维还比较薄弱，且存在不足。

❑ 未采用弹性 IP，直接绑定的公网 IP，公网使用的灵活性及弹性不高。

● MongoDB 配置清单

MongoDB 的资源配置清单如表 10-7 所示。

表 10-7 云端某短视频 PAAS 平台 MongoDB 配置清单

类型	主机名	地域	CPU	内存	磁盘空间	操作系统
旧版环境部署（云盘）	srv-product-Mongo1	杭州	2	4	400G	Ubuntu 12.04.5 LTS
	srv-product-Mongo2	杭州	2	4	400G	Ubuntu 12.04.5 LTS
	srv-product-Mongo3	杭州	2	4	400G	Ubuntu 12.04.5 LTS
新版部署（SSD 硬盘）	srv-product-Mongo4	杭州	2	8	300G	Ubuntu 12.04.5 LTS
	srv-product-Mongo5	杭州	2	8	300G	Ubuntu 12.04.5 LTS
	srv-product-Mongo6	杭州	2	8	300G	Ubuntu 12.04.5 LTS

由于业务处于前期，我们采用中低配进行部署。考虑到云盘的 I/O 性能实在太低，因此将普通云盘下部署的 MongoDB Sharding 迁移至用 SSD 磁盘部署。并且考虑到 MongoDB 是内存型应用，CPU 和内存资源配比采用 1∶4 的 2 核 8GB 的配置。

云诀窍

由于 MongoDB 前期采用中低配，后期需要升级服务器配置。为了保障数据的安全，我们采用 Replset 的方式部署单个 Sharding，即一台 ECS 上的数据至少冗余在两台 ECS 上。在升级 Mongo 重启单台 ECS 的时候，相应 Sharding 会自动切换主备模式，并不影响整个 Mongo 服务的可用性。值得注意的是，为了保障 Mongo 服务的高可用性，升级 Mongo 的时候，我们需要采用一台一台的方式单独操作 ECS，如若批量操作 ECS，会影响 Mongo 服务的可用性。

● MongoDB Sharding 部署

部署架构如图 10-30 所示。

如上文的 MongoDB Sharding 实践中，每个 Shard 副本集是一主二从。而本案例实践，考虑到客户服务器配置为低配，每个 Shard 的副本集用一主一从一仲裁的标准副本集，减少从节点，提升性能。

● MongoDB Sharding 实践经验

MongoDB Sharding 集群方式想要应用好，有两个方面需要注意：

❑ 研发层次：MongoDB 是一个非关系型数据库，要想获得 MongoDB 的最大效率及性能，需要在研发思维模式上从传统关系型数据库的设计思维，转变到非关系型数据库的设计思维上。特别是在 MongoDB 的 Collection 设计、分片键的设置等方面，都会直接影响着 MongoDB 的效率及性能。

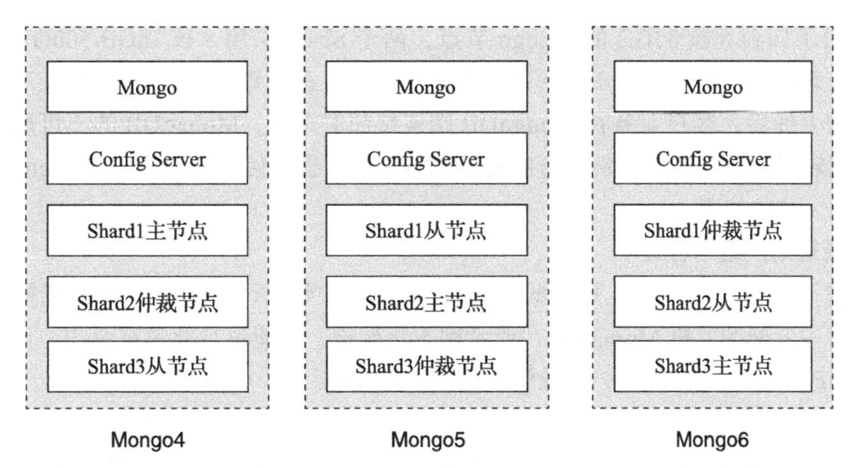

图 10-30　云端某短视频 PAAS 平台 MongoDB Sharding 部署架构

- 运维层次：MongoDB 配置的选型、集群分片的设置、监控、优化等，也会直接决定后期 MongoDB 是否以最大效率、性能稳定地运行。

（6）电商类应用分片实践案例

某电商类应用以 MongoDB Sharding 来分布式存储业务数据，与上文中另外两个实践案例不同的是，该客户案例采用的是阿里云云数据库 MongoDB 版。由于当前阿里云云数据库 MongoDB 版已支持分片集群版，所以相比上文两个案例，无须手动搭建 MongoDB Sharding 集群了。在 MongoDB 控制台，我们可以方便创建 / 减少 / 升降配 Mongo、Shard 节点。值得注意的是，Config 节点随着 Mongo、Shard 节点创建而自动创建，Config 节点被隐藏。部署架构及配置如图 10-31 所示。

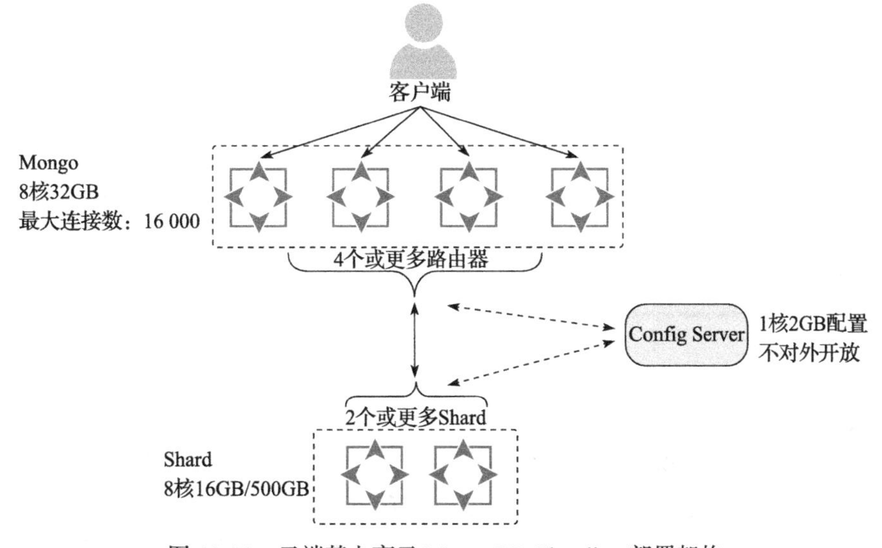

图 10-31　云端某电商云 MongoDB Sharding 部署架构

前端用了四台 8 核 32GB 的 Mongo 节点，两个 Shard 采用 8 核 16GB/500G 磁盘空间。Config 节点随着 Mongo、Shard 节点创建而默认创建，配置默认为 1 核 2GB 且不可变配更改。此架构上线后，客户业务在 MongoDB 端连接超时严重，MongoDB 的不可用直接导致业务大面积宕机。我们对此案例进行的复盘总结，也为云端使用云数据库 MongoDB 版经典的失败案例。总结如下。

- **容量规划严重不合理**

我们看了一下生产环境，其数据量仅 8GB，所以当前云上 MongoDB 的架构没有必要做分片。用中低配的单机 MongoDB，或者副本集架构，性能也是绰绰有余的。而采用了四台 8 核 32GB、2 台 8 核 16GB，导致资源使用严重过剩。

- **架构规划严重不合理**

Mongo 是路由节点，流量的入口，也可以用来做负载均衡。两个 Shard，前面居然用了四台 Mongo。这就如同两台 ECS，前面用了四台 SLB。这架构使用很不合理，仅有两个 Shard 情况下，前面用一个 Mongo 即可。

- **对 Mongo 的使用存在严重问题**

Config Server 为管理节点，阿里云 Mongo 集群版中此节点不对外开放，默认配置为 1 核 2GB。客户默认把生产数据全部存放在了 Admin 库中，我们知道 Admin 库是 Config 节点中用于存放集群的配置信息的。所以最终导致业务数据的读写全部落在了 Config Server 节点上，压力根本没有流转后端 Shard 节点。而 Config Server 节点近 1 核 2GB，导致 Config Server 节点一下子就爆掉了，从而使得 MongoDB 集群不可用，而 Mongo、Shard 节点一点压力都没有。

另外，数据都是存放在配置节点的 Admin 库中。没有设置分片库，没有设置分片键，导致虽然开通了两台 Shard，但数据会全部落到一台 Shard 上，即实际上仅用上了一台，另外一台没有用到。

云诀窍

在如今，虽然云端对 MongoDB Sharding 的需求，都是首选云 MongoDB 集群版，也很少再看见自建 MongoDB Sharding 集群。但如何自建 MongoDB Sharding 集群及 MongoDB Sharding 底层的原理是什么，这底层的技术依据是我们使用好云 MongoDB 这款产品的关键核心。

---

4. 列数据库 Sharding 技术

HBase、Cassandra 是典型的列数据库，一般列数据库都会跟大数据存储、分析等关联。在云端已推出云数据库 HBase 版，当然也有阿里云自主研发的列数据库相关产品：表格存储。而不管是 HBase，还是 Cassandra，还是表格存储，在云端很少遇到大规模的应用。因为常规的应用都是互联网的中小型应用，采用 RDS 基本上就已经满足需求了。本节的主要内容及配图摘自阿里云官网产品帮助文档，关于基于列存储的分片 Sharding 技术及应用，更多详情建议参考阿里云官网文档，本文就不过多介绍，官方文档更为详细。

（1）列数据库和行数据库区别

基于列存储的列数据库（非关系型）和基于行存储的行数据库（关系型），有什么区别呢？如图 10-34 所示。

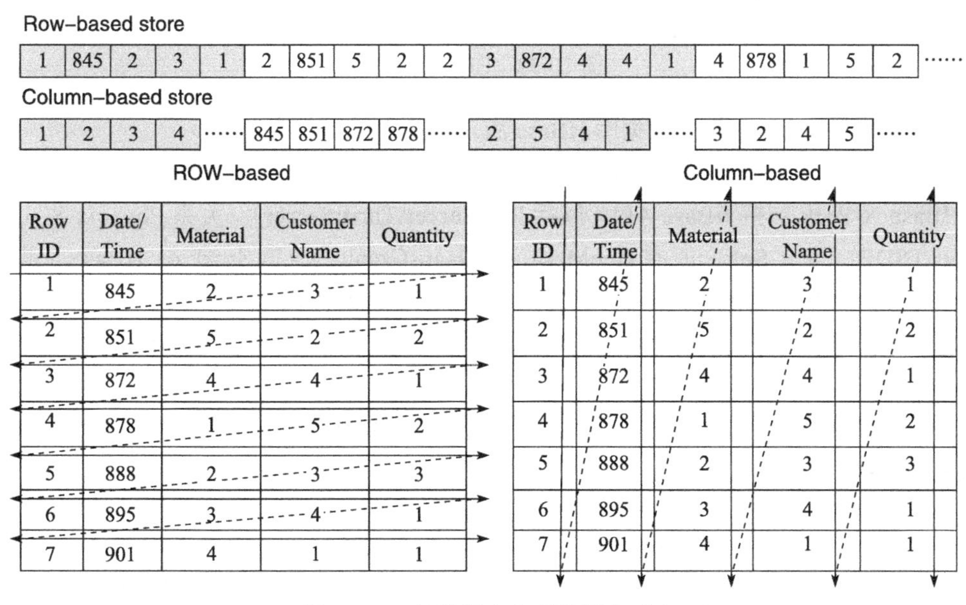

图 10-34　行数据库和列数据库对比

对应列存储及行存储的优缺点如表 10-8 所示。

表 10-8　行存储和列存储对比

	行式存储	列式存储
优点	• 数据被保存在一起 • NSERT/UPDATE 容易	• 查询时只有涉及的列会被读取 • 投影（projection）很高效 • 任何列都能作为索引
缺点	选择（Selection）时即使只涉及某几列，所有数据也都会被读取	• 选择完成时，被选择的列要重新组装 • INSERT/UPDATE 比较麻烦

（2）HBase

HBase 相信大家多多少少听说过，HBase 是列数据库中典型的代表，列数据也是分片 Sharding 技术的典型实践。同时，HBase 也是 Google Bigtable 的开源实现（Google 著名的三篇大数据的论文：分别讲述 GFS、MapReduce、BigTable）。所以，HBase 基本上是大数据领域的典型代表，Hadoop（分布式文件系统）+ HBase（数据库）+ Hive（数据仓库）+ Spark（分布式计算框架）更是成为大数据的标配。HBase 的特点如图 10-32 所示。

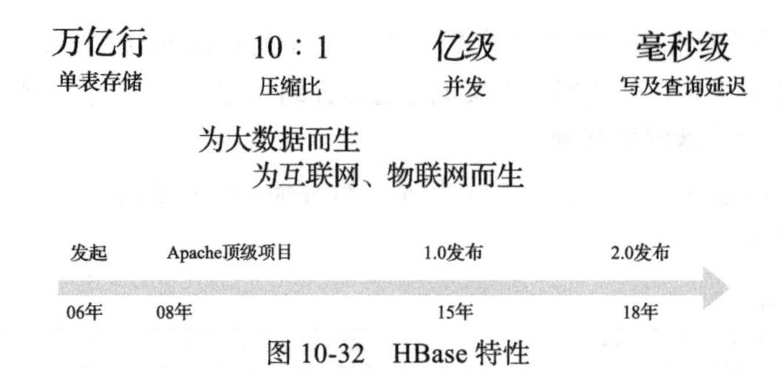

图 10-32 HBase 特性

当前阿里云官方已推出云数据库 HBase 版，产品介绍如下：

HBase X-Pack 是基于 HBase 及 HBase 生态构建的低成本一站式数据处理平台。

HBase X-Pack 支持 HBase API（包括 RestServer\ThriftServer）、关系 Phoenix SQL、时序 OpenTSDB、全文 Solr、时空 GeoMesa、图 JanusGraph、分析 Spark on HBase，是阿里云首个支持多模式的分布式数据库，且协议 100% 兼容开源协议。

HBase X-Pack 实现数据从处理、存储到分析全流程闭环，让客户用最低成本实现一站式数据处理。

云数据库 HBase 主要的应用场景为大数据场景，HBase 在整个数据处理大图之间的位置如图 10-33 所示。

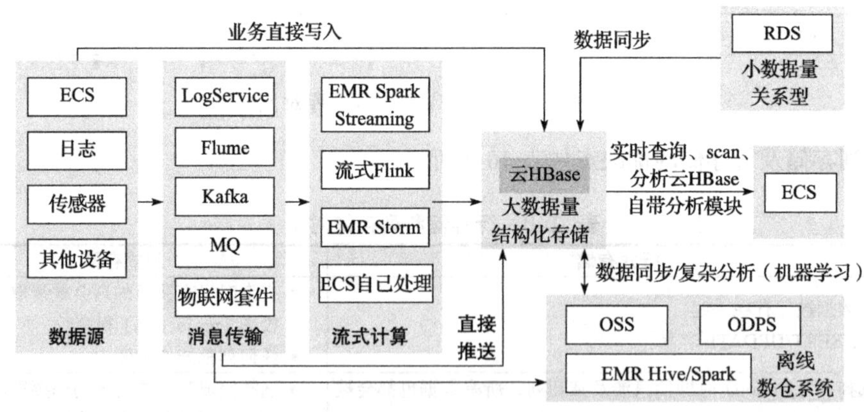

图 10-33 云数据库 HBase 在大数据场景中的应用

云 HBase 处于数据存储的位置，自带分析的功能。

数据来源的途径有：

- 通过业务 ECS 直接写入到云 HBase 之中。
- 有一些消息中间件自带 push 功能，可以直接写入到 HBase 之中；有一些不行，需要拉取消息再转化处理后写入到 HBase 之中。
- 通过流式系统，比如：SparkStreaming、Flink、Storm 等流式引擎计算写入到云 HBase 之中。
- 从离线同步数据到云 HBase 之中，一般为 T + 1 同步。

- 从关系型数据库同步数据到云 HBase 之中，可以做到实时同步。
- 在机器学习场景中，直接把云 HBase 作为存储。

云 HBase 的数据的去向：

- 云 HBase 自带 Phoenix 模块分析，支持百亿的毫秒级别分析。
- 通过 Spark 等离线分析引擎。
- ECS 业务端查询，如 Scan 一些数据，在客户端展示。

（3）表格存储

在云端，表格存储（TableStore）也是典型列存储数据库，前身是 OTS（Open Table Service）。表格存储（Table Store）是阿里云自研的 NoSQL 多模型数据库（你可以将它类比为 HBase），提供海量结构化数据存储以及快速的查询和分析服务。表格存储的分布式存储和强大的索引引擎能够提供 PB 级存储、千万 TPS 以及毫秒级延迟的服务能力。表格存储在云端就推出了，而云数据库 HBase 版是最近一两年才推出的产品服务。

与 HBase 不同的是，HBase 和大数据存储、分析关联性很高，而表格存储的场景主要偏向海量业务数据存储。而不管是 HBase，还是表格存储，或者是 Cassandra，在云端很少遇到大规模的应用。因为常规的应用都是互联网中小型应用，采用 RDS 基本上就已经满足需求了。表格存储基于列存储的数据库的特点如下：

- 大规模且可扩展：单表万亿条记录、PB 级别数据量。
- 高吞吐且低延时：百万级 TPS、毫秒级延时。
- 自由表结构和宽行：单行包含上千列。
- 高可用服务器容灾：同城和跨区域。
- 高度集成计算服务：ODPS、Stream SQL、EMR、Hadoop、Hive、Spark。
- 数据访问安全：RAM、VPC、https。
- 全托管服务：RESTFul API 和多语言 SDK。

表格存储典型应用场景

- 移动社交的应用场景：使用表格来存储人与人之间产生的大量社交信息，包括聊天、评论、跟帖和点赞，表格存储的弹性资源按量付费能够以较低的成本满足访问波动明显、大并发、低延时的需求。
- 金融风控的应用场景：低延时、高并发，弹性资源可以让风控系统永远工作在最佳状态，牢牢控制交易风险，灵活的数据结构能够让业务模式跟随市场需求快速迭代。
- 电商物流的应用场景：大量的交易订单及物流跟踪信息，使用表格存储能够让使用者无须担心数据规模，它的弹性资源，可以从容应对节日促销活动。
- 云存储解决方案的应用场景：大量的联系人、短信、通话记录、便笺等结构化信息与图片、视频、文件的元数据正好与表格存储数据模型相对应，并且表格存储的备份机制可以保障这些数据的安全性。
- 日志监控的应用场景：我们可以将应用程序的监控和日志信息写入表格存储，提供在线的日志检索，并利用离线数据处理服务 ODPS 进行监控与日志分析，挖掘其中的数据价值。

Chapter 11 第 11 章

云端运维实践

在学习过云端选型篇、云端实践篇的技术实践内容后，相信大家对云端热门技术都有了一定的了解。本章主要结合上云迁移、云端混合云、云端运维架构优化这三类云端最常见的运维热门需求，并通过真实的客户案例，向大家进一步分享云端运维架构的实践干货。

11.1 上云迁移的实践

上云迁移是在云端中比较常见的运维场景，伴随云计算的普及，越来越多的客户都将部署在物理硬件中的运行的业务运维迁移到云端。本文内容主要摘自本人在 2017 年 2 月发布在阿里云官方网站上的一篇最佳上云实践的技术文章，希望相关的实践经验对大家在云端运维实际迁移部署有所启发及帮助。

11.1.1 上云的诉求

客户背景：杭州某知名网上私人订制礼品购物平台 2006 年成立。

2014 年 12 月的某日，该客户联系到我们。因为它的机房机柜于 2015 年 2 月到期，所以想把资源迁移上云。客户的需求很明确，希望我们根据平台已有的数据及特性，兼顾成本与性能，给予他们最佳的云架构 / 资源方案。

11.1.2 前期技术调研

经过我们前期的调研，初步了解到了客户的一些基本情况，如下所示。

- **运维团队规模（4 人）：**运维 1 人、运维架构师 1 人、网络工程师 1 人

❑ **客户研发 / 测试团队规模**：30 人
❑ **客户电信机房资源**：
- 3 个机柜
- 40 台左右硬件服务器（DELL-R410 为主，其中两台 16 核 /96GB 的内存用于 XEN 虚拟化）
- 200Mbps（独享）

客户 IDC 机房架构如图 11-1 所示。

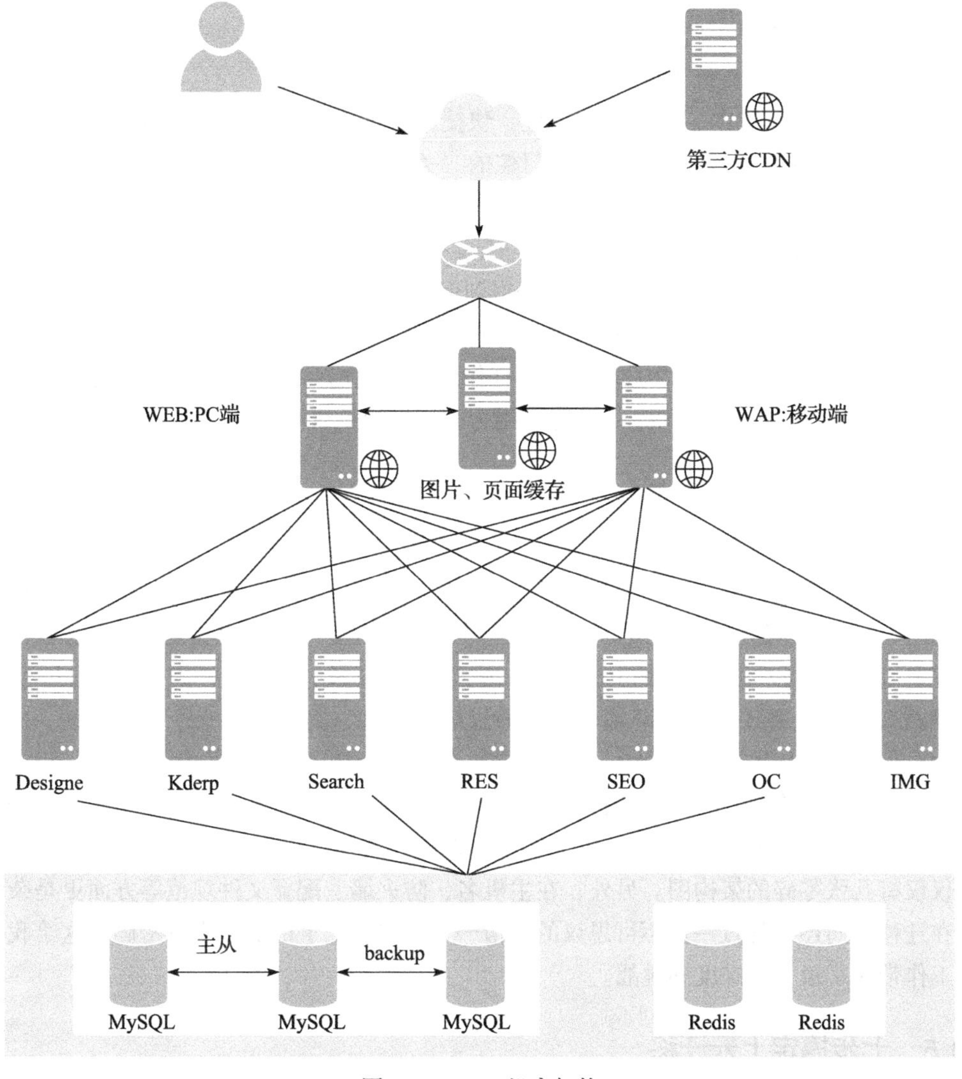

图 11-1 IDC 机房架构

由图 11-1 可以看出传统电商的架构环境：

- 由于电商环境存在大量商品图片，所以 CDN 是必不可少的。
- 服务器端、前端采用 Nginx + Varnish 作为二级缓存，主要减少 CDN 回源访问的压力。
- 后端业务系统名称包括 designe/kderp/search/res/seo/oc/img 等十余项，采用的开发语言主要为 Java、PHP、Python。操作系统主要为 CentOs 为主，少量 Windows 环境为辅。
- 图片源文件等，主要通过 NFS 进行磁盘挂载共享，图片数据量 2T+。
- 数据库缓存端主要采用 Redis 作为数据库缓存，减少数据库压力。
- 数据库端主要为 MySQL，采用硬件服务器上面部署 MySQL 主从。

11.1.3 三大运维痛点

从客户角度来讲，传统运维有三大痛点：

- 虽然云的确在成本、扩展、灵活性、快捷等方面有很大优势。但是，对云产品、云架构的灵活运用，是有一定技术门槛的。关于如何利用云资源设计出低成本高性能的架构，是个经验性的技术活。
- 由于客户没有 7*24 监控响应中心，往往导致出现报警情况时不能及时联系上运维，并立即响应解决，运维的 7*24 无法得到保障。
- 客户有 4 个运维人员，成本高昂也是最实质性的痛点。

通过洽谈，双方最终在 12 月底确定了合作意向。我们为客户提供上云架构方案 + 上云迁移 + 7*24 监控 + 7*24 运维服务（我方运维为主，客户运维为辅）来解决客户痛点。

11.1.4 上云迁移的挑战性

关于此客户上云迁移，我们主要遇到以下三大挑战：

挑战一：时间短。客户机房 2 月到期，而每年的 2 月 14 日（情人节）是一年中的业务高峰期。由于商务合作的时间点确定下来时已经到 12 月底了，所以项目排期比较紧，我们需要在 1 月中旬（仅两周）完成项目的上云迁移、测试及正式上线，并预留两周作为观察过渡期。

挑战二：业务系统及技术环境较多。通过梳理得知，客户有十余个业务系统，Nginx、Varnish、Tomcat、PHP、Python、Redis、MySQL 等技术环境较多，这些大大增加了迁移难度。

挑战三：零配置文档、零规范。由这个挑战点可知，客户在某些方面是很不规范的。例如，一个经历了 8 年运维的系统，居然在运维配置文档、运维手册方面没有建立一份文档，仅仅有几张零碎的架构图。另外，在主机名、防火墙、配置文件规范等方面更是杂乱无章。在迁移期间还遇到过一件不可思议的事情——客户忘记了机房交换机密码，这给我们的迁移工作带来了极大的难度和挑战。

11.1.5 七步搞定上云迁移

2015 年 1 月 4 日，作为运维负责人的我，和 2 名架构师、1 名 DBA、1 名高级运维及 2 名中级运维，在当天下午开车前往杭州，进行项目周期为两周的上云迁移工作。

第一步：项目启动

2015 年 1 月 5 日，这是来到客户公司正式开展工作的第一天。这一天我们的工作内容主要是确定双方参与项目人员的职责，制订项目通讯录，确定项目实施计划及项目周期（项目周期为 12 天）。

第二步：系统架构梳理及评估

接下来，进入项目迁移实施期间（时间节点：2016 年 1 月 6 日—2016 年 1 月 7 日），首先我们需要对原系统进行评估，并且制订云上架构。原系统评估的内容涉及系统架构、软件模块架构、业务架构、接口以及调用依赖关系、性能评估、上云迁移目标等。云上架构内容涉及上云后的系统架构、软件架构、业务架构、性能目标、上云难点等。其中云上架构如图 11-2 所示。

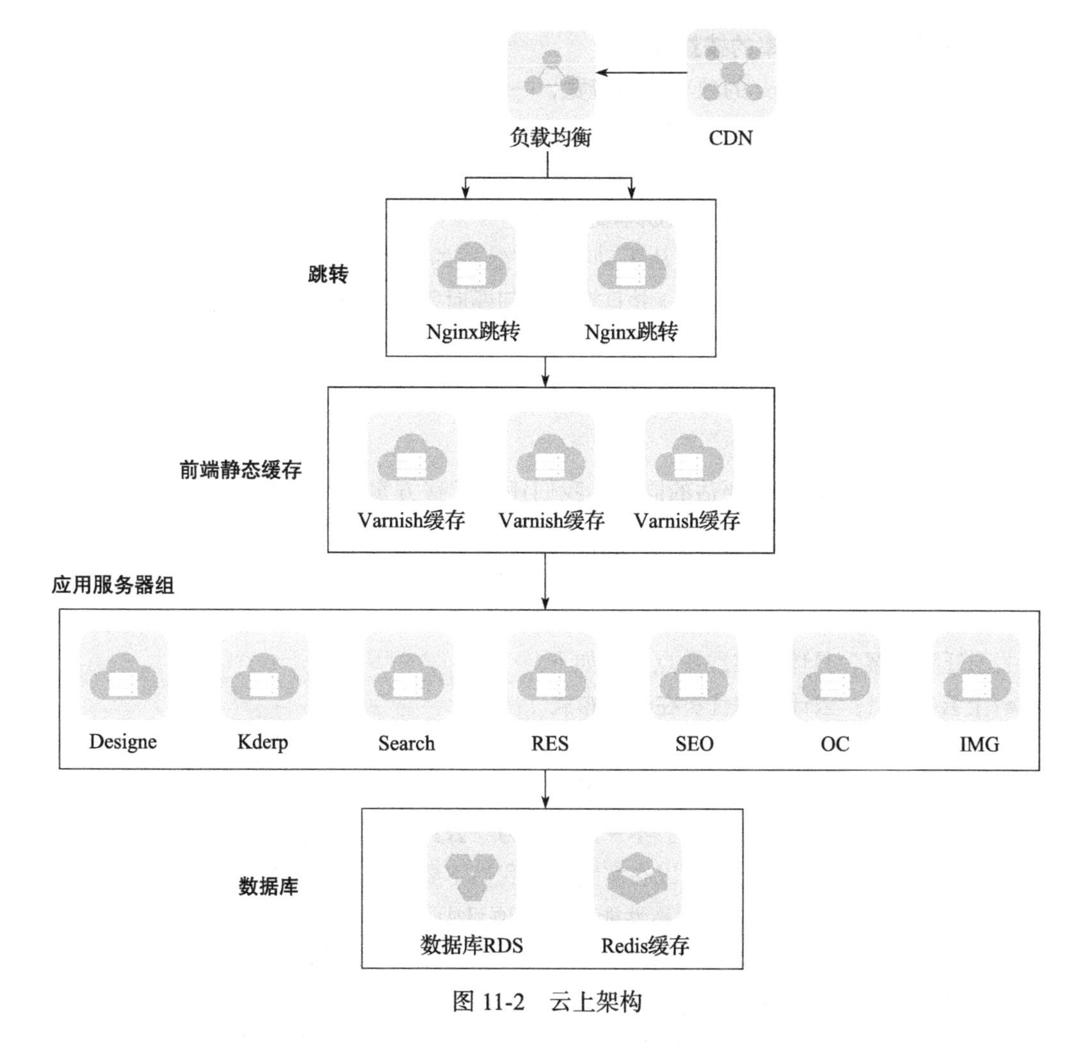

图 11-2　云上架构

云上架构与 IDC 架构的区别如下。

（1）加入 SLB 保障架构灵活扩展性

在前端我们加入了 SLB 负载均衡。在原 IDC 架构中，域名解析到不同的 Nginx + Varnish 上，然后经过前端静态缓存，再转发到后端对应的业务服务器上。加入 SLB 后，此架构变得更加灵活。即将所有域名先绑定到 SLB 上，然后转到后端 Nginx，通过 Nginx 做虚拟主机等七层更灵活的控制。

（2）采用 TCP 层 SLB 保障性能

在实践中，面对高并发性能要求的场景时，我们发现 HTTP 层的负载均衡，相比 TCP 层的负载均衡，在性能上面有很大差距。HTTP 层负载均衡只能达到万级别并发，而 TCP 层的负载均衡能达到几十万级，甚至上百万级的并发量。所以在电商等网站应用中，对于 SLB，我们优先选择 TCP 层。

（3）采用低成本高效率的按量带宽

在 IDC 机房，200Mbps 的独享电信带宽，一年的成本大概是 1Mpbs/100 元 / 月 ×12 个月 ×200 = 24 万。而在云端，采用 1Gpbs 峰值的 BGP 多线 SLB 带宽，在带宽质量上面提升了几个量级。另外，带宽费用采用按量付费，大大降低了成本。

（4）数据库优先采用 RDS，低成本高效率

在 IDC 硬件上采用 MySQL 主从手动部署并维护的模式，使得后期的维护管理成本很大。即我们要监控及维护主从状态，并且在出现问题时需要及时处理，保障业务对数据库读写的连续性。在采用 RDS 后，这些问题都可以自动化解决。即对数据库主从的监控、备份、后期维护、故障切换等，都是全自动。

第三步：迁移方案

在进行系统架构梳理及评估的同时，我们还对迁移方案进行了确认（时间节点：2016 年 1 月 6 日—2016 年 1 月 7 日），即如何将应用、数据迁移至云端。同时我们还确认了系统割接上线的流程及对应的时间节点。最后，在迁移方案中，我们确认了客户云上资源清单（23 台 ECS、2 台 RDS、1 台 SLB）及具体的服务器配置。

关于迁移方案，具体的实践要点内容如下。

- **上云实践 1：云计算的优势在于分布式**

在实践中很多用户喜欢把单台云主机跟同等配置的传统物理服务器相比较，其结果往往是用户抱怨云主机的性能如何的糟糕。但是传统物理服务器，在多核高频 CPU 等方面的性能，真的可以把云主机比下去吗？不一定。何为“云计算”，关键字在于“云”，即“分布式”是“云计算”最大的优势。所以在实践中，我们不要只追求单台机器的性能，而是要通过分布式的设计思想来保障业务的高性能。在此项目中，服务器的标准配置都是 4 核 8GB，也有大多数服务器采用 2 核 4GB 的配置。我们通过分布式充分压榨了单台服务器的资源，从而最大限度地保障了最终的低成本（后面会详细给出相关费用）。

在迁移方案中，图片文件迁移的方案具有一定的难度。一方面，线下图片数据目录的数据量有 2T 多，而线上单块磁盘最多只能支持 1T 的容量（当前官网单块磁盘支持 32T）。另一方面，2T 的图片主要是小文件，数量特别多。那么，如何把这些文件迁移到云端呢？在上云实践 2 和上云实践 3 中，将介绍 LVM + Rsync 在云端中的应用。

- **上云实践 2：LVM 在磁盘管理方面的应用**

在云端迁移方案中，我们购买了四块 1T 数据盘（每台 ECS 最多只能挂四块数据盘），通过 LVM 逻辑卷将其虚拟成一块 4T 磁盘，这样就在云端保障了大于 2T 存储数据量的冗余空间。

其实，官方是不推荐使用 LVM 的。因为阿里云的快照主要是针对单块磁盘，并不能针对几块磁盘进行同时快照。而 LVM 主要是在多块磁盘（物理卷）的基础上，抽象成为逻辑卷的。LVM 的读写针对的是逻辑卷，而数据则被分散存储在最底层的物理卷（磁盘）上。如果某块磁盘数据损坏，但是想通过快照恢复这块磁盘的数据，我们是无法保障 LVM 逻辑卷整体数据的完整性的。而 LVM 主要是能够提升磁盘 I/O，比如我们需要购买 100GB 的数据盘，若按常规配置，买一块 100GB 的数据盘即可；而我们也可以购买 4 块 25GB 的数据盘，然后通过 LVM 虚拟化成为一块 100GB 的磁盘。在功能性上面都能满足其需求，但在磁盘 I/O 性能上面，LVM 至少能将 I/O 性能提升 20% ～ 40%。

这里采用 LVM 方案也是特殊情况，一方面碍于当时磁盘空间的限制，需要通过相应的技术手段，获得更大的磁盘空间。另一方面，这时候的磁盘类型只有普通云盘，我们需要想办法提升 I/O 性能。最终考量下来，我们决定优先采用 LVM 方案。即图片服务器采用 LVM 管理云盘，同时图片服务器也是 NFS Server，通过 NFS 挂载以供客户端使用。但在这种情况下，图片服务器需要每天面对三百万 PV 的业务量，普通云盘的 I/O 性能是不能达到要求的。所以前端我们采用 CDN（电商的标配）来减少后端静态资源请求的压力，并且在后端我们还部署了 Varnish 做二次缓存，再进一步减少对后端静态资源的访问压力。所以最终凭借普通云盘的 I/O 性能，满足一个三百万 PV 量的电商业务也算是一个非常好的实践了。

- **上云实践 3：Rsync 在云端的应用**

怎样将线下数据在不停机的情况下实时地迁移到云端？ Rsync 是文件增量同步迁移最优方案。只不过在此项目中，一方面数据传输要走公网，另一方面数据量也较大。初步统计下来，完成数据增量迁移至少需要一周多的时间。由于这方面的数据迁移时间周期较长，为了避免影响整体迁移进度，我们需要提前开展这部分工作。

第四步：迁移实施

20 多台云主机牵扯到 Nginx、PHP、Tomcat、Redis、Varnish 等环境的部署，而我们需要通过自动化的部署手段来保障部署的最大效率。线上 23 台服务器环境的部署，在半个小时内就可以完成（时间节点：2016 年 1 月 6 日—2016 年 1 月 7 日）。

- **上云实践 4：域名备案要先行**

上云的最后一步，是需要将域名的 IP 解析到 SLB 公网 IP（或 ECS 公网 IP）上。但需要提前在阿里云上对域名进行备案，如果到最后域名解析到阿里云上后才发现域名被拉黑，业务访问被拒绝，这将会变得非常麻烦。因此我们需要提前通过阿里云进行域名备案，或者已经在其他供应商进行备案，那么只需要将域名备案转接入阿里云即可。

- **上云实践 5：通过镜像提升云端部署效率**

刚开始我们开通了一台 ECS，并对这台 ECS 做了运维规范方面的系统调优、安全加固等措施。然后我们又把这台 ECS 做成了一个基础镜像，批量开通了 22 台同样环境的服务器，大大提升了部署效率。

- **上云实践 6：自动化运维工具的应用**

关于对应软件的安装脚本，我们内部团队都统一存在在内部的 GitLab 中。我们通过 Ansible 工具，定制对应的 PlayBook，推送对应的安装脚本到目标机器上。5 分钟内完成了对应 Java、PHP、Python 等环境的安装。

随后，我们也迎来了迁移工作中最难熬的时期。因为运维配置手册、运维文档的缺失，所以在我们将应用代码部署到已经搭建好的环境中后，需要对每一项参数、每一个配置仔细进行调试。3 名运维人员和客户运维人员及研发团队一起经过了一天一夜的努力工作，才完成所有代码以及对应配置文件的调试。至此，我们完成了大部分的迁移工作。后续的核心工作主要集中在功能测试、性能测试及上线割接上。

第五步：迁移测试

此阶段的工作内容主要为功能测试、性能测试，其主要集中在客户的测试团队（时间节点：2016 年 1 月 9 日—2016 年 1 月 11 日）。

第六步：上线割接

在上线割接前，我们需要做好客户及公司内部的维护通告。而在正式迁移的时候，由于客户数据库较多，无法做到实时迁移，所以我们采取了保守的做法，即停机迁移。迁移的最后一步是将域名解析至阿里云，这点在前面提到过，域名是需要提前备案的（时间节点：2016 年 1 月 13 日—2016 年 1 月 15 日）。

至此，我们是不是完成了最终的迁移呢？答案是否定的。虽然域名已经解析到最新的 IP 上，而且当前万网刷新最新的解析记录的最短时间周期为 10 分钟。但是由于我们无法把控客户端本地的 DNS 缓存，即还是会有部分客户访问到老的站点。所以要完成最后的迁移，我们还差一步上云实践 7。

- **上云实践 7：Nginx 反向代理将老用户请求引流至阿里云**

由于 DNS 解析切换，部分用户由于本地 DNS 缓存的原因，导致请求访问的仍旧是老的 IDC 环境，而出现异常错误提示等。所以我们需要在 IDC 机房前端 Nginx 上做 302 重定向跳转，将依旧访问 IDC 的客户引流到阿里云，这将大大提高用户的访问体验性。值得注意的是，由于 Nginx 是七层负载均衡，因此需要匹配域名。这里 Nginx 的 server_name 和跳转的链接配置的域名是同一个，所以为了确保跳转的域名解析到阿里云，我们可以在 Nginx

所在服务器的 Hosts 配置中强制地将域名的解析 IP 设置为阿里云对应的 IP。

第七步：项目交付及后期监控运维

后续便是项目交付了，主要内容为文档的编写总结。此项目我们总共汇总了 30 余个文档，主要包含系统软件架构、系统架构、迁移方案、运维实施配置文档、运维维护手册、故障处理文档、资源清单等。在文档交付后，将进入后续 7*24 日常监控及运维阶段，这里不再过多概述。

11.1.6　上云前后的对比

在我面对的成百上千的实践中，这个客户的上云实践项目是“最佳”的，是我体会最深刻的，具体对比如表 11-1 所示。

表 11-1　IDC 与云端资源配置费用清单

	IDC	阿里云
配置	3 个机柜 15 台硬件服务器（包含两台 96GB 内存配置）	23 台 ECS（4 核 8GB、2 核 4GB） 1 台按量 SLB 2 台 RDS（6 000MB/200GB、2 400MB/200GB）
带宽	200Mbps/ 电信独享	1Gbps/BGP 网络
成本	人员成本：15 万 / 人 ×4 人 = 60 万 资源成本：8 万 / 年 ×3 个机柜 =24 万 100 元 /Mbps × 1 个月 ×12 个月 ×200 = 24 万 合计：100 万 / 年	资源成本：15 000 元 / 月 ×10 个月 = 15 万 第三方运维服务费用：12 万 合计：27 万 / 年

随着云计算的到来，传统 IT 已经向大数据（DT）时代变革。云计算的低成本、高效率、灵活扩展等诸多优点，已经逐渐代替传统 IDC 的 IT 模式。以迁云的对比表格中的“成本”来说，迁云前，客户有四名运维人员；迁云后，客户是没有运维人员的。在上云的第一年，客户仅保留了一名运维来处理日常琐事。到了第二年，客户公司将剩下的一名运维人员也裁掉了。从某方面来讲，云时代给运维行业带来不小的冲击，很多运维人员将面临失业。因为传统中小型互联网公司不再需要运维人员来做一些琐事，这些问题在云平台中都能得以解决。从另一方面来讲，云时代也将给我们带来新的机遇及挑战，这就要求技术人员的知识要更加全面。这也是很多人说 DevOps 是未来之路的根本原因！

11.2　混合云八大运维架构实践

下面这个案例的客户，2010 年在上海成立，是一家长期专注于母婴新零售转型，以大数据分析驱动销售提升（关注会员经营、导购人效、商品经营）为主的高新技术企业，主要业务是提供咨询规划、软件产品、实施和运营的一站式服务。目前与之合作的 70 多家母婴连锁零售商遍布中国的 11 个省 30 个城市，服务近 1500 家门店。随着云计算的发展及普及，它所带来的成本、管理、效率及质量上的优势，让企业选择使用“云”进行业务部署已经成为一种标配。2018 年 3 月，该客户找到我们，向我们提出基于混合云迁云 + 云上 Kuberneters 的诉求。一方面，客户希望借助云平台的优势提升开发效率、降低运维维护成本；另一方面，由于客户的核心业务是基于数据分析的，所以对数据的安全性要求很高，希望借助混合云结构提升数据的异地冗余灾备。最后客户还希望在云上借助 Kuberneters 容器资源编排技术（在第 13 章中会详细介绍），来进一步提升整体效率，统一管理线上 IDC 中的测试预发环境及线上部署的业务。客户要求部署的每个服务都需要保障高可用及业务的连续性，并且重点强调除了部署的应用服务通过 Kuberneters 保障高可用外，其他部署的数据库类重要服务也都需要保障高可用。

在客户线下的 IDC 机房中，客户的主要业务部署在上海，即上海全华机房。它主要用于数据库的热备，即应用备库、数据备库、数据备库 2（主要为 MySQL 的从库）、业务 Mongo 集群（主要存放了 MongoDB 的一个副本）等。IDC 的架构如图 11-3 所示。

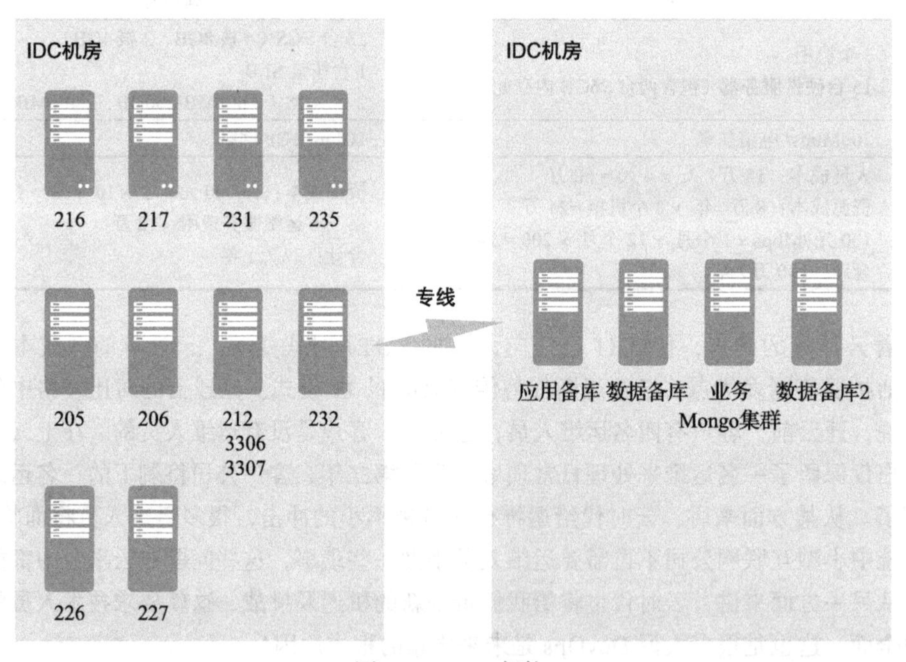

图 11-3　IDC 架构

11.2.1　混合云实践 1：基于 VPC + 专线构建混合云架构

首先，云端环境需要基于 VPC，以方便网络隔离及高速通道打通线下 IDC 的内网。其次，将云端资源放在上海地域，也是为了给上海地域的 IDC 做专线。关于专线的接入，这里不过多的介绍，更多明细请参考阿里云官网帮助文档。以下是迁移上云后的架构，如图 11-4 所示。

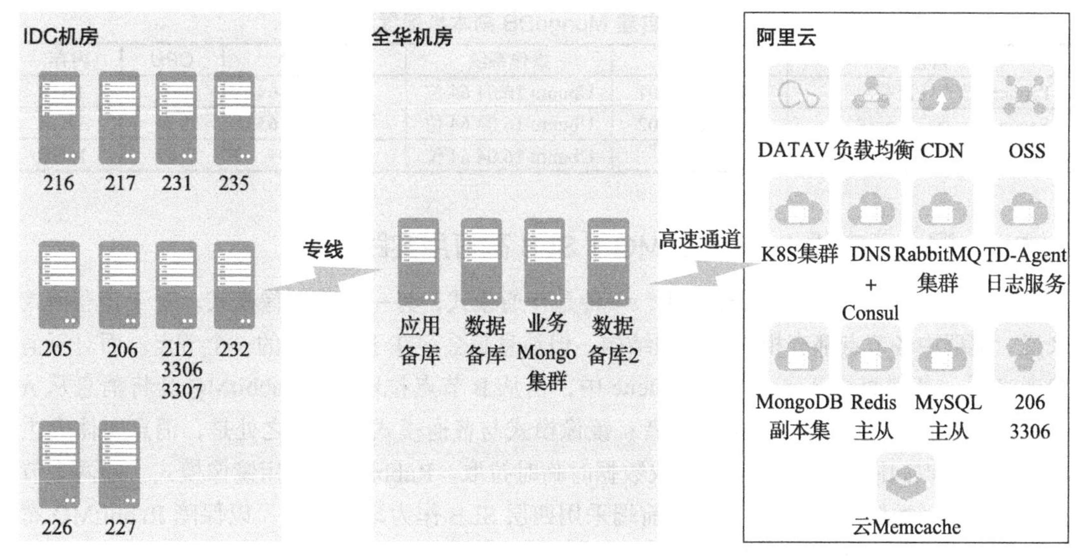

图 11-4　混合云架构

云上上海地域的资源通过百兆专线（高速通道）和全华机房打通，存放云上 MySQL 数据库的从库热备数据，以及云上 MongoDB 的副本热备数据。迁移完成后，云上的环境为线上业务环境，IDC 机房的环境改为测试环境。这样基于 VPC + 专线，便将云端和线下 IDC 数据中心内网打通，即构建了混合云架构。

11.2.2　混合云实践 2：RDS 自建主从同步在混合云中的实践

刚进行此项工作时，我们优先选择了 DTS 来实时同步线上 RDS 数据库到 IDC 机房的从库中，但由于目前 RDS 仅支持 InnoDB 引擎和 TokuDB 引擎（对 MyISAM 引擎和 Memory 引擎不支持），导致我们在用 DTS 做全量迁移和增量迁移时出现大量报错。最终，我们只能放弃 DTS，而选择自己来搭建主从同步。线上 RDS 和 IDC 机房 MySQL 相关配置，如表 11-2 所示。

表 11-2　自建 MySQL 主从配置清单

实例 ID	名称	版本	CPU	内存
rm-*****	206_正式	MySQL 5.7	8 核	32GB
Server-11	自建 MySQL	Ubuntu 16.04 64 位	4 核	64GB

11.2.3　混合云实践 3：MongoDB 副本集在混合云中的实践

由于云上 MongoDB 的副本集不能和 IDC 机房自建的 MongoDB 组成一个副本集，所以我们选择自建云上的 MongoDB，主要是为了满足混合云中数据库跨平台冗余的架构。MongoDB 副本集，两个节点在云上，还有一个 Secondary 节点在 IDC 机房，配置清单如表 11-3 所示。

表 11-3 自建 MongoDB 副本集配置清单

角色	主机名	操作系统	内网 IP	CPU	内存
Primary 节点（云端）	MongoDB-01	Ubuntu 16.04 64 位	172.16.1.164	8 核	32GB
Secondary 节点（云端）	MongoDB-02	Ubuntu 16.04 64 位	172.16.1.165	8 核	32GB
Secondary 节点（IDC 机房）	Server-06	Ubuntu 16.04 64 位	10.7.23.206	4 核	16GB

11.2.4 混合云实践 4：RabbitMQ + SLB 高可用实践

RabbitMQ 集群主要有两种模式，一种是普通模式，另一种是镜像模式。对于普通模式来说，集群中各节点都有相同的队列结构，但消息只会存在于集群中的一个节点。而对于消费者来说，若消息进入 A 节点的 Queue 中，当从 B 节点拉取时，RabbitMQ 会将消息从 A 中取出，并且会经过 B 发送给消费者；镜像模式与普通模式的不同之处是，消息实体会主动在镜像节点间同步，而不是在读取数据时临时拉取。RabbitMQ 采用镜像模式，即两个节点数据一致（类似双主架构），然后前端采用四层 SLB 作为请求入口，以保障 RabbitMQ 高可用。RabbitMQ 节点配置如表 11-4 所示。

表 11-4 RabbitMQ 高可用配置清单

主机名	操作系统	内网 IP	CPU	内存
MQ1	Ubuntu 16.04 64 位	172.16.1.166	4 核	8GB
MQ2	Ubuntu 16.04 64 位	172.16.1.167	4 核	8GB

11.2.5 混合云实践 5：云端自建 DNS 实践

RDS 目前仅支持 InnoDB 引擎和 TokuDB 引擎，但客户很多业务的数据库表都是 MyISAM 的，再加上客户业务用的是 Ruby 框架，用云数据库 Redis 版必须要求输入用户名和密码进行权限验证（云数据库 Memcache 版本可以去除密码验证），而代码框架不支持密码验证。基于以上两点，无法再采用阿里云官方的 RDS 及 Redis，所以我们选择了自建 MySQL 主从和 Redis 主从。但自建主从并没有达到高可用的要求。由于在云端不支持 Keeplived 等虚拟 VIP 技术，因此我们要寻求一种能替代 Keeplived 的方案。相比 ZooKeeper，Consul 作为轻量级服务注册、服务发现，它可以通过自身的 DNS Interface 来为上层应用提供 Redis（Master）的 IP，从而实现自动故障转移，并且它对客户端应用代码的连接是完全透明的。

对于 DNS，我们没有采用 Bind，而是采用了 DNSmasq，一款小巧且方便地用于配置 DNS 和 DHCP 的工具。在云端自建 DNS 时，曾遇到两大困难，排查解决了很久，总结如下。

1. 更改 /etc/resolv.conf，重启服务器后会被还原

我们发现 /etc/resolv.conf 其实是软连接到 /run/resolvconf/resolv.conf 的文件，进而才确认 Ubuntu 下本地 DNS 的管理是采用 resolvconf 命令的。这与 Red Hat 相比有很大区别，在 Red Hat 下直接编辑 /etc/resolv.conf，便可进行 DNS Server 的设置。在 Ubuntu 系统中，我们可以看到 /etc/resolvconf/resolv.conf.d 目录下有 base、head、tail 三个配置文件，最终用来

生成 resolv.conf 配置文件。我们将自定义的 DNS 服务器配置到其中：nameserver 172.16.1.1，但是发现重启服务器后，/etc/resolv.conf 还是会被还原，并在 /run/resolvconf/interface/ 目录中会多出一个以“eth0”命名的 dns 配置文件，即这个配置文件导致我们每次重启服务器后，会重置自定义在 /etc/resolv.conf 中的配置。那么这个 run 实时运行目录中的配置信息具体是怎么被生成的？最终我们在网卡配置 /etc/network/interfaces 中找到如下配置：

```
auto eth0
iface eth0 inet dhcp
```

将其更改为如下内容：

```
auto eth0
iface eth0 inet static
address 172.16.1.3
netmask 255.255.255.0
up route add -net 0.0.0.0 netmask 0.0.0.0 gw 172.16.1.253 dev eth0
```

即把 IP 获取由 DHCP 改成手动静态配置，然后重启服务器，/run/resolvconf/interface/ 中生成的 DNS 不再由 DHCP 获取。我们配置在 /run/resolvconf/interface/ 目录中的自定义 DNS 生效。

2. 线下机房无法云上搭建 DNS

通过专线，我们将线下机房和云上 VPC 的内网打通，即现在内网的网络都是互通的。但是在云上，内网的 ECS 配置自建的 DNS Server 可以完成解析，而线下配置的这个自建的内网 DNS Server，无法解析。DNS 的配置如下：

```
listen-address=127.0.0.1,172.16.1.1
```

刚开始，我们调试了很多次，以为是混合云网络的问题，导致无法解析。但最终我们把 DNS 的配置改为以下内容，即 DNS 添加了 0.0.0.0 解析，使问题得到了解决：

```
listen-address=127.0.0.1,172.16.1.1,0.0.0.0
```

11.2.6　混合云实践 6：Redis 主从 + Sentinel + Consul + DNSmasq 高可用实践

前面章节提到，由于在云端不支持 Keeplived 等虚拟 VIP 技术，我们要寻求一种能替代 Keeplived 的方案。Redis 主从 + Sentinel + Consul + DNSmasq 是一个非常成熟的实践方案，不管是搭建维护、还是稳定性等方面都比较突出，其架构如图 11-5 所示。

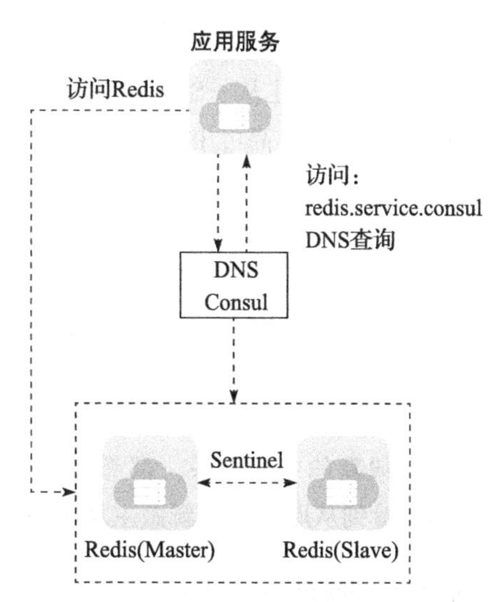

图 11-5　Redis 主从 + Sentinel + Consul + DNSmasq 高可用架构

以上架构中服务对应的功能明细，如表 11-5 所示，以供读者参考。

表 11-5 Redis 主从 + Sentinel + Consul + DNSmasq 架构明细

编号	步骤	备注
1	Redis 主从	实现数据冗余热备
2	Redis Sentinel	实现故障后的主从架构自动恢复
3	Consul	解析 redis.service.consul 为当前的主 Redis 节点，实现自动故障转移
4	DNS	前端应用程序连接 Redis，只需使用一个 redis.service.consul 域名访问即可

前端通过连接 DNS 的域名地址（如 redis.service.consul）来连接 Redis，而 Consul 把 Redis 的主库地址暴露给 DNS。而数据层采用原生态 Redis 主从实现数据的高可用冗余，那么 Redis Sentinel 在这里的作用是什么呢？ Redis Sentinel 有个神奇的功能，就是能自动将从库提升为主库。如果老的主库恢复的话，Redis Sentinel 会自动将老的主库变更为新主库的从库。以前主从的管理都是手动切换维护，现在，Redis Sentinel 能帮我们自动管理 Redis 的主从关系，这让 Redis 主从维护管理变得非常高效且便捷。其配置清单如表 11-6 所示。

表 11-6 Redis 高可用架构配置清单

用途	操作系统	公网 IP	CPU	内存
Redis 主 + Sentinel	Ubuntu 16.04 64 位	172.16.1.168	2 核	8GB
Redis 从	Ubuntu 16.04 64 位	172.16.1.169	2 核	8GB
DNS + Consul	Ubuntu 16.04 64 位	172.16.1.1	2 核	4GB

11.2.7 混合云实践 7：MySQL 主从 + Consul + DNSmasq 高可用实践

相比 Redis 主从 + Sentinel + Consul + DNSmasq 高可用，MySQL 高可用架构如图 11-6 所示。

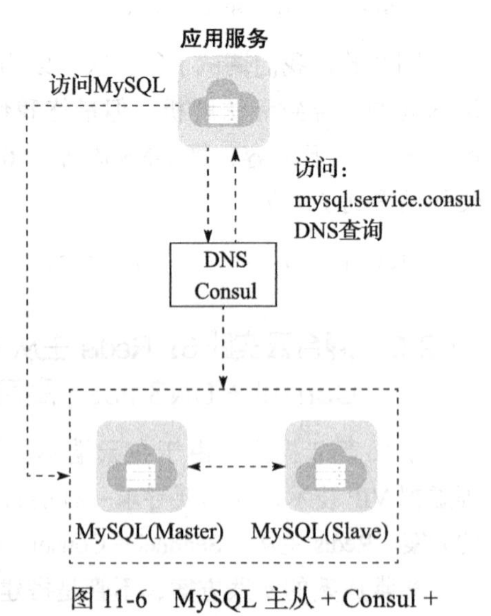

图 11-6 MySQL 主从 + Consul + DNSmasq 高可用架构

与 Redis 主从不同的是，MySQL 的主从关系没有类似于 Redis Sentinel 的工具来支持主从切换。主要原因是 MySQL 主从维护复杂，一般主从关系断掉，发生主从切换，如果只是简单切换主从关系的话，会由于底层事务或者内存数据还未持久化磁盘，将产生新的主从不同步等异常。所以一般新的主从关系，都需要手动把新的主库数据全量到从库上，重新做主从关系。

11.2.8 混合云实践 8：关于 DNS 的高可用

虽然通过 DNS + Consul 解决了 Redis 及 MySQL

的高可用问题，但我们发现搭建的 DNS 本身就是一个单点。如果 DNS 宕机了，就意味着它无法解析 IP 地址了，也意味着连接的 Redis、MySQL 将全部宕机，这就使得 DNS 的高可用保障尤为重要。如果采用 Bind 搭建 DNS 的话，Bind 有自带的主从保障 DNS 高可用。但是若以 DNSmasq 做 DNS，它并没有主从对应的方案。不过，由于客户端 /etc/resolv.conf 能配置多个 nameserver 的 DNS Server。客户端可以根据配置的多个 nameserver 自上而下的选择一个可用的 DNS Server 来完成本地的域名解析，这样我们就可以配置多个自建的 DNS Server，也就解决了自建 DNS 的高可用问题。由于 DNS + Consul 的配置文件在前期基本上已经配置好了，因此后期不需要再变更，所以我们可以直接在两台 ECS（172.16.1.1 和 172.16.1.2）上搭建配置一样的 DNS + Consul，然后在客户端 /etc/resolv.conf 中配置两条 nameserver 就到了，具体内容如下：

```
nameserver  172.16.1.1
nameserver  172.16.1.2
```

如若 172.16.1.1 宕机，客户端会自上而下发现 172.16.1.1 请求不通，然后自动去 172.16.1.2 的 DNS Server 进行解析查询。

11.3　云端运维架构五大优化

在云端，我们有一家客户是做护肤品电商平台的。其无论在业务规模、云端服务器台数还是云端的资源消费额都很大。下面我们来具体看看这个客户在云端一年的消费额，具体如图 11-7 所示。

产品名称	付款方式	应付金额	现金支付	代金券抵扣	储值卡抵扣	欠费金额	退款金额
云服务器ECS 总计		¥97095.20(已优惠¥83.11)	¥ 97095.20	¥ 0.00	¥ 0.00	¥ 0.00	¥ 0.00
负载均衡 总计	后付费	¥665.78	¥ 665.78	¥ 0.00	¥ 0.00	¥ 0.00	¥ 0.00
云数据库RDS 总计		¥9903.36	¥ 9903.36	¥ 0.00	¥ 0.00	¥ 0.00	¥ 0.00
对象存储OSS 总计	后付费	¥23526.46	¥ 23526.46	¥ 0.00	¥ 0.00	¥ 0.00	¥ 0.00
CDN 总计	后付费	¥14718.01	¥ 14718.01	¥ 0.00	¥ 0.00	¥ 0.00	¥ 0.00
云数据库MongoDB-按量付费 总计	后付费	¥13.46	¥ 13.46	¥ 0.00	¥ 0.00	¥ 0.00	¥ 0.00
云数据库MongoDB集群版 总计	后付费	¥29356.95	¥ 29356.95	¥ 0.00	¥ 0.00	¥ 0.00	¥ 0.00
文件存储NAS按量付费 总计	后付费	¥345.99	¥ 345.99	¥ 0.00	¥ 0.00	¥ 0.00	¥ 0.00
云数据库KvStore-包年包月 总计	预付费	¥6000.00	¥ 6000.00	¥ 0.00	¥ 0.00	¥ 0.00	¥ 0.00
云市场 总计	预付费	¥0.00	¥ 0.00	¥ 0.00	¥ 0.00	¥ 0.00	¥ 0.00

图 11-7　阿里云资源月消费案例

该数据取自 2017 年 8 月，消费总计：¥181 625.21，一年云上资源成本粗略估算，总计在两百万左右。其中一个月在ECS上有将近十万的资源费用开销，我很好奇其用的ECS的配置。结果我发现，客户在云端用的大多是16核128GB的高配服务器。我问客户为什么要用这么高配的服务器，是业务的需要、还是其他原因？客户的回答让我记忆犹新，其实这也是客户的心声。客户说公司经常会搞一些活动，自己也不专业，所以只能开高配的服务器来寻求保障。但这种盲目的开高配的做法，可能会掩盖本质的问题。最终不仅会造成资源的过度浪费，还无法解决痛点问题。

客户在上线新业务且做活动期间，线上业务长达两三个小时宕机，这就将上述问题进一步升级并推上高潮。当时，客户将此问题同步到我们，由我们进行协助定位及解决。后来我们发现底层核心数据库采用的是阿里云的MongoDB分片集群，但是生产的业务数据却存放在ConfigServer节点的默认admin库中，而阿里云的MongoDB分配集群的ConfigServer默认配置只有1核2GB（此案例在MongoDB分片Sharding技术实践中有详细介绍）。面对活动压力，MongoDB瞬间瘫痪了。定位到问题后，我们紧急将业务数据从admin库中迁到另外一个业务库上，问题得到了解决。但在当天的业务活动期间，已直接导致五千多万经济损失。同时我们也可以看到在云端实践中存在两个引人深思的问题：

- 在云端有80%的企业存在计算资源和存储资源闲置及浪费的普遍现象。云你真的会用吗？真的用好了吗？
- 随着业务发展，对应的资源越来越多，如何高效地对云端资源进行监控运维？

下面主要是针对此客户在云端上的业务需求，进行的运维架构的改造及优化的实践总结。希望通过相应的实践案例，能让大家对这两个问题有更深刻的理解。

11.3.1 优化一：云端配置选型

首先我们要考虑的是根据实际的业务请求数、存储的业务数据的大小，来合理评估对应的配置。对于上面的案例，通过最近活动的峰值及三个星期运维监控性能数据发现，线上ECS资源（44台）、MongoDB资源（三个集群）、Redis资源（三个集群）使用严重不饱和。

1. ECS配置建议

16核128GB/32核128GB的高配，日常负载仅为1～2左右。这说明资源使用过剩，建议统一采用8核16GB的标配。

线上未放入驻云监控平台的资源清单，如测试服务器（4核16GB）、官网（8核64GB），同时，资源使用也过剩，建议降配至4核8GB。

线上大量8核16GB的服务器，CPU负载在1以下，至少可以将服务器台数减半。

线上90%的服务器的硬盘空间使用率在1%～3%之间，磁盘空间使用严重不饱和。建议统一从500GB降配至100GB。

2. MongoDB配置建议

除了ECS的费用占比高之外，MongoDB的资源使用费用也很高，同样面临资源使用过剩的问题。我算了一下，线上 3 个 MongoDB 集群，按量的费用，一个小时需要 59.5 元。

核心业务 MongoDB 分片集群，Mongos 采用 8 核 32GB 4 台（16 000 连接数），Shard 采用 8 核 16GB/500GB 2 台。分片集群使用的性能状态汇总如下。

- MongoDB 中存储的数据量大小：8GB
- Mongos 的 CPU 使用率（max）：4.84%
- Mongos Connects（max）：1000
- Shard CPU 使用率（max）：16.71%
- Shard 内存使用率（max）：56%
- Shard IOPS（max）：400
- Shard IOPS 使用率（max）：5%

另外其他两个 MongoDB 分片集群，资源使用率低到可以忽略不计。因此可以看出，此时没有必要使用 MongoDB 分片集群，一台 8 核 16GB 的单机版 MongoDB 足够满足需求。

3. Redis 配置建议

线上采用三个 16G 的集群版 Redis，而线上 Redis 实际使用量如下。

- UserdMemory：380MB
- InFlow（max）：43.52Kbps
- OutFlow（max）：149.12
- Conncount：977
- Totalqps（max）：756

根据以上业务数据量可知，单机低配版的 1G ～ 2G 大小就能满足 Redis 的需求，其费用至少可以减少 50%。

4. 总结

由以上案例，我们可以看到年消费两百万的资源费用，大部分都是浪费。通过合理优化，每年的成本预算可以控制在三十万到五十万之间。并且通过很多类似案例我们也可以总结出以下经验，即根据业务的实际需求，结合系统实际的性能压力及峰值，在云端做出合理的配置规划。

11.3.2　优化二：云端网络架构

在业务上，客户在云端网络主要有三大需求：

- 每台服务器都需要具备访问公网的能力，主要是要去请求第三方的服务接口。
- 有些服务器上的端口需要对外提供访问，因为原本的端口只对内开放，且只允许比如公司的 IP 去访问等。
- 由于机器资源较多，要实现生产环境和测试环境的划分及隔离。

一开始，客户的云端网络选择情况如下：

- ❑ 在杭州地域，采用经典网络。测试环境、生产环境采用安全组隔离，不同的业务放在不同的安全组。
- ❑ 每台机器都开通公网，主要是让外部请求能访问单台机器上部署的服务。同时也是为了让该机器上部署的业务代码，能请求访问外部第三方服务接口。
- ❑ 通过安全组规则限制，让对应的服务端口只暴露给公司的 IP 地址，从而起到安全限制的作用。

在云端采用上述的网络结构，基本需求虽然满足了，但同时也带来了更为严峻的网络安全问题：

- ❑ 经典网络内网 IP 随机，没有网段的概念。在业务上不方便划分，只能笼统地用安全组统一“一刀切”。
- ❑ 每台机器都开通公网，安全性风险非常高。
- ❑ 服务器太多，在安全组上控制有些机器的端口服务只允许指定的公网 IP 访问，安全配置管理烦琐。

为了解决云端网络带来的问题，我们不得不对网络规划进行重新设计，具体架构如图 11-8 所示。

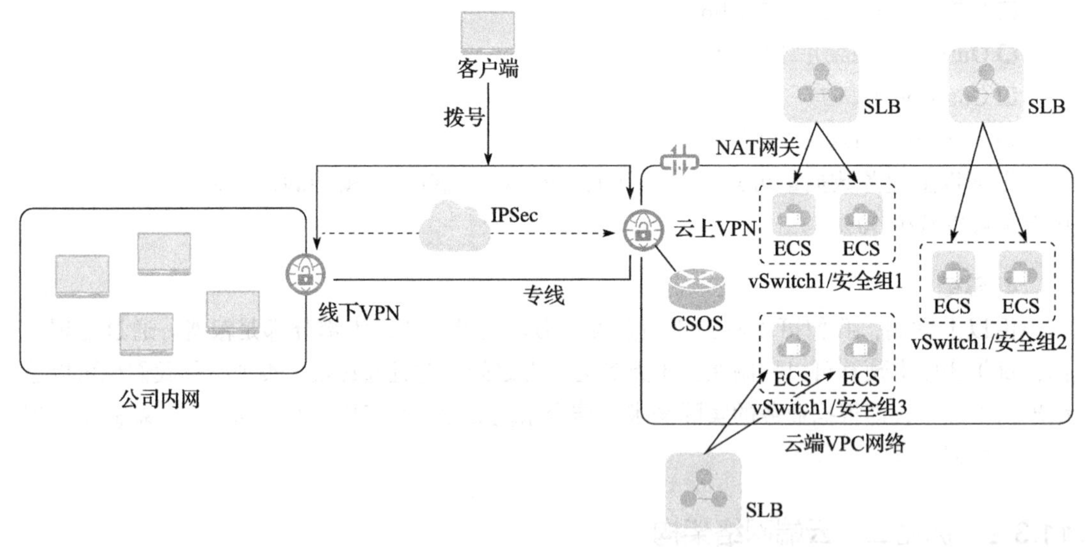

图 11-8 云端网络架构

在图 11-8 中，我们可以看出：

- ❑ 云端网络采用 VPC，不同的业务放在不同的网段中，不同的网段用不同的安全组隔离。架构层次清晰，非常方便管理。
- ❑ 基于 VPC，在一台绑定公网的 ECS 上通过 IPTABLES 设置 SNAT。后端 ECS 不绑定公网 EIP（只绑定内网），访问公网第三方服务的接口，通过这台有公网的 ECS

SNAT 去实现对出公网请求的访问。

- 同样基于 VPC，通过 VPN 网关服务的 IPSec 链路把云端 VPC 内网和公司内网 VPC 打通，我们不用再去设置繁杂的公网安全组规则，在公司直接访问云端内网端口服务。如果想要访问公司以外的网络，可以在公司内部，或者云端放个拨号 VPN，在非公司办公网络，直接拨号到内部网络。这种网络架构，不管是 IDC 还是云端，都是成熟企业的混合云架构模式。

通过以上云端网络，可以基本解决在云端的网络及安全需求。但是我们又遇到一个新的问题，即刚开始在通过 VPC 环境使用 SNAT 功能的时候，是在 ECS 上通过 IPTABLES 方式自建的，因为那时候阿里云官方还没推出 NAT 网关服务，所以这种自建的方式给我们带来了两次生产事故：

- 在部署 SNAT 的 ECS 上，我们同时部署了监控代理、自动化工具、CSOS 云安全运维系统。在部署一些运维工具服务的时候，我们曾重启过这台服务器。但重启后 IPTABLES 的规则没有加载，导致 SNAT 功能不可用，从而导致线上业务连接公网第三方服务接口不通，对应出现线上业务异常。后来添加了这条 IPTABLES 的 SNAT 规则，才恢复对应服务。
- ECS 上绑定的 EIP 的带宽峰值仅有 200Mbps，在该客户电商活动期间，由于请求压力较大，对出口带宽的压力也变大，导致 200Mbps 的带宽被跑满，从而线上业务出现访问超时、白屏的问题。当时我们临时的解决方案是在出口带宽压力较大的 ECS 上紧急绑定 EIP，让数据的返回直接通过 EIP，而不从 SNAT 出去，以减少那台 ECS 的 SNAT 压力，这样故障才得到解决。

为了解决自建 SNAT 带来的两个问题，我们最终将自建 SNAT 迁移到官方的 NAT 网关服务上。NAT 网关产品，本身就解决了高可用的问题。而 NAT 网关的带宽包（对公网 IP 资源的封装，一个 NAT 带宽包由一个或多个公网 IP 组成），又解决了我们对更高峰值带宽的诉求。

云诀窍

将自建 SNAT 迁移到 NAT 网关服务上，其核心注意点就是在控制台中删除 VPC 中添加的路由条目，使路由器不再把公网访问请求转发给自建 SNAT，而是转发给 NAT 网关。这个操作比较敏感，有可能因为配置失误导致 SNAT 的功能异常，从而使线上服务器出网访问时出现异常。所以此步操作需要提前确认测试好，最好放在业务低峰期时进行操作。

11.3.3 优化三：云端负载均衡的选择

首先看一下本客户案例，负载均衡优化前的老架构，具体如图 11-9 所示。

由图 11-9 可知，老的架构设计有以下几个问题：

- 采用七层的 SLB（高规格的 QPS 仅五万的峰值），并不适合电商领域对 SLB 性能的诉求。特别是对有一定业务体量的电商及面对活动期间，这个问题将变得更为严峻。所以从业务层次上来说，使用七层是不合理的。
- 当时在使用七层 SLB 的时候，SLB 还不支持虚拟主机的功能。七层 SLB 仅做流量转发到后端 Node 应用中，且只用于请求转发的功能，而采用七层负载均衡，从运维架构上也是不合理的。
- 请求直接转发给到后端 Node 应用，并没有在 Node 前面加个 Nginx 做反向代理。在七层上没有虚拟主机、Rewrite 等灵活功能，从运维灵活性及功能性上来说也是不合理的。
- 业务仅采用 HTTP 给用户提供服务，在业务安全方面存在很大的隐患。在 Web 类互联网应用服务中，HTTPS 是默认的选项。

结合第 7 章的相关经验，改造后的运维架构如图 11-10 所示。

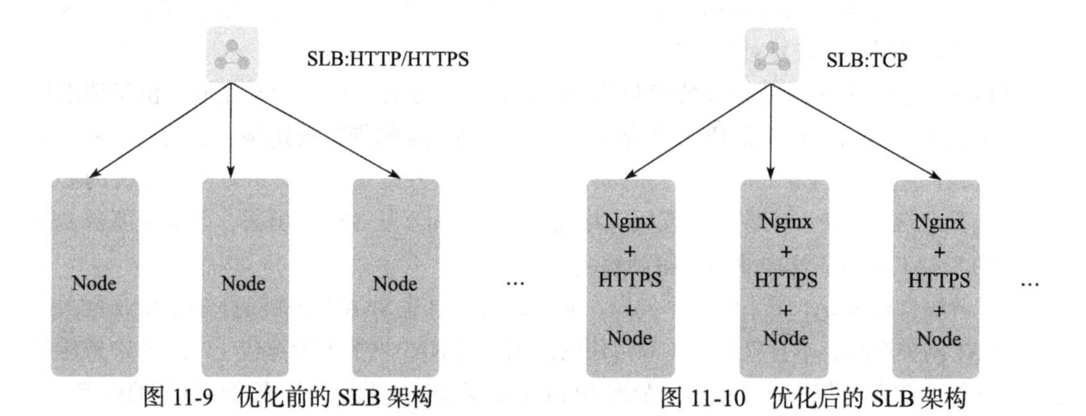

图 11-9 优化前的 SLB 架构　　图 11-10 优化后的 SLB 架构

针对老架构存在的问题，我们对新架构进行了调整：

- 前端用四层 SLB 进行流量转发，不用担心面对活动等高并发的业务场景，SLB 表现出性能不足的问题。基本上四层 SLB 能抗 10w ～ 50w 的并发，常规互联网高并发场景也基本上都能应付得来。
- 流量转发到 ECS 上，在 Node 前面加上 Nginx 做反向代理。这样我们就可以控制七层的明细，七层请求的日志明细，以及做七层的虚拟主机或者 Rewrite 等功能。
- 给域名申请对应证书，我们把证书放在后端 Nginx 中配置管理。不采用七层 SLB 在前端做证书集中管理，其实主要也是从性能方面考虑，虽然采用四层 SLB，后端每台 ECS 上都需要配置证书。但是 Nginx 管理证书的配置也只有两行，然后结合 Ansible 自动化工具，这对运维侧来说也是非常方便的。
- 业务侧访问，我们保留 HTTP 的 80 端口访问。在 Nginx 上 80 端口上配置 Rewrite 跳转规则，自动跳转至 HTTPS 的 443 端口上。值得注意的是，在 SLB 的 TCP 上 80 和 443 的端口监听都要开启，请求转发至后端 Nginx 的 80、443 端口上。

11.3.4 优化四：云端静态资源访问

下面我们来看一段 Nginx 反向代理配置：

```
server {
    listen 80;
    server_name test.qiaobangzhu.cn;
    location /wx-share {
    proxy_pass https://qiaobangzhu.oss-cn-hangzhou-internal.aliyuncs.com/wx-share;
}
location /tw/cvs {
    proxy_pass https://qiaobangzhu.oss-cn-hangzhou-internal.aliyuncs.com/tw/cvs;
}
location / {
    add_header Cache-Control max-age=300;
    proxy_pass https://qiaobangzhu.oss-cn-hangzhou-internal.aliyuncs.com;
}
error_page 404 /404.html;
location = /404.html {
    root /usr/share/nginx/html;
}
error_page 500 502 503 504 /50x.html;
location = /50x.html {
    root /usr/share/nginx/html;
}
}
```

在这个客户应用场景中，我们把静态资源放在 OSS 中，前端对静态资源的请求通过 Nginx 反向代理转发给 OSS。在 Nginx 上控制对后端 ECS 的访问，也可以在 Nginx 上做静态缓存，以减少对后端 OSS 的静态请求次数。但这种做法，在架构应用上是不推荐的，因为它会带来如下几个问题：

- 访问静态资源的流量走 ECS 的带宽流量，特别是在中大型的 Web 应用中。流量走 ECS 的带宽，很可能会出现性能瓶颈。比如在上述 SNAT 的案例中，部署 SNAT 的那台机器流量跑满了 EIP 的 200Mbps 带宽。这台机器大部分流量，就是 Nginx 的反向代理请求 OSS，然后数据通过 Nginx 再返回给客户端。所以静态资源占用了大量的 ECS 带宽，后来在活动期间，瞬间使 SNAT 的那台机器瘫痪了。
- Nginx 是通过公网将请求反向代理转发给 OSS 的，所以在网络传输上会影响速度性能。
- 通过 Nginx 反向代理封装，不仅增加了运维管理成本，还要维护 Nginx 配置文件等。

所以此时添加 Nginx 做反向代理多此一举。在云端实践中是不推荐使用此部署方案的。该客户之所以选择使用 Nginx 做反向代理，主要原因在于业务代码侧。静态资源的请求，都是通过目录来划分的。如若将静态资源单独放在二级域名，会由于跨域等 Cookie 问题在代码侧没有得到很好地解决，而使这个运维架构对业务访问产生问题。最终我们选择在业务代码侧进行了优化及调整，对 OSS 静态资源的使用规范如下（这也是使用 OSS 进行静态资源管理的标准使用方法）：

- 业务侧使用单独的二级域名来管理静态资源，静态资源统一存放至 OSS 中。
- 静态资源的二级域名直接将 CNAME 绑定在 OSS 的 URL 地址上，这样就直接跳过“使用 Nginx 做反向代理”这个冗余的步骤了。
- 如果想要进一步提升 OSS 中存放的静态资源的访问速度，我们可以无缝接入 CDN。CDN 的回源请求，会直接通过内网回源请求 OSS 中的源数据。相比 Nginx 反向代理走公网请求 OSS，速度和效率会提升得更高。

11.3.5 优化五：云端运维管理

为了保障系统在云端更加安全、规范、高效的运行，运维侧梳理是基础，也必不可少。

1. 云端运维安全管理系统

其实云端网络方面的优化，已经在很大程度上保障了业务访问及系统访问的安全性。但这在运维管理中还不够，我们还缺少针对 SSH 连接的安全管理、审计系统，即堡垒机的安全功能。驻云的 CSOS 就能很好地解决服务器在 SSH 连接管理这方面的安全功能问题。它可以更有针对性地进行账号管理、权限管理，也可以针对数据库方面的连接管理，对数据库的 SQL 访问做安全管控等。CSOS 架构如图 11-1 所示。

2. 运维安全加固

绑定在公网的 ECS 上，如果没有用安全组或者本机 ECS 的 IPTABLES 防火墙做安全规则，就会存在较大的安全风险。所以我们需要开启安全组规则或者防火墙规则来保障安全性，默认采用安全组来设置端口服务访问安全性。

有些服务器直接采用 ROOT 用户连接，远程端口为默认的 22 端口。有关这方面的使用也存在较大的安全隐患，在服务器连接中，都是建议使用一个普通用户连接，然后需要管理员权限，再通过 sudo 切换至 ROOT。ROOT 直接暴露，会存在较高的安全风险。并且默认的 22 端口，也增加了被扫描及暴露漏洞的风险。

另外我们还发现一些进程服务也都是运行在 ROOT 用户下的，存在较高的安全风险。一般默认情况下，安装的程序最好默认运行在普通用户下。

3. 运维规范

因为云端服务器资源较多，从 2019 年 2 月份的数据来看，在杭州地域下的 ECS 资源清单就有 283 台，所以保证基本的运维规范，是我们做运维自动化集中管理的基础，也是必要条件。下面一起看看具体有哪些规范。

- 主机名规范：统一采用《业务名》–《用途》–《编号》来进行，比如 prod-web-01。

- 开机自启动规范：梳理 Nginx/Node/Java 服务的启动命令至 /etc/rc.local 中，统一采用 rc.local 是为了方便了解每台服务器上运行的服务进程清单。
- 运维自动化：采用 Ansible + Rundeck 实现服务器日常集中化管理，Ansible + Rundeck 都是基础的自动化运维工具。运维人员可以直接登录服务器通过自动化工具集中管理服务器，也可以登录 DevOps 平台管理服务器。

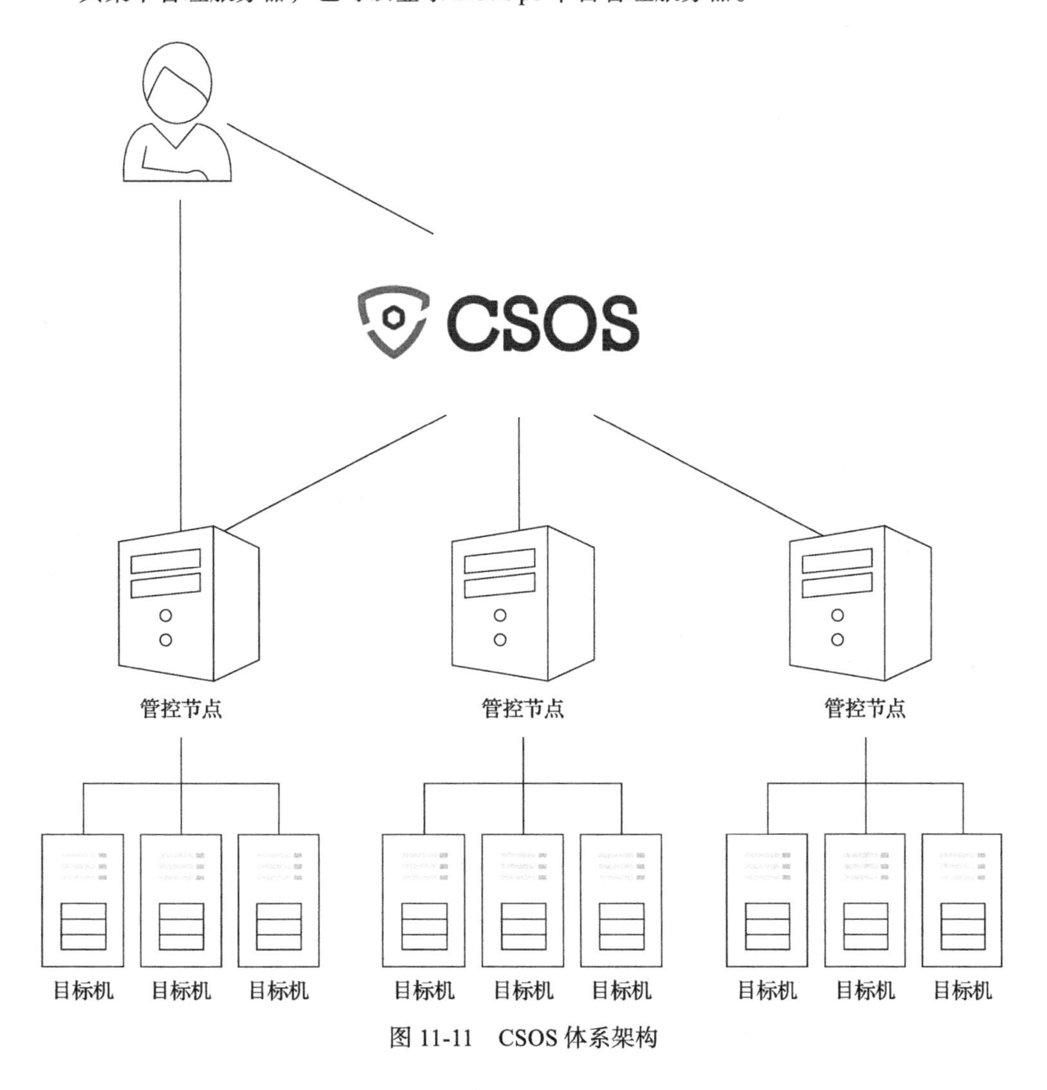

图 11-11 CSOS 体系架构

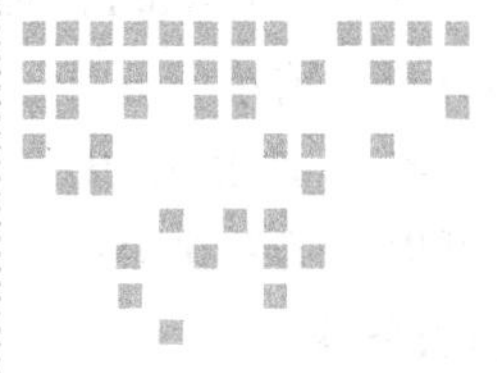

Chapter 12 第12章

云端监控实践

监控是运维的第一道防线，业务系统可以不做运维自动化，甚至可以不做DevOps，但一定不能不做监控。监控是业务的“眼睛”，能让对应的异常问题在第一时间被发现，只有这样我们才能第一时间去解决问题。运维工作做的好不好，更多的是看监控有没有加好。本章主要从物理机体系、云计算体系、容器体系这三大IT体系所对应的系统架构演变过程，来介绍每个IT体系下对应的监控解决方案。本章包含十一种监控解决方案，其中也包含驻云面对云端大量客户的监控需求，它所累积的驻云监控1.0、驻云监控2.0、驻云监控3.0等最佳云端监控实践方案，可以说几乎覆盖了当今互联网下最热门的监控解决方案及最佳实践。

12.1 物理机体系：三大监控方案实践

物理机体系下的架构，其典型特点就是传统的IOE单机架构及以虚拟VIP技术为主的集群高可用架构。而这类原始单机版的架构，相对应的监控方案也比较简单。

12.1.1 监控方案一：Shell / Python

应用场景：通过Shell或者Python脚本，甚至Java、PHP来完成监控需求。这个监控解决方案一般用于不懂运维的研发人员，他们一般没听说过监控系统，也不知道用什么监控系统，所以就用自己擅长的开发语言，来完成日常的监控需求。比如我以前做Java开发的时候，就兼职公司的运维和服务器的监控工作，就是自己写了几个Shell脚本来完成监控工作。

功能特点： 主要通过脚本编码做些系统基础监控指标（CPU/ 内存 / 网卡 / 磁盘）报警。

缺点： 缺乏中间件、应用层监控。缺乏监控数据存储、数据查看等监控集中化管理平台（Dashboard）。

12.1.2 监控方案二：Nagios

业务系统的监控是一个系统型专业的工程，简单的自定义监控脚本，适用的场景比较少，并不能满足业务监控需求。在物理机体系下，用得比较多的监控软件当属 Nagios。

应用场景： IT 基础架构监控的行业标准（出自官网），主要应用在主机系统、交换机路由器等网络设备的监控上。

功能特点： Nagios 主要偏向做主机系统、交换机路由器等网络设备的监控。

缺点：

- Dashboard 监控数据的图形展示效果很差。
- 很多功能通过插件化来实现，对技术能力要求很高，特别对初学者门槛较高。
- 偏向主机层面监控，比如在 Nginx、Tomcat 等应用中间件性能方面监控偏弱。

12.1.3 监控方案三：Nagios + Cacti

Cacti 是一套基于 PHP、MySQL、SNMP 及 RRDTool 开发的网络流量监测图形分析工具。Cacti 可以单独部署使用用以监控网络流量，监控数据图形界面展示效果比较好；也可以跟 Nagios 结合起来使用，整合 Cacti 和 Nagios 是利用了 Cacti 的一个插件 Nagios for Cacti（NPC），它的原理是将 Nagios 的数据通过 ndo2db 导入到 MySQL 数据库（Cacti 的库）中，然后 Cacti 读取数据库信息将 Nagios 的结果展示出来。

应用场景： Cacti + Nagios 是物理机体系阶段的最佳监控解决方案。

功能特点： Cacti 的良好数据展示，弥补了 Nagios 监控软件的不足。

缺点：

- 同样对技术能力要求高，对初学者来说门槛较高。
- 同样偏向主机层面监控，比如在 Nginx、Tomcat 等应用中间件性能方面监控偏弱。

12.2 云计算体系：四大监控方案实践

云计算的出现及普及，也使分布式架构得到了发展。以负载均衡为核心的分布式架构，不仅解决了集群架构的高可用问题，还使业务可采用水平的方式得以扩展，即后端动态添加或减少服务器，满足业务弹性的需求。随着互联网 Web2.0 网站的兴起、大数据和云时代的到来以及分布式架构的普及，使分布式架构同时也面临着“三高”的问题及挑战：

- 高并发读写的需求。
- 对海量数据的高效率存储和访问需求。

❑ 高可扩展性和高可用性的需求。

分布式架构下的监控解决方案，最合适的当属 Zabbix 了。Zabbix 被誉为企业级开源监控解决方案，曾经被大部分企业作为开源解决方案的首选。

12.2.1 监控方案四：Zabbix

应用场景：企业级 IT 监控解决方案（出自官网），相比 Nagios 官网的介绍及特点（IT 基础架构监控的行业标准），Zabbix 被称作企业级解决方案，从这一点就能看出来 Zabbix 不仅仅能做 Nagios 主机、网络设备层面的监控，还能满足企业级其他方面的监控需求，比如中间件、日志等。

功能特点：

❑ 主机、网络、中间件、日志等性能监控（非常成熟完善）。

❑ 详细的报表图标绘制，如 Dashboard、Graphs、Screen、Map 等功能。

❑ 支持自动发现网络设备和服务器，支持分布式集中管理、管理监控点。

❑ 完善详细的 API，支持企业级定制化开发。这个功能非常重要，企业可以通过 API 把 Zabbix 集成在其他运维自动化平台中，或者基于 Zabbix 二次定制化开发适合公司业务的监控系统。

缺点：

❑ Zabbix 的分布式体现在监控节点上，即客户端（Agent）监控数据的收集，Zabbix 有 Proxy 模式，能满足大多数企业跨地域、跨内外网等网络结构下的监控需求。但是 Server 端的数据存储用的是以 MySQL 为主的关系型数据库，Server 端存在很严重的性能问题。

❑ 需要在监控的目标主机中安装 Agent，这样将会存在安全隐患。

❑ 对容器监控支持不太好。

12.2.2 监控方案五：云监控

云监控（CloudMonitor）是一项针对阿里云资源和互联网应用进行监控的服务。随着云平台功能的逐步完善及成熟，云平台中自带的云监控也逐渐日益完善及成熟。当前云监控不仅能完成针对云平台层面的云产品服务监控，也能完成主机层面、中间件层面等的定制化监控。产品架构图如图 12-1 所示。

在未来，云监控会成为监控的主要趋势。因为云平台会把常见的开源环境，比如 Web、缓存、数据库等都进行封装并产品化。运维人员不需要再去安装部署这些开源类中间件，只需要开通对应产品服务，如一键式配置、管理、维护等，所以我们不需要再自建 Zabbix 等监控需求。一般情况下，云监控一键式的监控设置，能满足 80% 互联网企业的监控需求。常见热门云产品的报警规则设置实践如表 12-1 所示。

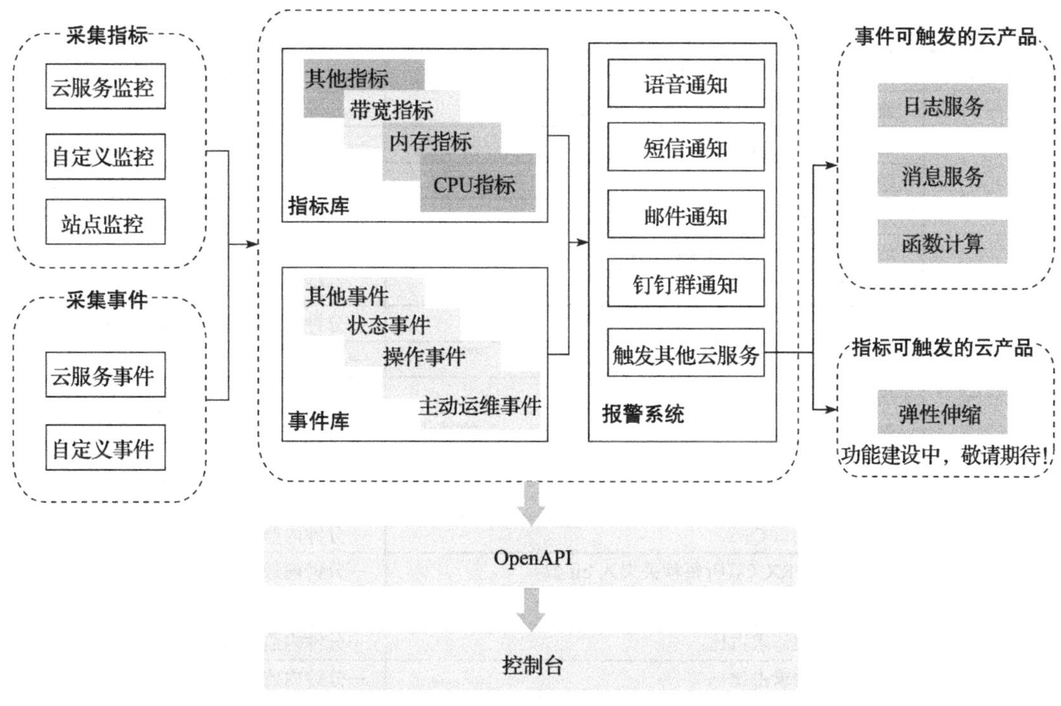

图 12-1 阿里云云监控产品架构图

表 12-1 常见热门云产品的报警规则设置实践

云产品	报警名称	报警触发规则
ECS	CPU 使用率（CPUUtilization）	一分钟内最大值 > 90%，连续三次
	磁盘使用率（vm.DiskUtilization）	一分钟内最大值 > 90%，连续三次
	内存使用率（vm.MemoryUtilization）	一分钟内最大值 > 90%，连续三次
	公网流出带宽使用率（InternetOutRate_Percent）	一分钟内最大值 > 80%，连续三次
	等待 IO 操作的 CPU 百分比（cpu.iowait）	一分钟内最大值 > 20%，连续三次
	过去 1 分钟的系统平均负载（load1）	一分钟内最大值 > 5，连续三次
	iNode 使用率（fs.inode）	一分钟内最大值 > 90%，连续三次
	TCP 连接数（Host.tcpconnection）	一分钟内最大值 > 2 000，连续三次
	网卡上行带宽（Host.netin.rate）	一分钟内最大值 > 360M/s，连续三次
	网卡下行带宽（Host.netout.rate）	一分钟内最大值 > 360M/s，连续三次
RDS	连接数使用率	五分钟内最大值 > 80%，连续一次
	只读实例延迟	五分钟内最大值≥ 5 秒，连续一次
	IOPS 使用率	五分钟内最大值 > 80%，连续一次
	CPU 使用率	五分钟内最大值 > 80%，连续一次
	磁盘使用率	五分钟内最大值 > 80%，连续一次
	内存使用率	五分钟内最大值 > 90%，连续一次

（续）

云产品	报警名称	报警触发规则
SLB	监听每秒丢失连接数（DropConnection）	一分钟内最大值 > 0，连续三次
	最大连接数使用率	一分钟内监控值 > 80%，连续三次
	QPS 使用率	一分钟内监控值 > 80%，连续三次
	端口维度的请求平均延时	一分钟内监控值 > 5 000ms，连续三次
	后端异常 ECS 实例个数	一分钟内监控值≥ 1，连续三次
	端口 4xx 状态码个数	一分钟内监控值 > 100，连续三次
	端口 5xx 状态码个数	一分钟内监控值 > 100，连续三次
	端口 Upstream 4xx 状态码个数	一分钟内监控值 > 100，连续三次
	端口 Upstream 5xx 状态码个数	一分钟内监控值 > 100，连续三次
	端口 UpstreamRT（端口维度的 rs 发给 proxy 的平均请求延迟）	一分钟内监控值 > 5 000ms，连续三次
	七层协议实例 QPS	一分钟内监控值 > 10 000，连续三次
	七层协议端口 QPS	一分钟内监控值 > 10 000，连续三次
	DropTrafficRX（监听每秒丢失入 bit 数）	一分钟内最大值 > 0，连续三次
	DropTrafficTX（监听每秒丢失出 bit 数）	一分钟内最大值 > 0，连续三次
OSS	服务端错误请求占比	一分钟内监控值 > 1%，连续三次
	网络错误请求占比	一分钟内监控值 > 1%，连续三次
	客户端授权错误请求占比	一分钟内监控值 > 1%，连续三次
	客户端资源不存在错误请求占比	一分钟内监控值 > 1%，连续三次
	客户端超时错误请求占比	一分钟内监控值 > 1%，连续三次
	客户端其他错误请求占比	一分钟内监控值 > 1%，连续三次
	请求平均服务器延时	一分钟内平均值 > 3 000ms，连续三次
	请求平均 E2E 延时	一分钟内平均值 > 3 000ms，连续三次
Redis	CPU 使用率（CPUUsage）	一分钟内最大值 > 80%，连续三次
	连接数使用率（ConnectionUsage）	一分钟内最大值 > 80%，连续三次
	内存使用率（MemoryUsage）	一分钟内最大值 > 80%，连续三次
	写入带宽使用率（IntranetInRatio）	一分钟内最大值 > 80%，连续三次
	读取带宽使用率（IntranetOutRatio）	一分钟内最大值 > 80%，连续三次
	命中率	一分钟内最大值 < 80%，连续三次
	平均响应时间	一分钟内最大值≥ 2s，连续三次
	最大响应时间	一分钟内最大值≥ 3s，连续三次
	QPS 使用率	一分钟内最大值 > 80%，连续三次
MemCache	连接数使用率	一分钟内最大值 > 90%，连续三次
	CPU 使用率	一分钟内最大值 > 90%，连续三次
	读取命中率	一分钟内最大值 < 80%，连续三次
	写入带宽使用率	一分钟内最大值 > 90%，连续三次
	读取带宽使用率	一分钟内最大值 > 90%，连续三次
	内存使用率	一分钟内最大值 > 90%，连续三次
CDN	命中率	一分钟内最大值 < 80%，连续三次

应用场景：针对云平台层面的云产品服务监控，也是未来的监控趋势。

功能特点：

- Dashboard：提供自定义查看监控数据的功能，可以在一张监控大盘中跨产品、跨实例查看监控数据，将相同业务的不同产品实例进行集中展现。
- 应用分组：提供跨云产品、跨地域的云产品资源分组管理功能，支持从业务角度集中管理业务线涉及的服务器、数据库、负载均衡、存储等资源。
- 主机监控：在服务器上安装插件（Agent），提供CPU、内存、磁盘、网络等三十余种监控项。
- 自定义监控：可以针对自己关心的业务指标进行自定义监控，将采集到的监控数据通过API上报至云监控来完成自定义监控报警。
- 站点监控：通过遍布全国的互联网终端节点，发送模拟真实用户访问的探测请求，监控全国各省市运营商网络终端用户到服务站点的访问情况。
- 云服务监控：提供查询用户购买的云服务实例各项性能指标情况。
- 日志监控：提供对日志数据的实时分析，比如对日志关键字统计，进行监控及报警等。
- 事件监控：提供云产品服务各类异常事件的报警功能，也支持自定义事件类型数据的上报、查询、报警功能。

缺点：

- 主机方面的监控项仅有三十余种，这些监控项虽然能覆盖常见需求，但监控项粒度和广度的可选择空间还无法满足需求。
- 开源中间件之类的监控，需要通过自定义监控调用云API来完成，有一定的研发要求，监控门槛较高。
- 云监控作为一个产品化服务，做了很多功能封装，所以我们才能一键式方便快捷地使用。但同时也由于产品功能的封装，导致整体在监控细粒度、深入度、灵活度等方面不足。比如在监控数据采集时间周期、监控数据存储时间、监控数据可查看历史数据等方面都有限制，相关明细会在后文与Zabbix及Prometheus的对比中详细介绍。
- 云监控是云平台自带的监控服务，默认一般针对的是云供应商自身云平台的产品服务监控。如若业务采用了多个云平台，甚至还有IDC机房的业务，我们没办法通过云监控来统一监控不同云平台的产品服务，以及IDC中的服务器。监控的数据查看、报警策略的设置，需要在各自云平台的云监控系统、及IDC服务器中自建的监控系统中完成，这给我们监控数据集中化展示、集中化管理带来很大不便。

12.2.3　监控方案六：驻云监控1.0（高可用监控）

在云端的监控实践中，我们会面对各种各样的云端客户的业务需求。对于云端的监控技术体系的选择，应主要考虑其灵活性及可定制化，这里我们选择了主要以Zabbix为核心的监控技术体系。

驻云监控1.0技术体系架构图如图12-2所示。

针对图 12-2 的说明如下：

- 7*24 秒级预警：监控数据收集可以设置秒级别。
- 1 个监控室：7*24 值班人员来进行报警通知、问题升级及调度。

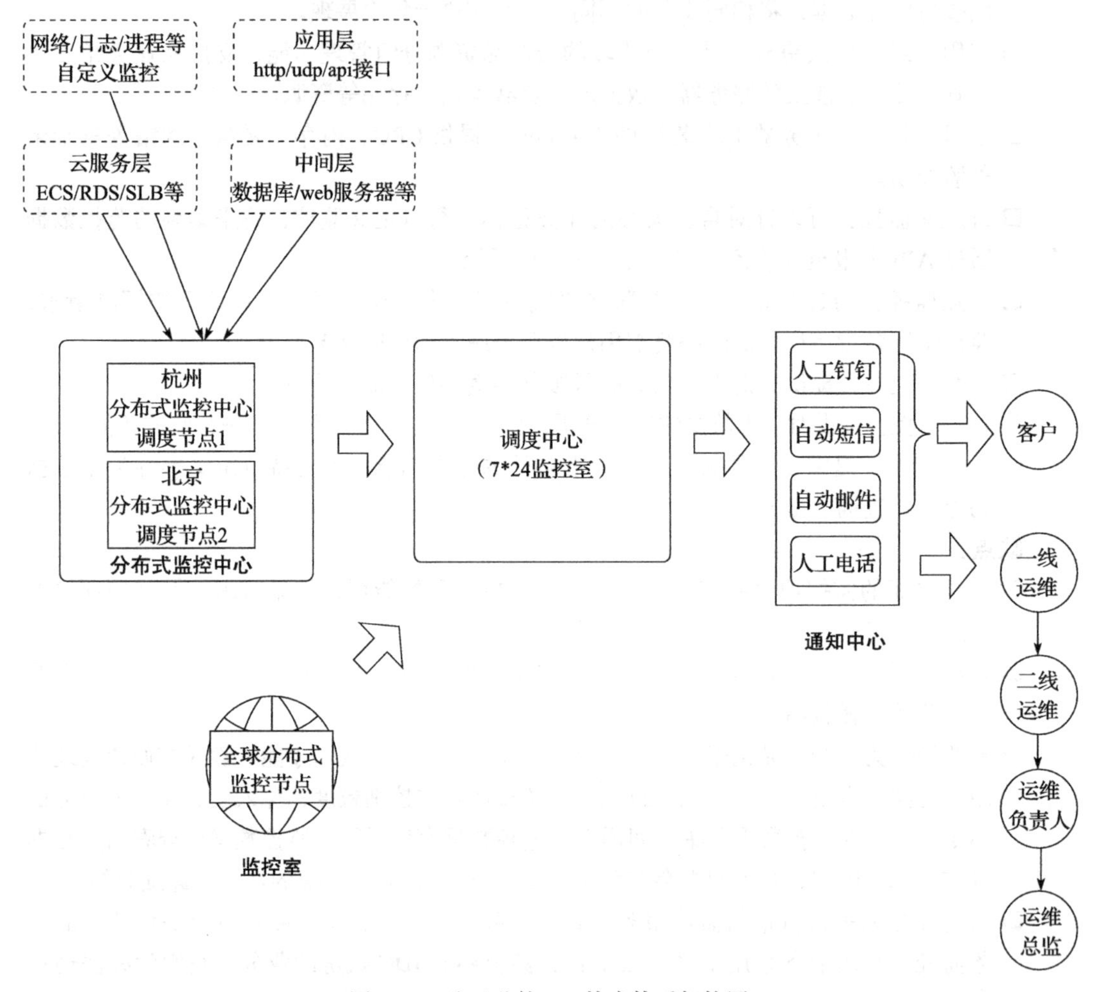

图 12-2 驻云监控 1.0 技术体系架构图

- 2 个监控中心：在杭州地域、北京地域分别部署 Zabbix Server，用来运维监控不同的云端客户。
- 4 种通知方式：通过人工钉钉、自动短信、自动邮件、人工电话等来进行报警信息通知。
- 100 余项监控节点：站点的 HTTP URL 监控，由于 Zabbix 在站点监控方面功能较弱，所以我们采用监控宝监控产品来协助完成。
- 200 余项监控模板：千家云端客户实践案例、万台云端主机试验经验，累积大量针对系统 OS、中间件、数据库等监控模板。

我们之所以把 1.0 监控称之为高可用监控，这个高可用主要体现在什么方面呢？主要是因为 1.0 监控中有个 7*24 的监控室，6~8 人 7*24 小时轮流值班，保障监控的告警能够第一时间人工通知到运维人员，保障监控通知的“高可用”。另一方面，是因为 Zabbix Server 端的扩展性问题，Zabbix Server 采用的数据库并不是分布式技术架构。所以相比分布式技术架构而已，仅仅只是个高可用技术架构。

虽然 Zabbix Agent 及 Proxy 能做到客户端的分布式监控，但是在 Zabbix Server 中，Zabbix Server 的服务及监控数据都存储在关系数据库（如 MySQL、PostgreSQL）中，无法做到分布式的水平扩展。一个 Zabbix Server 面对上万的主机、TB 及 PB 含量的数据，将会变得非常力不从心。

所以很多人把 Zabbix 看成分布式监控，其实严格意义上来说是不准确的，Zabbix 的分布式监控指的是 Zabbix Proxy 能做跨地域、跨不同网络的服务器分布式监控，Zabbix Server 端的性能瓶颈才是 Zabbix 真正的瓶颈。所以我们才把驻云监控 1.0 称为集群监控，在“绪言”中也跟大家介绍过，集群架构技术和分布式架构技术的区别，即集群的核心是保障高可用，而分布式不仅能保障高可用，还能进行水平式性能扩展。

那么，基于 Zabbix 的 1.0 监控体系，和传统互联网公司自己搭建的 Zabbix 具体有哪些区别？其汇总如图 12-3 所示。

功能	客户自建监控	驻云科技 驻云监控 1.0
自定义监控	配置复杂，需要有一定的 Zabbix 基础和脚本开发基础。	由驻云工程师根据主机和业务情况，定制开发监控脚本。
日志监控	日志监控配置需要一定的 Zabbix 基础。	可直接在监控平台中配置日志监控，无须依赖其他服务，且由驻云运维工程师根据客户业务需求配置完成。
拓扑图	配置复杂。	可根据客户提供的主机拓扑定制出监控拓扑，以方便了解集群实时的监控情况。
告警规则和模板	仅有 Zabbix 自带的几套示例模板，无法满足生产环境的需求。	积累了多年数千台服务器监控告警策略，基本实现无漏报和误报，可根据内置函数做出更丰富的策略，以满足各种情形。
功能开放性	可对 Zabbix 做二次开发	不可对监控平台做二次开发，只提供接口。
云产品的监控	无法监控云产品。	包含 RDS、SLB 监控，可根据客户需求开发监控模板，以满足其他阿里云产品。
中间件监控	无模板，需要自己制作或到网上收集、修改、验证，工作量巨大。	可使用现有模板和脚本，目前已覆盖大部分 Web、数据库、消息队列、缓存等中间件种类。
仪表盘	仅有拓扑图和折线图，且都需要自己制作。	附带监控大屏幕，可展示用户站点全国各省延迟情况、全球访问用户所在地、PV-UV、CloudCare 事件、服务器告警信息等，且支持根据客户业务数据定制。
7*24 小时	无	全年无休，出现告警问题及时通知客户，并提供一定的技术咨询服务。

图 12-3 客户自建监控与驻云监控 1.0 对比

针对传统 Zabbix 监控，驻云监控 1.0 做了以下三大实践。

实践 1：监控模板优化

Zabbix 常规模板中有很多监控项，但对应模板的 Item 监控项是不是每个都需要，以及对应 Item 监控项的报警阈值要设置为多少才合适？这都影响着监控报警的覆盖面及报警的准确性。如果设置不准确会导致出现很多问题，如报警不能及时被发现，以及误报警信息过多，出现的“报警洪水”等问题。

一般 Zabbix 常规模板的报警项设置为：

- CPU load > 5。
- 磁盘空间 > 80%。
- 数据库连接数 > 80%。

以上默认的模板设置，会导致存在如下报警问题：

- CPU 利用率 100%，但 CPU load 未上去，导致报警最后未发出来。
- 当 CPU 只有 1 核或 CPU 有 16 核的时候，针对服务器配置偏低或偏高的这种情况，单纯设置 CPU load > 5 的阈值，可能导致存在阈值设置偏高或偏低等问题。
- 当磁盘空间为 500GB 的时候，如若设置磁盘空间 > 80% 为报警阈值，但这时磁盘空间还有 100GB，那么此时这个报警意义并不大。
- 如 Mongo 集群 8 核 32GB，最大连接数是 16 000。若设置数据库连接数 > 80% 为报警阈值，我们会发现，数据库连接数要达到 12 800 才报警，而实际情况往往是很难达到这个阈值的，所以报警几乎根本不会被触发。
- 阿里云短信信息太多，可能会因为粗心，导致漏掉“资源到期续费”等重要短信信息？

Zabbix 优化如下：

- CPU load > ‘cpu 核数’ && CPU 利用率 > 90%。
- 磁盘空间 > 90% && 磁盘空间≤ 5GB。
- Zabbix 针对阿里云的资源过期监控（通过调用 API Python SDK）。

我们通过“ and”联合多个监控报警项，很大程度地提高了报警的准确性。在设置具体的阈值时，我们还需要采集：

- 服务器配置。
- 中间件配置。
- 日常性能情况。
- 高峰性能情况。
- 业务类型及特性。

另外我们需要根据不同的业务特点以及不同业务下服务器配置的不同，采取不同的报警阈值策略。我们在 Zabbix 上把这些不同的策略规则汇聚成为对应的监控模板：

- < 金融类 > Zabbix 监控方案。
- < 电商类 > Zabbix 监控方案。
- < 游戏类 > Zabbix 监控方案。
- < 音视频类 > Zabbix 监控方案。
- < 传统类 > Zabbix 监控方案。
- < 跨国际应用类 > Zabbix 监控方案。

实践 2：监控集中化 Screen 图

Zabbix 中的 Graphs 图是针对某个主机中某个监控项的单个图，如果想同时查看不同主机上的监控数据，可以通过 Zabbix Screen 图来集中展现，如图 12-4 所示。

实践 3：可视化系统监控架构图（Maps）

Zabbix 的 Maps 可以通过架构图的形式来展现监控数据，图中连线数据都是实时动态数据。如若连线数据对应的监控项设置了报警，那么在出现报警信息的时候，对应图中的状态就会变成红色异常状态。通过架构图的形式来展现系统监控状态，受到客户的一致好评，很多客户都表示这种直观的表示方式的体验性非常好，具体如图 12-5 所示。

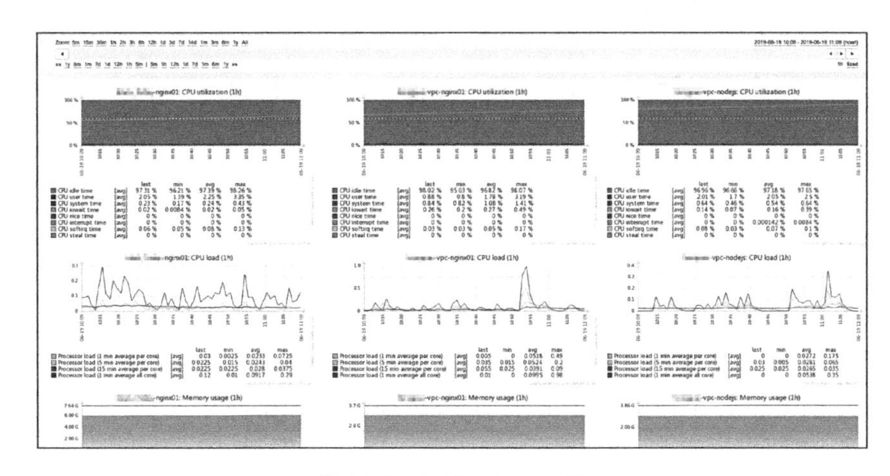

图 12-4 Zabbix Screen 图

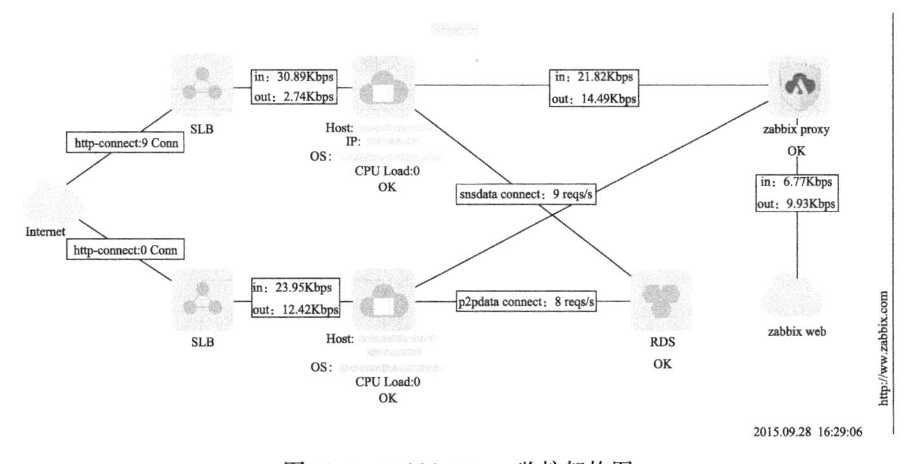

图 12-5 Zabbix Maps 监控架构图

12.2.4 监控方案七：驻云监控 2.0（自动化监控）

驻云监控 1.0 体系的特点，就是围绕监控室的一套 7*24 监控报警流程。但在这个流程中，监控室和值班人员同时存在，会出现管理成本和人员成本叠加的问题，可见，这套监控体系并不够智能高效。而结合 Zabbix 的 API，驻云监控 2.0 的自动化监控，主要是基于驻云监控 1.0 的高可用监控，它对监控报警通知做了很大改良。在以前的报警通知里，通知信息泛滥、误报率较高，而且还要有个 7*24 的值班室，由监控人员进行 7*24 电话通知，人员成本高，通知效率非常低。而在驻云监控 2.0 的版本中，我们通过自主研发阿尔法智能告警机器人，把报警信息汇聚至报警平台，然后做智能分析，并对报警信息进行合并、优化、分析，从而将最终的结果通过自动电话 / 钉钉 / 邮件 / 短信等方式通知到运维。在这个阶段，我们实现了监控的自动化，7*24 监控人员值班的制度可以直接废除。这样，不仅降低了人力成本，效率质量也得到了很大提升。整体报警自动化的分析流程如图 12-6 所示。

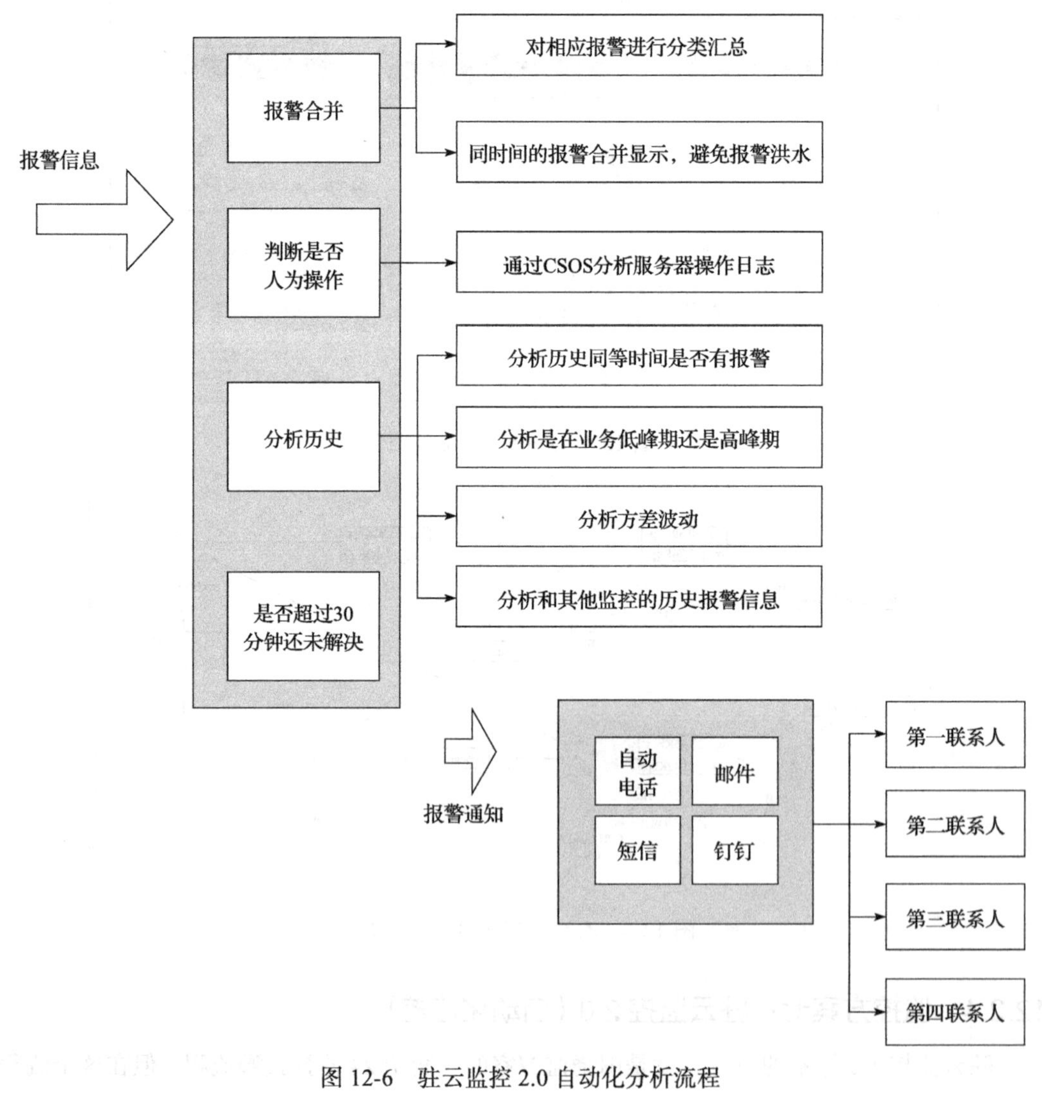

图 12-6 驻云监控 2.0 自动化分析流程

驻云阿尔法智能告警机器人的效果展示如图 12-7 所示。

图 12-7　智能告警机器人钉钉群中的告警信息

整体的驻云监控 2.0 技术体系架构如图 12-8 所示。

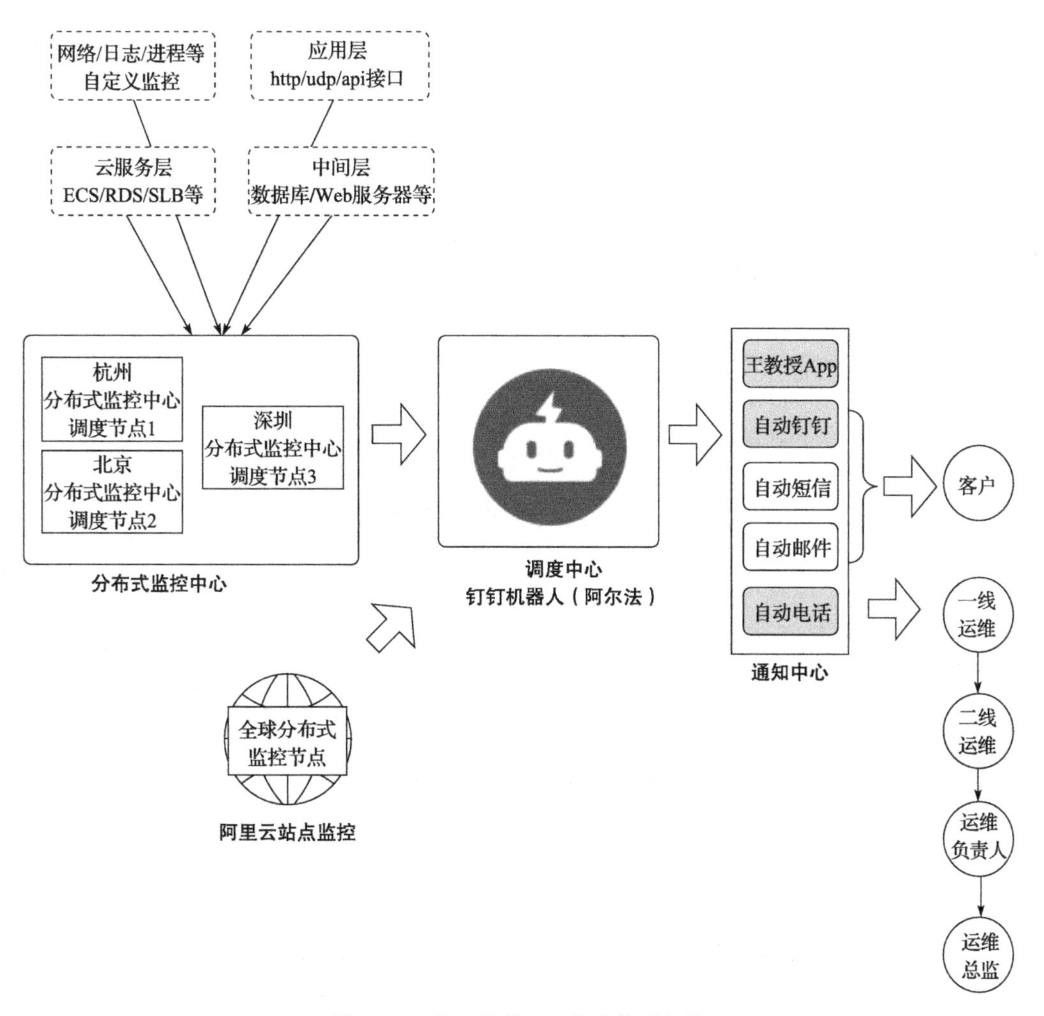

图 12-8　驻云监控 2.0 技术体系架构

驻云监控 2.0 体系与 1.0 体系的主要不同之处在于：

- ❑ 监控报警通过智能机器人来自动电话调度（如果问题未解决，自动升级发给第二 / 第三 / 第四联系人）。
- ❑ 新增的深圳监控中心，采用最新 Zabbix 4.0，并且完全实现监控自动化，即 Agent 添加、端口监控，都是通过 Zabbix 的自动发现及自动注册功能，自动化添加到 Zabbix Server 上进行监控的，无须人为地去 Dashboard 页面进行配置。
- ❑ 站点监控从监控宝迁移至阿里云（云平台成本费用更低，管理维护更加方便），传统的类似监控宝的这种第三方监控系统，云平台都无缝集成了对应的监控功能，我们在云平台上一键开通使用即可。
- ❑ 结合 Zabbix API 进行定制化开发，将监控系统自动集成至运维平台、月报平台中做集中管理运维，及数据分析和运维巡检。
- ❑ 在监控数据展示上进一步优化，接入 Grafana、DataV 进行监控数据集中展示，展现效果更加专业。

Grafana + Zabbix 监控数据的展示效果如图 12-9 所示。

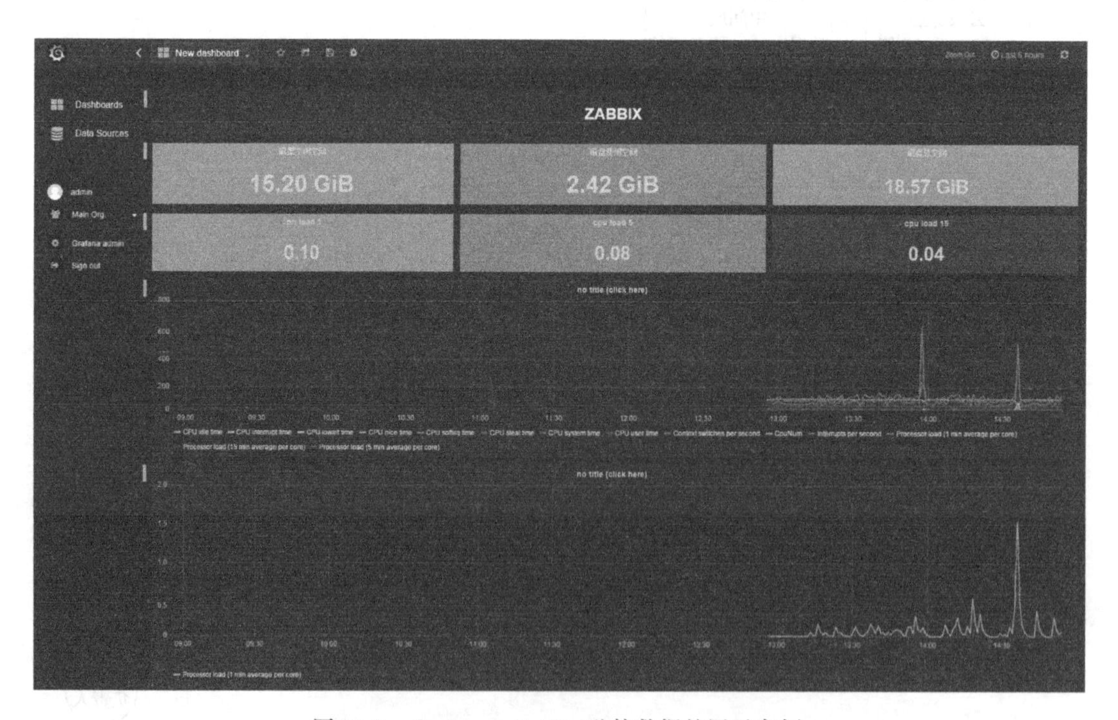

图 12-9 Grafana + Zabbix 监控数据的展示案例

定制化监控大屏 DataV + Zabbix 监控数据的展示效果如图 12-10 所示。

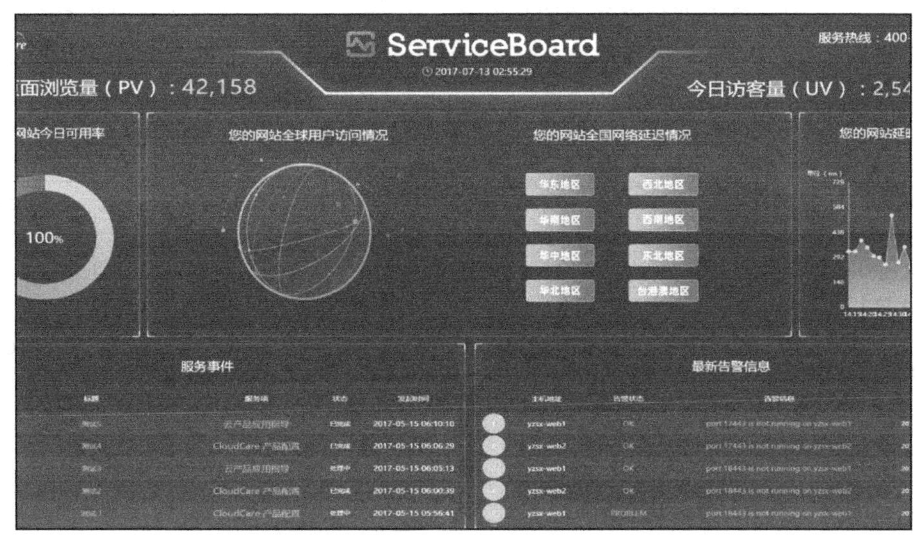

图 12-10　DataV + Zabbix 监控数据的展示案例

12.3　容器体系：四大监控方案实践

容器技术的出现，可以让我们的业务部署不再依赖底层环境。不管是物理机，还是各大云厂商，容器技术都能对其进行无缝部署。容器体系的微服务架构，是建立在分布式架构基础之上的，在业务功能层面的解耦。微服务，特别适合用容器技术进行部署。而容器技术的出现，也对传统监控方案提出了新的要求。物理机体系、云计算体系下的开源解决方案，如 Nagios、Zabbix 都是针对服务器系统 OS 层面或者系统 OS 中的应用设计的，它们有个共同特点，即都是静态的。一个环境安装配置好后可能几年都不会变动，对监控系统来说，既然监控对象是静态的，那么对监控对象做的监控配置也应该是静态的，系统上线部署好监控后基本也就不再需要管理了。

而容器的动态行为与传统的静态行为完全不同：

- 可以短期存活和动态调度。
- 是一种进程，但是具有自己的环境、虚拟网络和不同的存储管理。
- 容器的个数，IP 地址随时可能发生变化。

Nagios、Zabbix 监控软件诞生的时候（即 1998 年和 1999 年），容器技术还没有出现，而 Nagios、Zabbix 的出现也并不是为了解决容器监控问题的。所以用 Nagios、Zabbix 等传统监控方案来监控容器，明显是不合适的。这时，我们就需要有一套新的解决方案，来解决容器时代下容器的监控需求。而 Prometheus 的出现，便成为容器监控开源类的最佳解决方案。

12.3.1 监控方案八：Prometheus + Alertmanager + Grafana

Prometheus 是一个开源的系统监控及告警工具，Prometheus 就是为容器监控而诞生的。在 2016 年 Prometheus 加入 CNCF 基金会成为继 Kubernetes 之后的第二个托管项目后，就成为受欢迎度仅次于 Kubernetes 的项目。Prometheus 的体系架构图如图 12-11 所示。

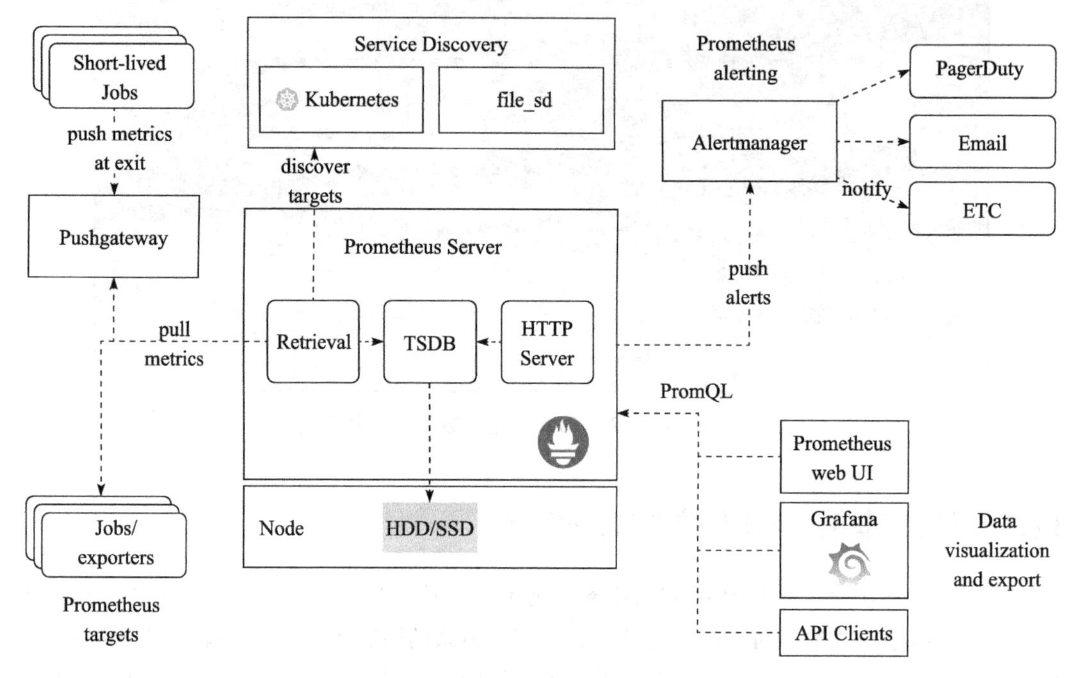

图 12-11 Prometheus 体系架构

应用场景：监控系统 & 时序数据库（出自官网），与 Nagios、Zabbix 明显不同的是，Prometheus 是一个监控系统，并没有和关键字 IT 有所关联，这一点非常重要。这是因为任何监控目标，只要暴露出标准的 HTTP 协议的 Metric 数据，Prometheus 就都能监控到。这也就意味着 Prometheus 的监控对象，不仅仅局限于 IT 系统。类似于容器监控需求，通过 Prometheus 很方便地就能实现，因此 Prometheus 被誉为容器开源解决方案的最佳实践。

功能特点：

1) 基于时序数据库（TSDB）的多维数据模型。

- 时序数据库是典型 NoSQL 分布式数据库，使用它不用担心数据库的性能问题。它完美地解决了 Zabbix 用关系型数据库带来的“三高”性能问题。Prometheus 数据存储可解决每秒 10 000 000 个样本，这个是 Zabbix 可望而不可即的，所以 Prometheus 也适用于未来物联网（IOT）领域的海量数据存储及监控。
- 灵活的数据模型，特别适用于对动态灵活性高的容器的监控。
- 对监控目标的监控，不管是系统 OS 的监控，还是中间件、日志及自定义的监控，都需要在系统 OS 中安装 Zabbix Agent，只有这样才能完成对监控目标的监控。而 Prometheus 没有 Agent 的概念，只需要监控目标能按照标准的 HTTP 协议暴露出 Metric 数据，即可完成监控。

2）采用 HTTP 协议，使用 pull 模式拉取数据，简单易懂。在 Zabbix 监控体系中，如若 Zabbix Server 出现异常，可能会导致由于大面积 Agent 连不上而出现报警洪水。这种情况我们经常在云端遇到，有一次就曾因网络抖动，导致我们部署在某个地域的 Zabbix Server 大面积报警。而在 Prometheus 监控体系中，由于 Prometheus 是主动通过 HTTP 协议去获取监控目标的监控数据的，即使 Prometheus Server 出现问题，也不会导致类似 Zabbix Agent 连不上的大量报警的情况的出现。

3）Prometheus + Alertmanager 真正阐释了什么叫"监控"，什么叫"报警"，而 Zabbix 则将"监控"+"报警"合二为一，Zabbix 带来的报警洪水一直是 Zabbix 的一大弊端。而当 Alertmanager 出现时，我们激动地把 Alertmanager 称为'报警神器'。Alertmanager 是 Prometheus 下的一个独立的报警模块（需要单独部署、独立运行），主要用于接收 Prometheus 发送的告警信息，它支持丰富的告警通知渠道，而且很容易做到对告警信息进行去重、降噪、分组等操作，是一款前卫的告警通知系统。

比如 10 台主机宕机了，在 Zabbix 是 10 条报警且需要通知 10 次。而 Prometheus，我们则可以把这 10 台机器需要合并报警的监控项打上标签，并通过分组合并，把对应报警信息合并成一条进行通知，报警通知的效率得到了很大程度的提升。再比如 Alertmanager 的报警抑制功能，在 Zabbix 中，如若运行 MySQL 的主机宕机，则会收到两条报警信息，一条信息是主机宕机，还有一条是 MySQL 宕机。多余的报警信息，会导致报警不精准，导致运维人员排查反向出现偏差。在 Alertmanager 中设置报警抑制功能，将高级别报警抑制低级别报警，即只发送高级别告警信息，不发送低级别告警信息。这样在 Prometheus 中，如若运行 MySQL 的主机宕机，我们只会收到一条主机宕机的告警，告警精准度提高了很多。Alertmanager 的原理架构图如图 12-12 所示。

缺点：

- 需要每个中间件或者监控目标都要单独安装 Export，如果有多个监控目标的话，多个监控目标对应暴露 HTTP 服务端口，在维护管理等方面非常不便。
- Prometheus 的监控项值只能为浮点数据类型，不能为字符串数据类型，这个就具有局限性了。为什么不能存储字符串数据类型呢？因为官方觉得涉及不到字符串类型数据采集，应该属于日志采集的范畴，不属于监控的范畴。所以使用 Prometheus，并不能做字符串类型数据采集，以及字符串类型数据的规则报警。

12.3.2　监控方案九：TICK 技术栈

为了解决 Prometheus 的两大缺点，我们对 TICK 技术栈进行了实践。TICK 同样也能解决容器的监控问题，并且也解决了 Prometheus 需要安装多个 Export 及只能存储浮点数据类型，不能存储字符串数据类型的问题。下面我们先来看看 TICK 技术栈的架构图，如图 12-13 所示。

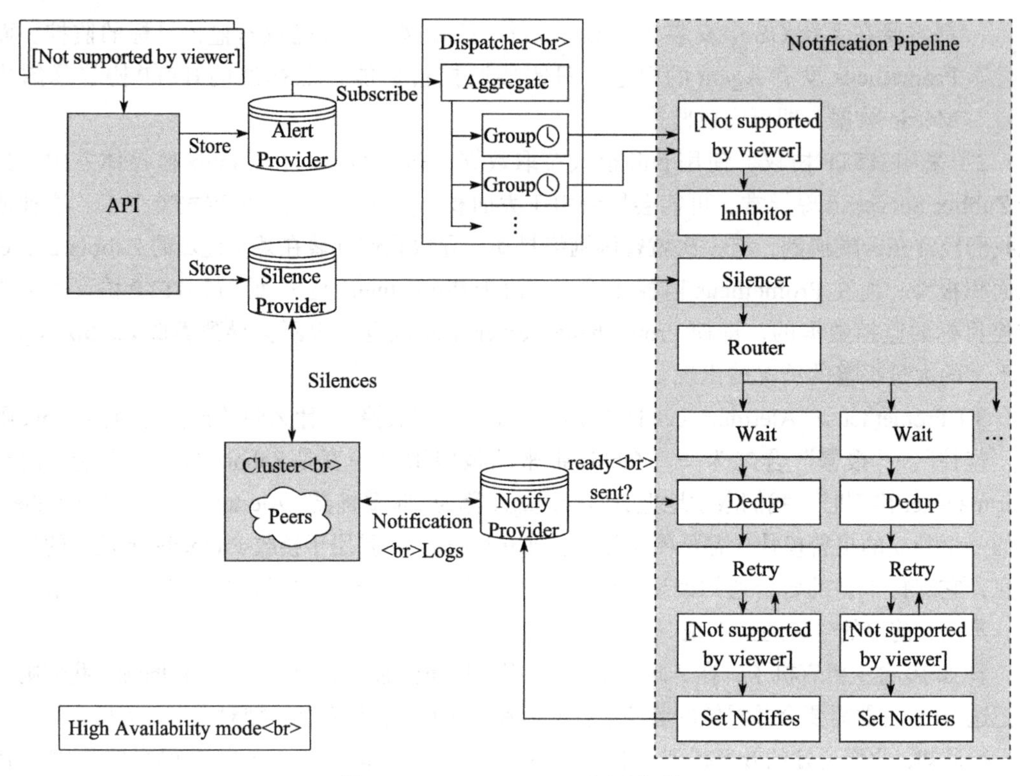

图 12-12 Alertmanager 原理架构

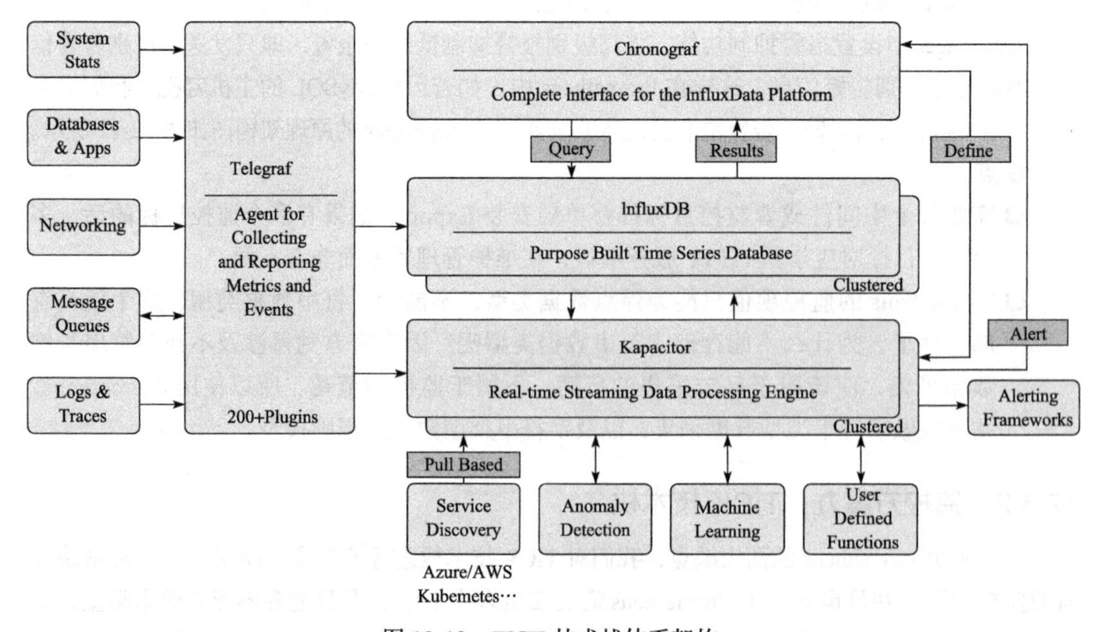

图 12-13 TICK 技术栈体系架构

以下是针对图 12-13 的说明：

- Telegraf- 数据采集：是收集和报告指标及数据的代理，Telegraf 是插件化的，Telegraf 通过输入插件，能整合多个监控目标进行数据采集。Telegraf 通过输出插件对监控数据的存储，除了支持 InfluxDB 存储外，输出插件还可以将指标发送至各类数据仓库、服务、消息队列，比如 InfluxDB、Graphite、OpenTSDB、Datadog、Librato、Kafka、MQTT、NSQ 等。
- InfluxDB- 数据接收：作为时序数据库的“领头人”，相比 Prometheus 自带的 TSDB 存储功能更加完善，比如它能存储字符串数据类型等。
- Chronograf- 数据汇总展示：监控数据展示是 TICK 技术栈中的弱项，相比于 Grafana，其功能及图形展示效果等方面要弱一些。
- Kapacitor- 监控报警：报警通知也算 TICK 技术栈中的弱项，相比 Alertmanager，并没有报警去重、降噪、分组等功能。

12.3.3　监控方案十：驻云监控 3.0（容器体系监控）

不管是用 Prometheus 还是用 TICK 技术栈，都有其对应的缺点，为了构建容器体系下的最佳监控解决方案。驻云监控 3.0 将 Prometheus + TICK 技术栈进行了合并，以完成驻云监控 2.0 的升级，解决 2.0 中对容器监控支持的问题，以及海量监控数据读写的问题。驻云 3.0 监控技术体系如图 12-14 所示。

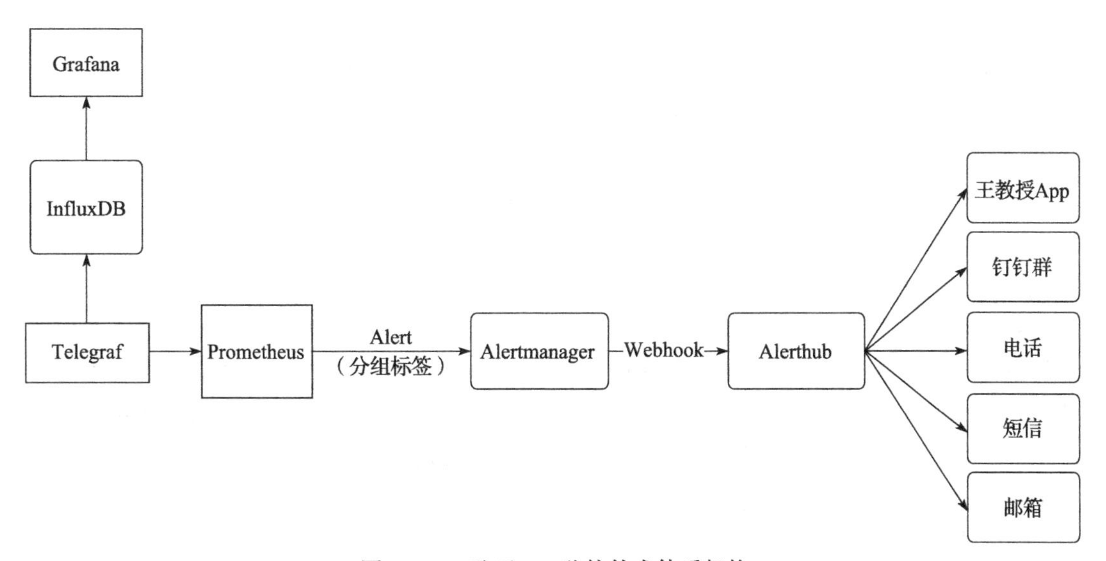

图 12-14　驻云 3.0 监控技术体系架构

Telegraf 可以配置 Prometheus 的输出格式（Export），数据输出给 Prometheus，通过 Prometheus 的 Rule+Alertmanager 实现监控报警。这样就解决了 TICK 技术栈中，使用 Kapacitor 报警通知的缺陷，把 Alertmanager 充分利用起来。

Telegraf可以同时配置InfluxDB输出，这样InfluxDB就可以存储字符串数据类型的监控项了，从而解决了Prometheus监控数据只能存储浮点数据类型的问题。

Telegraf支持自定义监控（通过“exec”的输入插件实现），能方便地调用Shell、Python等脚本来完成自定义监控数据的收集，从而满足更多自定义监控项的监控。

由于Alertmanager的报警通知，仅存储最新一条报警通知信息，Alertmanager无法实现报警信息的历史查看、历史报警分析统计等功能。所以Alertmanager统一将报警信息通过Webhook传送给智能告警机器人（阿尔法二代），智能告警机器人识别报警属于哪个项目，再通过对应电话逐级升级的方式通知到第一/第二/第三/第四联系人。

在智能告警机器人这里，我们能实现报警信息查看、历史告警统计分析等功能。在驻云监控2.0中，智能告警机器人（阿尔法一代）具有了一个很重要的功能，就是报警的合并，这个合并是将一定时间内的所有报警“暴力”合并成为一个报警。其实报警合并功能，已经属于Alertmanager的功能范畴了。

在阿尔法二代中，报警合并功能直接用Alertmanager来实现，相比阿尔法一代，Alertmanager能够通过标签分组来进行更精准的合并。这样阿尔法二代就仅做报警逐级升级通知、报警信息查看及分析等监控报警数据的展现功能。

Telegraf + InfluxDB + Prometheus + Alertmanager不仅解决了原生态Prometheus需要安装多个Export且只能存储浮点数据类型的问题，同时也解决了TICK技术栈中在监控数据图形展示、报警通知等方面的缺陷。但是该监控架构仅解决了主机+中间件的监控问题，无法解决以下监控问题：

- 云产品监控：对RDS、SLB、OSS、VPC、CDN等云产品的监控。
- 站点监控：站点的可用性、响应时间、延时监控。
- 日志监控：日志的存储、日志查询、日志监控报警。
- 代码监控：业务代码层次，比如Java、PHP代码层面的性能监控。

为了解决这套监控架构在云产品、站点、日志、代码等方面的监控问题，我们先来看看云监控、Zabbix、Prometheus这三个监控方案的功能特性对比情况，如表12-2所示。

我们通过实践发现，云监控在云产品监控、站点监控、日志监控、代码监控等方面功能优势明显。这些都被云平台产品标准化了，所以针对这些方面的监控非常完善。只不过云监控在主机系统OS层面的监控深入度不够，特别是对中间件的监控，还是需要通过云监控API完成自定义监控，这方面比较复杂。但是，可不可以把云监控也整合到我们的监控体系中来呢？这样在云产品、站点、日志、代码等方面的监控问题便迎刃而解了，从这个设想出发，便形成了驻云监控3.1版本的监控体系。

12.3.4 监控方案十一：驻云监控3.1（智能监控）

驻云监控3.1的技术体系，指的是驻云先见监控系统，3.1监控技术体系架构如图12-15所示。

表 12-2 云监控 VS Zabbix VS Prometheus

功能分类	功能	云监控	Zabbix	Telegraf + Prometheus + Alertmanager
监控功能	主机监控	ECS 自带监控项：13 项 采集频率：1 分钟插件采集的监控项：35 项 采集频率：15 秒 总结：CPU/ 内存 / 负载 / 磁盘 / 文件系统 / 网络 / 进程，80% 监控场景	秒级采集，自带模板，配置简单，90% 监控专业场景，能采集云监控无法采集到的系统数据，比如文件 MD5 值、主机名、运行时间等	秒级采集，自带模板配置简单，95% 场景。相比 Zabbix，能采集更细粒度数据，比如内核
	日志监控	日志监控依赖日志服务： 1）日志存储； 2）日志搜索及集中化管理、分析； 3）业务 / 代码日志关键字统计监控	1）数据存储问题很大； 2）日志搜索和集中化管理问题很大； 3）只能实现系统日志关键字监控	1）Prometheus 无法做日志数据存储（String）； 2）Flume + InfluDB 做存储，Grafana 展现（需要调研）； 3）无法做报警
	站点监控	世界百余项监控节点，支持 HTTP/HTTPS/PING/TCP/UPD/DNS/POP3/SMTP/FTP	自带 Web 监控，一般用于内网的 Web 服务监控，较弱	暂无
	可用性监控	可以理解为站点监控的内网版，支持 HTTPS、Telenet、ping 三种方式，支持 HEAD/GET/POST 请求方法及返回值匹配	自带 Web 监控，一般用于内网的 Web 服务监控，较弱	暂无
	云产品监控	当前云监控支持 31 款云产品的监控，自带报警规则	Zabbix 自定义监控 + 云监控 API + Zabbix 触发器	通过 Telegraf 自定义 Input 插件 + 云监控 API + Prometheus Rules 规则
	自定义监控	通过 OpenAPI（Java SDK 和阿里云命令行工具 CLI）上报数据，开发成本较高	Zabbix 通过 Linux Shell 实现自定义监控数据上报，非常方便快捷	需要二次 Go 开发 Telegraf 的 Input 插件
	中间件监控	通过 OpenAPI + 中间件性能 Status，实现开发成本较高	自带中间件监控模板，配置方便	自带中间件监控模板，配置方便
	事件监控	1）云产品事件，自定义事件监控； 2）自定义事件监控（就是日志监控）	1）依赖云监控 API； 2）日志监控实现较弱	1）依赖云监控 API； 2）日志监控实现较弱
数据展示与存储	可视化报表	支持 Grafana	支持 Grafana	支持 Grafana
	数据存储	1）数据最多保存 31 天，最多可连续查看 14 天的监控数据； 2）大多数 API 数据是五分钟粒度； 3）ECS 插件采集粒度是 15 秒； 4）容器服务采集粒度是 30 秒； 5）ECS 自带性能数据采集粒度是 1 分钟	自定义（采集粒度为秒集）	自定义（采集粒度为秒集）
告警管理	告警方式	1）电话 + 短信 + 邮件 + 钉钉机器人； 2）短信 + 邮件 + 钉钉机器人； 3）邮件 + 钉钉机器人	自定义	自定义

（续）

功能分类	功能	云监控	Zabbix	Telegraf + Prometheus + Alertmanager
告警管理	告警规则	仅支持1分钟/5分钟/15分钟/30分钟/60分钟周期平均值/只要有一次/总是	自定义	自定义
	告警优化	1）能设置重复通知的时间周期； 2）不支持报警分组合并； 3）不支持报警静默； 4）不支持报警抑制	1）报警一次，后面不再重复通知； 2）支持报警静默（报警沉默）； 3）不支持报警分组合并（Zabbix很容易发生“报警洪水”）； 4）支持报警抑制，但配置复杂	1）能设置重复通知的时间周期； 2）支持报警分组合并； 3）支持报警静默； 4）支持报警抑制； 5）通过钉钉机器人能做报警信息分析
	事件订阅	1）支持电话+短信+邮件+钉钉机器人； 2）支持消息队列通知； 3）支持报警回调（通过HTTP协议的POST请求推送报警到指定公网URL）	自定义	自定义

以下是图12-15的相关说明。

- 主机+中间件监控：通过Telegraf + Prometheus完成主机OS层面及常见开源中间件的监控。
- AlertHub：驻云自动研发的智能告警系统，驻云先见系统的核心组件，将Alertmanager+智能告警机器人（阿尔法二代）的功能进行合并。
- 云产品监控/站点URL监控/日志监控/代码监控：直接通过云监控报警回调不仅仅局限于阿里云平台写入我们内部报警通知系统，并进行报警合并、报警通知、报警分析等操作。我们之所以把驻云监控3.1称为智能监控，是因为驻云先见监控系统，汇聚了大量多个监控源的报警信息，这样做报警信息合并、优化，可以使报警的通知更精准，甚至跟进大量报警数据及智能算法，以做到真正意义上的趋势报警，防患于未然，对业务系统提出大量智能优化的建议。
- 我们可以通过Telegraf调用云API，比如RDS API，取慢SQL、RDS控制台对应性能数据，然后输出给到Prometheus，通过Prometheus的Rule + Alertmanager实现更加灵活的自定义报警策略。值得注意的是，常规监控的报警策略，云监控都完成了，这里的场景主要用于云监控没办法完成的报警场景。比如，我们根据慢查询SQL语句全表扫描的行数来做报警规则。
- InfluxDB + Grafana：将监控数据统一集中存储至InfluxDB中，然后通过Grafana做监控数据的图形展示。

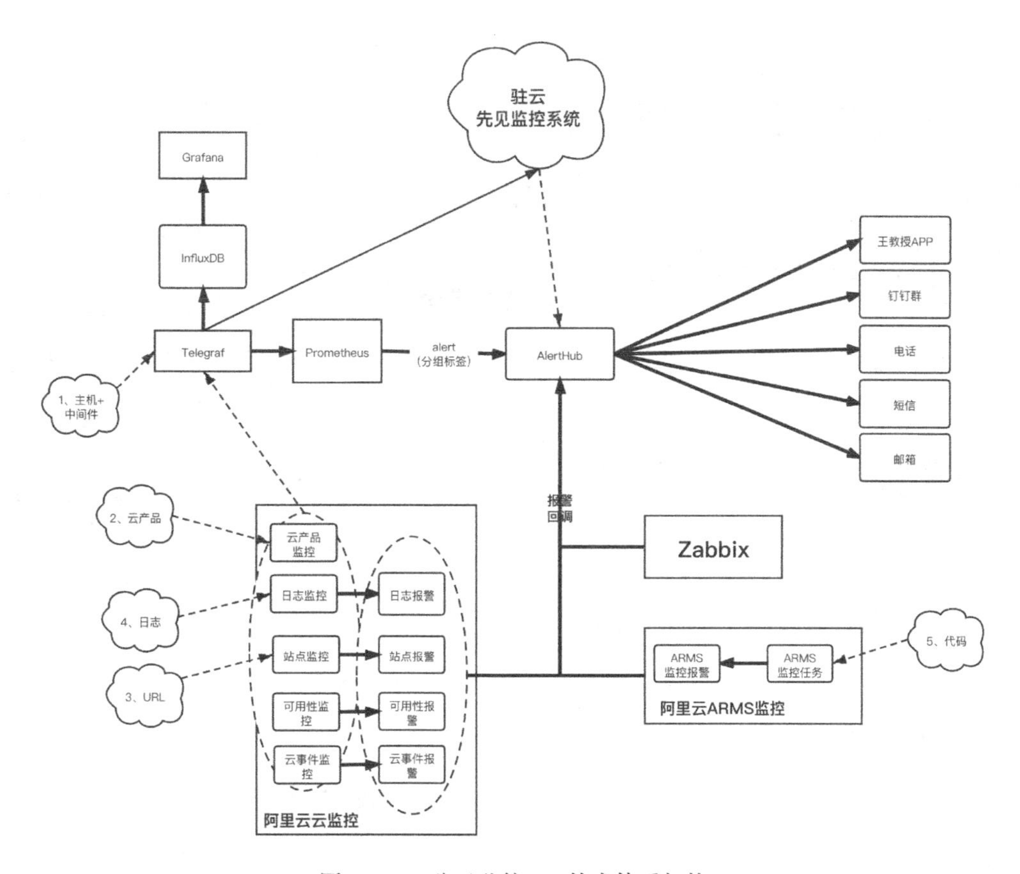

图 12-15　驻云监控 3.1 技术体系架构

服务器监控数据 Grafana 的展示效果如图 12-16 所示。

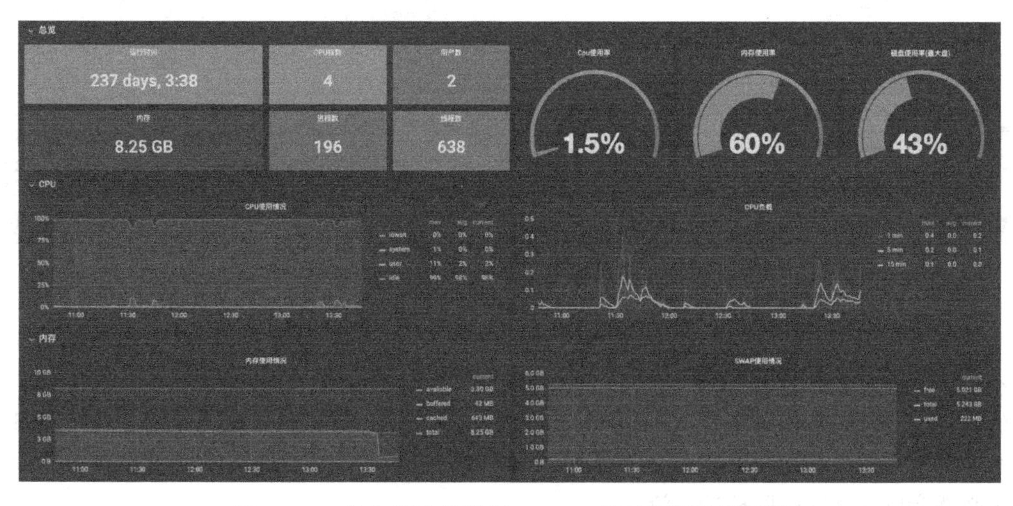

图 12-16　服务器监控数据 Grafana 的性能展示效果图

RDS（性能监控数据）Grafana 展示效果如图 12-17 所示。

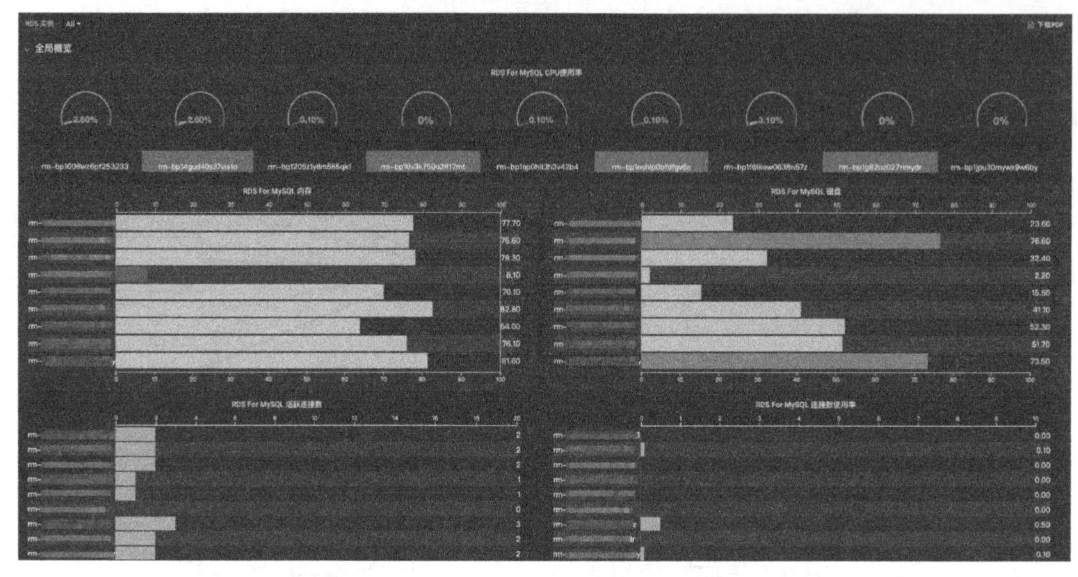

图 12-17 RDS Grafana 性能展示效果图

RDS（慢 SQL）Grafana 展示效果如图 12-18 所示。

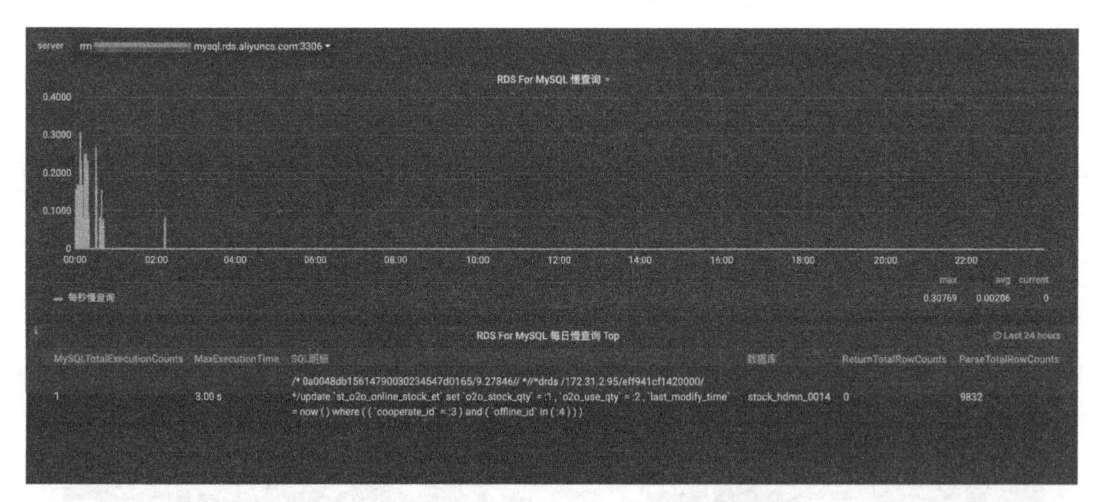

图 12-18 RDS（慢 SQL）Grafana 展示效果图

通过驻云监控 3.1 体系，即图 12-15 我们也能看出，云监控的占比比较大。也正如前面所说，监控的未来趋势主要是云监控。当前我们之所以还采用“Prometheus”这套开源的监控技术，主要是因为需要弥补云监控在中间件、容器方面、报警合并通知等监控功能方面的不足。随着云平台的功能逐步完善及成熟，云平台中自带的云监控也逐渐完善及成熟，云监控也必然会成为互联网监控的主流。

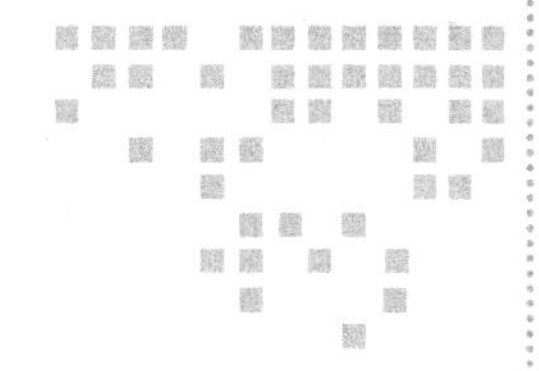

第 13 章 Chapter 13

云端容器 /DevOps 实践

云计算推进了 IT 体系的发展及技术架构的变革。IT 体系的发展经历了物理机体系阶段、云计算体系阶段，现在即将进入容器体系阶段。预计到 2020 年，将有超过 50% 的全球企业在生产环境中运行容器。在以前，业务跑在物理机房中，为了上架一台服务器支撑业务，需要走审批购买、搭建环境、上架机房等烦琐流程，时间耗费周期是按天来计算的。但如今，我们在云平台中购买一台服务器就如同在淘宝上购物一样，可按需索取。计算资源的开通、时间耗费周期都是按分钟来计算的。相信随着云计算机的发展，容器技术也会逐渐普及。到那时，计算资源已经创建好，我们可直接从容器中索取计算资源，且时间耗费周期将达到秒级（Docker 容器一般启动的速度是 1 ～ 3 秒）。相应地，对应的系统架构也从以前的单机 / 集群架构转换到如今云普及的分布式架构，并且即将进入微服务架构阶段。

容器技术让我们既不用关注底层是物理硬件，也不用关注云平台用的是亚马逊还是阿里云，因为不管是哪种平台，业务都能无缝地运行在各个平台中［本质上如同 Java 虚拟机（JVM）］。即我们对计算资源的使用已脱离了硬件，甚至是对各个云平台的依赖。而微服务架构给我们研发的灵活性、业务后期迭代带来了极大的可扩展性，对应大量的微服务也能更加方便、更加高效、更加适合地运行在容器中。由此也可见，容器技术和微服务架构也是相辅相成的。容器技术的出现，不仅引领着云计算的未来发展趋势，也引领着 IT 技术体系的发展，更是让传统运维自动化演变成基于容器的一套 DevOps 技术体系，并成为如今的行业标准。本章主要针对当前最热门的容器技术，通过真实客户案例来分享云端最佳实践。

13.1 云端容器技术的十二大实践

在云端，越来越多的客户使用 Docker 容器技术来进行业务部署。下面的实践案例中，一家做新零售的客户在线下的测试环境中已经使用了 Swarm 进行发布及运行。在云端生产环境的部署，客户希望全面使用最新的容器资源编排技术来进一步提升相应的发布及维护效率。本章要讲解的云端容器技术的实践内容，也主要通过这家客户的案例来跟大家进行分享。

13.1.1 容器实践 1：关于云端容器资源编排技术的选择

我们先来看看在云端如何选择容器相关的资源编排技术。Docker 是容器技术中最佳的实践技术，基本上提到 Docker 人们当即就会想到容器技术。我们在服务器中部署了多个 Docker 进程来实现不同的应用，然后把这些应用打包成 Docker 镜像，可以无缝迁移或运行在各个云平台上，甚至是物理机类型的服务器中。

但值得注意的是，Docker 技术其实是一个单机版技术。而类似 K8S（Kubernetes 缩写，K 和 S 之间有 8 个字母，所以简称 K8S）的容器编排工具的核心是解决应用部署在单机 Docker 中时，所存在的扩容、缩容、故障自愈等容器资源管理问题。例如，一个服务器宕机了，容器编排工具可以自动将这个服务器上的服务调度到另外一个主机上运行，无须进行人工干涉。特别是在大规模应用中，容器编排工具可以使容器的管理非常高效。

当前最为热门的容器编排工具技术当属 K8S 和 Swarm，两者的对比如表 13-1 所示。

表 13-1 K8S 和 Swarm 优劣势对比

编排技术	优势	劣势
K8S	容器的高可用性，集群的精细管理，复杂的网络场景	K8S 的学习成本较高，同时运维的成本也相对较高
Swarm	Swarm API 兼容 Docker API，使得 Swarm 的学习成本较低，且架构简单，部署运维成本较低	但也是因为 API 兼容，无法为集群提供更加精细的管理

总的来说，如果对容器的可靠性要求不高，Swarm 比较合适；如果是对外服务，或者是需要提供高可靠服务的场景，K8S 更合适。基本上 80% 的中小型企业，其业务都较简单，因此在资源编码技术的选型方面，我个人还是推荐使用 Swarm，因为它可以快速入手。当然此案例中，由于对容器管理我们有更精细的要求，比如限制容器的使用性能等，所以默认优先选择 K8S。

除了 K8S 和 Swarm 外，很多人也喜欢把 Mesos 拿来做对比。K8S、Swarm 是针对 Docker 的一套资源编排系统，但 Mesos 不同，它是一套分布式系统，不仅能和 Docker 集成来做资源编排，还可以运行不同的分布式计算平台，如 Spark、Storm、Hadoop、Marathon 和 Chronos 等。

作为 Mesos 项目的早期支持者和使用者之一的 Twitter 公司（生产集群规模达万级别节点），在 2019 年 5 月 2 号宣布从 Mesos 全面转向 Kuberneters（K8S）。这意味着 Kuberneters 已成为容器资源技术的标准，已得到互联网公司的普及。而在云端，我们也几乎很难看到有公司在用 Mesos 做容器资源编排了。

13.1.2 容器实践 2：结合 K8S 的 DevOps 流程

在绝大多数的 K8S 实践中，K8S 的应用场景主要是 CI/CD（可持续集成 / 可持续交付）的可持续交付环境，即实现应用及资源的快速部署。我们通过 GitLab 来管理代码，通过 Jenkins + Maven 对代码进行全自动编译及打包，最终生成 Docker 镜像并传到私有仓库中。然后再结合 K8S，把 Docker 镜像推到测试环境 / 预生产环境 / 生产环境中运行。这里值得注意的是，传统的 DevOps 流程中，是在操作系统中通过执行 git pull 命令来拉取代码进行更新发布的。而结合容器的 DevOps 流程，是先将代码打包成 Docker 镜像，然后把 Docker 镜像推到容器中运行，从而完成更新发布，如图 13-1 所示。

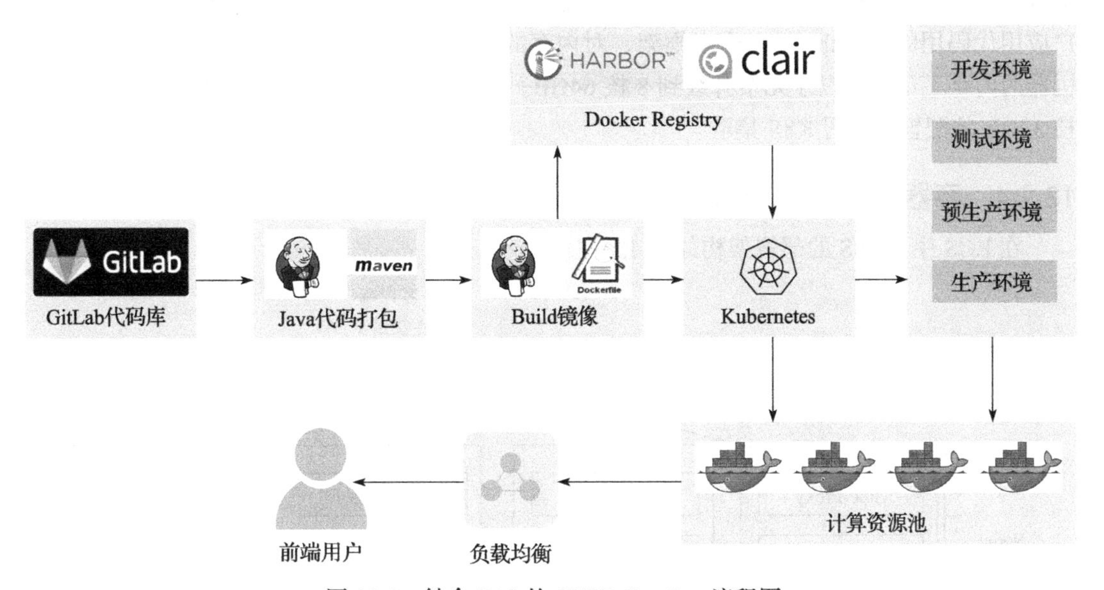

图 13-1 结合 K8S 的 CI/CD DevOps 流程图

13.1.3 容器实践 3：关于 K8S 集群的配置

通过实践 1 和实践 2 的介绍，在容器资源编排及 DevOps 中的实践，我们都是优先选择 K8S 作为容器的资源编排。在本客户案例中，为了实现更多的灵活性及功能性上的要求，并且考虑到当时阿里云的 K8S 服务还不够成熟，所以我们采用了在 ECS 上自建 K8S 的方式。前期 K8S 集群的配置清单如表 13-2 所示。

表 13-2 云端自建 K8S 集群的配置清单

说明	主机名	CPU	内存	磁盘	操作系统
Master + Node + Etc 节点	app-01	8 核	64GB	500GB	Ubuntu16.04
Master + Node + Etc 节点	app-02	8 核	64GB	500GB	Ubuntu16.04
Master + Node + Etc 节点	app-03	8 核	64GB	500GB	Ubuntu16.04
Node 节点	app-04	8 核	64GB	500GB	Ubuntu16.04

K8S 具体用来部署什么应用呢？这其实是个值得我们探讨的话题。在使用容器编排技术时，为了让对应容器高可用，也为了让机器性能的利用率更高，因此容器会根据状态是否存活，以及机器性能使用高低的情况，在不同的节点之间调度漂移。加上本身 K8S 就会消耗机器性能，所以总体来说，K8S 不适合部署对性能配置依赖很高的应用。这就间接说明了为什么我们一般很少将数据库部署在应用中，而是把业务代码部署在容器中，因为这样可以实现快速部署。以上 4 台服务器主要是用来部署业务的，而数据库等应用都是单独部署的。

以上服务器的配置清单，用的是 8 核 64GB。CPU 和内存资源配比为 1:8，这是完全偏向大内存的机器配置。在没有缓存应用的前提下，用这样的配置仅部署业务代码，显然是不合理的。其实这也是无奈之举，最开始我们的服务器配置采用的是 8 核 32GB，但由于客户应用代码用的是 Ruby 的一个老框架，对内存的消耗非常大，用 8 核 32GB 有时候会造成机器的内存不足，所以才无奈升级到 8 核 64GB。在实践中，在云端推荐使用 8 核 16GB、8 核 32GB 的配置来部署 K8S 集群。

13.1.4 容器实践 4：K8S 云端部署架构

在 ECS 中，K8S 的部署架构如图 13-2 所示。

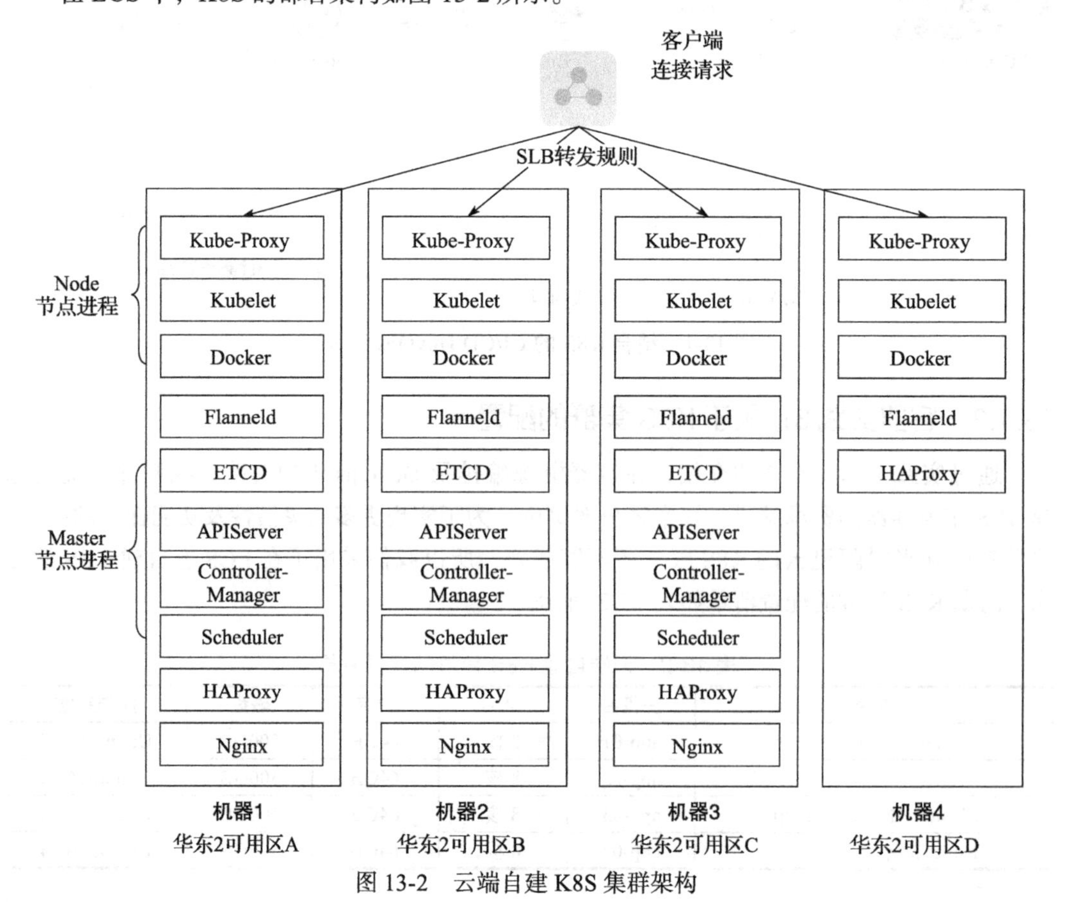

图 13-2 云端自建 K8S 集群架构

前端 SLB 通过配置转发规则，配置到 Kube-Proxy 的代理端口上（代理端口会将请求映射转发至 K8S 集群内对应的 Docker 服务端口上）。

Master 和 Node 节点都有 Flanneld 进程，Flanneld 网络用于 K8S 集群通信。

在 Master 节点上，主要部署 Etcd（配置管理）、APIServer（集群控制入口）、Controller-Manager（资源自动化控制中心）、Scheduler（资源调度）进程服务。

在 Node 节点上，主要部署 Kubelet（POD 管理）、Kube-Proxy（端口映射）、Docker 进程服务。

除了以上进程外，我们还部署了 Nginx 及 HAProxy，具体的用途后文会跟大家详细介绍。

13.1.5　容器实践 5：K8S 插件之 DNS

K8S 的 DNS 插件，并不是主要用途类似域名解析的传统 DNS。在 K8S 内，应用服务之间的调用不能用集群 IP。因为资源编排调用，应用部署的 POD 可能会发生迁移导致集群 IP 变动。所以应用和应用之间的调用，考虑通过服务器名完成。而 K8S 的 DNS 主要完成服务器名和集群 IP 地址的映射，由此可见 DNS 插件是 K8S 非常重要的功能。

如若 DNS 插件未配置正确，我们在容器中 ping 对应的服务器名时，会出现 unknown host 的错误，如图 13-3 所示。

```
root@nebula-3-web-64cf95598b-dxjff:/# ping newbee
ping: unknown host newbee
root@nebula-3-web-64cf95598b-dxjff:/# ping device-backend
^C
root@nebula-3-web-64cf95598b-dxjff:/# ping dwz
^C
root@nebula-3-web-64cf95598b-dxjff:/# ping jmp-ui
^C
root@nebula-3-web-64cf95598b-dxjff:/# ping pomelo
```

图 13-3　容器内 ping 服务器名失败截图

如若 DNS 插件配置正确，我们在容器中就能 ping 通对应的服务器名，如图 13-4 所示。

```
root@nebula-3-web-6cc4f74-2cnjn:/# ping newbee
PING newbee.dev01.svc.cluster.local (10.254.51.140) 56(84) bytes of data.
```

图 13-4　容器内 ping 服务器名成功截图

DNS 插件 YAML 的核心配置明细如图 13-5 所示。

10.254.0.0/8 是集群的 IP 端，此配置需要跟集群环境配置保持一致，否则会导致集群内通信异常。replicas：3 表示 DNS 服务运行了 3 个副本以保障高可用。

13.1.6　容器实践 6：容器的 Web 管理控制台

1. K8S 插件之 Dashboard 认证（对 LDAP 的支持）

K8S Dashboard 是 K8S 自带的一个 Web UI 控制页面，用户可以通过 Dashboard 在 K8S 集群中部署容器化的应用，对应用进行问题处理和管理，并对集群本身进行管理。这对非系统运维专业人士（比如研发人员、测试人员）来说很方便，可以对 K8S 集群进行应用发布和部署等操作。相反，如若未部署 Dashboard，则需要通过部署 kubectl 命令行工具来对 K8S 集群进行日常的管理及维护，这对部署人员的专业要求较高。K8S 自带的 Dashboard 支持密码、证书认证，但对 LDAP 的认证不太支持。为了解决这个问题，我们引入了 Nginx，它可以很方便地解决此问题，其架构如图 13-6 所示。

```
metadata:
  name: coredns
  namespace: kube-system
data:
  Corefile: |
    .:53 {
        errors
        health
        kubernetes cluster.local 10.254.0.0/8 in-addr.arpa ip6.arpa {
          pods insecure
          upstream
          fallthrough in-addr.arpa ip6.arpa
        }
        prometheus :9153
        proxy . /etc/resolv.conf
        cache 30
        reload
    }
---
apiVersion: extensions/v1beta1
kind: Deployment
metadata:
  name: coredns
  namespace: kube-system
  labels:
    k8s-app: kube-dns
    kubernetes.io/name: "CoreDNS"
spec:
  replicas: 3
  strategy:
    type: RollingUpdate
```

图 13-5 DNS 的 YAML 配置

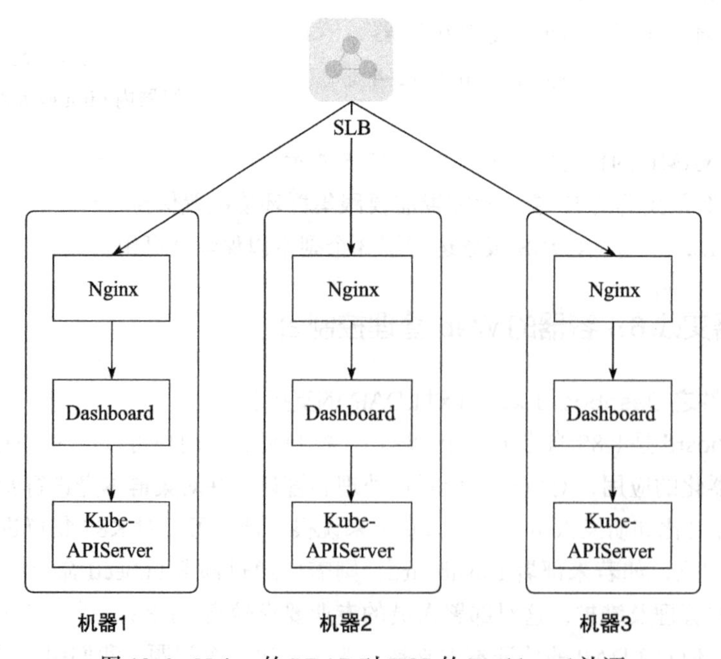

图 13-6 Nginx 的 LDAP 对 K8S 的 Dashboard 认证

我们在 Dashboard 前加上 Nginx 做反向代理，Nginx 中的第三方 LDAP 模块就完美地解决了我们对 LDAP 的需求。Nginx 核心配置如下：

```
ldap_server qbzladp {
    url
ldap://ldap.qiaobangzhu.cn/dc=qiaobangzhu,dc=cn?sub?(objectClass=inetOrgPerson);
    binddn "cn=admin,cn=kubernetes,ou=groups,dc=ldap,dc=cn";
    binddn_passwd k8s_aliyun_****;
    group_attribute member;
    group_attribute_is_dn on;
    require group "cn=aliyun01,cn=kubernetes,ou=groups,dc=****,dc=com"
    require valid_user;
}

server {
    listen       8088;
    server_name  ***.***.***.***;
    location / {
        expires      7d;
        auth_ldap "Forbidden";
        auth_ldap_servers jwladp;
        autoindex on;
        proxy_pass http://172.16.1.173:8080;
        proxy_set_header Host $host:8080;
        proxy_set_header X-Real-IP $remote_addr;
        proxy_set_header X-Forwarded-For $proxy_add_x_forwarded_for;
        proxy_set_header Via "nginx";
    }
    access_log on;
}
```

2. Rancher 对 K8S 的管理

Rancher 是一个开源的企业级容器管理平台。有了 Rancher，企业再也不必自己使用一系列的开源软件从头搭建容器服务平台了。Rancher 提供了在生产环境中使用的管理 Docker 和 K8S 的全栈化容器部署与管理平台。但在实际运用中，相比于 K8S 的复杂，也有很多人选择 Rancher 自带的 Cattle 资源编排来完成容器的管理，它的优点主要是方便快捷。当然 Rancher 也能集成 K8S、Swarm、Mesos（相比于 K8S 和 Swarm 来说不常用），这使得我们可以通过 Rancher 来管理 K8S，大大降低了 K8S 的使用门槛。相较于 K8S 自带的 Dashboard，还是推荐使用 Rancher 做 K8S 的管理页面。

在本实践案例中，最开始的时候我们采用 K8S 自带的 Dashboard 来管理集群，后面为了进一步提升研发发布的效率，我们引入了 Rancher。Rancher 和 K8S 的集成也比较简单，我们采用一台 4 核 8GB 的 ECS 单独部署了 Rancher，然后在全局模式下执行了已存在集群的导入操作，并登录到 K8S 集群的 Master 服务器执行了 Rancher 平台的 YAML 部署文件，如图 13-7 所示。

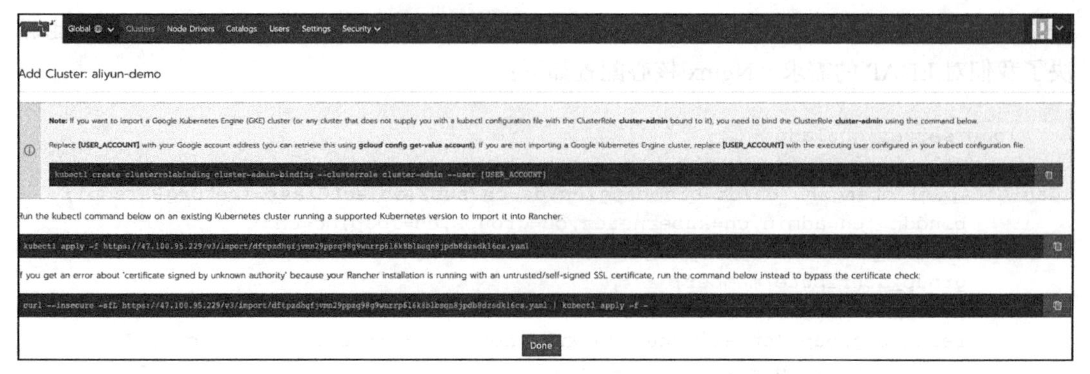

图 13-7 Rancher 导入集群

执行完成之后会生成相应的与 Rancher Server 通信的 Agent 进程。Rancher Server 端与 Rancher Agent 端通过 API 获取到 K8S 集群的信息后，在 Rancher 控制台就能看到 K8S 集群的相关信息，如图 13-8 和图 13-9 所示。

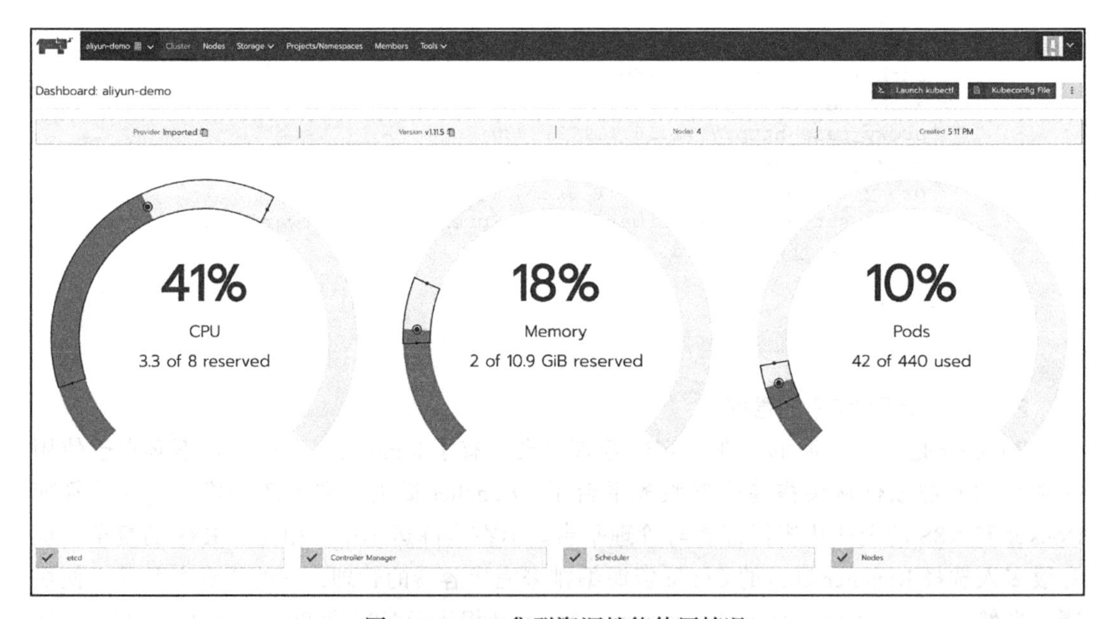

图 13-8 K8S 集群资源性能使用情况

13.1.7 容器实践 7：K8S 业务应用 + 自建 DNS 实践

实践 5 中曾介绍过 K8S 集群内的 DNS，K8S 集群的 DNS 只是针对集群内 Service 的解析映射。部署在 K8S 中的应用要解析外部域名，那这块要怎么做呢？我们不可能手动配置把解析 IP 放在 Docker 环境的 hosts 文件中，或者在 Docker 环境中的 /etc/resolv.conf 中配置 DNS Server。因为如果重启 Docker，这些配置都会丢失。而在本案例中，我们在内网中自建了 DNS Server，架构如图 13-10 所示。

aliyun-demo System | Workloads | Catalog Apps | Resources | Namespaces | Members

This is the system project which has all Kubernetes and Rancher system namespaces. Changes made to resources in the system project may harm the cluster.

Workloads | Load Balancing | Service Discovery | Volumes | Pipelines | Import YAML | Deploy

Redeploy | Pause Orchestration | Download YAML | Delete | Search

State	Name	Image	Scale
Namespace: cattle-system			
Active	cattle-cluster-agent	rancher/rancher-agent:v2.1.5 1 Pod / Created 5 minutes ago	1
Active	cattle-node-agent	rancher/rancher-agent:v2.1.5 1 Pod / Created 5 minutes ago	1 per node
Namespace: kube-system			
Active	alibaba-log-controller	registry-vpc.cn-shanghai.aliyuncs.com/acs/log-controller:0.1.3.0-527ff4d-aliyun 1 Pod / Created 43 minutes ago	1
Active	alicloud-application-controller	registry-vpc.cn-shanghai.aliyuncs.com/acs/aliyun-app-lifecycle-manager:v0.1.0.1-f832bed-aliyun 1 Pod / Created 43 minutes ago	1
Active	alicloud-disk-controller	registry-vpc.cn-shanghai.aliyuncs.com/acs/alicloud-disk-controller:v1.11.2.2-a390cfb-aliyun 1 Pod / Created 43 minutes ago	1
Active	alicloud-monitor-controller	registry-vpc.cn-shanghai.aliyuncs.com/acs/alicloud-monitor-controller:v1.0.0 1 Pod / Created 43 minutes ago	1
Active	aliyun-acr-credential-helper	registry-vpc.cn-shanghai.aliyuncs.com/acs/aliyun-acr-credential-helper:v18.10.29.0-1a28f02-aliyun 1 Pod / Created 43 minutes ago	1
Active	cloud-controller-manager	registry-vpc.cn-shanghai.aliyuncs.com/acs/cloud-controller-manager-amd64:v1.9.3.59-ge3bc999-aliyun 3 Pods / Created 43 minutes ago	1 per node
Active	coredns	registry-vpc.cn-shanghai.aliyuncs.com/acs/coredns:1.1.3 2 Pods / Created an hour ago	2
Active	flexvolume	registry-vpc.cn-shanghai.aliyuncs.com/acs/flexvolume:v1.11.2.32-af2d48c-aliyun 4 Pods / Created 43 minutes ago	1 per node
Active	heapster	registry-vpc.cn-shanghai.aliyuncs.com/acs/heapster-amd64:v1.5.1.1 1 Pod / Created 43 minutes ago	1
Running	kube-apiserver-cn-shanghai.i-uf60lvzs6c7bovfec3c5	registry-vpc.cn-shanghai.aliyuncs.com/acs/kube-apiserver-amd64:v1.11.5 192.168.0.162 / cn-shanghai / Created 43 minutes ago	Pod
Running	kube-apiserver-cn-shanghai.i-uf63dga88ldy4tbag0pi	registry-vpc.cn-shanghai.aliyuncs.com/acs/kube-apiserver-amd64:v1.11.5 192.168.0.163 / cn-shanghai / Created 41 minutes ago	Pod
Running	kube-apiserver-cn-shanghai.i-uf6cxsiaf8qoqbqbjlob	registry-vpc.cn-shanghai.aliyuncs.com/acs/kube-apiserver-amd64:v1.11.5 192.168.0.161 / cn-shanghai / Created an hour ago	Pod
Running	kube-controller-manager-cn-shanghai.i-uf60lvzs6c7bovfec3c5	registry-vpc.cn-shanghai.aliyuncs.com/acs/kube-controller-manager-amd64:v1.11.5 192.168.0.162 / cn-shanghai / Created 43 minutes ago	Pod
Running	kube-controller-manager-cn-shanghai.i-uf63dga88ldy4tbag0pi	registry-vpc.cn-shanghai.aliyuncs.com/acs/kube-controller-manager-amd64:v1.11.5 192.168.0.163 / cn-shanghai / Created 41 minutes ago	Pod
Running	kube-controller-manager-cn-shanghai.i-uf6cxsiaf8qoqbqbjlob	registry-vpc.cn-shanghai.aliyuncs.com/acs/kube-controller-manager-amd64:v1.11.5 192.168.0.161 / cn-shanghai / Created an hour ago	Pod
Active	kube-flannel-ds	registry-vpc.cn-shanghai.aliyuncs.com/acs/flannel:v0.8.0.0-6bbf8bf4-aliyun + 1 image 4 Pods / Created 43 minutes ago	1 per node

图 13-9　K8S 集群的系统 POD

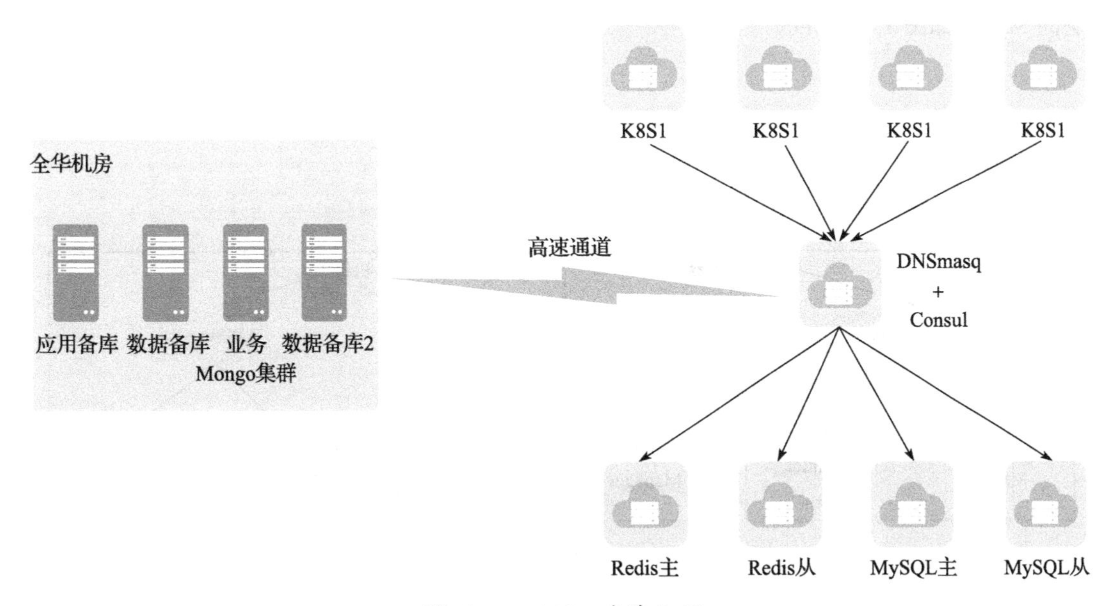

图 13-10　K8S + 自建 DNS

K8S 中的业务代码要连接 Redis 和 MySQL，需要采用内部自建的 DNS Server。结合上文自建 DNS 的实践内容，我们发现：

Docker 环境中的 DNS 是继承 ECS 宿主机的 DNS，因此只需要配置宿主机的 /etc/resolv.conf 即可。

在宿主机 ECS 中，/etc/resolv.conf 变更 nameserver 后，需要重启 Docker 重新加载。

在 Ubuntu 下，/etc/resolv.conf 的管理是 ResolvConf 服务管理，并且有些阿里云 Ubuntu 镜像是采用 DHCP 来管理 DNS 及 IP 的，因此需要变更 IP 的管理方式为 static。这样我们配置的 /etc/resolv.conf，就不会因为重启服务器，而使得配置的 DNS 默认被 DHCP 重置了。

13.1.8 容器实践 8：K8S Master 节点高可用

Master 节点高可用，就是在不同机器上部署 APIServer、Controller-Manager 及 Scheduler。我们可以在 API-Server 启动命令中用“--apiserver-count=3”参数指定 APIServer 的节点数，这样我们就可以开启多个 APIServer 节点，来保障 APIServer 的高可用。由于 APIServer 是 K8S 集群的控制入口，所以 K8S Master 节点的高可用，基本上就是保障 APIServer 高可用即可。

Node 节点需要和 Master 节点进行通信，即跟集群控制的入口 APIServer 进行通信。虽然我们已经启用了多个 APIServer，但是如若 Node 仅连其中一个 Master 节点的 APIServer 地址，这个 Master 节点宕机的话，则会导致连接该 Master 节点的所有 Node 节点从集群中丢失。所以为了保障连接的 Master 节点高可用，我们最后还需要在 APIServer 前面加个四层的 SLB，如图 13-11 所示。

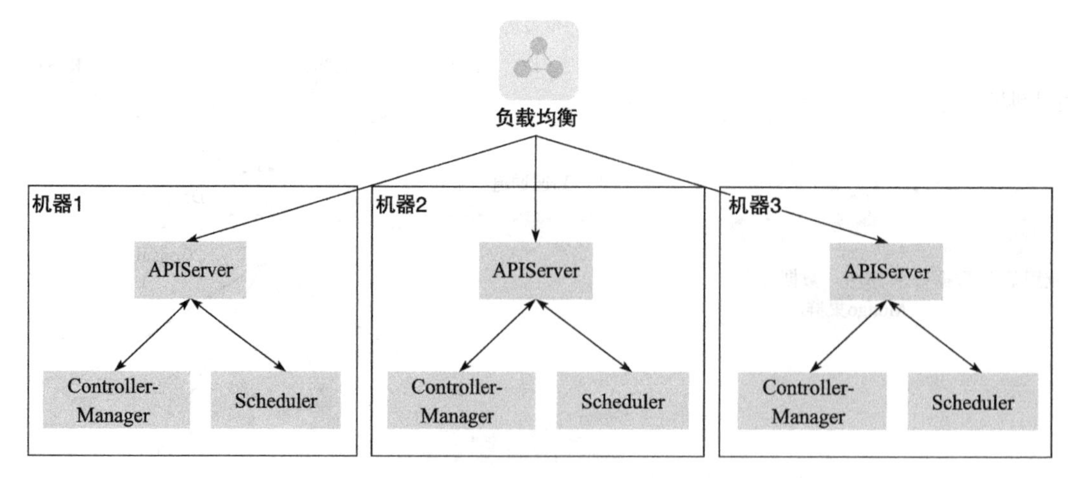

图 13-11 SLB + K8S Master 高可用架构

但是在实践中，SLB 的方案未通过。因为在 APIServer 中报错，集群对于 SLB 的 IP 不识别。而这主要是因为我们集群内通信采用的是 SSL 加密，在集群的 kubernetes.pem 证书中我们看到以下配置：

```
"sans": [
"kubernetes",
"kubernetes.default",
"kubernetes.default.svc",
"kubernetes.default.svc.cluster",
"kubernetes.default.svc.cluster.local",
"127.0.0.1",
"172.16.1.1",
"172.16.1.2",
"172.16.1.3",
"172.16.1.6",
"10.1.0.1"
]
```

在以上证书配置中，“127.0.0.1”“172.16.1.1”“172.16.1.2”等 IP 地址是允许跟 K8S 通信的 IP 地址（白名单地址），由于 SLB 健康检查自带的 IP 地址不在 K8S 通信证书的白名单地址中，所以 SLB 无法与 APIServer 通信，APIServer 中就出现了 SLB 的 IP 不识别的对应报错。既然 SLB 不能做 APIServer 的负载均衡，我们就在每台机器上安装 HAProxy，通过 HAProxy 做 APIServer 的负载均衡来解决这个问题。架构如图 13-12 所示。

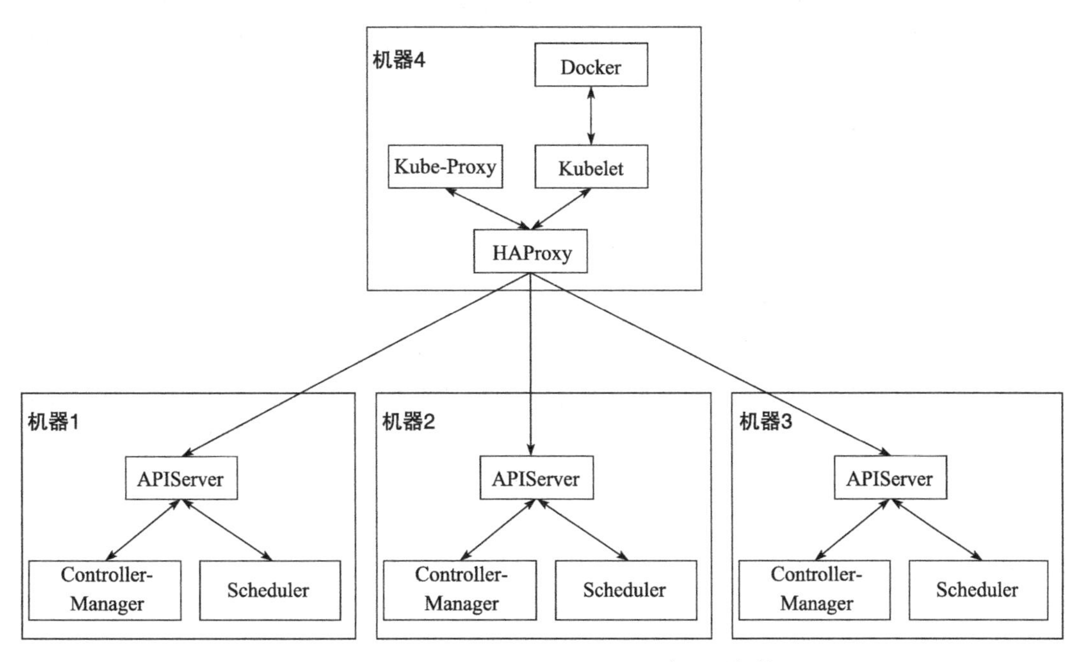

图 13-12 HAProxy + K8S Master 高可用架构

我们在要连接 APIServer 的所有机器上都搭建 HAProxy 来保障 HAProxy 是独立部署的。

这样一来，单台 HAProxy 即使宕机也只是影响本机，并不影响其他机器的调用。HAProxy 核心配置如下：

```
frontend haproxy-https
    bind 127.0.0.1:443
    mode tcp
    option tcplog
    tcp-request inspect-delay 5s
    tcp-request content accept if { req.ssl_hello_type 1 }
    default_backend k8s-api-https

backend k8s-api-https
    mode tcp
    option tcplog
    option tcp-check
    balance roundrobin
    default-server inter 10s downinter 5s rise 2 fall 2 slowstart 60s maxconn
250 maxqueue 256 weight 100
    server k8s-api-1 172.16.1.173:6443 check
    server k8s-api-3 172.16.1.175:6443 check
    server k8s-api-2 172.16.1.176:6443 check
```

需要特别注意的是，在 HAProxy 的配置中，IP 绑定在 127.0.0.1 上，主要与 kebernetes.pem 证书中添加的 IP 地址相对应。否则我们新添加的 Node 节点就无法与 APIServer 通信，或者需要重新制作 kebernetes.pem 证书。在每台 Node 上，HAProxy 搭建完毕后，我们需要针对客户端的配置做如下更改。

- Kubectl：config 配置中的 Server 地址。
- Kubelet：bootstrap.kubeconfig 及 kubelet.kubeconfig 配置文件中的 Server 地址。
- Kube-Proxy：kube-proxy.kubeconfig 配置文件中的 Server 地址。

13.1.9 容器实践 9：K8S Node 节点高可用

相较于 Master 节点的高可用来说，让 Node 节点高可用要方便许多，在云端结合 ECS 的镜像功能能让 Node 节点进行快速横向扩展。我们把现有 Node 节点打个镜像，然后开通一台 ECS，这时，只需要变更 Kubelet 及 Kube-Proxy 启动命令中的 IP 地址，Node 节点就会自动加入到集群中。Kubelet 的配置如下：

```
[Unit]
Description=Kubernetes Kubelet
Documentation=https://github.com/GoogleCloudPlatform/kubernetes
After=docker.service
Requires=docker.service

[Service]
```

```
WorkingDirectory=/var/lib/kubelet
ExecStart=/root/local/bin/kubelet \
    --address=172.16.1.174\
    --hostname-override=172.16.1.174 \
    --pod-infra-container-image=registry.access.redhat.com/rhel7/pod-infrastructure:latest \
    --experimental-bootstrap-kubeconfig=/etc/kubernetes/bootstrap.kubeconfig \
    --kubeconfig=/etc/kubernetes/kubelet-kubeconfig \
    --tls-cert-file=/etc/kubernetes/ssl/kubelet.pem \
    --tls-private-key-file=/etc/kubernetes/ssl/kubelet-key.pem \
    --cert-dir=/etc/kubernetes/ssl \
    --container-runtime=docker \
    --cluster-dns=10.254.0.253 \
    --cluster-domain=cluster.local. \
    --hairpin-mode promiscuous-bridge \
    --allow-privileged=true \
    --serialize-image-pulls=false \
    --register-node=true \
    --logtostderr=true \
    --v=2

[Install]
WantedBy=multi-user.target
```

Kube-Proxy 的配置如下：

```
[Unit]
Description=Kubernetes Kube-Proxy Server
Documentation=https://github.com/GoogleCloudPlatform/kubernetes
After=network.target

[Service]
WorkingDirectory=/alidata/lib/kube-proxy
ExecStart=/root/local/bin/kube-proxy \
    --bind-address=172.16.1.174 \
    --hostname-override=172.16.1.174 \
    --cluster-cidr=192.168.0.0/16 \
    --kubeconfig=/etc/kubernetes/kube-proxy.kubeconfig \
    --logtostderr=true \
    --v=2
Restart=on-failure
RestartSec=5
LimitNOFILE=65536

[Install]
WantedBy=multi-user.target
```

这里，只需要更改 172.16.1.174 的 IP 地址为最新的 ECS 内网 IP 地址，然后重启 Kubelet 及 Kube-Proxy 进程，Node 节点就会自动添加到集群中了。如若需要删除 Node 节点，只需要通过一条 kubectl delete node 命令即可将其删除。

13.1.10 容器实践 10：K8S 部署架构优化

本案例中，最开始在 ECS 中部署，我们采用的是通过 4 台机器部署的 K8S 集群。Master 和 Node 节点冗余是一起部署的，这在架构上其实是不合理的。比如上线后，我们经常遇到由于部署业务代码的原因而导致 Node 节点的 ECS 性能跑满的问题，这不仅会影响部署在 Node 节点上的 Master 节点的稳定性，还会影响整个集群的稳定性。随着业务的发展，最终我们将集群架构进行了变更，如图 13-13 所示。

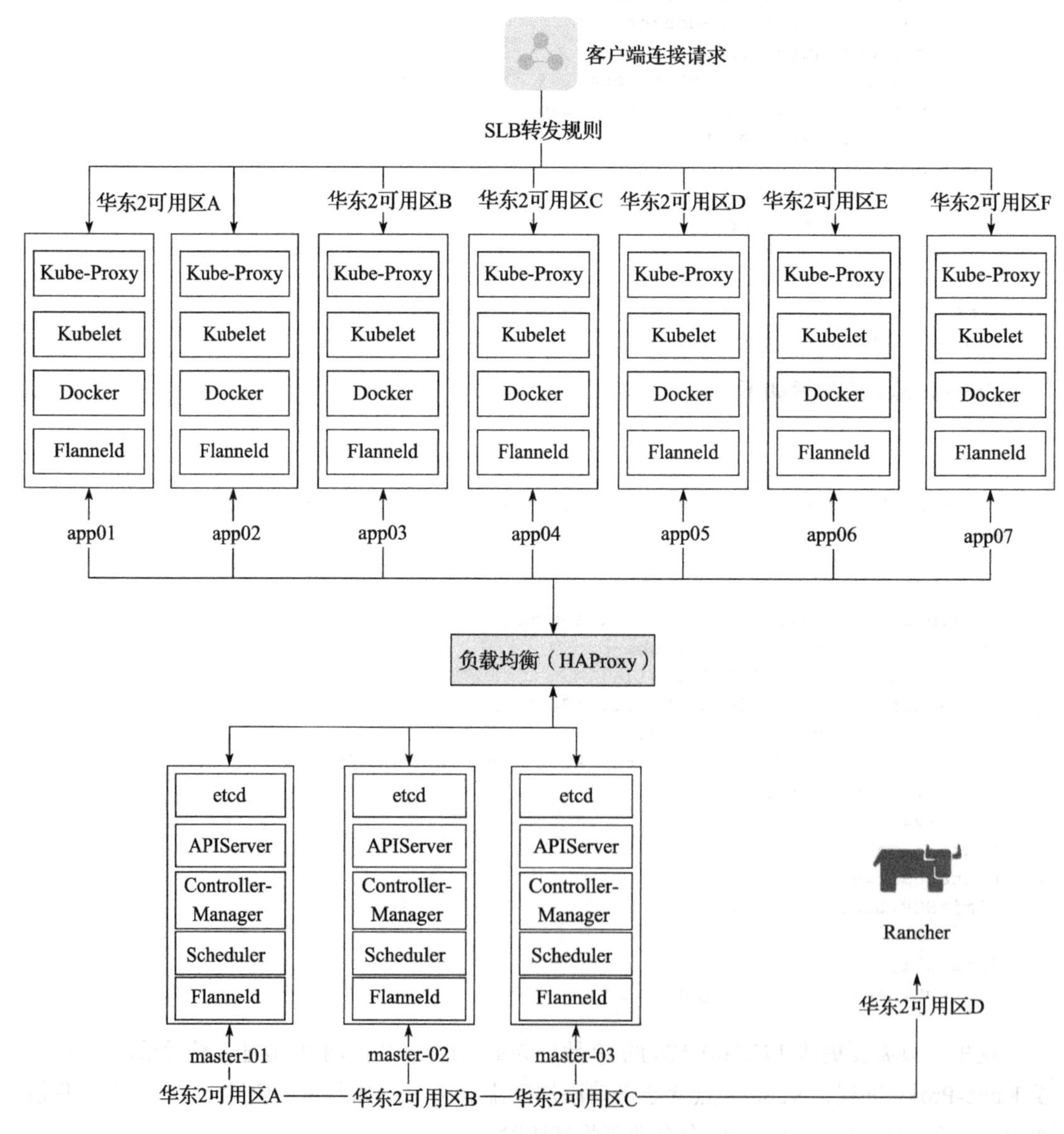

图 13-13 云端自建 K8S + Rancher 部署架构

配置清单如表 13-3 所示。

图 13-3　云端优化后的 K8S 架构配置清单

说明	主机名	CPU	内存	磁盘	操作系统
Master + Etc 节点	master-01	4 核	8GB	500GB	ubuntu16.04
Master + Etc 节点	master-02	4 核	8GB	500GB	ubuntu16.04
Master + Etc 节点	master-03	4 核	8GB	500GB	ubuntu16.04
Node 节点	app-01	8 核	64GB	500GB	ubuntu16.04
Node 节点	app-02	8 核	64GB	500GB	ubuntu16.04
Node 节点	app-03	8 核	64GB	500GB	ubuntu16.04
Node 节点	app-04	8 核	64GB	500GB	ubuntu16.04
Node 节点	app-05	8 核	64GB	500GB	ubuntu16.04
Node 节点	app-06	8 核	64GB	500GB	ubuntu16.04
Node 节点	app-07	8 核	64GB	500GB	ubuntu16.04

从原集群迁移到新集群中也比较方便。新开了 3 台 4 核 8GB 的机器，搭建 Master 节点。迁移的核心点是需要将原集群中 ETCD 的数据迁移至新开通的 3 台机器中，完成上述操作基本上迁移就成功了一大半。其他的迁移细节，本文就不再过多介绍。

13.1.11　容器实践 11：自建 K8S 迁移阿里云 K8S 托管版 + Rancher

早期我们在云端 ECS 中自建 K8S，主要原因是当时阿里云 K8S 相关产品的功能服务还不那么完善。云端自建 K8S 后续的维护、版本升级、版本兼容性等问题也给我们带来了很大困难。现在，阿里云容器服务日益成熟，已能部署投入到应用生产环境中，这在很大程度上降低了我们自建带来的维护成本。由于业务环境都是跑在 Docker 中的，Docker 跨平台的特性让业务代码从自建 K8S 迁移至阿里云 K8S 中成为一个无缝迁移的过程。我们只需要在阿里云 K8S 中拉取私有仓库中的 Docker 镜像，重新部署一下即可。

阿里云容器服务 K8S 版基于原生 K8S 进行适配和增强，简化了集群的搭建和扩容等工作，它通过整合阿里云的虚拟化、存储、网络和安全等能力来打造云端最佳的 K8S 容器化应用运行环境。产品架构如图 13-14 所示。

如今，阿里云容器服务 K8S 集群有 3 种形态：专有版 Kubernetes（Dedicated Kubernetes）、托管版 Kubernetes（Managed Kubernetes），以及 Serverless Kubernetes。它们的对比如表 13-4 所示。

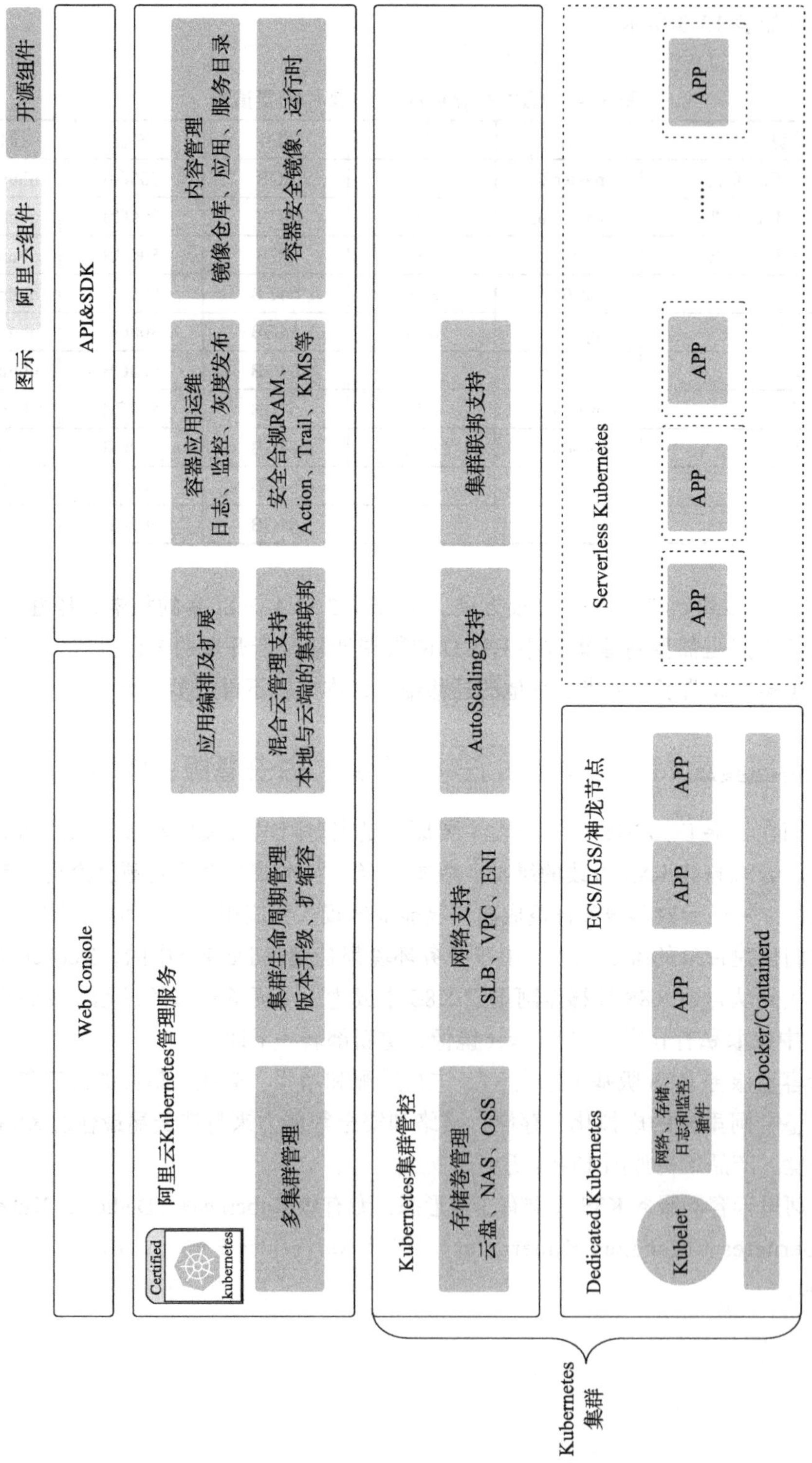

图示 阿里云组件 开源组件

Web Console

API&SDK

阿里云Kubernetes管理服务

Certified kubernetes

多集群管理

集群生命周期管理
版本升级、扩缩容

应用编排及扩展

混合云管理支持
本地与云端的集群联邦

容器应用运维
日志、监控、灰度发布

安全合规RAM、
Action、Trail、KMS等

内容管理
镜像仓库、应用、服务目录

容器安全镜像、运行时

Kubernetes集群管控

存储卷管理
云盘、NAS、OSS

网络支持
SLB、VPC、ENI

AutoScaling支持

集群联邦支持

Kubernetes集群

Dedicated Kubernetes

ECS/EGS/神龙节点

Kubelet

网络、存储、日志和监控插件

APP

APP

APP

Docker/Containerd

Serverless Kubernetes

APP

APP

APP

……

APP

图 13-14 阿里云容器服务 Kubernetes 版

表 13-4　阿里云 3 种 K8S 集群形态对比

K8S 集群形态	特点
专有版 Kubernetes	需要创建 3 个 Master（高可用）节点及若干 Worker 节点，可对集群基础设施进行更细粒度的控制，需要自行规划、维护、升级服务器集群
托管版 Kubernetes	只需创建 Worker 节点，Master 节点由容器服务创建并托管。具备简单、低成本、高可用、无须运维管理 Kubernetes 集群 Master 节点的特点，用户可以更多地关注业务本身
Serverless Kubernetes	无须创建和管理 Master 节点及 Worker 节点即可通过控制台或者命令配置容器实例的资源、指明应用容器镜像以及对外服务的方式、直接启动应用程序

我们采用阿里云 K8S 托管版直接托管了 Master 节点，这样我们就不用自己去部署配置 Master，也不用担心 Master 节点高可用，这些都会默认被阿里云 K8S 服务完成。在阿里云 K8S 管理控制台中，我们也可以让 Node 节点的资源选择利用率不高，或者将废弃的 ECS 加入到集群中来做资源复用。而同样，我们也能将托管版的 K8S 导入到自建的 Rancher 中，导入流程跟上文提到的自建 K8S 导入 Rancher 的流程基本一致，这里不再赘述。不过，需要注意的是，由于托管版的 Master 节点不能直接 SSH，因此可以通过阿里云 CloudShell 或者安装 Kubectl 客户端来操作管理 K8S，从而把 K8S 导入到 Rancher 中进行管理。

云诀窍

对于专有版 Kubernetes、托管版 Kubernetes，由于我们能操作 Master 节点，所以能将其导入到自建的 Rancher 中。但 Serverless Kubernetes 中的 Master 已被封装，因此不支持导入。

13.1.12　容器实践 12：K8S 监控实践

监控是运维中的第一道防线，能让我们快速发现问题。只有第一时间知道问题所在，才能触发后续的处理流程。K8S 本身也是个中间件，从本质上来说，与 Tomcat 监控没什么不一样。当然，我们要从不同的维度来全面性监控 K8S，保障出现问题能第一时间定位到问题的所在。监控项实践如表 13-5 所示。

表 13-5　K8S 集群监控

分类	类别	监控项
OS 基础监控	系统层	CPU、网卡、内存、磁盘、进程等系统基础监控
	端口服务	Master 节点、Node 节点、ETCD 节点端口服务监控
	进程监控	systemctl status 服务进程状态监控
K8S 集群监控	日志监控	K8S 对应服务日志中 error 关键字监控
	Master 集群状态监控	kubectl get componentstatuses 监控 Scheduler、Controller-Manager 及 ETCD 集群状态
	Node 集群状态监控	kubectl get nodes 节点状态监控
	应用 Pod 状态监控	kubectl get pods -n kube-system 状态监控

（续）

分类	类别	监控项
K8S 集群监控	系统 Pod 状态监控	kubectl get pods -n aliyun01
	Service 端口监控	kubectl get svc -n aliyun01 及 Kube-Proxy 端口服务监控
	普罗米修斯	对集群性能状态的监控
应用层监控	应用监控	核心应用 HTTP/TCP 层面、业务接口层面的业务功能性监控
	业务代码	通过业务日志、阿里云业务实时监控服务 ARMS（Application Real-Time Monitoring Service）

13.2 DevOps 发展的四个阶段

正如前面所说的，云计算推进了传统技术架构的变革，使其由曾经的物理机架构阶段演变到了如今的云计算架构阶段。而容器推进了云计算架构的变革，未来即将进入容器架构阶段，即业务的部署不依赖云厂商平台，可以横跨多个云平台进行无缝部署。我们知道在运维领域，运维自动化一直是运维技术造诣最重要的体现，也是运维的灵魂。同样，容器也在运维领域引领着运维自动化的技术变革。接下来主要介绍容器所引领的运维自动化发展的 4 个阶段。

13.2.1 人工阶段

在单机架构、集群架构的物理机 IT 体系下，服务器没有那么多，我们的日常运维全部依赖人工。日常运维维护需求全由人工输入命令解决，这是运维的最原始阶段。在人工苦力的阶段，我们完全没有精力考虑运维自动化，甚至连运维自动化这个概念可能都没听说过。

在这个时候，行业赋予我们一个荣誉称号：“7×24 背着笔记本的农民工”。何为“7×24”？就是无论何时何地都会带着笔记本，以保证在出现监控报警时自己能够第一时间上线处理故障。我在高铁上、火车站、过年的时候、晚上做梦的时候、逛街的时候、看电影的时候等几乎任何时间和地点都处理过运维故障。那又何为“农民工”呢？以前做传统运维的时候，更多是在跟硬件打交道。我装过系统，编译过内核，编译过驱动，去过机房，布过线，扛过服务器等。IDC 机房的服务器上下架期间，我们经常扛着服务器，所以我们称自己为“农民工”。对于传统运维，我们经常要做如下工作。

（1）和硬件相关的工作

和硬件相关的工作主要分为以下两类：

- ❑ 搬服务器，网络部署，机器上架。
- ❑ 硬件日常维护：联系机房重启机器，更换磁盘，更换内存，解决硬件故障等问题。

（2）和系统相关的运维工作

和系统相关的运维工作主要分为两大类：

- ❑ 系统环境运维状态维护：环境安装配置、性能调优、安全加固、日常运维故障处理、运行状态监控及巡检等。

- 业务代码变更发布：代码部署、代码日志查看、代码版本回滚、代码运行环境重启等。

在做系统相关的运维工作时，需要登录一台台服务器以命令方式完成日常维护工作，如图 13-15 所示。

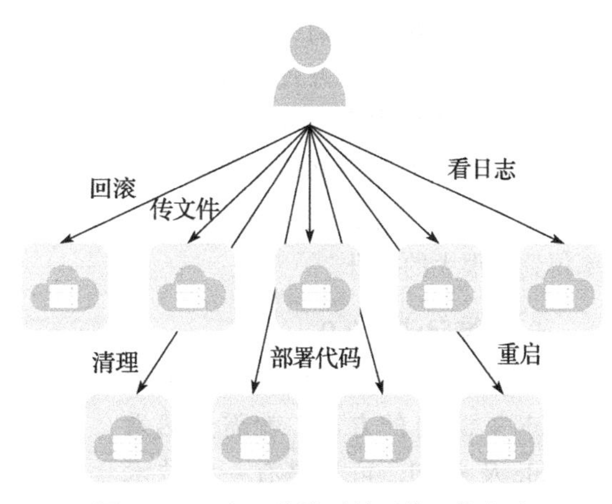

图 13-15 人工阶段下的运维工作方式

13.2.2 脚本及工具阶段

随着云计算的普及，分布式架构也得到广泛应用。我们要维护的服务器越来越多，我们开始尝试将日常重复的工作通过脚本、工具来完成，以此替代人工方式，提升维护效率。运维自动化便是这个阶段开始发展起来的，这让大家明白了批量服务器通过脚本及工具进行集中化管理，是运维人员技术、效率最重要的价值体现。于是，大家一致认为，不懂自动化的运维人员不是一个好运维人员。

1. 运维自动化 1.0

传统运维中，要说运维脚本领域排行第一的，当属 Shell 脚本了。能把日常运维命令直接方便快捷地封装成 Shell 脚本，以此代替人工操作，实属不错的提升日常维护效率的办法，简单且立竿见影。也许会有人说 Python 也不错，但 Python 毕竟是一门高级编程脚本语言，能够掌握的运维人员少之又少。以至于学会 Python 成了每一个运维人员的理想。现下，在云端运维中，Python 却逐步成为运维脚本的首选编程语言。因为在传统运维中，日常的安装、部署、配置等首选通过 Shell 完成自动化需求，在云端都能通过云平台的镜像、API 等功能完成，且更方便简单。所以通过 Shell 部署的时代逐渐被取代，我们需要进一步通过 Python 脚本结合云 API，完成符合业务场景的自动化部署，这是云端脚本自动化运维的首要目标。

除了 Shell/Python 编程脚本可以完成自动化外，运维自动化工具方面，当属 Ansible、SaltStack、Puppet 这三大自动化工具。Puppet 配置烦琐，较难掌握，在云端客户运维中不考虑。Ansible 和 SaltStack 源码都是基于 Python，对喜爱 Python 的运维来说无疑是首选。在刚开始给客户部署时，我们采用的是 SaltStack，主要是因为对这个工具更熟悉些。但随着客户的服务器增多，SaltStack C/S 模式要安装 Agent，管理起来比较麻烦，而且有时候 SaltStack Server 批量下发指令还会丢机器，导致有些 Agent 不能执行对应指令操作。因为 SaltStack 存在这些缺陷，Ansible 最终成为运维自动化工具的首选，相比 SaltStack 和 Puppet，Ansible 无须安装 Agent，并且基于 SSH 协议，这让其使用起来非常便捷且高效，如图 13-16 所示。

在人工阶段，我们需要一台台登录服务器并通过命令方式完成日常维护工作。而在脚本及工具阶段，可通过自动化工具及脚本来集中化来管理成百上千台服务器，这使得运维的效率得到了很大的提升。

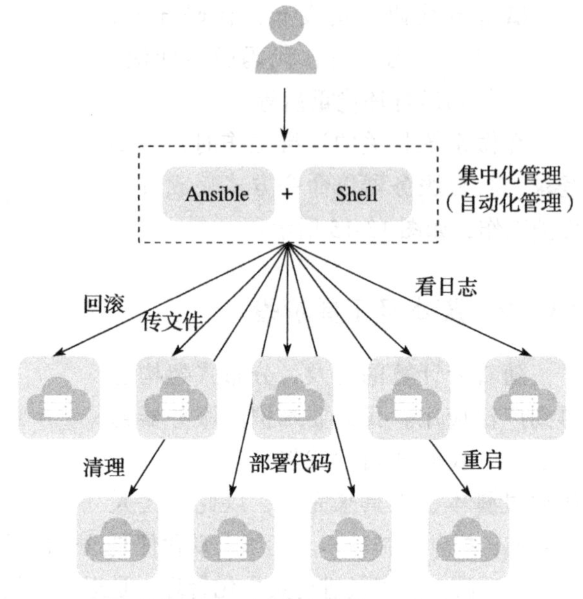

图 13-16 运维自动化 1.0 版本

2. 运维自动化 2.0

在运维自动化 1.0 中，要使用 Ansible + Shell 的方式，就需要熟悉 Ansible 及 Shell，可见是有一定技术门槛的。随着业务系统逐步增多、服务器增多，频繁的业务更新迭代给我们带来新的运维挑战。

- 随着需要运维维护的机器逐渐增多，运维需要熟练掌握 Ansible + Shell 技术才能有效提升效率。并且还需要避免因为对 Ansible 不熟悉而导致的误操作，这给运维带来很大的挑战。
- 研发经常会有变更发布的需求，即使是简单的变更发布也需要运维亲自完成。这种频繁简单的操作不仅浪费时间，也不利于及时变更发布。

针对运维自动化 1.0 版本下的自动化面临的问题及挑战，我们把日常运维经常用到的重复性的命令（如重启、版本更新、版本回滚等）通过 Rundeck 图形化管理工具封装成一个 Web 控制台。运维、研发只需要点击 Web 控制台中已经封装好的功能模块，就可以完成日常运维及日常代码变更发布等工作，如图 13-17 所示。

在 Ansible + Shell 基础之上加入 Rundeck 后，可实现集中图形化管理，并且还可以根据不同角色来进行权限划分。这样一来，运维人员就不需要记住专业的自动化命令了，在页面上就能实现自动化管理，不需要带着笔记本上线处理问题，在手机上直接点击变更发布即可。关键的是，研发人员也可以自行去实现发布、回滚等操作。发布代码不仅只是运维的任务了，研发随时随地可自行操作，这无疑也提升了发布效率。

云诀窍

Python 已成为云端通过脚本进行自动化运维的标准，Ansible 无疑也已成为云端通过工具自动化运维的标准。

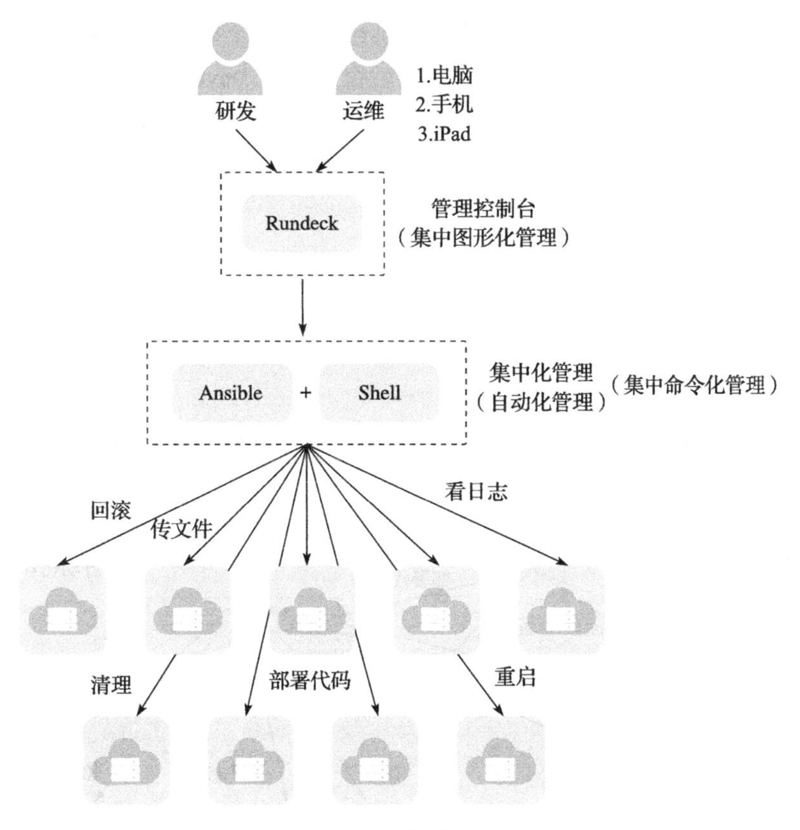

图 13-17　运维自动化 2.0 版本

3. DevOps1.0

随着互联网的发展，互联网业务之间的竞争日益激烈。企业要想在互联网业务竞争的浪潮中不被淹没，除了业务的功能特性优势之外，还要快速地更新迭代来不断满足用户需求，提升竞争优势和用户体验。这时候，敏捷开发的思路被提出来。在此基础上，DevOps 体系被提出来。

DevOps 的出现就是为了解决软件开发人员（Development，Dev）和 IT 运维技术人员（Operations，Ops）之间的沟通协作问题，以使得构建、测试、发布软件能够更加快捷、频繁和可靠。由此可见，DevOps 与运维自动化的概念是有很大不同的。运维自动化主要解决资源集中管理方面的问题以提升运维效率，其关注系统维护层面。而 DevOps 则主要解决持续集成（Continuous Integration，CI）及持续交付（Continuous Delivery，CD）方面的问题以提升业务快速集成及交付，其关注业务迭代层面。

在运维自动化 2.0 版本中，研发能通过运维提供的工具平台快速完成代码部署交付到测试环境、预发环境，甚至到生产环境，这已经属于 DevOps 体系中 CI/CD 中的 CD 功能。但是如何做到持续集成，即完成代码的自动编译及自动测试，这是 DevOps 体系要解决的问题。

Jenkins 是开源 CI&CD 软件的领导者，提供超过 1000 个插件来支持构建、部署、自动化，以便满足任何项目的需要。Jenkins 出现后很快成为 DevOps 体系主流的最佳实践工具。通过 Jenkins 我们很快解决了软件代码的自动编译及自动测试，并且对应的插件也能帮助 Jenkins 通过 SSH 无缝打通后端服务器，通过 Jenkins 也能完成软件代码的部署交付，如图 13-18 所示。

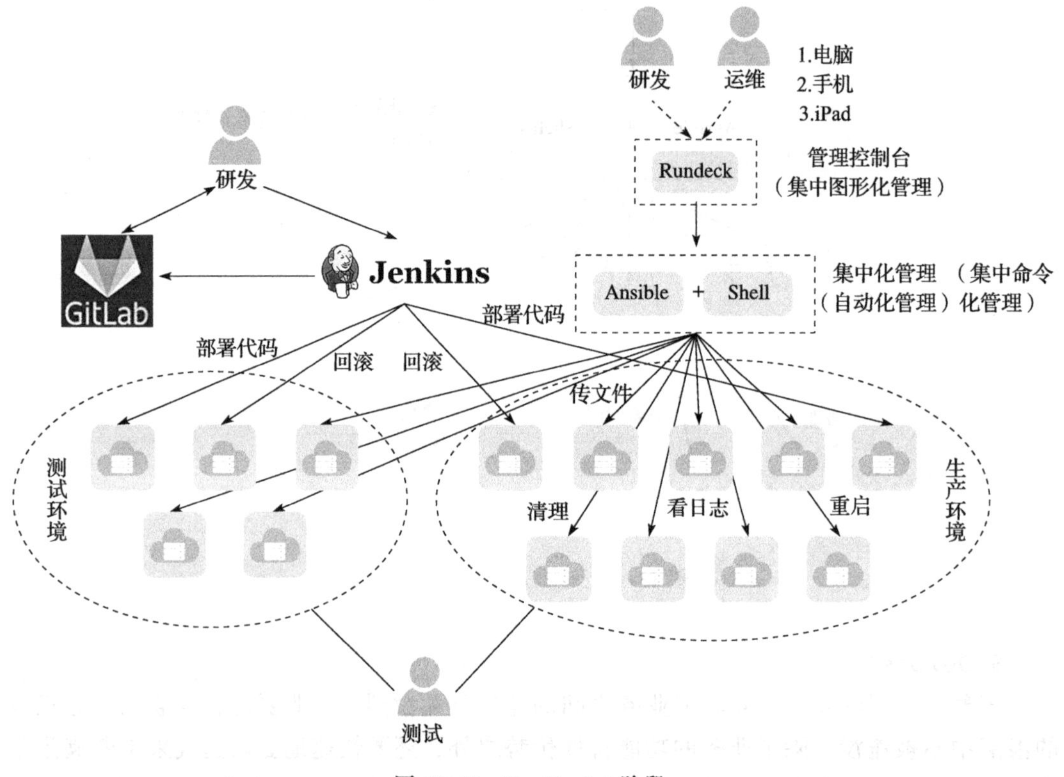

图 13-18 DevOps1.0 阶段

我们主要代码的部署是通过 Jenkins 拉取 GitLab 中的代码进行可持续集成，进行代码编译及发布。ECS 的日常运维还是通过 Ansible + Shell + Rundeck 进行集中化管理。

13.2.3 平台化阶段

1. 运维自动化 3.0

运维自动化 2.0 中，虽然通过 Rundeck 对日常运维重复性操作，如批量重启、批量发布、批量回滚等做了封装。但是日常大量非重复性的运维操作，如定时日常运维设置修改、日常运维排错、日常服务器状态巡查等，还是需要登录服务器执行运维命令，这也必然会降低我们的运维效率。衡量自动化运维工作的情况就是登录服务器的次数。随着运维自动化的发展，运维自动化从脚本及工具阶段演变至平台化阶段，即运维自动化的终极目标就是不登录服务器，通过 Web 界面进行简单设置操作就能完成所有日常运维管理工作。即我们需要在运维自动化 2.0 基础之上进一步以平台界面“傻瓜式”操作来替代日常运维执行命令、执行脚本 / 工具的方式，从而进一步提升运维效率。

随着云平台的普及，你会发现，云平台能对 IT 资源做自动化管理，所以本身云平台就是一个大的运维自动化平台。也是因为云平台的出现，我们的运维技术直接跳过人工阶段、脚本及工具阶段，到了平台化这个阶段。在传统运维中（在 IDC 的硬件年代），也就是运维自动化 1.0 及 2.0 阶段，运维自动化的核心更多的是通过 CMDB（资源管理系统），结合 Ansible 自动化工具，将服务器运维资源管理集中化、平台化。而在云端，CMDB、资源管理早已被云自动化及平台化。甚至传统运维做不到的硬件资源管理及维护，在云端都已不是问题。云平台的出现，我称之为运维自动化 3.0。图 13-19 所示为云平台中 ECS 产品的运维自动化管理控制台界面。

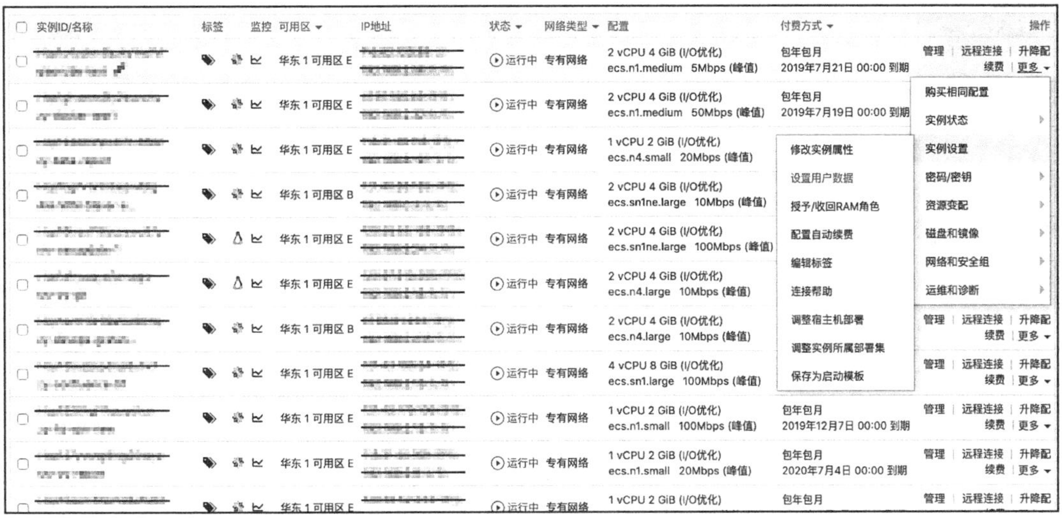

图 13-19 ECS 运维自动化管理控制台界面

传统运维自动化的概念逐渐在弱化，而如今在云端很少还有人在讲运维自动化，这是因为本身云平台已实现了平台化的运维自动化。所以我们已将更多的精力由传统底层资源的运维管理转向业务层的运维管理，这也是大家如今提到的更多的是 DevOps 的原因。

2. 运维自动化 4.0

运维自动化 3.0 从云平台层次解决了 IT 资源的管理、自动化运维等问题，是真正意义上的平台化，用户不用熟悉及关心底层维护的技术，只需在控制台一键式完成 IT 资源管理维护，它能满足 80% 的中小型互联网需求。但由于每个公司的业务流程不同，我们的运维规范标准也有所不同。比如，金融类业务的运维更多偏向安全性方面；电商类业务的运维偏向快速扩容等资源管理方面；而政企类业务的运维更多偏向以审批为导向的流程化管理方面。所以云平台通用的运维自动化管理可能满足不了中大型公司对定制化的自动化诉求。好在云平台的 API 开放让我们能通过代码去管理云资源，这使得我们能够二次开发适合自己公司业务的运维自动化平台。甚至在做业务部署时，我们可以不用仅仅局限于使用某个云厂商平台进行部署，也就是说，我们可以选择多个云厂商做分布式架构，以保障业务的安全性及稳定性。由此运维自动化从 3.0 演变至 4.0 版本，即跨云平台定制适合公司业务的运维自动化平台。图 13-20 所示为驻云运维平台——运维自动化 4.0 的参考案例。

图 13-20 驻云运维平台

平台功能模块概要如下：

- 账号管理：运维平台的登录，通过公司内部的 LDAP 集中进行用户认证管理。
- 客户管理：包含我们运维所有客户信息、运维档案信息，如我方架构师、运维人员、销售人员、客户对接人员等，以及客户拜访记录等。
- 项目管理：项目总览、告警通知、接口管理、监控配置、堡垒机配置、告警记录模块。
- 资源管理：项目相关的云资源，通过 API 查询各个云平台的资源进行汇总集中管理。
- 系统管理：用户管理、分组管理、角色管理。
- 配置管理：账户管理、堡垒机配置。
- 任务管理：主要通过 Ansible 做任务下发及管理。

3. DevOps2.0

正如上文所述，云平台的普及，让我们把更多的精力由传统运维的资源管理运维自动化转移到业务管理 DevOps（持续集成 / 持续交付）自动化上。即通过 Jenkins 一键式完成编译打包、部署上线，从而实现业务的快速迭代及交付，这是 DevOps 的 1.0 阶段。随着业务的发展，业务架构由传统的分布式架构演变成如今热门的微服务架构。采用微服务架构，其实是业务层的解耦拆分，主要带来业务上的重组及快速迭代等弹性优势。但随着微服务越来越多，维护的服务器也日益增加。这给我们带来了极大的运维挑战，我们在以下几个方面的运维工作越来越困难：

- CI/CD（可持续集成 / 可持续交付）的主要压力表现在可持续交付上。虽然云平台的出现让我们资源的开通缩短至分钟级别。一个新环境过来，或者业务压力增加，我们需要额外增加服务器资源，虽然通过镜像开通 ECS 本身是分钟级别，也花费不了多少时间。但是业务的快速更新迭代，使得打镜像、开机器的事情变成了重复性操作时，就会显得效率较低。
- 每台 ECS 上跑了多个微服务进程端口，这些微服务进程服务的管理维护可能随着业务的微服务调度迁移等，使得运维侧的监控、维护管理变得非常被动及烦琐。
- 有些微服务造成系统的 CPU、I/O 压力很大。而部署另外一些微服务的 ECS，平时也基本上没有压力。在资源调用利用方面没有得到很好的分配，存在很大的资源浪费问题。

虽然微服务解决了业务层架构的问题，但上述问题也暴露出，在云端我们需要在运维侧有一套架构能支撑微服务。这一问题的核心其实也是 DevOps1.0 的问题所在，即 DevOps1.0 主要通过 Jenkins 等技术解决可持续集成方面的问题，但在可持续交付部署方面仍有不足。人们常说 Docker 和微服务是天生一对，容器技术 + 微服务架构算是当今最为热门的技术，也将领导技术领域下一个 10 年的发展。通过容器资源编排技术 Kuberneters + Jenkins + 微服务架构，便成为如今的 DevOps2.0 体系，如图 13-21 所示。

- CI/CD（可持续集成 / 可持续交付）上，代码提交到 GitLab 中，通过 Jenkins 进行编译，然后打包成一个 Docker 镜像上传至私有镜像仓库。线上的变更，只需要拉这个镜像即可；新增某个应用的台数时，只需要定义 YAML 配置文件增加对应的副本即可。整个线上的更新迭代，容器启动在秒级即可完成发布。
- 容器 Docker 运行对应的微服务进程，对 ECS 没有依赖，我们定义配置文件，不用关心对应的微服务跑在哪台 ECS 上，如果对应的 Docker 异常，K8S 资源编排会自动在不同的 ECS 节点进行冗余备份。
- 容器 Docker 使用的资源，我们可以定义每个容器 Docker 具体要使用多少 CPU 及内存，然后 K8S 资源编排自动调度对应的容器放在不同节点运行，最大化地提升资源利用率。
- 整个 DevOps 流程，也可以结合 JIRA + Confluence 做项目管理及知识库管理。

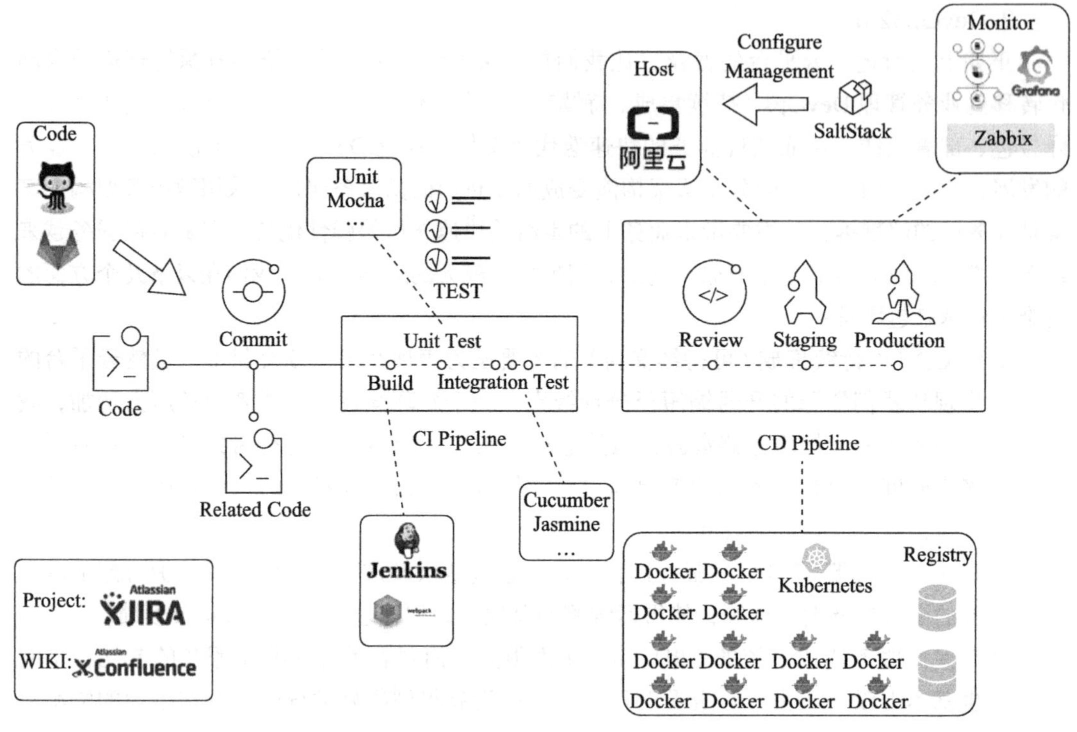

图 13-21 DevOps2.0 阶段

所以引入容器资源编排的架构，让我们在 CI/CD、运维管理、资源管理上的效率都提升了一个档次。

云诀窍

GitLab + Jenkins + K8S + 微服务是云端 DevOps 的最佳实践。

13.2.4 智能化阶段

智能运维，即当前如火如荼的人工智能和运维的结合——AIOps。智能扩容、故障自愈、智能分析等进一步减少了人为参与，也进一步提升了运维效率。AIOps 的核心在于 AI 算法在运维领域的运用，但当前在市面上类似的成熟解决方案及产品少之又少，还处于概念期。驻云 CloudCare 体系，便是智能化阶段的典型代表，它是云计算时代的智能诊断专家。通过将多年的云服务经验数字化，并结合基于人工智能的诊断平台，CloudCare 针对用户的 IT 资源进行检测与诊断，从云平台、云主机到集群，为用户提供监控、安全、费用、优化等多方位的提醒、告警及实施方案，帮助用户大幅地缩短 IT 系统的平均诊断时间，提升 IT 系统管理效率，如图 13-22 所示。

图 13-22　企业智能诊断

第三篇 Part 3

云端安全篇

没有互联网安全，就没有国家安全。安全问题对互联网企业来说是至关重要的。特别是业务量越大的应用，对安全问题就越敏感。随着云计算的发展，云端面临着挑战也面临着机遇。在云端，如何通过技术手段保障业务的安全性则是本篇的核心内容。通过常见黑客攻击案例，及结合云端最佳安全防御方案，本篇将带你一起走进黑客攻防的世界。

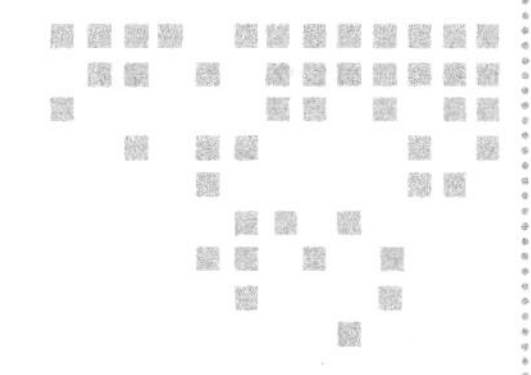

第 14 章 Chapter 14

云端安全面临的挑战和机遇

安全是当前唯一不能被“云”化掉的特殊领域，安全带来的“高成本”“灵活性”等问题冲击着云计算的核心优势。随着云计算的发展，安全已成为云计算领域要解决的疑难问题。本章将针对我在云端安全领域的一些所见、所想、所感进行介绍，希望本章的内容能对对云端安全感兴趣的读者有所帮助和启发。

14.1 云端安全问题的现状

2013 年，云在国内还不普及。作为阿里云架构师，那时候我和客户经理一起去拜访国内某知名招聘网站企业，但当时并没有受到该企业 IT 负责人的重视。那时候面对云，大多企业都持质疑的态度。当前系统运行良好，为什么要上云？迁移成本、风险太大，所以大多数企业不愿意上云，即使上了云，大多数企业也只是利用云运行官网等边缘系统，很少有企业大规模地将主业务放在云端。

除了对云的陌生之外，被质疑最多的还是安全问题。受传统 IDC 固化思想的影响，认为放在 IDC 机房的服务器看得见摸得着，能够把控，让人觉得踏实，所以是安全的。而放在云端的数据，看不见摸不着，也不知道存放在了哪里，让人感觉不踏实，安全风险很高。形成这个冲击的核心原因，是云的模式和传统 IDC 机房上架的模式已经完全不同。面对新事物，大家往往是陌生、恐惧，甚至抵触的。很多人缺乏对云的了解，认为把应用及数据放在云端是种冒险行为。说起来好笑，当初作为架构师，更多不是在给客户出技术方案，而是在跟客户阐述及证明云是安全的，阿里云获得了哪些安全认证，云端有哪些成功案例等。

随着云的普及，云技术更加成熟及稳定。如今如果有人还在对比云技术的优势，企业还在问要不要上云，那必然会被互联网浪潮淘汰，必然会被云时代淘汰。当前在云端实践中，更多的客户不是在问使用云到底安不安全这类概念性的问题，而是针对通过云来部署业务时遇到的实际安全问题进行咨询，想了解怎样利用云来保障业务安全性。

云计算的确在成本、效率、灵活性等方面给我们带来了质的飞跃，在云端安全问题上，很多人误以为使用了云，安全问题就得到了控制或者解决。

在阿里云官网，我们看到图14-1所示的数据，可以看到，在云端，每天要应对百亿次攻击。随着物联网、人工智能的技术发展，在"万物互联"的未来，云会成为支撑这些技术发展的基础。但同时这么庞大及复杂的体系，必然也会给云计算带来更加严峻的安全问题及挑战。但值得欣慰的是，以前我们在IDC解决一个安全问题，要上架对应安全设备、进行对应安全架构调整等，变更流程往往十分烦琐，且效率低下。而如今依靠云本身的灵活性等技术特点，我们在云端可选择对应的安全产品一键式解决安全类问题，也就是说，云让安全问题更加快捷高效地被解决。例如，很多用户就是为了云盾免费的5G DDoS流量防御而来，即买一台1核1GB的服务器，一个月的成本才50元左右，但能免费获得5GB的DDoS流量防御，何乐而不为呢？

阿里云，今天为全国40%的网站防御了4,523,152,556次攻击

图14-1 阿里云某天防御数据示例

14.2 云端安全面临的三大挑战

互联网安全体制的不够健全、企业的安全技术体系不够完善、个人的安全意识不够深化，导致互联网安全一直面临很大挑战。随着云计算发展，互联网安全问题也日益严峻。

14.2.1 挑战一：安全行业状态不容乐观

2017年6月1号起施行的网络安全法，给安全行业带来了新契机。在未来，除了云计算/大数据/人工智能等热门领域，还有一个领域会呈现爆发式增长，那就是安全领域。虽然随着网络安全法的推出，安全问题将逐步改善。但当前互联网安全行业的状态依旧不容乐观，主要表现以下4个方面。

1. 安全防御两极分化

具有安全能力的公司主要是BAT等一线互联网大公司，普通中小型公司对安全的重视程度还不够，基本无安全防御能力。而中大型业务，随着业务规模越来越大，面临的安全问题也会越来越严重，越来越敏感。相反，那些中小型业务，由于其业务量不多，可能并不会被黑客注意到。所以这就直接导致了一个认识上的误区，即没有相关安全事故、没有直接损失，就表示这方面没问题、很安全，如图 14-2 所示。

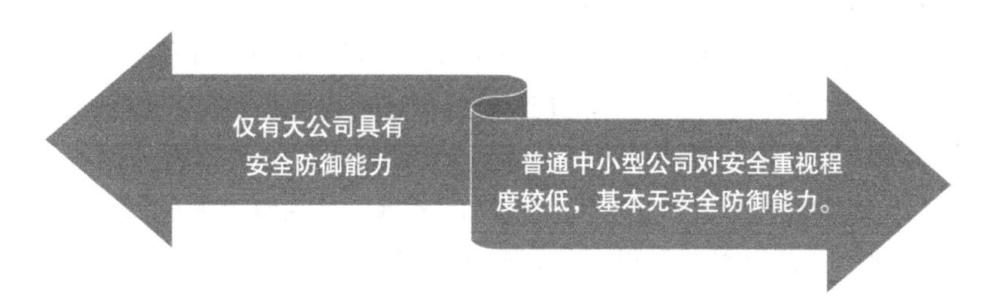
仅有大公司具有
安全防御能力
普通中小型公司对安全重视程
度较低，基本无安全防御能力。

图 14-2　互联网企业安全防御两极分化

2. 互联网安全意识堪忧

据《中国互联网络发展状况统计报告》统计显示，截至 2018 年 6 月，中国网民规模为 8.02 亿。其中 83% 的网民采用弱口令，82% 的网民不注意定期更换密码，76% 的网民存在多账户使用同一密码的问题。

最大的安全问题，并不是黑客有多厉害，而是我们的安全意识低下。

例如，总有人把密码设置为 123456、自己的生日、自己的手机号等，总有人把所有服务器的密码都设置为同一个，总有人把密码放在 Excel/Word/ 邮件中传送。

例如，很多人不太明白，为什么自己互联网上面的所有账号及密码都有可能被窃取。随着互联网上的系统越来越多，很多人为了方便，把所有系统的账户名、密码都设置为同一个，比如，淘宝账号、微博、QQ 密码等。这样一来，黑客只需要简单地破解你一处的密码，再用这个账号及密码到其他系统试一试就知道能不能登录了。

明明系统安全做得足够好了，为什么还是会被入侵？事实上，总有人把很多系统部署在一起或者同一局域网内，黑客利用"旁注"的攻击手段，只需要攻击"弱小"的那个系统，以此为突破口，再通过"旁注"入侵另外的系统即可。

3. 安全产品的使用问题

最大的安全问题是不懂得如何使用武器反抗。现在云端有二三十款安全产品，基本上能解决企业面临的所有安全问题。但是这里不仅要让大家有足够的安全意识，还要求大家把这二三十款安全产品和其他一两百款云产品结合起来运用，并解决对应的安全隐患及安全问题。这已经是个非常专业的要求了，的确有点为难大家。更有甚者不会使用安全产品便说云不安全。比如我之前的一个客户，做传统的在线直播小网站，使用 IDC 的时候网站经常被黑客攻击，从而瘫痪了。后来自己迁移到了阿里云，问题还是没有得到解决，又被迫迁回了 IDC。后来我们接手解决了这个问题，再次迁到阿里云，只不过这次我们在架构上进行了简单的调整，采用的是 SLB + ECS 的形式，并对系统进行了安全加固及优化。另外，在云盾进行了更加细粒度的阈值触发调整，不但解决了安全问题，还对 ECS 配置进行了优化调整（把固定带宽变更为按量带宽），使得每个月能节省原来一半的成本费用。

4. 安全人才匮乏

随着互联网的发展，网络安全形势日益严峻，对网络安全方面的人才的需求也是越来越多。据相关资料显示，近年我国高校教育培养的信息安全专业人才仅 3 万余人，而网络安全人才总需求量则超过了 70 万人，缺口高达 95%。这一方面是挑战，但从另一方面来看也是机遇。在企业中，安全类的技术岗位人员招聘是最难的，甚至招聘一两年也招不到合适的人员，大多数人员都满足不了企业对安全技能的要求。其实这方面的问题就是前面所说的“安全防御两极分化”直接导致的，可以说，整个市场的安全人员基本都集中在大型公司中。中小型企业安全人员的招聘，一直是瓶颈。后来我们甚至放弃招聘，直接在从内部向安全方向培养相关人才，这成为我们招聘安全相关人才的主要渠道。

14.2.2 挑战二：云端安全环境复杂化的挑战

在安全领域，越简单的东西，安全风险越低；越复杂的东西，安全风险越高。打个比方，一个简单的 HTML 官网，安全风险肯定很低。对于 HTML 的静态展示页面，也谈不上入侵。相对来说，一个基于 PHP 的电商，其安全风险肯定会高很多。先不说 PHP 代码是否存在很多安全问题，PHP 本身的安全漏洞就不少。越复杂的东西，涉及的技术也就越多，自然，存在的安全风险和问题就更多了。

我们先来看看，云端一般都运行些什么业务，图 14-3 所示的就是云端运行的常见业务。

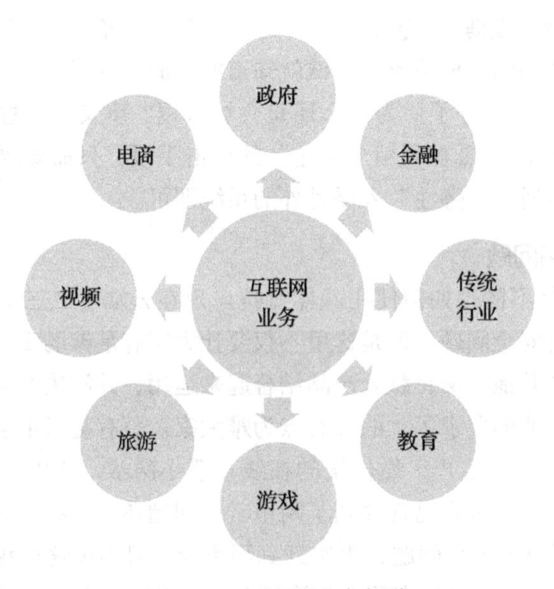

图 14-3 互联网业务概览

而互联网使用的热门操作系统就是云端要使用的操作系统，如图 14-4 所示。

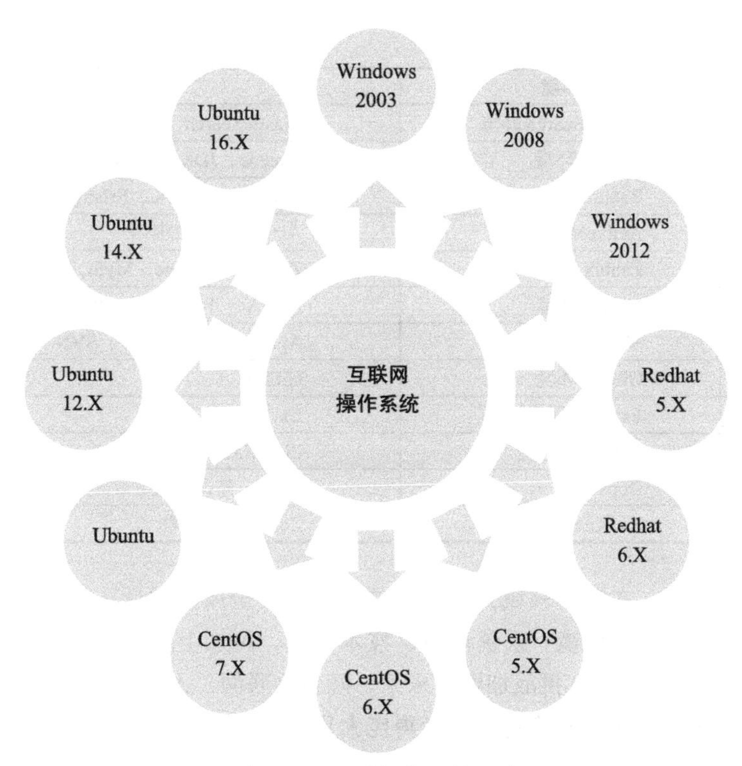

图 14-4　云端操作系统概览

互联网使用的热门的开源技术就是云端要使用的技术，如表 14-1 所示。

表 14-1　云端热门技术概览

类别	环境	软件明细
开发环境	PHP 环境	Tengine/Nginx、PHP、MySQL、FTP
		Apache、PHP、MySQL、FTP
	Java 环境	Nginx、Tomcat、JDK、MySQL、FTP
		JBoss、JDK、MySQL、FTP
		Jetty、JDK
	.NET 环境	IIS、ASP/.NET、MySQL、FTP
	Node 环境	Nginx、Node、MongoDB、FTP
	Python 环境	Python
	C、C++ 环境	C、C++
	其他开发环境	Ruby、Erlang、Go
数据库	Oracle 环境	Oracle 云上环境、集群环境
	MySQL 环境	MySQL 主从
	MongoDB 环境	MongoDB 主从、MongoDB 分片
	SQL Server 环境	SQL Server 环境
缓存	Memcache 环境	Memcache
	Redis 环境	Redis 主从、Codis

（续）

类别	环境	软件明细
搜索引擎	ElasticSearch 环境	ElasticSearch、JDK
	Lucene 环境	Lucene、JDK、Tomcat
队列	RabbitMQ 环境	RabbitMQ、JDK、Erlang
	ActiveMQ 环境	ActiveMQ、JDK
监控	Zabbix 环境	Zabbix、Apache、MySQL、PHP、FTP
	Nagios 环境	Apache、PHP、MySQL、FTP、Nagios
版本控制	SVN 环境	Apache、PHP、FTP、SVN
	GitLab 环境	GitLab
Email 环境	ExtMail 环境	ExtMail
	iRedMail 环境	iRedMail
其他	Docker	Docker 解决方案
	ZooKeeper	ZooKeeper 集群

正如前面所说的，在安全领域，越简单的东西，安全风险越低；越复杂的东西，安全风险越高。在云端，业务环境、系统环境、技术环境，再加上本身云产品平台环境的多元化，会让安全场景变得复杂，挑战加剧。未来，随着物联网、人工智能的发展，通过云实现了"万物互联"，互联网环境也会进一步变得庞大且更加复杂，安全上也将面临更大的挑战。

14.2.3 挑战三：安全对云优势的冲击

为什么说安全是当前唯一不能被"云"化掉的特殊领域？我们先来看看云计算的优势特点，如图 14-5 所示。

可靠性、低成本、弹性扩展是云计算的核心优势，安全对云计算的核心优势提出了很大挑战及冲击。可靠性方面，使用分布式的结构比使用本地计算机更加可靠，它以某种方式保障了数据的安全性。下面我们再来看看弹性扩展方面，如图 14-6 所示。

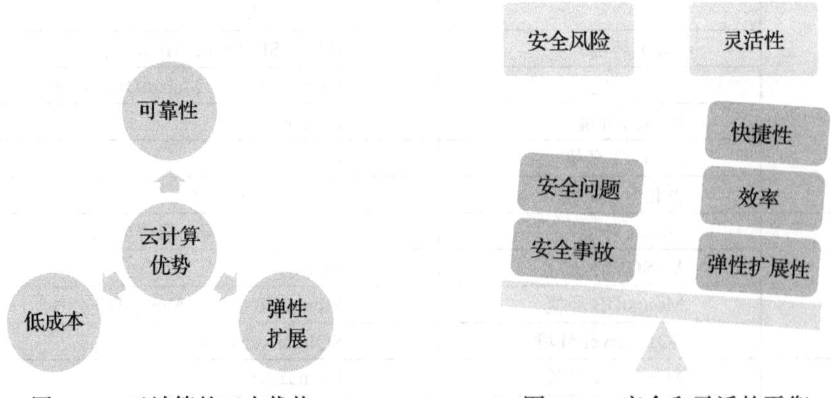

图 14-5 云计算的三大优势

图 14-6 安全和灵活的平衡

弹性扩展的优势，致使云端的应用进行资源扩展时更加快捷、灵活，但同时也对安全提出了更为严峻的挑战，自古快捷和安全就是互斥的，正所谓“鱼和熊掌不可兼得”，弹性扩展带来的自动化是把“双刃剑”：方便部署，但风险较高。比如 AWS 一个字母造成了半个互联网瘫痪，GitHub 一条命令删除了整个数据库等安全事件，其背后都是灵活性导致的安全问题，可见，弹性扩展所带来的安全风险相当严峻。

安全成本一直是个严峻的挑战。安全领域会涉及复杂的高端技术，这也决定了安全领域攻防的成本同样高昂（这也是黑色安全产业链暴利的核心原因），如图 14-7 所示。

DDoS攻击防御峰值	CC攻击防御峰值	弹性防护费用（天）
20Gb <攻击峰值≤30Gb	60,000QPS<攻击峰值≤100,000QPS	1,787
30Gb <攻击峰值≤40Gb	100,000QPS<攻击峰值≤130,000QPS	3,120
40Gb <攻击峰值≤50Gb	130,000QPS<攻击峰值≤160,000QPS	4,453
50Gb <攻击峰值≤60Gb	160,000QPS<攻击峰值≤200,000QPS	5,787
60Gb <攻击峰值≤70Gb	200,000QPS<攻击峰值≤230,000QPS	9,120
70Gb <攻击峰值≤80Gb	230,000QPS<攻击峰值≤260,000QPS	11,120
80Gb <攻击峰值≤100Gb	260,000QPS<攻击峰值≤300,000QPS	13,120
100Gb <攻击峰值≤150Gb	300,000QPS<攻击峰值≤450,000QPS	16,453
150Gb <攻击峰值≤200Gb	450,000QPS<攻击峰值≤600,000QPS	19,120
200Gb <攻击峰值≤300Gb	600,000QPS<攻击峰值≤1,000,000QPS	24,453

图 14-7　阿里云高防 IP 防御弹性防护费用

云端有个小型旅游网站在每年的旅游高峰期都会遭遇别人的恶意流量攻击，瞬时流量高达 100GB。如果采用高防类安全产品，每天的费用要一万多元。从客户的角度来说，这么高昂的防御成本，如若被攻击一个月，那企业就要倒闭了。

再如，安全渗透测试的相应成本也不低。一次安全渗透测试一般最低报价 10 万元起，单个高危漏洞报警 5 万元起。由于攻防成本高，导致在安全方面投入的成本一直居高不下。而低成本是云平台的核心优势，但云计算似乎没有将安全完全“云”化掉。

14.3　云端安全带来的两大机遇

所谓“乱世出英雄”，面临严峻挑战的同时也伴随着新的机遇。在新的 IT 体系下，云计算、大数据将成为安全体系的基础核心保障。政策驱动叠加，也将使得安全行业迎来爆发。

14.3.1　机遇一：云计算、大数据将成为安全体系的基础核心保障

1. 基础安全保障解决了大多数传统中小型安全问题

在传统模式下，IDC 机房经常被黑客攻击。一些菜鸟黑客的随意攻击，就可能导致网

站无法访问。但云平台提供的基础安全防御，如云盾的5GB免费DDoS基础防御等，解决了大多数传统中小型企业在传统IDC模式下面临的安全问题。阿里云DDoS防护设置如图14-8所示。

2. 利用大数据分析的优势发现潜在的入侵和高隐蔽性攻击威胁

云计算和大数据相辅相成，可以通过大数据的分析发现潜在入侵和高隐蔽性的攻击威胁。而在云端，态势感知便是这方面的一个重要的安全产品服务。态势感知结合了阿里自主研发的大数据和机器学习算法，通过多引擎查杀帮助用户实时全面了解并有效处理服务器的安全隐患，实现了对云上资产的集中安全管理，如图14-9所示。

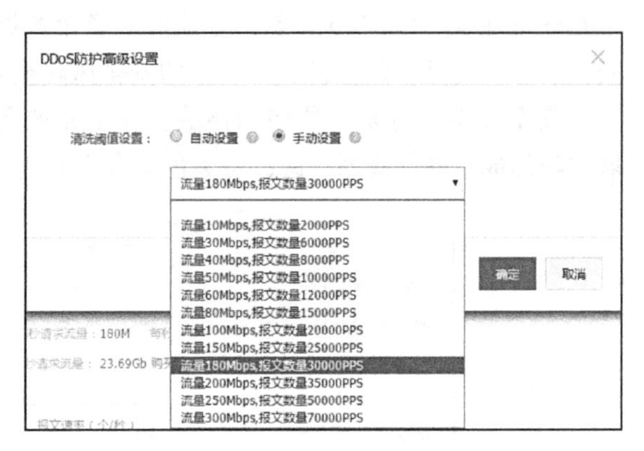

图14-8 阿里云DDoS防护设置

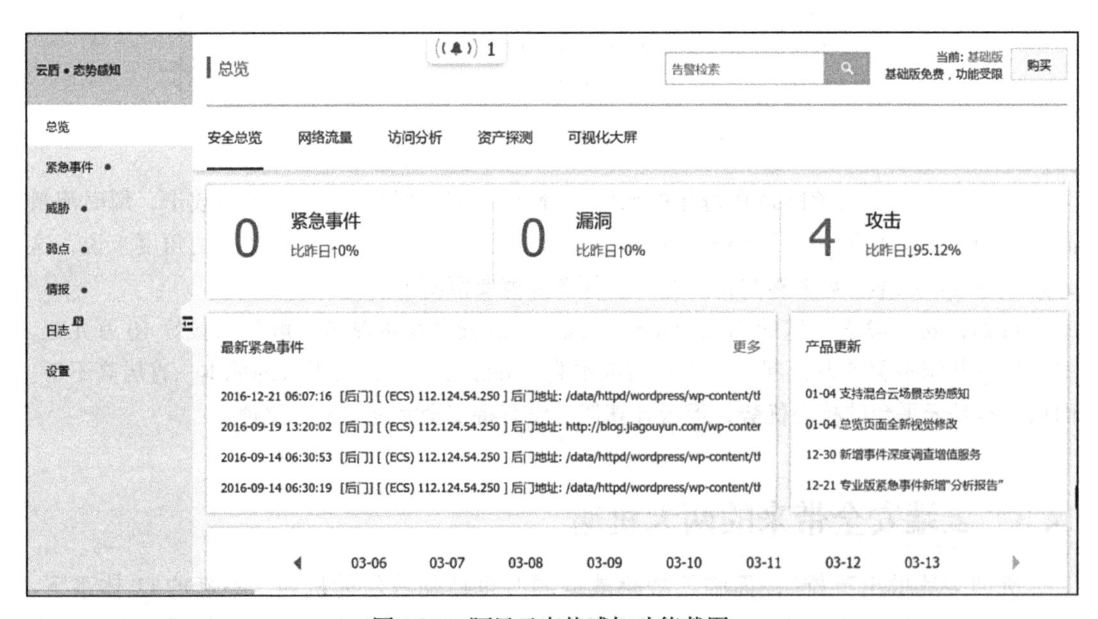

图14-9 阿里云态势感知功能截图

3. 推进云计算进一步发展

安全领域的挑战将推进云计算进一步成熟，促使其发挥真正的价值和优势。云计算技术领域方面的发展，也会逐步解决安全方面高成本等疑难问题，如图14-10所示。

阿里云之前推出的一款网络安全产品，即通过大量ECS低成本的节点来抵抗DDoS的攻击流量，这是典型的通过技术解决安全方面高成本问题的案例。

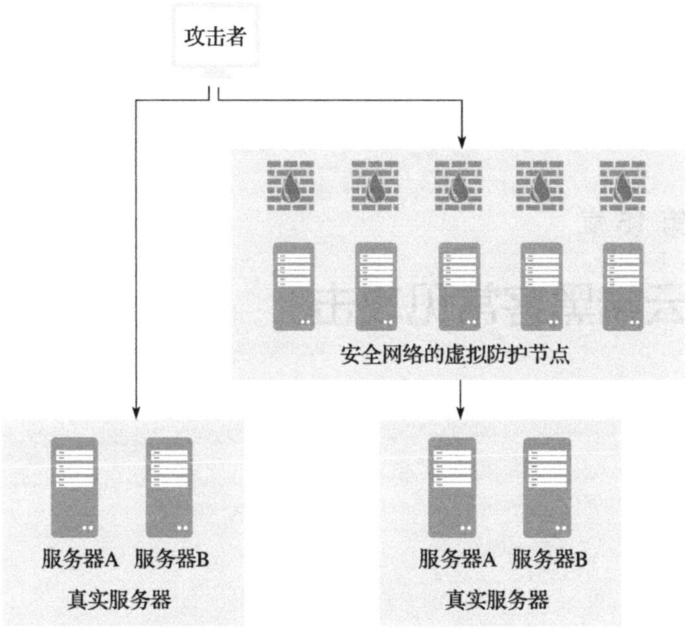

图 14-10　阿里云安全网络截图

14.3.2　机遇二：政策驱动叠加，使得行业将迎来爆发

学校有关互联安全教育的不充分是当前人们互联网安全意识低下的本质原因。市面上安全有关的培训也较少。

科技便是未来，互联网安全的重要性毋庸置疑。没有互联网安全，就没有国家安全。但中国互联网从 1998 年创建开始，到现在 20 年，其安全还处于前期准备阶段。而 2017 年 6 月 1 日起施行的网络安全法是网络安全的重要里程碑。这意味着网络安全将变得有法可循，意味着网络的运营主体如果对安全不重视甚至出现影响较大的事故，将会受到法律的处罚。而以前往往是，这样的事情发生了就过去了，责任方不痛不痒。政策驱动叠加，必然会使得教育体系变革，可见，安全行业也将迎来爆发式发展。

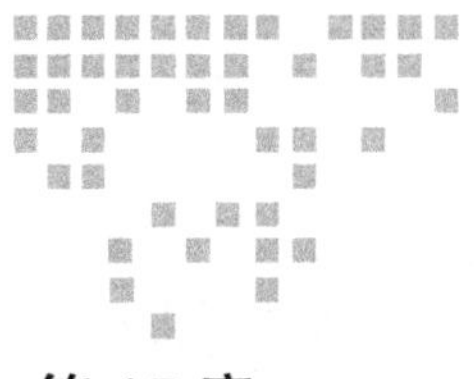

Chapter 15 第 15 章

云端黑客常见攻击

所谓攻防，只有知道了攻击原理，才能知道怎么防御。本章将带领读者走入黑客的世界，揭开黑客的神秘面纱！

15.1 什么是黑客

原本黑客是指醉心于研究计算机技术和编程，水平超群的电脑高手，但我们经常看到媒体报道黑客盗取数据、黑客攻击事件等负面新闻，所以现在黑客已被用来泛指那些专门利用电脑搞破坏或恶作剧的人。

随着互联网安全的发展，每个阶段下的安全背景对黑客的角色定义也会有所不同，如图 15-1 所示。

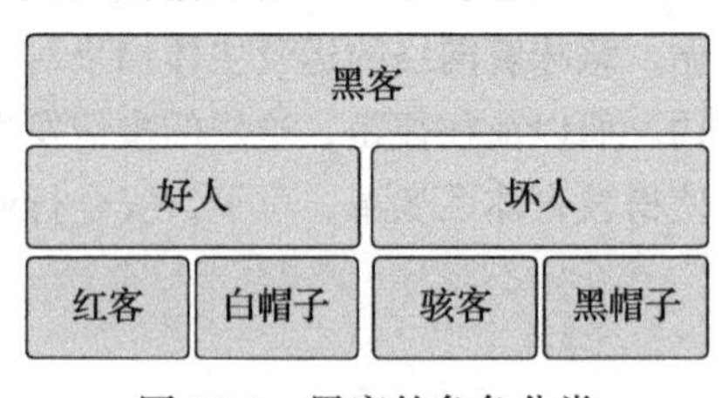

图 15-1　黑客的角色分类

综合来说，如今大家口中的黑客有“好人”和“坏人”之分，当前圈中称之为“白帽子”和“黑帽子”。白帽子描述的是正面的黑客，他可以识别计算机系统或网络系统中的安全漏洞，但并不会恶意去利用，而是公布其漏洞。黑帽子，顾名思义，与白帽子相反，就是人们常说的“骇客”，他们利用安全漏洞来搞破坏。在“好人”的角色中，当前也称黑客为“极客”，相信圈内人士对这个称呼也比较熟知。极客是美国俚语“ geek”的音译。随着互联网文化的兴起，这个词含有智力超群和努力的语意，又被用于形容对计算机和网络技术有狂热兴趣并投入大量实践钻研的人。总之，是一群以创新、技术和时尚为生命意义的人，这群人不分性别，不分年龄，共同战斗在新经济、尖端技术和世界时尚风潮的前线，共同为新时代的计算机和网络技术做出自己的贡献。

15.2 黑客入侵的途径：漏洞

很多人觉得黑客神秘的一个核心原因就是不知道黑客是怎么入侵别人的，所以内心充满好奇和疑惑。入侵者只要找到复杂的计算机网络中的一个薄弱点，就能轻而易举地闯入系统。而这个薄弱点就是计算机中的漏洞，这便是黑客入侵的途径。我在大学考软件测试工程师时，就觉得软件测试的专业知识能帮助我发现这些安全漏洞。虽然软件测试和黑客安全渗透的本质都是找 BUG，都是找漏洞，但是做的事情完全不是一个方向。

我在最开始接触计算机的时候，用的是 Windows 98 操作系统，那时候用的输入法是智能 ABC。智能 ABC 有一个隐藏的安全漏洞：切换到“智能 ABC”后，依次按“V+ ↑ + Del + Enter”键（引号和加号不要输入），就会发现当前被选中的应用程序出错了，只有点击“确定”按钮这一个选择，这个应用程序才关闭。这是我最早接触到的安全漏洞。

当前人们的互联网安全意识普遍低下，中国 8.02 亿网民，83% 的网民（2018 年 6 月《中国互联网络发展状况统计报告》统计显示）采用弱口令，82% 的网民不注意定期更换密码，76% 的网民存在多账户使用同一密码的问题。密码漏洞毋庸置疑已成为互联网中最大的安全漏洞，随着互联网的发展，网民在各种平台中的账号和密码越来越多。为了方便，总把密码设置成手机号、生日及简单的弱口令密码，总把各个平台的用户名和密码都设置为同一个等。比如之前 CSDN 数据泄露的安全问题，别人用该平台的用户名和密码去微博、淘宝等其他系统试一下，基本上至少 70% 的账号能直接登录。接下来让我们看看世界最弱密码排行榜 TOP10，如图 15-2 所示。

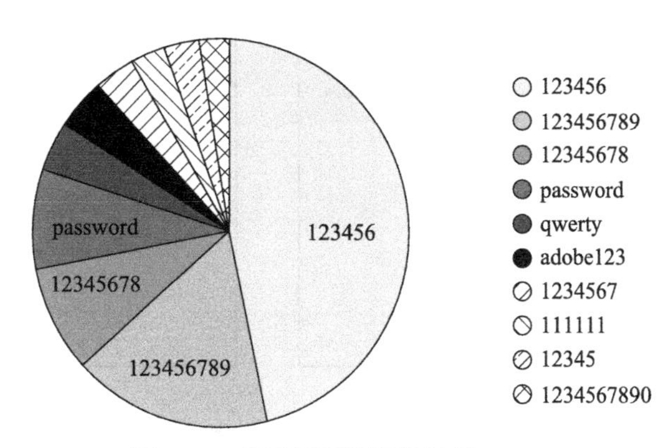

图 15-2 世界最弱密码排行榜 TOP10

除了密码漏洞外，还有诸如 Windows3389 漏洞、管理员默认密码漏洞、网站 SQL 注入漏洞、后台万能密码漏洞（‘ or ’ = ‘ or ’）等都是曾经热门的入侵漏洞。另外，大家所熟知的 Windows 补丁，每次 Windows 的补丁发布，对很多黑客来说可谓是“福利”，这相当于告诉黑客 Windows 有哪些方面的安全漏洞。对应的安全漏洞，便是黑客入侵的途径。

15.3 黑客入侵流程

漏洞是奠基入侵的基础，但黑客真正入侵的流程没这么简单，是一个漫长的研究及分析过程。黑客常见入侵的分为以下五个步骤。

第一步：信息收集

信息收集一般是耗费时间最长的阶段，黑客入侵前通常会通过扫描工具或社会工程学来收集信息。

第二步：漏洞筛选

一旦黑客对所要入侵的目标掌握了足够的信息，接下来便是对信息做分析了，以寻找潜在的漏洞。常见的安全漏洞可能包括密码漏洞、操作系统相关漏洞、中间件程序相关漏洞、开放端口相关漏洞、数据传送相关漏洞、局域网/广域网相关设备漏洞等。

第三步：开始入侵

在收集到对应的漏洞后，在黑客工具的辅助下，便能完成入侵，如图15-3所示为黑客常用的工具。

a）

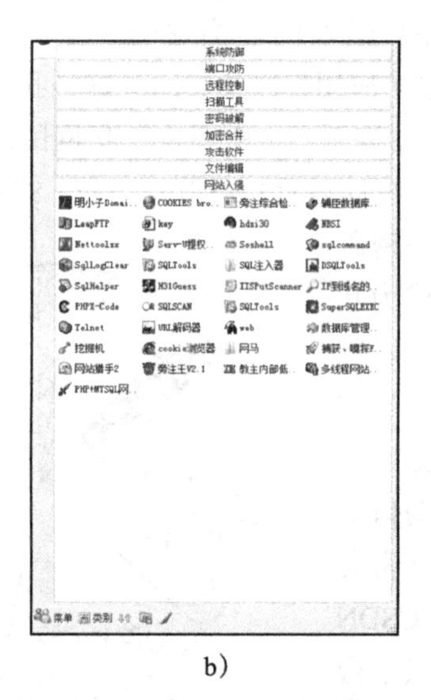

b）

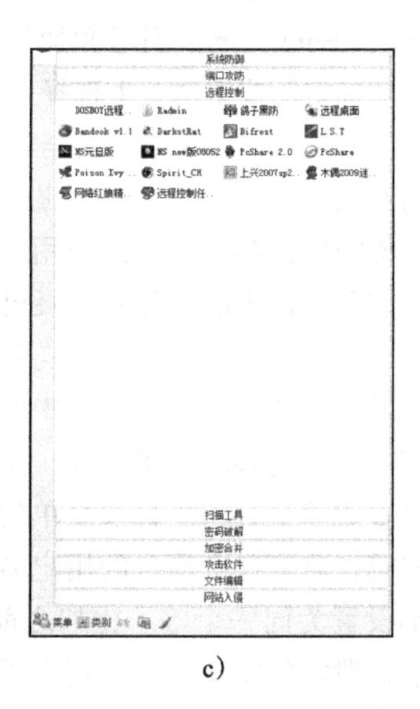

c）

图15-3 常用黑客工具截图

第四步：放置后门

完成入侵后黑客一般会放置后门，常见做法就是种木马，或者打开对应的管理员权限等，为今后可能的访问留下控制权限。

第五步：清理痕迹

在实现入侵攻击的目标后，最后一步便是扫尾。清理入侵的痕迹，常见做法是，清理系统访问日志等，隐藏自己的访问；或者通过VPN、跳板机的方式，隐藏真实的IP。

15.4 黑客常见系统层攻击

常见的黑客攻击主要分为3类：系统层攻击、应用层攻击、网络层攻击。结合前面介绍的内容可知，漏洞是黑客入侵的途径。所以这三大类攻击，都是针对不同层次级别的漏洞进行的常见攻击。

首先我们来看看系统层的攻击，系统层的攻击，即针对操作系统 OS 级别的攻击，通过找到操作系统的漏洞来达到入侵的效果，而木马和病毒便是系统层攻击最核心的两种手段。很多人把木马和病毒混为一谈，把木马也称为病毒。木马本质上也是恶意程序，但是从功能及危害性等方面来说，它们是有着很大区别的。

病毒，顾名思义，其主要特点是以破坏为主，是计算机系统中的一种恶意程序。计算机中的病毒和医学角度的病毒本质上是一样的，人中了病毒，其身体机能日常运作就处于非正常的状态。而计算机中病毒后，同样表现出日常运作及工作的异常状态。比如之前传播范围极广的勒索病毒“永恒之蓝”，还有之前“大名鼎鼎”的熊猫烧香病毒，都是病毒里面的经典代表之作。勒索病毒主要利用编号为 CVE-2017-0144 的系统漏洞，该漏洞通过 SMB 协议的 SMB_COM_TRANSACTION2 命令触发。而熊猫烧香主要利用编号为 MS06-014 的系统漏洞，并且会利用 IE 浏览器的漏洞进行网络攻击。

而木马，又称之为后门。木马和病毒在功能场景上有着本质上的区别，病毒的“性格”特点主要以嚣张、引人注目地破坏为主，而木马的“性格”特点主要以低调不被发现地窃取为主，即木马主要是为了窃取目标的信息资源。

并且木马有个专业的名词，叫特洛伊木马，来源于希腊传说，希腊联军久攻特洛伊不下，于是假装撤退，留下一个巨大的木马。特洛伊守军以为是战利品，于是把木马运进城中，夜深人静，藏在木马中的希腊士兵打开城门，致使特洛伊被攻陷。如今特洛伊木马在黑客攻击中非常常见，把一个窃取信息的恶意程序伪装成一张唯美的图片、一款有趣的游戏、一段有意思的小视频，甚至是系统文件等，诱使用户将其打开，然后在后台偷偷安装窃取信息的恶意程序。由此可见，这款恶意程序窃取信息的手法和希腊联军攻击特洛伊的手法是一样的，这种窃取信息的恶意程序就称为“特洛伊木马”，简称“木马”。

在木马的世界，不仅有上面提到的系统级木马，还有网马、大马、小马。根据常见木马的应用攻击场景，我们可以再进一步将其细分为以下 4 类。

（1）木马

大家常说的木马就是指这类操作系统的后门木马。前面跟大家介绍的木马原理所描述的就是这类木马。Windows98 系统曾惊现逆天后门，Windows 自带的木马门事件也让它的安全性受到了很大质疑，当然如今早已不存在这个问题了。Windows 系统的木马，就是 exe 可执行的恶意程序。Linux 系统的木马就是二进制可执行的恶意程序。Android 系统的木马当然就是 apk 可安装执行的程序了。

（2）网马

很多人把网马直接叫 WebShell，这其实是不准确的。网马是木马和网页的结合物，只不过通过网站挂载木马。我们访问网站，网站就会偷偷把挂载的木马植入访问者系统中运行。其实网马本质上还是系统木马，只不过它是利用常用的 Web 站点来传播而已。

（3）小马

说到小马、大马，这就跟系统级的木马有着本质的区别了。小马和大马是指大家常说的 WebShell，即用 ASP、PHP、JSP 写的网页后门程序，属于典型的 B/S 软件架构应用。小马的源文件较小，容易隐藏，不易被发现，其唯一的功能是上传大马。

（4）大马

大马源文件较大，不易隐藏，但功能较全面，如图 15-4 所示。

```
webshell.jsp
10 %>
11 <%@page errorPage="/"%>
12 <%@page contentType="text/html;charset=gb2312"%>
13 <%@page import="java.io.*,java.util.*,java.net.*" %>
14 <%!
15 private final static int languageNo=1; //Language,0 : Chinese; 1:English
16 String strThisFile="JFileMan.jsp";
17 String strSeparator = File.separator;
18 String[] authorInfo={" <font color=red> 写的不好，将就着用吧 - - by 慈勤强 http://www.topronet.com </font>"," <font color=red> Thanks for your support - -
19 String[] strFileManage   = {"文件管理","File Management"};
20 String[] strCommand      = {"CMD 命令","Command Window"};
21 String[] strSysProperty  = {"系统属性","System Property"};
22 String[] strHelp         = {"帮助","Help"};
23 String[] strParentFolder = {"上级目录","Parent Folder"};
24 String[] strCurrentFolder= {"当前目录","Current Folder"};
25 String[] strDrivers      = {"驱动器","Drivers"};
26 String[] strFileName     = {"文件名称","File Name"};
27 String[] strFileSize     = {"文件大小","File Size"};
28 String[] strLastModified = {"最后修改","Last Modified"};
29 String[] strFileOperation= {"文件操作","Operations"};
30 String[] strFileEdit     = {"修改","Edit"};
31 String[] strFileDown     = {"下载","Download"};
32 String[] strFileCopy     = {"复制","Move"};
33 String[] strFileDel      = {"删除","Delete"};
34 String[] strExecute      = {"执行","Execute"};
35 String[] strBack         = {"返回","Back"};
36 String[] strFileSave     = {"保存","Save"};
37
38 public class FileHandler
39 {
40     private String strAction="";
41     private String strFile="";
```

图 15-4 JSP 木马源码内容截图

这个 JSP 文件有三千多行代码，是用 JSP 实现的一段窃取信息的后门程序，其他常用的 WebShell 木马如图 15-5 所示。

```
·雷客图ASP站长安全助手          Shell.asp
0day网马生成器                  免杀海洋2006密码：123456.asp
aspx马                          网马免杀变形工具.htm
cmd shell
getcookies
HTMLPack v2.5绿色汉化版(网页加密免杀)
HTM混淆免杀器
Javascript变形工具
jsp
Langouster_udf.Dll 专用PHP网马
php
PHP漏洞扫描器
PHP马
PHP木马
老外版webshell
免杀大马
免杀小马
万能文件插马器
微软的ASP专用加密解密工具GUI版
小志网马生成器
压缩编码添零去零解码
一句话木马上传工具
知音的gif图片木马了
1.asp
admin_wing.asp
ASP+PHP两用Shell.Htm
aspx大马服务端.html
aspx代码.aspx
cc.asp
cmd.asp
diy.asp
DOSBOY高级ASP木马-密码dosboy.asp
Nohack.asp
ok.aspx
phpspy.php
```

图 15-5 常见 WebShell

云诀窍

大家经常说被挂马，根据以上木马的分类，有可能是指被挂系统级别的木马，也有可能是指被挂 WebShell 网页木马，其本质上是不同的。

15.5 黑客常见应用层攻击

应用层攻击，即应用代码层的攻击。出现这类攻击的核心原因就是编写的代码存在安全问题。这也是有的程序员工资才几千元，而有的程序员工资高达几万元的原因。不同的程序员写出的代码在效率、质量、安全性等方面是不能相提并论的。那大家写的代码带来的安全问题，会带来的常见应用层攻击如下：

- SQL 注入；
- 跨站脚本攻击；
- 密码暴力破解；
- 恶意注册、刷单等；
- WebShell：小马、大马。

应用层常见攻击排行最前面的，当属 SQL 注入攻击。所谓 SQL 注入，就是通过把 SQL 命令插入 Web 表单提交或输入域名、页面请求的查询字符串，最终达到欺骗服务器执行恶意的 SQL 命令。具体来说，它是利用现有应用程序，将（恶意的）SQL 命令注入后台数据库，它可以通过在 Web 表单中输入（恶意）SQL 语句得到一个存在安全漏洞的网站上的数据库，而不是按照设计者意图去执行 SQL 语句。比如先前的很多影视网站泄露 VIP 会员密码大多就是通过 Web 表单递交查询字符暴露出的，这类表单特别容易受到 SQL 注入式攻击。

SQL 注入的问题主要是前端客户端输入的信息没有经过严格过滤，导致我们直接输入 SQL 语句注入，从而从数据库获取数据。而跨站脚本攻击的原理和 SQL 注入差不多，主要在前端页面对客户输入的信息内容没有经过严格过滤，比如许多流行的留言本和论坛程序允许用户发表包含 HTML 和 JavaScript 的帖子。假设用户甲发表了一篇包含恶意脚本的帖子，那么用户乙在浏览这篇帖子时，恶意脚本就会执行，从而盗取用户乙的 Session 信息等。总的来说，永远不要信任用户的输入。在客户端和服务端严格控制输入信息的内容格式，是有效避免被 SQL 注入和跨站脚本攻击的核心方法。

15.6 黑客常见网络层攻击

分布式拒绝服务（Distributed Denial of Service，DDoS）是当今网络上危害最大的黑客攻击，能让网络、系统业务、服务器全部瘫痪，无法提供正常服务。DDoS 攻击的前身是 DoS 攻击，在以前计算机性能配置、网络带宽很低的时代，都是通过单对单地刷流量来攻击目标。假如目标服务器是 2 核 4GB 5Mbps 的配置，我用 4 核 8GB 10Mbps 的客户端对目标服务器端刷更多的请求流量，致使目标服务器因为请求压力过大而无法正常对外提供服务。

随着 Web2.0 的迅速发展，随着云计算 / 大数据时代的到来，一个业务往往是通过分布式架构来对外提供服务的，即前端通过负载均衡，将业务请求转发给后端不同的服务器来处理，而不是单靠某台服务器来满足庞大的业务请求。如今，BAT 公司（百度、阿里、腾讯）服务器的规模量级在 20 万台到 50 万台之间，而谷歌服务器的规模量级在 2003 年就达到了百万台级别。如今技术架构快速发展，单纯的 DoS 攻击早已打不垮目标。这时，黑客会将更多的客户端联合起来一起攻击目标端，这也就演变成了如今的 DDoS 攻击。DDoS 攻击的原理架构如图 15-16 所示。

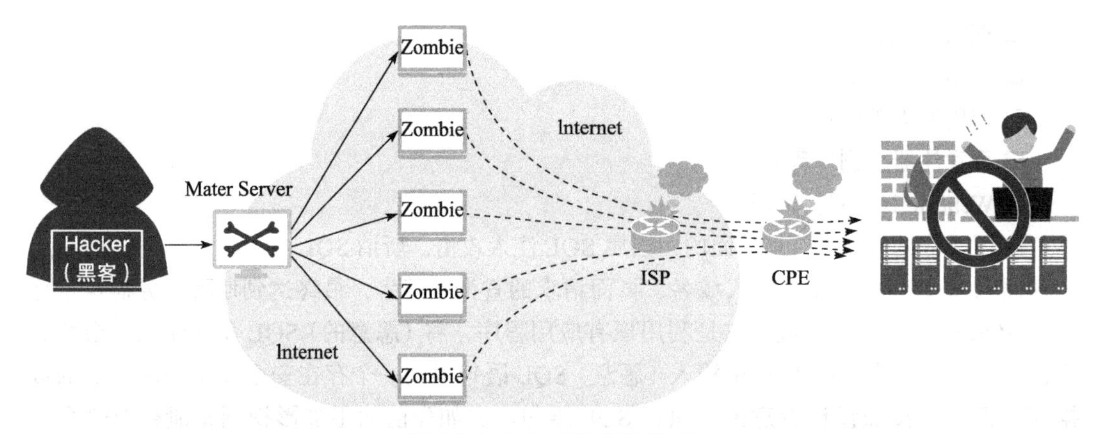

图 15-6 DDoS 攻击架构图

黑客通过控制大量的客户端（“肉鸡”，一般通过木马入侵控制）向目标服务器发送大量网络请求包，导致目标服务器网络堵塞、服务器性能飙升，不能对外正常提供服务。

在前面也跟大家介绍过，黑客攻击的途径是漏洞。能发起 DDoS 攻击的主要原因也是 TCP 三次协议的漏洞。DDoS 攻击被誉为当前安全领域及黑客界唯一无法真正意义上解决的攻击，除非更改 TCP 三次握手的协议，才能治根防御。

云诀窍

当前防御 DDoS，都是侧面通过抗流量的高性能的硬件防火墙进行流量清洗，这是唯一有效的措施。我有个客户曾在云端遇到瞬时 50Gbps 流量的 DDoS 攻击，有一家供应商给他的解决方案是在服务器上安装其提供的安全防御软件，每个月付费一万元。50Gbps 的瞬时流量，即服务器要处理 50Gbps 的瞬时 TCP 请求，这无疑远远超过服务器的最大处理极限。安装防御软件可能会进一步消耗服务器性能，使得问题加剧，DDoS 攻击无疑是软件层面无法防御住的。

DDoS 的攻击原理如图 15-7 所示。

SYN Flood 攻击是 DDoS 攻击中应用最为广泛、最为经典的攻击，即客户端向服务器发送大量的 SYN 请求，而服务器端要处理及响应这些请求就会导致服务器 TCP 连接资源耗尽，无法响应正常的 TCP 连接请求。值得注意的是，DDoS 攻击只是黑客网络攻击的一种统称。而实际上常见的 DDoS 攻击分为以下几种类型：

- SYN Flood
- UDP Flood
- ACK Flood
- ICMP Flood

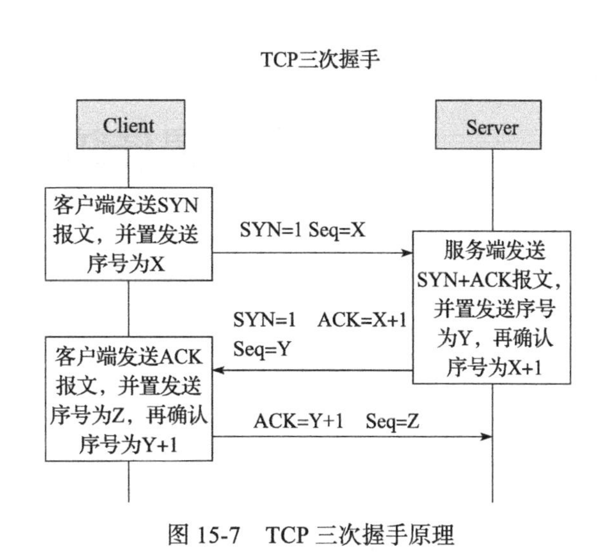

图 15-7　TCP 三次握手原理

云诀窍

值得注意的是，很多人把 CC（Challenge Collapsar）攻击也纳入 DDoS 攻击。虽然从攻击形式及攻击结果来看，CC 攻击也是通过刷流量造成目标业务系统无法对外提供服务，符合 DDoS 拒绝服务的特性。但是从攻击原理来看，CC 攻击是 OSI 七层模型中七层（HTTP 层）的攻击，是通过向目标刷 URL 的流量攻击导致目标无法正常对外提供服务。而 DDoS 核心攻击原理主要是针对 TCP 三次握手，即属于 OSI 七层模型中四层（TCP 层）的攻击。因为原理不同，它们在云端的防御手段也是完全不同的。CC 攻击需要通过 WAF 应用防火墙进行防御，而 DDoS 攻击需要通过高防 IP 进行防御。

Chapter 16 第16章

云端安全最佳防御方案

在云端安全的实践中，我们发现传统的中小型企业，由于业务等因素导致对安全问题的关注度不够，他们更注重对具体安全事件的问题解决。比如，突然有一天网站被挂载木马，或者突然被人攻击等。而中大型企业，随着业务的发展，对安全性越来越重视及敏感，所以他们更多考虑的是体系化安全解决方案，而不是单纯局限在具体的单个安全事件的处理上。根据当前大家对安全领域谈论的话题，以及相关的分享和交流来看，目前云端安全总体分为两大类，一类偏向于安全等级保护、安全合规流程等方面，政府类、金融类客户对这方面要求较高。另一类则偏向于黑客攻击的安全风险。但很少见到基于黑客安全攻击事件而设计的整套安全技术体系化的解决方案。而对于互联网企业来说，这正是他们所缺少的解决方案。

关于安全技术体系的解决方案，例如，客户遇到DDoS攻击，我们都知道要用高防的安全产品。问题是虽然花费高额成本买了高防类安全产品，但是安全问题并不能真正有效地解决，到最后很可能被客户“吊打”。我们没办法通过单一的安全类产品、单一的技术手段，来解决安全面临的挑战而是要站在安全角度、架构角度、运维角度、业务代码角度，甚至是站在一个更高的维度，通过安全技术体系架构来真正解决安全问题。上一章主要介绍了黑客如何攻击安全系统，本章会围绕云端安全产品、云端安全架构、云端安全运维体系三个核心方面，结合大量云端用户遇到的安全问题及场景，跟大家分享云端安全最佳防御实践经验。

16.1 云端常见黑客攻击的防御

云盾安全产品，是应对黑客常见攻击最直接有效的解决办法，是云端的安全保障第一道防线，更是解决安全问题的默认选择。

16.1.1　四款热门的云端安全产品

截止到 2019 年 3 月，阿里云官方推出了以下 22 款安全产品及服务。

- 安全公告和技术
- DDoS 防护
- Web 应用防火墙（WAF）
- 游戏盾
- 安骑士
- 态势感知
- SSL 证书
- 内容安全
- 先知（安全众测）
- 安全管家
- 堡垒机
- 加密服务
- 数据库审计
- 云防火墙
- 实人认证
- 数据风控
- 网站威胁扫描系统
- 爬虫风险管理
- 风险识别
- 敏感数据保护
- 云防火墙（旧版）
- 金融级实人认证

对于安全产品来说，一是大部分人不知道它能干什么，有哪些功能服务；二是这类产品跟自身业务联系不大。在云端主要有以下四款安全产品，其基本上已成为互联网企业在云端最核心的安全产品保障。

- 系统层：安骑士
- 应用层：Web 应用防火墙
- 网络层：DDoS 防护
- 检测及分析：态势感知

接下来主要围绕这四款核心安全产品，介绍怎么应对黑客常见攻击。相应的安全产品说明，主要参考阿里云产品帮助文档，更多配置明细及介绍可参加官方产品手册。

1. 安骑士对系统层攻击的防御

系统层的防御本质就是如何防御木马及病毒。一方面，及时给系统打补丁，避免被木马、病毒入侵的可能性。另外一方面，给系统安装杀毒软件，及时查杀木马及病毒。这些是防御黑客常见系统层攻击的必要手段。

对于个人用户，一般选择360安全卫士（只能查杀木马）、360杀毒（木马和病毒都能查杀）、腾讯电脑管家，因为它们使用起来方便快捷。如果想用更专业的杀毒软件，可以选择被誉为最强的杀毒软件的赛门铁克和卡巴斯基，它们基本上可以让木马和病毒无处遁形。

对于企业级用户，不可能还在服务器上安装360安全卫士。曾经见过客户干过这样的事情，这让企业级的系统安全防御变得非常业余。因为个人用户的系统环境和企业级系统环境的应用场景是不太一样的，个人用户的系统环境偏向日常娱乐、办公、工作，所面对的是个人操作系统、娱乐、办公等软件环境。而企业用户的系统环境偏向企业级应用，所面对的是企业级操作系统、企业级软件环境。用在个人用户系统环境下的防御工具去防御企业级系统环境，有点牛头不对马嘴的感觉。所以对于企业级系统层攻击的防御，我们要用企业级的杀毒软件。在云端，我们又要选择怎样的杀毒软件呢？安骑士便是针对系统级攻击非常重要的防御方法。

阿里云安骑士是一款经受百万级主机稳定性考验的主机安全加固产品，支持自动化实时入侵威胁检测、病毒查杀（包含木马）、漏洞智能修复、基线一键检查、网页防篡改等功能，是构建主机安全防线的统一管理平台。安骑士的架构如图16-1所示。

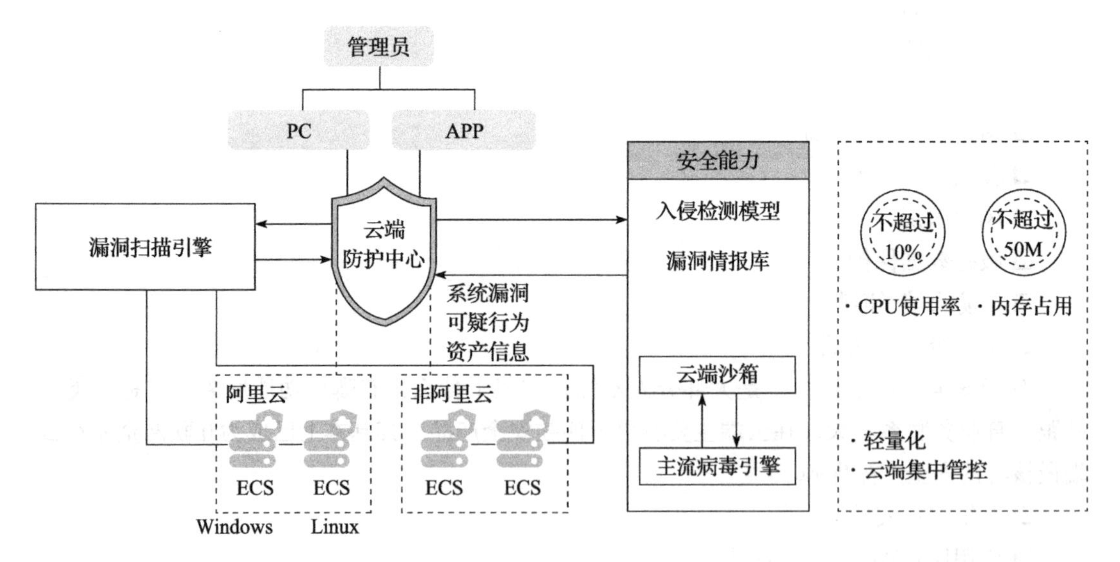

图16-1 安骑士架构图

正所谓道高一尺魔高一丈，攻和防永远对立。能否入侵，要看入侵手段是否高超。能否防御，要看防御技术是否过硬。阿里云安骑士集网络、主机、云产品安全于一体，对云上系统的所有安全进行风险监控。关于安骑士的使用也是非常简单的，只需为想要防护的服务器安装安骑士 Agent 即可。具体安装及使用非常简单，这里就不做介绍，详细可参考阿里云帮助文档。安骑士有以下六大优势以防御系统层常见黑客攻击。

（1）轻量级

经受百万级 Windows、Linux 主机稳定性验证，对业务影响小，资源消耗不超过 10%CPU、50MB 内存。

（2）便捷的统一安全管控

一键开通，即开即用。服务器上无软件操作界面，所有的数据展示和操作均在云盾安骑士控制台中完成，天然支持批量管理。

（3）精准防御

多病毒检测引擎结合阿里云多年安全经验，支持主流病毒自动查杀。

（4）安全闭环

既可检测安全问题和威胁，又能解决安全问题。支持漏洞一键修复、病毒一键查杀和基线一键检测；支持网页防篡改。

（5）多引擎实时检测

实时全量采集数据，采用多病毒检测引擎、机器学习算法和 150 + 关联检测模型来提升主机入侵检测效率。

（6）大数据防御

每天拦截攻击数高达亿次，全网最大病毒库（恶意攻击源库、恶意文件库、漏洞补丁库），防御模型能够精准快速地识别匹配恶意攻击源、恶意文件及最新漏洞。

2. WAF 对应用层攻击的防御

对于应用层的攻击，主要是因为代码存在安全问题，成为黑客入侵的漏洞。在云端，最为有效的解决办法就是使用云盾 Web 应用防火墙（Web Application Firewall，WAF）。

WAF 基于云安全大数据能力，用于防御 SQL 注入、XSS 跨站脚本、常见 Web 服务器插件漏洞、木马上传、非授权核心资源访问等 OWASP 常见攻击，并过滤海量恶意 CC 攻击，避免网站资产数据泄露，保障网站的安全与可用性。值得注意的是，WAF 主要应对各类 Web 应用攻击，确保网站的 Web 安全与可用性。仅支持对网站的 HTTP、HTTPS（高级版及以上）流量进行 Web 安全防护。

WAF 的原理主要是通过拦截黑客攻击请求，来达到防御的效果，并不能真正解决底层代码存在的安全漏洞。WAF 主要可以帮助解决以下问题：

- 防数据泄密，避免因黑客的注入入侵攻击，导致网站核心数据被拖库泄露。
- 防恶意 CC，通过阻断海量的恶意请求，保障网站可用性。
- 阻止木马上传网页篡改，保障网站的公信力。
- 提供虚拟补丁，针对网站被曝光的最新漏洞，最大可能地提供快速修复规则。

WAF 的使用也比较简单，在购买 Web 应用防火墙后，把域名解析到 Web 应用防火墙提供的 CNAME 地址上，并配置源站服务器 IP，即可启用 Web 应用防火墙。启用之后，网站所有的公网流量都会先经过 Web 应用防火墙，从而恶意攻击流量在 Web 应用防火墙上被检测过滤，而正常流量返回给源站 IP，确保源站 IP 安全、稳定、可用。

3. DDoS 防护对网络层攻击的防御

第 15 章跟大家介绍过，黑客攻击的途径是漏洞。能发起 DDoS 攻击的主要原因也是 TCP 三次协议的漏洞。DDoS 攻击被誉为当前安全领域及黑客界唯一无法真正意义解决的攻击，除非更改 TCP 三次握手的协议，才能治根。当前防御 DDoS 网络层攻击，都是侧面通过抗流量的硬件防火墙进行流量清洗，这也是唯一有效的措施。那么在云端，我们如何防御 DDoS 针对网络层的攻击呢？答案就是：云盾 DDoS 高防 IP。

云盾 DDoS 高防 IP 产品是针对互联网服务器（包括非阿里云主机）在遭受大流量的 DDoS 攻击后服务不可用的情况，推出的付费增值服务。DDoS 高防 IP 产品使用专门的高防机房提供 DDoS 防护服务，通过引流、清洗、回注的方式将正常业务流量转发至源站服务器，确保源站服务器的稳定可用。

从引流技术上，DDoS 高防 IP 产品支持 BGP 与 DNS 两种方案。防护采用被动清洗方式为主、主动压制为辅的方式，对攻击进行综合运营托管，保障用户可在攻击下高枕无忧。针对攻击，在传统的代理、探测、反弹、认证、黑白名单、报文合规等标准技术的基础上，结合 Web 安全过滤、信誉、七层应用分析、用户行为分析、特征学习、防护对抗等多种技术，对威胁进行阻断过滤，保证被防护用户在攻击持续状态下，仍可对外提供业务服务。

阿里云基于自主研发的云盾产品，提供的 DDoS 防护能力已高达 T 级。可以防护 SYN Flood、UDP Flood、ACK Flood、ICMP Flood、DNS Query Flood、NTP reply Flood、CC 攻击等三到七层 DDoS 攻击，可防护的攻击类型如下：

- Malformed Packes：有效阻断畸形单包类攻击
- Large Traffic Attacks：轻松应对流量拥塞型攻击
- Web Application Attacks：识别阻断 Web 应用攻击
- DNS Attacks：保护 DNS 服务器
- Connection Exhausiton Attacks：精确识别连接耗尽型攻击
- Other：自适应最新攻击类型

DDoS 高防 IP 产品的网络拓扑示意如图 16-2 所示。

左侧是 DDoS 高防 IP 防护服务结构，右侧是阿里云提供的 DDoS 基础防护服务结构。

使用 DDoS 高防 IP 产品时，把域名解析到高防 IP（Web 业务把域名解析指向高防 IP；非 Web 业务把业务 IP 换成高防 IP），同时在 DDoS 高防 IP 上设置转发规则。所有的公网流量都会先经过高防机房，通过端口协议转发的方式将访问流量通过高防 IP 转发到源站 IP，同时将恶意攻击流量在高防 IP 上进行清洗过滤，并将得到的正常流量返回给源站 IP，从而确保源站 IP 被稳定访问。

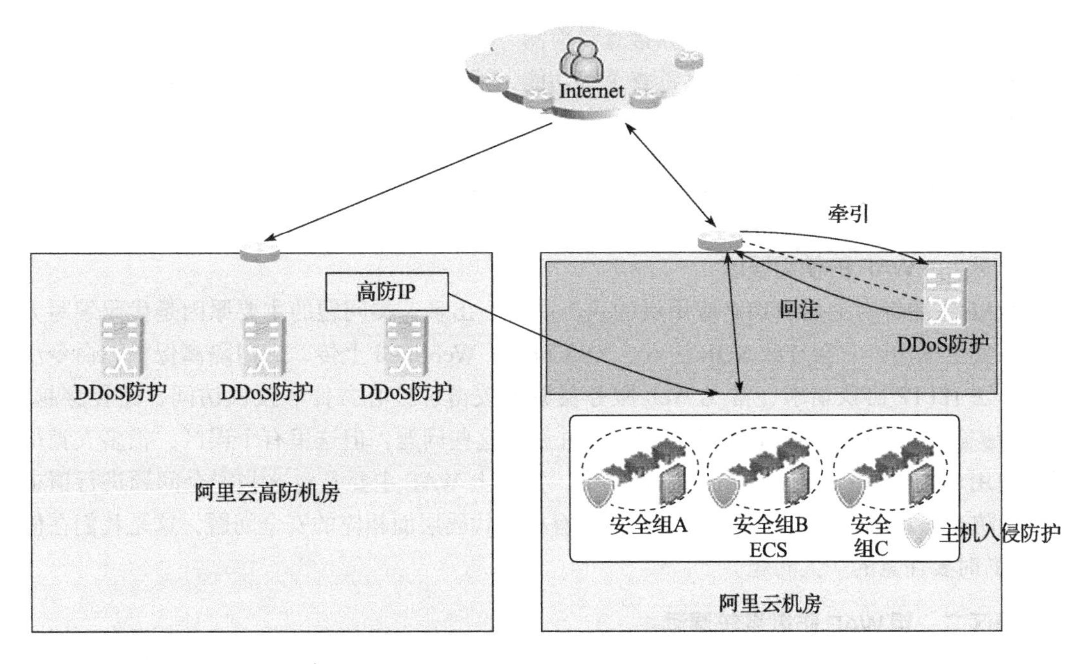

图 16-2　DDoS 高防 IP 产品网络拓扑

4. 态势感知发现潜在安全风险及问题

态势感知（产品现已更名为云安全中心）是一个实时识别、分析、预警安全威胁的统一安全管理系统，通过防勒索、防病毒、防篡改、合规检查等安全能力，帮助用户实现威胁检测、响应、溯源的自动化安全运营闭环，保护云上资产和本地主机并满足监管合规要求。

云安全中心可帮助用户收集并呈现 10 余种类型的日志和云上资产指纹，并结合网络实体威胁情报进行安全态势分析，扩大安全可见性。

云安全中心的典型应用场景包括：

- 实时监控云上业务整体安全，对多种安全事件进行告警，如异常登录、网站后门、病毒攻击、异常进程等。
- 定期对云上服务进行漏洞扫描和基线配置核查，针对检测到的漏洞和风险配置项提供监控与修复服务。
- 对多种网络和主机日志进行检索，调查访问量，统计和分析各维度的原始日志信息。
- 监控 AK 泄露、网络入侵事件、DDoS 攻击事件、ECS 恶意肉鸡行为等，并对 ECS 开放的端口进行实时监控。
- 对 ECS 中发生的入侵事件，如 Webshell、恶意软件、核心数据被加密勒索等进行回溯，发现入侵的原因和入侵的全过程。

使用云安全中心，需要在 ECS 服务器中安装 Agent 本地安全插件。在购买 ECS 实例时，选择安全加固即可自动安装 Agent 并开通云安全中心基础版。云安全中心安装后自动开通基础版功能，基础版仅提供主机异常登录检测、漏洞检测、云产品安全配置项检测，如需更多高级威胁检测、漏洞修复、病毒查杀等功能，请登录云安全中心控制台并单击右上角升级，购买需要的版本即可。

16.1.2 安骑士、WAF、态势感知三大使用误区

误区一：WAF 的使用误区

WAF 主要针对七层 HTTP 应用层的攻击防御，出现这类问题的主要原因是代码编写方面存在安全漏洞，它会导致 SQL 注入、XSS 跨站、WebShell 上传、后门隔离保护、命令注入、非法 HTTP 协议请求、常见 Web 服务器漏洞攻击、核心文件非授权访问、路径穿越、扫描防护等安全问题，而 WAF 能有效防御并解决这些问题。但这里有个误区，很多人觉得只要使用 WAF 这些安全漏洞就能被修复了。实际上 WAF 主要是对这些安全问题进行请求拦截，防止恶意请求转发到后端源站，并没有根治代码层面相应的安全问题，这是我们在使用 WAF 时要注意的一大问题。

误区二：用 WAF 防御系统漏洞

为什么 Redis 等软件漏洞要用安骑士来检测及解决，而不用 WAF 来防御解决？而 Jenkins、WordPress 等软件漏洞却要用 WAF 来防御解决？安骑士可以看作是企业版的杀毒软件，主要解决的是操作系统级别的漏洞、木马、病毒问题。而 WAF 针对的是 OSI 七层模型中 HTTP 层的防御，即 Web 漏洞的防御。对比之后就可以看出安骑士和 WAF 的使用场景及对应误区，有时客户甚至会在云端遇到 Nginx、Redis 漏洞后直接购买 WAF。比如在 Jenkins 的 Stapler Web 框架中存在任意文件读取漏洞。恶意攻击者可以通过发送精心构造的 HTTP 请求，在未经授权的情况下获取 Jenkins 主进程，并访问 Jenkins 文件系统中的任意文件内容。这里核心入侵的途径，是通过 HTTP 请求，所以 WAF 是唯一安全拦截防御的保障。相反，如果这个漏洞是通过操作系统级别来进行远程访问的，那就不能用 WAF，只能通过操作系统级别的安骑士来进行检测及修复。

云诀窍

在实践中，安骑士与 WAF 往往需要配合使用。比如我们最近发生的一个真实案例，客户某 Web 应用被挂载木马，即典型的 PHP 的 WebShell 后门。要解决这个问题，必须将 WAF 与安骑士结合起来使用。WAF 保障 HTTP 拦截具有安全风险的请求，避免网站再次被挂载木马。而安骑士主要检测已经通过 Web 流入系统中的木马文件。

误区三：用态势感知解决问题

异常登录、漏洞管理是态势感知的功能还是安骑士的功能？态势感知是否能解决漏洞、

攻击行为等安全问题？云计算 / 大数据将成为安全体系的基础核心保障，而态势感知就是一款在云时代下的大数据安全分析产品和服务。异常登录、漏洞管理其实是安骑士的核心功能，之所以在态势感知中看到这块内容，是因为态势感知收集后会呈现 10 余种安全类型的日志和云上资产指纹，并且它结合网络实体威胁情报进行安全态势分析，扩大安全可见性。所以态势感知不是为了解决问题，而是发现问题。

16.1.3　DDoS 和 WAF 三大实践技巧

实践 1：DDoS 防御治标不治本

监控报警，发现业务不可达。阿里云通知 SLB 地址被拉入黑洞，控制台提示攻击流量达到 11GB。但由于客户成本方面的问题不使用 DDoS 高防。

基于以上原因我们给出了如下的临时解决方法：

1）更换 SLB（等同于更换 IP）。

2）开启 DDoS 基础防护中的“安全信誉开关”。

通过上述操作，基础防护（免费）能力达到了 10GB 以上，基本上帮助客户解决了这次攻击问题，但如果黑客发起下一波流量攻击，会导致新的 SLB 也被迫拉入黑洞，所以这是一种临时的治标不治本的做法。

实践 2：DDoS 和 WAF 的前后关系

在云端 IDC 机房中，每个 IDC 都部署了 DDoS 流量清洗集群，而流量清洗集群主要是华为—赛门铁克专门为阿里定制的硬件（多板卡多端口）和阿里自己设计的软件（云盾）。DDoS 集群清洗，是机房级别网络请求流量的入口。所以在实际应用中，DDoS 高防产品要放在 WAF 前面。

在云端我们遇到某金融类客户，每天都会出现 PC 站、手机站、移动 App 等多处业务无法访问的情况，每次大约 1 ～ 6 小时，被黑客 DDoS 攻击峰值达到 200GB 以上，致使网站完全瘫痪，每小时损失近百万元。客户虽然购买了阿里云 WAF 和 DDoS 高防 IP 等安全产品，但不会配置，因而网络结构上仍存在严重安全隐患，安全产品没有起到任何防护作用，网站仍然会被黑客攻击导致瘫痪。我们来看看购买 DDoS 高防 IP 和 WAF 后如何进行配置，如图 16-3 所示。

在域名解析中，有些域名解析到 DDoS 上，有些域名解析到 WAF 上。这就出现了“对 DDoS 采用 WAF 攻击，对 WAF 采用 DDoS 攻击”的问题，即域名解析到 DDoS 高防 IP 上，虽然防御住了 DDoS 流量攻击，但是没办法防御应用层 SQL 注入、挂载木马等安全问题。而域名解析到 WAF 产品上，虽然防御住了应用层的 SQL 注入、挂载木马等安全问题，但是面对 DDoS 高流量攻击，网站也会瞬间瘫痪。可见，虽然花费高额成本购买了 DDoS 高防 IP 和 WAF，但是并没有很好地利用它们。DDoS 高防 IP + WAF 的正确配置如图 16-4 所示。

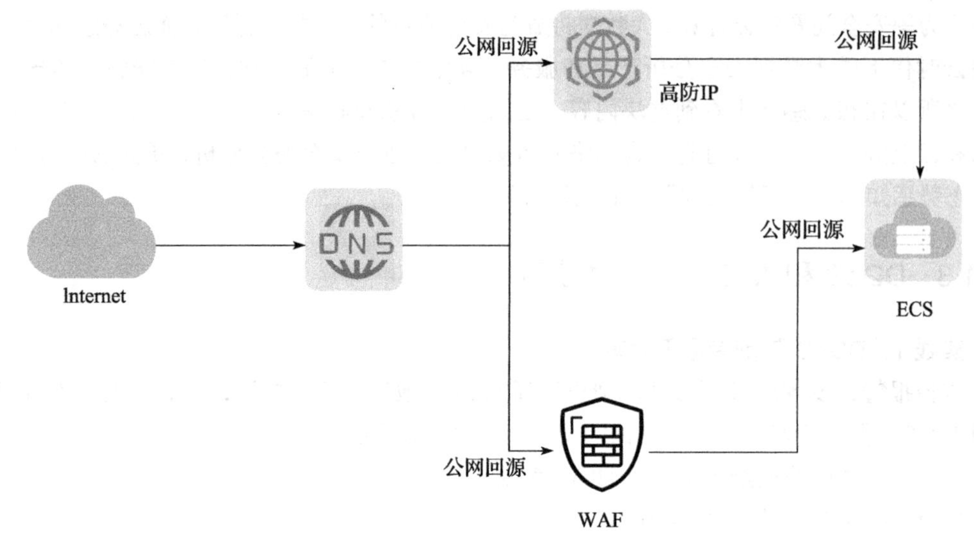

图 16-3 DDoS 高防 IP + WAF 的异常配置

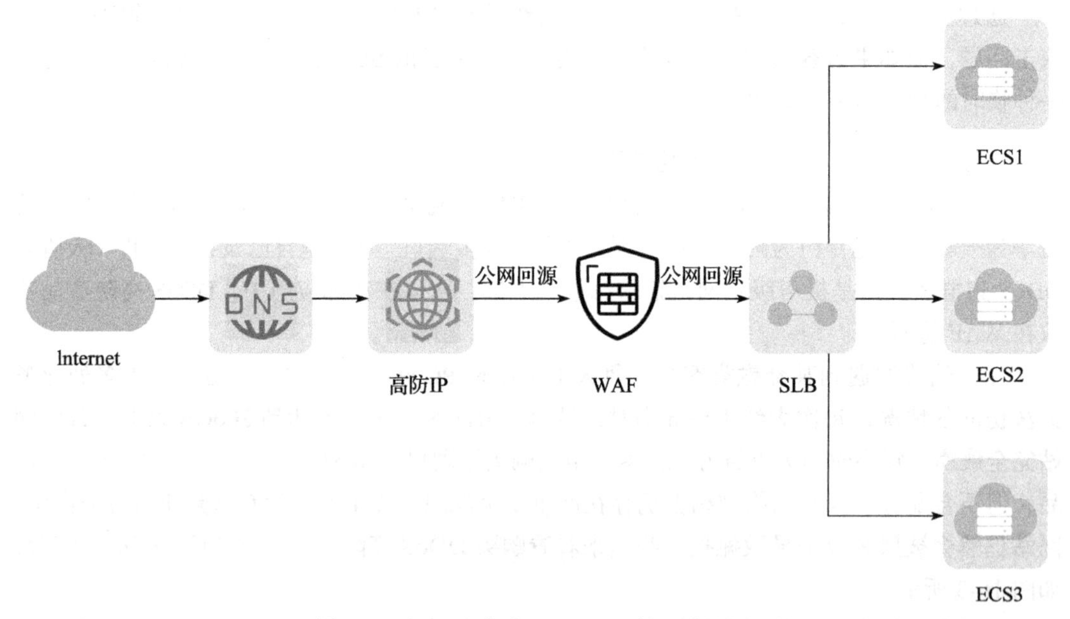

图 16-4 DDoS 高防 IP + WAF 的正确配置

域名统一解析到 DDoS 高防 IP 上，DDoS 高防 IP 过滤到三四层网络流量攻击，然后再将请求转发至 WAF 产品上，最终 WAF 将正常请求转回至源站。

实践 3：综合流量攻击中的实践

并不是所有流量攻击都用 DDoS 高防 IP，DDoS 流量主要针对三四层网络流量攻击，而 CC 流量攻击主要针对七层网络流量攻击。所以面对 DDoS 流量攻击时，我们需要用 DDoS

高防 IP 防御，而 CC 流量攻击则用 WAF 防御。

比如，客户被攻击，页面被刷流量，CC 攻击流量高达 1Gbps。这时候客户应该采用 WAF 还是 DDoS？事实上，这时候需要用 WAF 来防御。

再比如，客户被 DDoS 攻击，瞬时流量高达 50Gbps，同时 CC 攻击流量高达 1Gbps。请问要怎么使用云盾安全产品？答案是这时候需要用 DDoS + WAF 结合起来防御。

16.2　云端安全架构四大策略实践

在云端安全防御中，有了第一道防线，我们就能高枕无忧地应对黑客常见攻击了吗？答案是否定的。从安全架构层来说，我们需要站在系统层、应用层、网络层之上，从更高层次看待安全体系架构并解决安全问题。安全架构的支撑，能从宏观角度避免一些安全问题，并能直接提升业务系统的安全防御能力，这是云端安全防御中的第二道防线。

16.2.1　策略一：云平台架构模式选择

在云端不同的架构模式所直接表现出来的安全特性也有所不同。公有云面向的是互联网常规业务，比如电商、门户网站、视频、游戏等业务，所有公网用户都能直接访问请求业务。但同时，由于业务直接暴露在互联网中，所带来的安全隐患和挑战也是更大的。所以有些政府应用或者局域网应用，直接部署在公有云上时安全挑战很大。这时候用单独的数据中心部署云平台，并且做对应的公网隔离，设置仅限局域网访问，这样安全风险就会相对较低。但这种场景相对来说还是较少，随着云的普及，越来越多的传统企业将公司局域网如 ERP、OA 等应用部署在公有云上，但为了解决安全性问题，通过专线 + VPN 的技术手段把云端和公司内网打通，这已经成为较为成熟且主流的解决方案，也就是混合云部署的模式。不同模式部署的特点及适用场景如表 16-1 所示。

表 16-1　不同模式部署的特点及适用场景

部署模式	特点	适用场景
公有云部署	多租户模式（水电租用模式），低成本、高效率	传统互联网企业用户
私有云部署	独立的数据中心部署、公网隔离	政府、金融等大型企业
混合云部署	IDC 及线下数据中心和云端内网打通	传统企业

正如以上所说，在一些政府、金融领域，或者是一些政策、流程的要求，以及定制化的需求等，使得公有云平台无法满足对应需求，对此，一些大型企业就会选择专有云（私有化部署）来满足自身定制化需求。这时候可以考虑使用阿里专有云或者传统 OpenStack 来部署，并采用驻云的 CBIS 系统进行云产品资源管理。

驻云 CBIS 云计算商业服务集成系统，面向企业提供一整套对多种云资源实现混合管理的云计算运营服务平台，不仅解决了企业内部管理和使用云计算资源的客观需求，还支持企业对富余的云计算资源进行对外售卖。在资源统一管理的基础上，CBIS 更能进一步支撑混合云平台的业务运营工作，实现对分公司、部门、项目的预算控制和费用核算以及多维度管理用户资源。同时，CBIS 还提供了灵活的商品上架功能，CBIS 的这些功能以及驻云所提供的一整套解决方案，帮助客户“零基础零 TCO”建立高可靠的自有品牌运营，成为云平台运营商。在云平台管理过程中产生的个性化需求，CBIS 可以有针对性地对组件进行定制化，而不影响产品整体的稳定性，如图 16-5 所示。

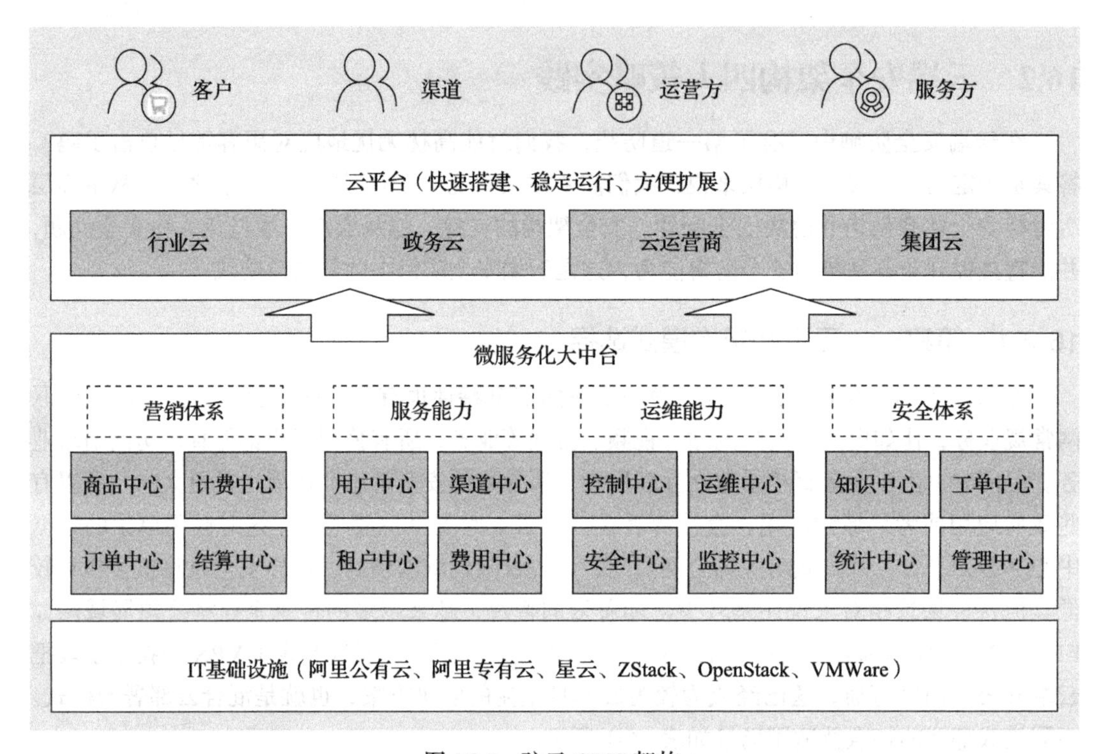

图 16-5 驻云 CBIS 架构

16.2.2 策略二：分布式架构是安全保障的基石

在前面“1 + 1 > 2”的案例中也曾提到，分布式架构是安全保障，也是性能、稳定性的保障，同时还能冗余防御 DDoS 方面的攻击请求。正所谓“鸡蛋不要放在一个篮子里”，通过分布式跨地域部署，能够进一步提高安全性，如图 16-6 所示。

在分布式架构中，同地域的情况下，应尽量把应用及数据放在不同的机房（可用区）。如果业务条件需要更高的安全性要求，可以进一步把应用及数据放在不同地域（跨地域分布式架构，底层数据的同步及延时性需要注意）。甚至可以通过容器技术跨云供应商进行分布式部署。这样操作对底层平台依赖更少，不会因为底层网络、机房、云平台的问题而导致业务不可访问。

16.2.3 策略三：全面开启云产品的安全机制

如果把业务部署在云端，数据包在云端内部的流转如图 16-7 所示。

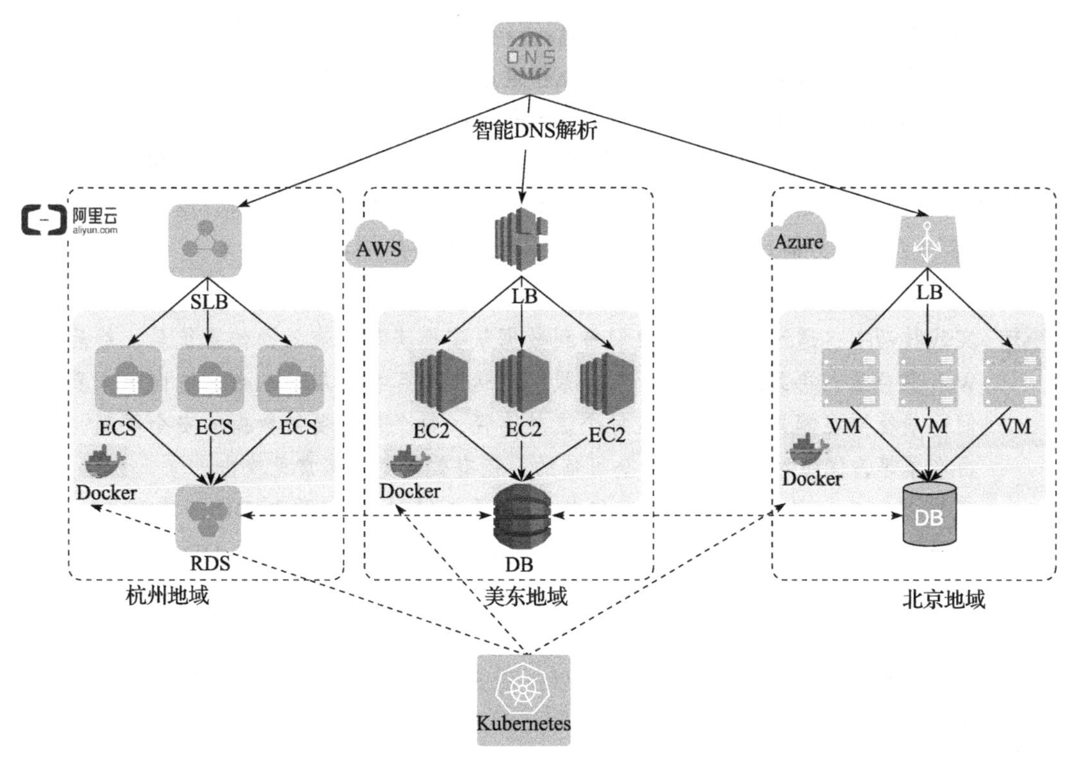

图 16-6　跨地域、跨平台分布式架构

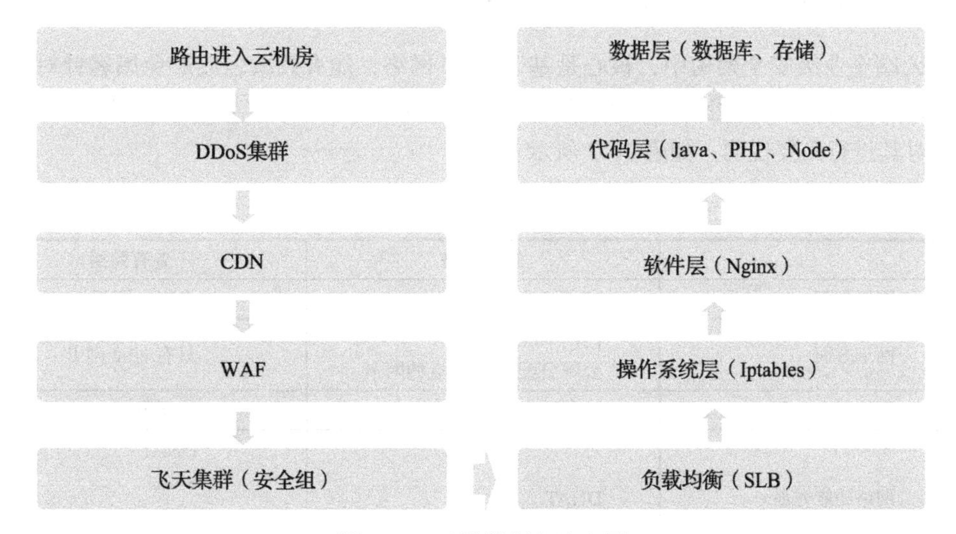

图 16-7　云端数据包流向图

当我们请求云端部署的业务后，数据包经过本地运营商（如电信、网通、移动等）通过路由传输至云机房，进入云机房后会最先经过 DDoS 流量清洗集群，然后经过 CDN，之后数据包会流向Web应用防火墙（WAF），然后再经过云平台的安全组网络规则，再到负载均衡SLB上。SLB会将数据包转到ECS，数据包通过网卡流入内核，会先经过Iptables。通过Iptables后，数据包会由内核空间流入用户空间，流入到Nginx中。Nginx通过反向代理，会向应用服务器发起数据包转发。应用服务器（Java、PHP、Node）处理数据包请求，期间可能会调用数据库。发起新的请求至RDS数据库中，数据库处理完成后会返回数据结果至应用服务器。应用服务器封装数据结果，将结果返回给客户端。

技巧 实践技巧1：通过流向图，我们看到数据从安全类产品流入操作系统层，然后流入Web服务层，再到达业务代码层，最终到达数据库持久层。从数据流向上来看，我们一般需要在哪里做防御？在每个流转路径，每个层都要做数据的安全限制，比如白名单等，保障对应请求是安全可信的，能有效避免黑客常见攻击。

实践技巧2：很多人觉得数据包的流向要先经过CDN再到DDoS集群中。因为CDN不具备防御DDoS的能力，所以数据包的流向，CDN是在DDoS后面。但在云端实践中，DDoS高防和CDN可能要同时使用，但是数据包先经过集群清洗，再经过CDN，数据包绕路太远会影响静态访问加速效果。如果既想通过CDN加速，又想具有DDoS防护能力，可以使用SCDN产品，即实现了CDN–DDoS这种线路。

16.2.4 策略四：基于VPC的企业级安全架构

在云端企业级安全架构中，核心是基于VPC网络，能有效减轻或避免黑客针对网络层攻击。云端VPC网络和经典网络在安全方面和功能方面的对比，已在第4章中详细介绍，这里仅对其进行简要说明，如表16-2所示。

表16-2 经典网络和专有网络对比

	经典网络	专有网络
网段方面	10开头随机IP	自定义网段
网卡方面	内网eth0网卡 公网分配eth1独立的网卡	只有eth0网卡
网络隔离方面	三层隔离	二层隔离
网络功能方面	DNAT	DNAT SNAT VPN 专线

所以在云端，特别是传统企业，需要让IDC及线下数据中心和云端内网打通，即采用混合云架构的部署模式。云端VPC安全架构如图16-8所示。

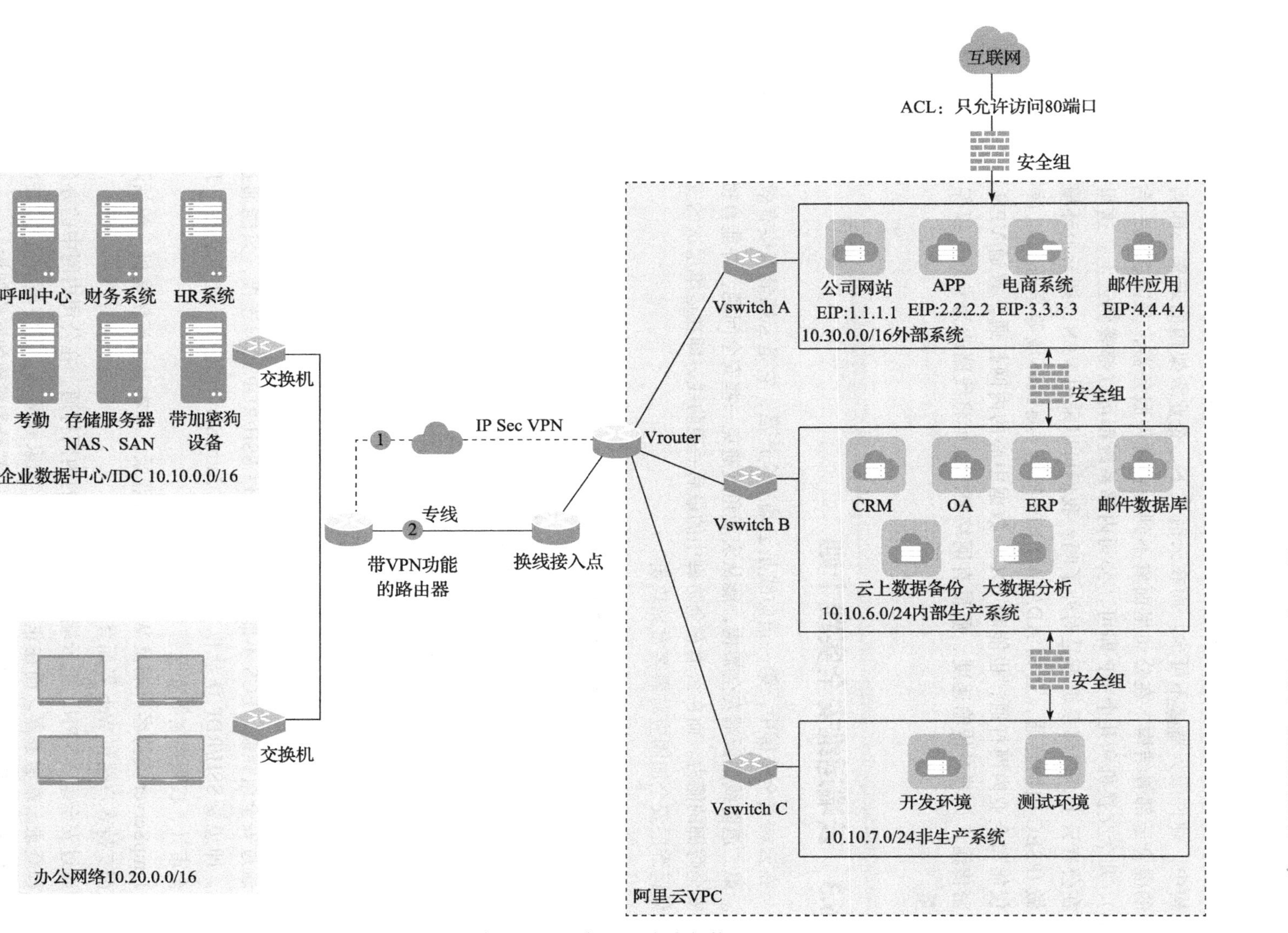

图 16-8　云端 VPC 安全架构

企业局域网一般有 AD/OA/ERP/ 邮箱 / 测试环境等硬件服务器，所以在传统企业级架构中，硬件服务器必不可少。而在云时代下，企业级架构的未来，即当前驻云内部采用的混合云部署结构，在公司里面看不到一台硬件服务器，只需购买一台路由器（防火墙）、几个交换机和几个 AP 即可，公司内部系统都可以部署到云上。这里会有人说，部署在公有云上，内部系统不是对外了吗？我们可以采用 VPN，把云上环境和公司内网环境做 IPSEC 内网打通，公司 AD/OA/ERP/ 邮箱 / 测试环境等全部可以放在云端。云端不仅能和企业内网打通，也能和 IDC、数据中心的内网打通。普通 VPN 由于基于公网加密传输，如若对传输速度、质量有网络要求，可将线路改为专线，以保障传输速度及质量。

16.3 云端运维安全实践十则

在云端安全防御中，第一道防线是云端安全产品，它是云端最直接有效的安全解决方案。第二道防线是云端安全架构，能从宏观角度避免一些安全问题，并能直接增加业务系统对安全防御的能力。而在云端安全防御中的最后一道防线，即在运维层次的安全保障，进一步做运维层安全加固应对黑客常见攻击。

16.3.1 第一则：云端堡垒机的三种实践

堡垒机是远程控制的必要安全手段，即我们需通过堡垒机来对服务器进行远程管理。堡垒机具备安全审计、权限管理等核心安全管理功能，也可以避免黑客恶意远程登录等安全问题。在云端堡垒机实践中，有三种实践方案：

1）阿里云自带堡垒机（推荐，原因是与 ECS 云产品的无缝结合更紧密）；

2）驻云 CSOS 云安全运维系统；

3）在 ECS 上自建 JumpServer。

其中，JumpServer 是知名开源堡垒机，下面以云端自建 JumpServer 为例，介绍云端堡垒机安全审计的实践应用，如图 16-9 所示。

通过安全组控制，ECS 不能直接对外提供 SSH/RDP 远程连接，只能通过 JumpServer 实现。即想要 SSH/RDP 登录 ECS，只能通过 JumpServer 进行。这样就能在 JumpServer 上做安全审计、权限控制等安全管理了。

JumpServer 支持客户端及 Web 界面连接登录，基本上主流堡垒机，包括阿里云自带堡垒机都支持客户端和 Web 界面登录的方式。

通过安全组 + VPN，把云端和公司网络的内网打通。在公司内网中的办公网络，能直接远程登录云端服务器。而在非公司网络，比如家庭网络，需要提前拨号 VPN 登录公司网络，然后才能远程登录云端服务器。这是当前云端最为成熟的网络架构。

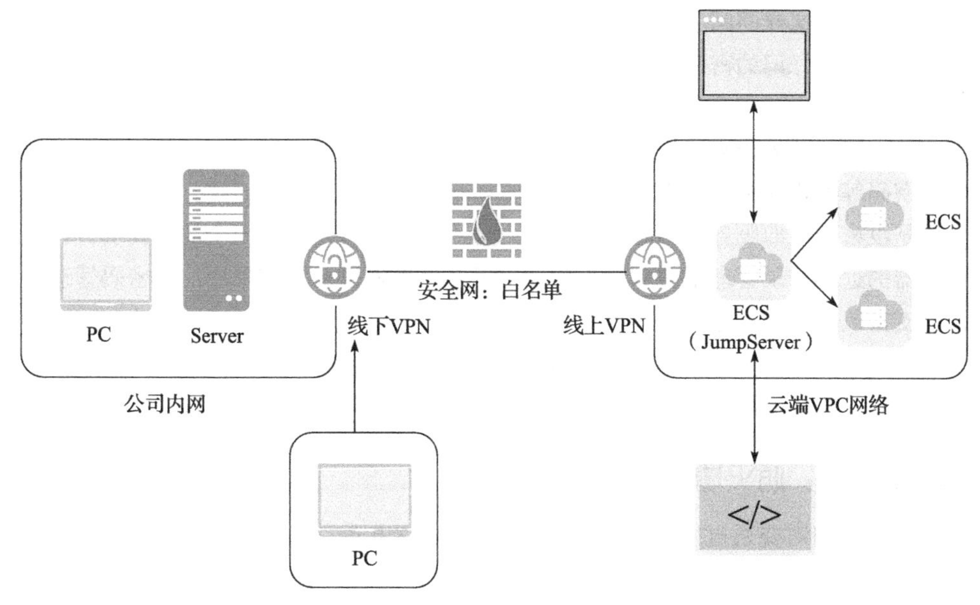

图 16-9　JumpServer 在云端的实践应用

16.3.2　第二则：运维用户管理

运维用户管理，是指运行在操作系统中的进程用户，以及远程用户方面的安全管理。合理的用户权限，能有效避免黑客利用木马及病毒对系统进行提权。

首先，程序采用非 root 用户运行，特别是 PHP 等中间件，安全漏洞较多，如若采用 root 用户进程，root 权限较大，则很可能出现利用漏洞直接执行一些恶意代码或者程序的情况，存在较大安全隐患。

其次，我们在日常运维管理中，一般都直接禁用 root 用户远程登录。如果对 root 用户直接开放，对远程控制的安全管理挑战较大，而且直接用 root 登录运维操作，误操作的概率也较大。所以在运维规范及标准中，默认禁用 root 用户远程登录，都是直接通过普通用户远程登录，如若需要 root 权限，则通过 su 或者 sudo 命令切换成 root 进行操作。

为了进一步控制安全性，我们还可以在 SSH 的配置文件中指定用户才能远程登录，至于新增加的客户，如果不在指定用户中，则默认不能远程登录。

16.3.3　第三则：密码安全管理

随着互联网应用的增多，大家要登录系统的地址、用户名、密码也越来越多。有时为了方便，人们把密码明文存放在 Email、Txt 文本、Word 文件、Excel 文件或者图片截图中。但这种方式存在极大的安全隐患，特别是在运维管理过程中，为了方便，把服务器权限存放至这些文本文件中，如果这些敏感文件泄露了，将会带来灾难性的安全问题。

另外，在前面也跟大家介绍过互联网最大的安全隐患便是密码漏洞。在服务器的密码管理中也经常存在这样的问题，有很多服务器密码设置一样，也有很多服务器都是程序员自己随便设置的一个好记的密码（弱口令），并且长时间不更新。

所以为了解决上述安全隐患，在实践中，密码的存储、传输，统一采用 Keepass 专业密码工具，并且服务器的密码设置，都是采用密码工具生成的随机密码。但我们发现，定期管理、修改密码等方式在维护效率、安全性等方面都不是最优的。在云端，最好的密码安全管理方案便是没密码。即服务器远程登录管理，采用证书方式是最为安全的。其实，在亚马逊上，服务器的远程登录管理早就默认采用证书了。虽然阿里云之前采用的是密码管理，但目前也已经支持证书登录管理了。

由此可见，良好的密码安全管理，能有效避免弱口令等安全问题，直接避免被黑客进行密码暴力破解的可能性。

16.3.4 第四则：防火墙安全管理

在云端，我们需要通过安全组 + Iptables 防火墙的方式，来保障访问连接的安全性。通过安全组 + Iptables 防火墙设置端口服务访问地址的白名单 / 黑名单，应该是在运维层面提高安全性最有效最直接的做法了，也是运维层面安全防御的最佳实践，还能一定程度上应对黑客针对网络层面的攻击。

安全组主要针对属于同个安全组下 ECS 共用的端口安全规则设置，而 Iptables 主要针对 ECS 访问级别能做更细粒度的安全规则设置。假设以下场景服务器部署了常见的 Web 业务，其安全访问规则设置如下：

- Web 服务器：需要开放 80、8080、22 端口。
- Windows 服务器：需要开放 21、3389 端口。
- 数据库服务器：需要开放 3306 端口。

每台服务器的端口规则都不一样，因此不能把这三类服务器放在一个安全组下，并且把 80、8080、22、21、3389、3306 端口都放开，这样既不便于维护，也不安全。如果考虑通过安全组来解决，为了设置对应的安全规则，只能分别把 Web 服务器、Windows 服务器和数据库服务器各放在一个安全组下。这样虽然增加了安全组，但考虑到业务夜间也要互访，因此还得把安全组打通，这无疑增加了对应的维护成本。所以此时采用 Iptables 来做安全规则，也是一种较好的方案。由此可见，某个安全组批量针对部署着同个端口服务的业务来做安全规则，这再合适不过。而相比安全组，Iptables 的四表五链，针对内核级别的数据包控制，更适合做更细粒度的安全规则控制。Iptables 和安全组的对比实践如表 16-3 所示。

表 16-3 Iptables 与安全组的对比

Iptables（四表五链）	安全组
Filter 表 三个链：INPUT、FORWARD、OUTPUT 作用：过滤数据包	√ × （不支持 FORWARD）

（续）

Iptables（四表五链）	安全组
NAT 表 三个链：PREROUTING、POSTROUTING、OUTPUT 作用：用于网络地址转换（IP、端口）	×
Mangle 表 五个链：PREROUTING、POSTROUTING、INPUT、OUTPUT、FORWARD 作用：修改数据包的服务类型、TTL，并且可以配置路由实现 QOS 内核模块：iptable_mangle	×
Raw 表 两个链：OUTPUT、PREROUTING 作用：决定数据包是否被状态跟踪机制处理	×

我们来看一个具体案例，Iptables 能根据进过内核的数据包 state 状态来做控制，甚至能控制每秒经过内核数据包的个数。

```
    #Main Firewall rules start ###########################
    # create a LOGDROP chain to allow DROP then LOG
    echo "Creating custom log chains: "
    Iptables  -N LOGDROP_ILLEGAL_PACKET
    iptables  -A LOGDROP_ILLEGAL_PACKET -j LOG -m limit --limit 120/minute --log-
prefix "IPTFW-bad-flag " --log-level debug
    iptables  -A LOGDROP_ILLEGAL_PACKET -j DROP
    echo -e "$GREEN Custom log chains created. $NO_COLOR"

    # For the following rules we log and drop illegal network traffic
    # can be set to a new log file by defining --log-level
    # First thing, drop illegal packets.
    echo "Dropping illegal INBOUND traffic - packets + networks: "
    # iptables  -A INPUT -p tcp ! --syn -m state --state NEW -j LOGDROP_ILLEGAL_PACKET
# New not SYN
    iptables  -A INPUT -p tcp --tcp-flags ALL FIN,URG,PSH -j LOGDROP_ILLEGAL_PACKET
    iptables  -A INPUT -p tcp --tcp-flags ALL ALL -j LOGDROP_ILLEGAL_PACKET
    iptables  -A INPUT -p tcp --tcp-flags ALL NONE -j LOGDROP_ILLEGAL_PACKET # NULL
packets
    iptables  -A INPUT -p tcp --tcp-flags SYN,RST SYN,RST -j LOGDROP_ILLEGAL_PACKET
    iptables  -A INPUT -p tcp --tcp-flags SYN,FIN SYN,FIN -j LOGDROP_ILLEGAL_PACKET
# XMAS
    iptables  -A INPUT -p tcp --tcp-flags FIN,ACK FIN -j LOGDROP_ILLEGAL_PACKET #
FIN packet
    iptables  -A INPUT -p tcp --tcp-flags ALL SYN,RST,ACK,FIN,URG -j LOGDROP_ILLEGAL_
PACKET
    echo -e "$GREEN Illegal INBOUND traffic dropped. $NO_COLOR"

    #### HOLES ####
    echo -en "Creating rules for allowed INBOUND traffic: $RED\n"
    # Established - should be tightened to allowed IP later
    iptables  -A INPUT -m state --state RELATED,ESTABLISHED -j ACCEPT
```

```
    ## ICMP / Ping - should be tightened to allowed IP later
    iptables  -A INPUT -p icmp -m icmp --icmp-type echo-request -m limit --limit 10/
second -j ACCEPT
    iptables  -A INPUT -p icmp -m icmp --icmp-type echo-reply -m limit --limit 10/
second -j ACCEPT
    iptables  -A INPUT -p icmp -m icmp --icmp-type time-exceeded -m limit --limit
10/second -j ACCEPT
    iptables  -A INPUT -p icmp -m icmp --icmp-type destination-unreachable -m limit
--limit 10/second -j ACCEPT
    iptables  -A INPUT -p icmp -j DROP

    ###### DHCP Rules ######
    iptables  -A INPUT -p udp --dport 67:68 --sport 67:68 -j ACCEPT
```

16.3.5 第五则：端口安全管理

试想，在一台有公网 IP 的 ECS 上面，部署 Redis 服务的应用，存在安全问题吗？我曾在很多线下沙龙分享过这个简单的案例，如图 16-10 所示。

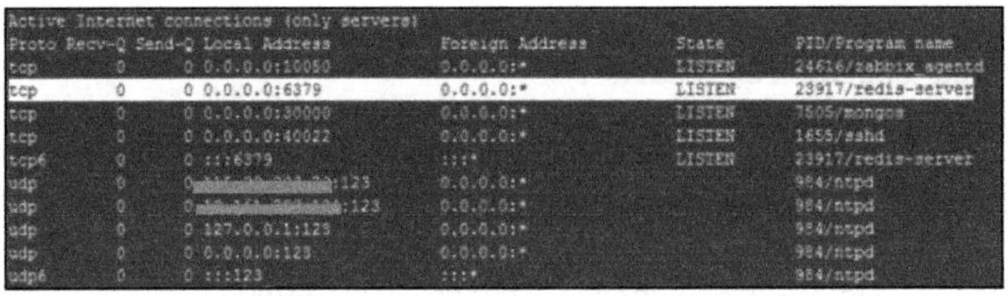

```
Active Internet connections (only servers)
Proto Recv-Q Send-Q Local Address           Foreign Address         State       PID/Program name
tcp        0      0 0.0.0.0:10050           0.0.0.0:*               LISTEN      24616/zabbix_agentd
tcp        0      0 0.0.0.0:6379            0.0.0.0:*               LISTEN      23917/redis-server
tcp        0      0 0.0.0.0:30000           0.0.0.0:*               LISTEN      7505/mongos
tcp        0      0 0.0.0.0:40022           0.0.0.0:*               LISTEN      1655/sshd
tcp6       0      0 :::6379                 :::*                    LISTEN      23917/redis-server
udp        0      0 [illegible]:123         0.0.0.0:*                           984/ntpd
udp        0      0 [illegible]:123         0.0.0.0:*                           984/ntpd
udp        0      0 127.0.0.1:123           0.0.0.0:*                           984/ntpd
udp        0      0 0.0.0.0:123             0.0.0.0:*                           984/ntpd
udp6       0      0 :::123                  :::*                                984/ntpd
```

图 16-10 数据库类服务绑定端口案例

这可能是当前 80% 的互联网会遇到的一个普遍现象，看似没问题，但其实隐藏着很大的安全隐患。我们都知道数据是企业的生命、业务的核心，而这些业务数据绝大多数都存放在数据库中。而在这个案例中，是在一个有公网的 ECS 上，部署 Redis 数据库类服务。通常在正规企业级应用中，是不允许数据库暴露在公网的，因为这种安全风险是致命的。图 16-8 中，数据库类服务居然绑定在本机 0.0.0.0 上，表示本机内网、公网、localhost 等都能访问。这是个小细节，但也能体现较大的安全问题。

一般数据库类服务，我们都是将端口服务监听绑定在 127.0.0.1 上。对于 MySQL、Oracle 等关系型数据库，大家在使用过程中，基本上都会通过用户名 / 密码进行 AUTH 权限认证校验。但有人在使用 Zookeeper、Redis、Memcache、MongoDB 这些数据库类服务时，养成了一个很不好的习惯，就是不喜欢设置 auth 权限认证校验。这个习惯存在着较大的安全风险，在云端我们遇到太多客户业务由于没有进行这方面基础的权限认证设置，导致网站被入侵挂载木马。

16.3.6 第六则：云端开源 WAF 实践

在实际应用层的防御中，我们可以用开源技术来防御。虽然效果没有商业安全产品好，但基本能满足绝大多数安全需求。相比于 Nginx，OpenResty 这块开源工具显然没有那么高的知名度。甚至刚开始使用 OpenResty 时，也觉得自己在使用一个冷门技术。后来经过深入实践才发现这个软件其实是个宝藏，这无疑成为云端开源 WAF 的最佳实践。甚至很多商业的 WAF 产品，都是基于 OpenResty 做二次开发得来的。OpenResty 其实就是 Nginx 通过 Lua 进行了二次开发，然后可以随心所欲地做复杂的控制及安全监测。示例配置如下：

```
http {
include mime.types;
default_type application/octet-stream;
#charset gb2312;
server_names_hash_bucket_size 128;
client_header_buffer_size 32k;
large_client_header_buffers 4 32k;
client_max_body_size 8m;
sendfile on;
tcp_nopush on;
keepalive_timeout 60;
tcp_nodelay on;
fastcgi_connect_timeout 300;
fastcgi_send_timeout 300;
fastcgi_read_timeout 300;
fastcgi_buffer_size 64k;
fastcgi_buffers 4 64k;
fastcgi_busy_buffers_size 128k;
fastcgi_temp_file_write_size 128k;
gzip on;
gzip_min_length 1k;
gzip_buffers 4 16k;
gzip_http_version 1.0;
gzip_comp_level 2;
gzip_types text/plain application/x-javascript text/css application/xml;
gzip_vary on;
#limit_zone crawler $binary_remote_addr 10m;
log_format '$remote_addr - $remote_user [$time_local] "$request" '
'$status $body_bytes_sent "$http_referer" '
'"$http_user_agent" "$http_x_forwarded_for"';
include /alidata/openresty/nginx/conf/vhosts/*.conf;

lua_shared_dict limit 50m;
lua_package_path "/alidata/openresty/nginx/conf/waf/?.lua";
init_by_lua_file "/alidata/openresty/nginx/conf/waf/init.lua";
access_by_lua_file "/alidata/openresty/nginx/conf/waf/access.lua";
}
```

安装完 OpenResty，其实就是安装了 Nginx。只不过在 nginx.conf 主配置末尾三行配置中引入了 Lua 的脚本，Lua 的脚本便是 OpenResty 的核心。config.lua 是 OpenResty 的核心配置。

```
--waf status
config_waf_enable = "on"
```

```
--log dir
config_log_dir = "/tmp"
--rule setting
config_rule_dir = "/alidata/openresty/nginx/conf/waf/rule-config"
--enable/disable white url
config_white_url_check = "on"
--enable/disable white ip
config_white_ip_check = "on"
--enable/disable block ip
config_black_ip_check = "on"
--enable/disable url filtering
config_url_check = "on"
--enalbe/disable url args filtering
config_url_args_check = "on"
--enable/disable user agent filtering
config_user_agent_check = "on"
--enable/disable cookie deny filtering
config_cookie_check = "on"
--enable/disable cc filtering
config_cc_check = "on"
--cc rate the xxx of xxx seconds
config_cc_rate = "10/60"
--enable/disable post filtering
config_post_check = "on"
--config waf output redirect/html
config_waf_output = "url"
--if config_waf_output ,setting url
config_waf_redirect_url = "www.cloudcare.cn"
config_output_html=
```

从代码中可以看到常见的白名单 / 黑名单、SQL 注入、CC 攻击等防御功能，而这些都是智能式配置，基本上能应对日常绝大多数安全场景。当然如若结合业务需求，需要更多七层防御的功能，那么就需要基于 Lua 来进行定制化开发。

16.3.7 第七则：云端数据安全传输的标准

互联网应用中，苹果和谷歌率先推进 HTTPS 的普及。

- 苹果公司于 2016 年 6 月宣布，2016 年年底前登录 App Store 的所有 iOS 应用将强制使用 HTTPS，App 的网络传输必须通过 HTTPS 协议传输，而不是 HTTP 协议。这意味着想上架 App Store，必须要用 HTTPS。
- 谷歌计划从 2017 年 1 月推出的 Chrome 56 开始，对未进行 HTTPS 加密的网址链接直接采用红叉提醒。

在阿里云上运行着全国 40% 的网站，Web 类应用在云端占了半壁江山。HTTP 协议是 Web 类应用的表现形式，而在云端，HTTP 已成为过去式，全球 HTTPS 时代已经到来。HTTPS 在云端已成为数据安全传输的标准，之前有很多对外服务都采用的是 HTTP，而如今在云端 HTTPS 基本已被普及。

在云端实践中，SSL 一般证书配置在哪里？我们发现在 CDN 上可以配置证书，在 WAF 上可以配置证书，在 SLB 上可以配置证书，甚至在 ECS 上自己搭建 Nginx 也可以配置证书。下面就根据场景来说明证书具体配置到什么地方合适，如表 16-4 所示。

表 16-4 证书在不同云产品中的配置场景

场景	证书配置位置
CDN + WAF + SLB + ECS 的架构	CDN
WAF + SLB + ECS 的架构	WAF
SLB + ECS 的架构	七层 SLB 上（常规中小型 Web 应用） ECS 搭建的 Nginx 上（高并发场景下采用四层 SLB）
ECS 直接对外提供访问	ECS 搭建的 Nginx 上

HTTPS 主要用于加密客户请求端和服务端之间的数据传输，避免数据明文传输而被黑客截取。在实际应用场景中，我们一般把证书存放在流量入口处。特别是 CDN + WAF + SLB + ECS 的架构，并不是要在 CDN、WAF、SLB 上都配置证书。

16.3.8 第八则：运维安全性能调优的三种方法

必要的运维调优，不仅能提升性能，还能提升 DDoS 攻击防御能力。前面也提到过，分布式架构是安全保障，主要是因为分布式架构既能提升业务性能及稳定性，又能提升抗攻击能力。

1）调优 PHP 进程数、Tomcat 连接数等，让中间件发挥性能极限，冗余更多攻击。

2）调优操作系统内核参数，冗余更多 TCP 连接。

```
net.ipv4.ip_local_port_range = 1024 65000
```

表示用于向外连接的端口范围。默认情况下很小，只有 32 768 ～ 61 000，建议改为 1024 ～ 65 000。

```
net.ipv4.tcp_max_syn_backlog = 8192
```

表示 SYN 队列的长度，默认为 1024，加大队列长度为 8192，可以容纳更多等待连接的网络连接数。

```
net.ipv4.tcp_max_tw_buckets = 5000
```

表示系统同时保持 TIME_WAIT 套接字的最大数量，如果超过这个数字，TIME_WAIT 套接字将立刻被清除并打印警告信息。默认为 180 000，建议改为 5000。对于 Apache、Nginx 等服务器，配置 tcp_max_tw_buckets 可以很好地减少 TIME_WAIT 套接字数量，但是对于 Squid 效果却不大。此项参数可以控制 TIME_WAIT 套接字的最大数量，避免 Squid 服务器被大量的 TIME_WAIT 套接字拖死。

```
net.ipv4.tcp_syncookies = 1
```

表示开启 SYN Cookies。当出现 SYN 等待队列溢出时，启用 cookies 来处理，可防范少量 SYN 攻击，默认为 0，表示关闭。

```
net.ipv4.tcp_tw_reuse = 1
```

表示开启重用。允许将 TIME-WAIT sockets 重新用于新的 TCP 连接，默认为 0，表示关闭。

```
net.ipv4.tcp_tw_recycle = 1
```

表示开启 TCP 连接中 TIME-WAIT sockets 的快速回收，默认为 0，表示关闭。

3）进行架构调优，最好以分布式结构部署应用，增加更多服务器来提高性能及冗余更多攻击。

16.3.9 第九则：通过冷备及热备进一步保障云端数据安全性

云平台自带的冷备 / 热备，基本上保障了企业绝大多数场景下的数据存放安全，这也是基础保障，如表 16-5 所示。

表 16-5 云产品冷备 / 热备概览

云产品	产品是否自带冷备	产品是否自带热备
ECS	是：镜像 / 快照	是：多副本冗余
RDS	是：自动备份	是：高可用从库
云数据库（NoSQL）	否	是：高可用从库
OSS	否	是：多备份及跨区域复制

这是云端四款最为核心的数据存储类产品，我们需要在此基础上，进一步采用冷备 / 热备的方式保障数据安全性。而云数据库 Redis、Memcache 等 NoSQL，由于缓存数据在业务数据中很少有场景需要做冷备，基本上自带的热备即可满足需求。OSS 海量存储，同样在实际业务场景中很难对海量数据做冷备，所以基本上默认都是采用自带的热备来保障数据的安全性。因此，基于云平台自带冷备 / 热备，进一步保障数据的安全性场景，基本上都是针对 ECS 和 RDS 这两款云产品的。

1. ECS 数据冷备恢复文件的两种方法

案例场景：如果仅想恢复某一个文件应怎样操作？

我们不能直接回滚磁盘的快照，这会导致磁盘里所有文件都回滚到上个备份时刻的状态。所以在云端主要采用以下两种方式。

第一种是采用磁盘快照方式，但是需要临时开通一块云盘，步骤如下：

1）新开云盘，用已有快照创建云盘。

2）挂载在 ECS 上获取历史数据，复制要恢复的文件。

但是这种方式灵活性不高，而且操作也较烦琐。

第二种是通过 TAR 打包或者对应 OSS 工具，将文件复制备份到 OSS 甚至线下 IDC 或者其他云平台中。这种方式更为灵活简单，不过这种情况下的备份，可能要考虑数据不一致的情况。比如打包某个文件目录，如若打包过程中有输入的写入操作等，可能会导致最终备份的数据不一致。ECS 数据冷备方案架构如图 16-11 所示。

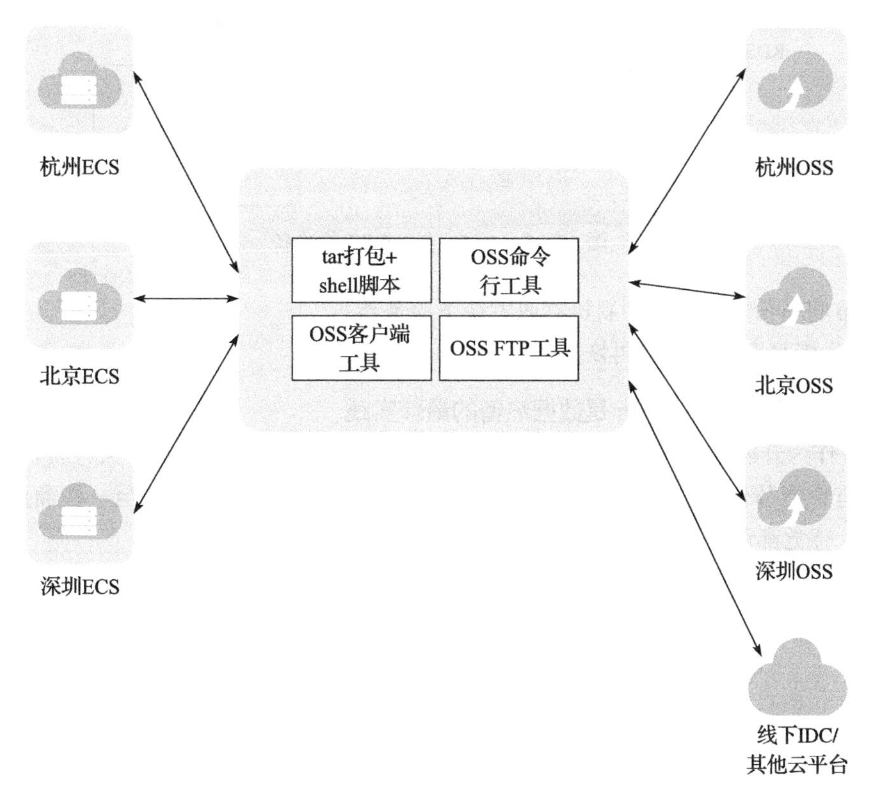

图 16-11　ECS 数据冷备方案架构

2. RDS 数据结合 OSS 的冷备

案例：RDS 到期，导致备份被清空的坑点（在云端遇到过这种情况）。

虽然 RDS 的备份可以将存放时间设置得很长。但问题是如果 RDS 到期被释放，可能会导致 RDS 相关备份都被自动清空。所以为了解决这个问题，我们可以通过 API 获取备份文件，进一步将备份文件存放在 ECS 或者 OSS 中，如图 16-12 所示。

我们也可以通过 xtrabackup 备份工具，将备份还原至线下 IDC 甚至其他云平台中。xtrabackup 的使用步骤如下：

1）下载安装 xtrabackup 并进行相关参数配置。

2）停止 MySQL。

3）指定 MySQL 配置文件及数据目录进行备份。

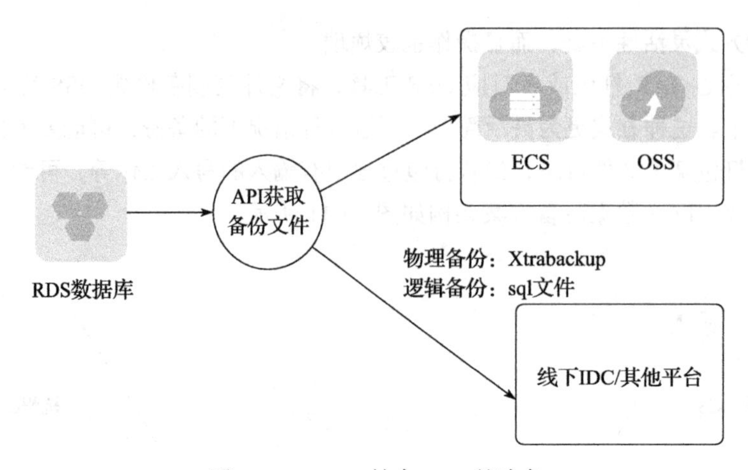

图 16-12 RDS 结合 OSS 的冷备

4）scp 将备份文件复制到新机器或者线下服务器。

5）首先恢复事务，然后再恢复数据。

3. ECS 数据热备：Rsync 是数据热备的最佳实践

Rsync 作为开源领域一款热门的增量文件同步工具、文件迁移工具、文件备份工具，实在想不出有谁能替代这个好用且功能强大的工具，如图 16-13 所示。甚至一些商业的迁移、备份工具，感觉都没有 Rsync 好用。

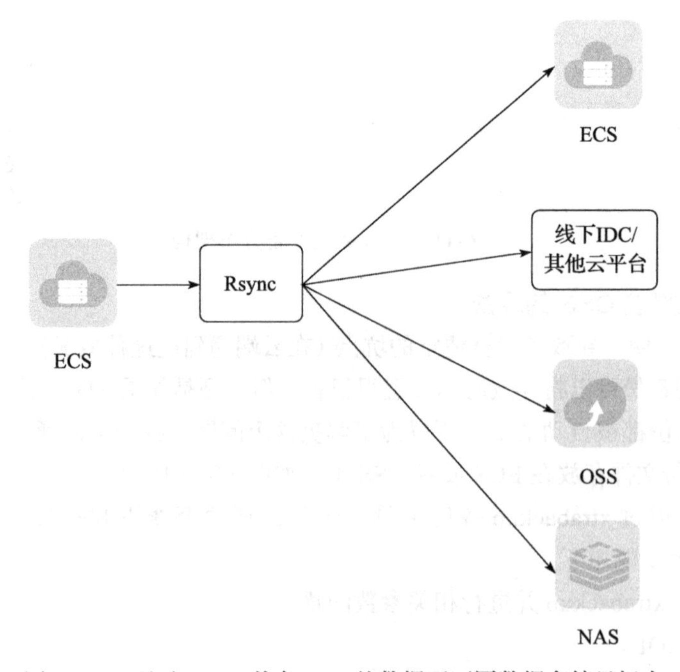

图 16-13 通过 Rsync 热备 ECS 的数据至不同数据存储目标中

我们可以通过 Rsync 将 ECS 中存放的文件数据实时热备至云端其他 ECS 系统中，甚至线下 IDC/ 其他云平台、OSS、NAS 中。当然同步到 OSS 中时，可以结合 OSSFS 磁盘挂载类工具一起使用。以下 3 个场景都是 Rsync 经典的热备实践案例。

案例 1： 某电商 2T 商品图片数据热迁移。由于 2T 的小图片数量太多，根本没办法采用压缩打包方式传输，且压缩时间无法估量，也没办法直接 scp，如果在传输过程中对源数据变更，会导致数据不一致性的问题出现；如果出现异常中断，可能还要再次重传。于是我们提前两周采用 Rsync 进行热备份迁移，最终无缝将数据从线下 IDC 迁移至云端。

案例 2： 某电商 4G 数据迁移的失败案例。为什么说是失败案例呢？因为刚开始我们觉得 4G 的数据量不大，所以做这块数据迁移时，我们直接先停止了服务，然后打包数据目录，结果仅这个操作就花了 3 个小时，整个迁移花了一晚上时间。此外，我们没有考虑到这 4G 的电商数据，里面存放着大量商品小图片，所以这种全量迁移的方式没有多大可行性。事后我们进行了问题复盘，最终发现，采用 Rsync 提前做热备份迁移，可以完全无缝地实时迁移。

案例 3： 在云端 Rsync 热备份的实践中，有客户向我们提出性能的挑战。如果单纯跑 Rsync 而不添加任何限制条件，可能导致线上的网络传输、I/O 性能被占用，客户担心影响线上业务运作，这个问题要怎么解决？事实上，Rsync 自带的限流功能，就完美地解决了这方面问题。

如：限制为 1000k Bytes/s，可采用如下命令：

```
rsync -auvz --progress --delete --bwlimit=1000
```

Rsync 有个缺陷，就是并不是实时的，但 Rsync + Inotify 的结合能实现实时同步。这在前面的共享文件实践中有详细介绍。

4. RDS 数据热备：混合云架构实践

此案例在前面云端实践案例中有详细介绍，由于客户业务对数据的安全性保障要求较高，而 RDS 自带的冷备 / 热备方案已经满足不了业务诉求，因此考虑采用混合云结构，因为它能轻松方便地实现异地容灾备份。云端混合云架构解决 RDS 容灾热备如图 16-14 所示。

技巧

实践技巧 1：基于 VPC + 专线打通云上和数据中心内网。

实践技巧 2：RDS 采用 DTS 将线上和线下数据库做实时同步。

实践技巧 3：MongoDB 采用原始态副本集，线下存放一份线上副本集。

实践技巧 4：RabbitMQ 采用镜像复制模式 + SLB 组成两台机器的高可用。

实践技巧 5：自建 MySQL 主从 +（DNS + Consul）实现数据库高可用，并且一份从库热备至线下 IDC 机房中。

实践技巧 6：自建 Redis 主从 +（DNS + Consul）实现数据库高可用，并且一份从库热备至线下 IDC 机房中。

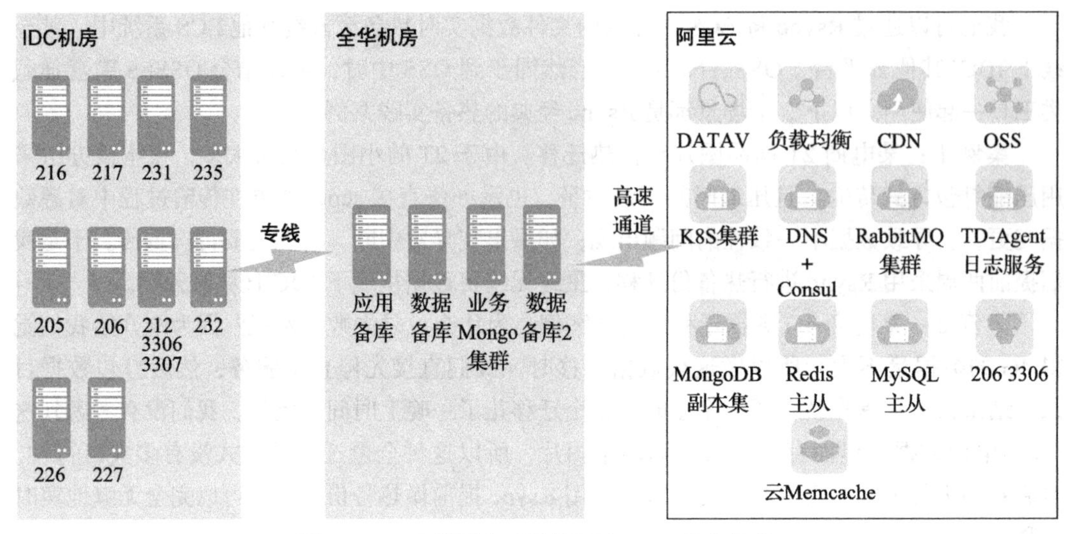

图 16-14 云端混合云架构解决 RDS 容灾热备

16.3.10 第十则：加强安全巡检及安全培训管理

定期进行安全巡检，及时进行安全补丁更新、漏洞修复。必要时采用安全渗透测试对业务及系统进行更加深入的安全评估。在运维侧能及时发现问题，便能及时解决问题并且防患于未然，而不是被动地应对黑客攻击及修补安全问题。另外，提升安全意识在云端安全防御非技术方案中比较重要。所以提高安全意识，是作为运维人员及技术人员职业修养的必修课。

16.4 云端防御综合案例总结

一个网站，瞬时流量有 100GB 的流量攻击，采用了阿里云的高防 IP 来防御。但是后端服务器的配置只有 2 核 2GB，能抗住吗？

这是一个云端实践的真实案例，如图 16-15 所示。

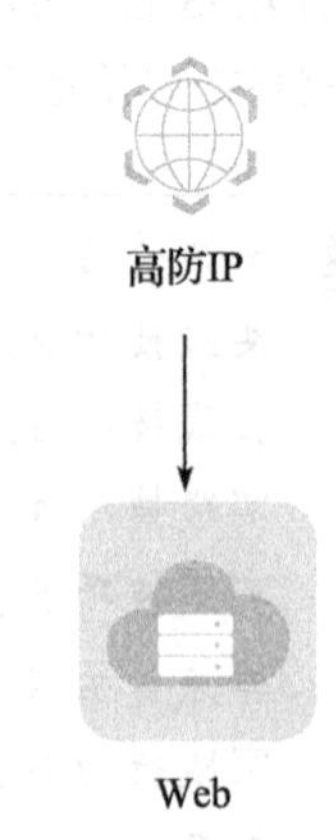

图 16-15 云端高防架构

第一步，采用安全类云产品。使用阿里云 DDoS 高防 IP 应对恶意攻击流量的清洗效果立竿见影，但是网站仍然打不开，首页访问卡住并白屏。出现这种情况的主要原因是这种高流量攻击，虽然绝大多数攻击流量都被 DDoS 高防 IP 防御住了，但是还是有少量恶意攻击流量流入后端。而我们后端只有一台 2 核 4GB 的单机低配服务器，所以即使少量恶意流量流入后端，也会导致服务器宕机，如图 16-16 所示。

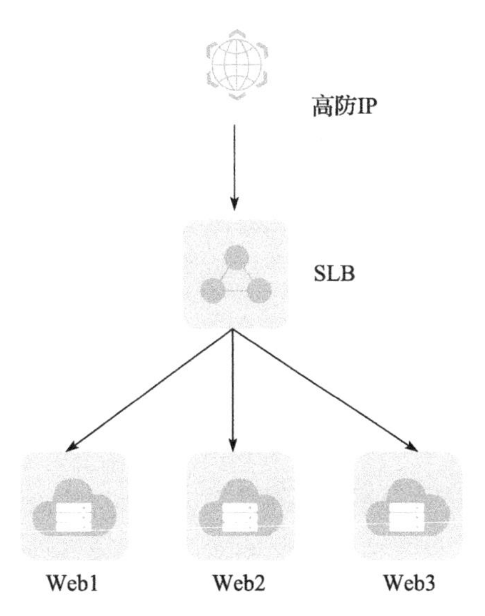

图 16-16　云端高防架构优化

第二步，对安全架构进行优化。立刻将该网站切换成分布式架构，前端通过 SLB 将请求转发给后端 4 台 4 核 8GB 的服务器实施业务请求。提升业务系统性能，使其能够支撑更多请求、冗余更多攻击请求流量。架构切换后，打开网站还是有些卡顿，延时还是很大。在 ECS 的操作系统里面，我们发现网站 PHP 配置的进程数仅有十几个，而且内核中有对应 TCP 连接超时的报错。

第三步，在运维层次进行安全保障。最终我们将 PHP 的进程分配优化成为静态模式，配置了 256 个进程。同时优化内核，让内核能支持更多 TCP 连接。最终在运维侧进一步安全调优优化，解决了这次高流量的 DDoS 攻击。

在云端安全防御中，第一道防线是云端安全产品，它是云端最有效且直接的安全解决方案。第二道防线是云端安全架构，能从宏观角度避免一些安全问题，并能直接提升业务系统的安全防御能力。而在云端安全防御中的最后一道防线，是运维层次的安全保障。

第四篇 *Part 4*

云端架构篇

对于在云端如何构建千万级架构，本篇结合前面云端选型篇、云端实践篇、云端安全篇中相应阿里云最佳实践经验，向大家分享一个小型网站如何逐步演变到千万级架构的过程。另外，结合云端热门的不同互联网业务的特点，在架构设计中要如何考量和偏向，又有哪些秘密和诀窍，本篇也进行了最后的总结分享。

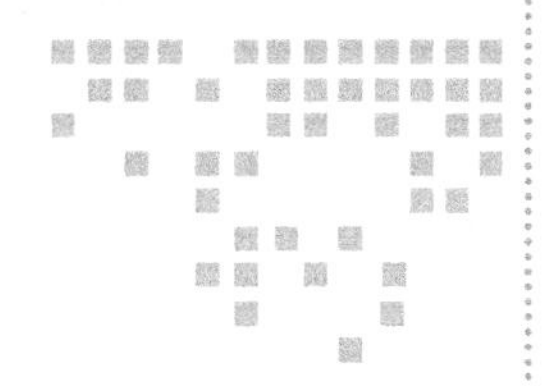

第 17 章 Chapter 17

云端千万级架构的演变

IT 体系发展经过物理机体系，发展到如今普及的云计算体系，正在逐步发展过度到容器体系。同时 IT 技术架构也经历了单机架构、高可用架构、分布式架构及到如今火热的微服务架构。这三大 IT 体系中，这些技术架构我们在实际的业务中到底要如何运用呢？本章通过如今最流行的 Web 类应用的案例场景，跟大家详细分享在云端如何从一个单机的简单架构演变成千万级的大型架构。

17.1　架构原始阶段：万能的单机

架构的最原始阶段，即一台 ECS 服务器搞定一切。传统官网、论坛等应用，只需要一台 ECS 即可，对应的 Web 服务器、数据库、静态文件资源等，都可以部署到一台 ECS 上。一般 5 万 PV 到 30 万 PV 访问量，结合内核参数调优、Web 应用性能参数、数据库调优，基本上能够在一台 ECS 上稳定运行。

采用单台 ECS 的架构，如图 17-1 所示。

在早期的物理机 IT 体系中，小型机几乎是单机架构的代名词。一台小型机都是高配机器（一两百 G 的内存配置在小型机中很常见），然后在一台小型机上完成业务代码、数据库等服务的部署。即用一台服务器，完成所有业务的请求处理。那么在访问请求业务时，服务器端究竟会处理哪些内容明细呢？以请求 https://qiaobangzhu.cn 为例来说明，明细汇总如表 17-1 所示。

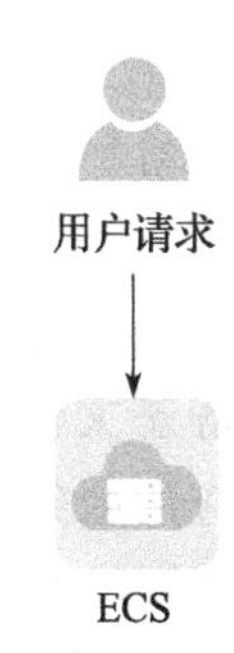

图 17-1　万能的单机架构

表 17-1 Web 应用请求类型汇总

请求类型	请求流程	消耗性能资源
DNS 解析	首先会请求 DNS 供应商（比如），完成 qiaobangzhu.cn 域名解析	会消耗 DNS 供应商解析性能
静态请求	然后会对 qiaobangzhu.cn 首页的 js、css、html、图片等静态资源请求	主要消耗服务器的网络和磁盘 I/O 资源
动态请求	然后会对 qiaobangzhu.cn 首页的动态资源请求，网站主要用的 PHP 语言，会触发对应请求页面对应的 PHP 请求，PHP 会做业务逻辑处理	主要消耗服务器的 CPU 和内存资源
数据库请求	PHP 动态请求中一般会调用数据库，做数据的增删查改	主要消耗服务器的磁盘 I/O 和内存及 CPU 资源

架构演变的过程，其实本质也是不断将业务请求类型做解耦，将请求的压力分流。表 17-1 中 Web 所有请求类型的请求压力都是集中在一台服务器上的，后面将跟大家介绍如何进行解耦拆分，逐渐发展成为千万级架构。

- **架构实践注意要点**

❑ 用什么服务器配置选项是此阶段运维架构需要重点考虑的。

❑ 另外根据业务请求流量，选择网络带宽（采用固定带宽还是按量带宽）、磁盘类型，这样就能有效节省前期部署成本。

关于架构实践可参考第 4 ～ 6 章以及第 8 章。

17.2 架构基础阶段：物理分离 Web 和数据库

当访问压力达到 50 万 PV 到 100 万 PV 的时候，部署在一台服务器上面的 Web 应用及数据库等服务应用，会对服务器的 CPU、内存、磁盘、带宽等系统资源进行争抢。显然单机已经出现性能瓶颈。将 Web 应用和数据库物理分离单独部署，即可解决对应性能问题。这里的架构采用 ECS + RDS，这阶段采用的云产品，相比上阶段架构，主要增加 RDS，如图 17-2 所示。

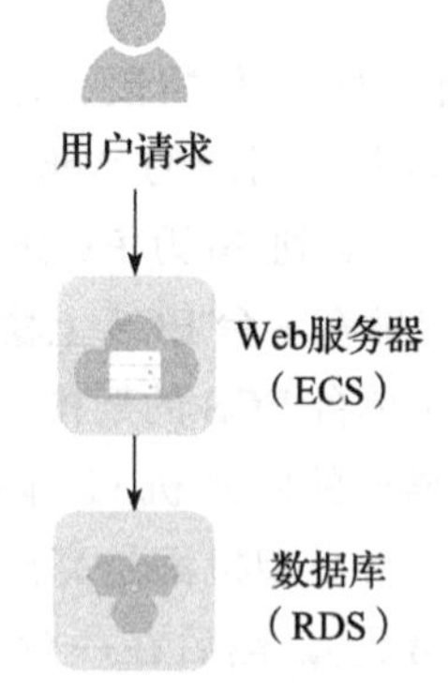

图 17-2 物理分离 Web 和数据库架构

在单机架构原始阶段，我们用一台服务器部署了应用服务、数据库、静态文件资源。随着压力增加，我们架构的演变其实也就是解耦部署的应用服务、数据库、静态文件资源。物理分离是架构解耦的开始，即解耦应用服务和数据库，避免一起争抢服务器性能资源。解耦战术，其实也决定了架构的高度。另外物理分离，也促使了 IOE 架构（IBM 小型机 +Oracle 数据库 +EMC 存储），是曾经物理机 IT 体系下的成熟经典架构。

- **架构实践注意要点**

❑ 用什么服务器配置选项依然是此阶段运维架构需要重点考虑的。

❑ 数据库单立出来，注意设置好 RDS 的白名单，保障数据库的安全性。

关于架构实践可参考第 5 章。

17.3 架构动静分离阶段：静态缓存 + 对象存储

当访问压力达到 100 万 PV 到 300 万 PV 的时候，前端 Web 服务就会出现性能瓶颈。大量的 Web 请求被堵塞，同时服务器的 CPU、磁盘 I/O、带宽都有压力。这时候我们一方面要将网站图片、js、css、html 及应用服务相关的文件存储在 OSS 中进行静态资源集中管理，另一方面要通过 CDN 将静态资源分布式缓存在各个节点实现“就近访问”。通过将动态请求、静态请求的访问分离（“动静分离”），有效解决服务器在磁盘 I/O、带宽方面的访问压力。

该架构采用 CDN + ECS + OSS + RDS 的形式，这阶段采用的云产品，相比上阶段架构，主要增加了 CDN 和 OSS。如图 17-3 所示。

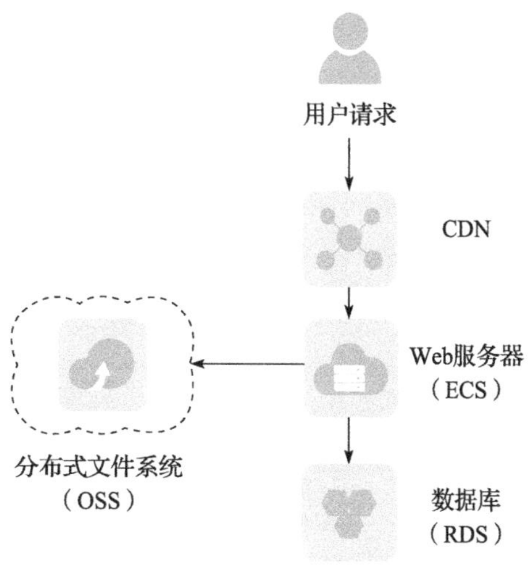

图 17-3 静态缓存 + 对象存储的架构

动静分离其实是静态请求和动态请求的解耦，主要讲静态请求剥离开给到 CDN 处理，而静态请求涉及到的静态文件资源的持久化存储需求，就直接交给 OSS 进行存储。

- **架构实践注意要点：**

❑ CDN 可以直接进行动静请求分离，但在此用户量规模下，可能很多人觉得没必要用 OSS。不过我还是建议将静态资源采用独立的二级域名集中部署在 OSS 中，方便后续架构扩展，也方便 CDN 回源请求加速。当然，如若业务方面没有未来扩展的考虑等，直接采用 CDN 是最高效便捷的做法。

❑ CDN 被誉为互联网高速公路的最后一公里。特别在电商等 Web 领域应用广泛，我们知道，电商业务中有大量的商品图片的静态资源，所以在电商类应用中几乎都会必选 CDN，都说没有 CDN 的电商不是好电商。

关于架构实践可参考第 4 章、第 8 章和第 9 章。

17.4 架构分布式阶段：负载均衡

当访问压力达到 300 万 PV 到 500 万 PV 的时候，虽然“动静分离”有效分离了静态请求的压力，但是动态请求的压力已经让服务器“吃不消”。最直观的表现是前端访问堵塞、延迟、服务器进程增多、CPU100%，并且出现常见的 502、503、504 等错误码。显然单台 Web 服务器已经满足不了需求，这里需要通过负载均衡技术增加多台 Web 服务器（对应 ECS 可以选择不同可用区，进一步保障高可用）。因而告别单机时代，转变到分布式架构阶段。

该架构采用 CDN + SLB + ECS + OSS + RDS 的形式，这阶段采用的云产品，相比上阶段架构，主要增加了 SLB，如图 17-4 所示。

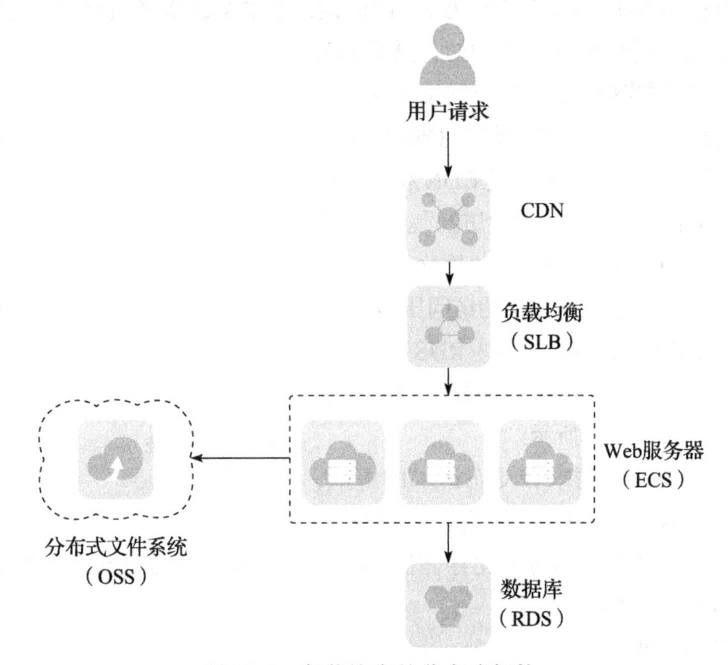

图 17-4 负载均衡的分布式架构

负载均衡的引入，就是将动态请求按照负载均衡调度算法（SLB 支持轮询、加权轮询、加权最小连接数、一致性哈希四种调度算法），进行对应的动态请求分流解耦，让动态请求的请求压力分流转发至后端不同服务器上进行处理。

- **架构实践注意要点**

❑ 负载均衡是分布式架构的起点，云计算的普及，其实也是分布式架构的普及，分布式架构也成了云计算体系阶段的标配了。值得注意的是，分布式架构是高可用架构的演变，有很多人把传统的高可用架构和分布式架构混为一谈，这是很大的误区。高可用的虚拟 VIP 技术只能让一台服务器平时作为 Backup 热备，只有在故障的时候，才会切换到 Backup 让其顶上，平时都是空闲状态。而分布式架构的技术特点，就是负载均衡均衡的引入，让不同服务器来同时处理业务压力。

此阶段的架构中，采用七层 SLB 即可满足绝大多数应用场景及业务压力。但在高并发场景下，我们优先考虑四层 SLB，但是这可能会增加架构的运维配置管理工作量。

关于架构实践可参考第 4 章、第 7 章和第 8 章。

17.5　架构数据缓存阶段：数据库缓存

当访问压力达到 500 万 PV 到 1000 万 PV 时，虽然负载均衡结合多台 Web 服务器，解决了动态请求的性能压力。但是这时候我们发现，数据库出现压力瓶颈，常见的现象就是 RDS 的连接数增加并且堵塞、CPU100%、IOPS 飙升。这时候可通过数据库缓存，有效减少数据库访问压力，进一步提升性能。

该架构采用 CDN + SLB + ECS + OSS + 云数据库 Memcache + RDS 的形式，这阶段采用的云产品，相比上阶段架构，主要增加了云 Memcache（当然也可以肯定业务需求，选用 Redis 缓存等），如图 17-5 所示。

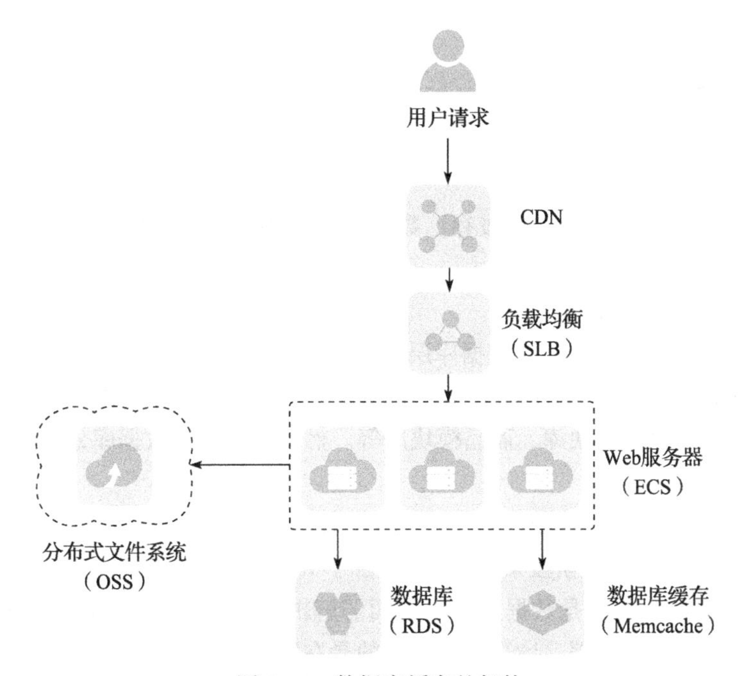

图 17-5　数据库缓存的架构

数据库缓存其实是在数据库请求层面，在数据库的读写请求中，通过业务调用层，对数据库读请求的一定程度解耦。让热点数据先去缓存中查询，如果缓存中有对应数据，则直接提供给业务使用。如果缓存中没有对应数据，才再次去数据库中进行查询。

- **架构实践注意要点**

❑ 缓存五分钟法则：即如果一条记录频繁被访问，就应该考虑放到缓存里。否则的话客户端就按需要直接去访问数据源，而这个临界点就是五分钟。

数据库缓存，需要业务代码改造及支持。哪些热点数据需要缓存，这需要业务方面重点规划。并且云端数据库缓存，已不推荐在 ECS 中自行搭建 Redis、Memcache 等。

关于架构实践可参考第 4 章和第 8 章。

17.6 架构扩展阶段：垂直扩展

当访问量达到 1000 万 PV 到 5000 万 PV 时，虽然这个时候通过分布式文件系统 OSS 已经解决了文件存储的性能问题，也通过 CDN 解决了静态资源访问的性能问题，但是当访问压力再次增加时，Web 服务器和数据库仍然是瓶颈。在此我们通过垂直扩展，进一步切分 Web 服务器和数据库的压力，解决性能问题。

“何为垂直扩展，按照不同的业务（或者数据库）切分到不同的服务器（或者数据库）之上，这种切分称之为垂直扩展。”

垂直扩展第一招：业务拆分

在业务层，可以把不同的功能模块拆分到不同的服务器上进行单独部署。比如，将用户模块、订单模块、商品模块等拆分到不同服务器上部署。

垂直扩展第二招：读写分离

在数据库层，如果结合数据库缓存，数据库压力还是很大，那么可以通过读写分离的方式，进一步切分及降低数据库的压力。

垂直扩展第三招：分库

结合业务拆分、读写分离，在数据库层同样可以把用户模块、订单模块、商品模块所涉及的数据库表（用户模块表、订单模块表、商品模块表）等，拆分出来分别存放到不同数据库中，如用户模块库、订单模块库、商品模块库等。然后再把不同数据库分别部署到不同服务器中。

该架构采用 CDN + SLB + ECS + OSS + 云数据库 Memcache + RDS + RDS 读写分离的形式，这阶段采用的云产品，相比上阶段架构，主要增加了 RDS 读写分离实例，如图 17-6 所示。

垂直扩展主要针对的也是数据库请求层面的解耦。业务拆分针对的是不同业务功能模块，解耦到不同服务器上部署。读写分离针对的是在数据库架构层，让读写物理分离解耦到不同的服务器上部署。分库针对的是数据库中的表，让不同功能模板表解耦到不同的服务器上部署。

- **架构注意要点：**

❑ 架构中后期，业务瓶颈往往集中在数据库层面。因为在业务层，我们通过负载均衡能够快速添加更多服务器进行水平扩容，可以方便快速地解决业务服务器处理压力。而数据库性能扩展不是简单加几台服务器就能解决的，这往往会涉及复杂的数据库架构变更。垂直拆分，相对在业务上改动较少，并且是数据库性能提升最为高效的一种方式，也是中大型应用首先要采用的架构方案。

- 此阶段的架构中，由于业务请求有一定压力，建议采用四层 SLB，虚拟主机、证书配置等七层功能需要放在后端服务器 ECS 搭建的 Nginx 上来控制，但是这可能会增加架构的运维配置管理工作量。

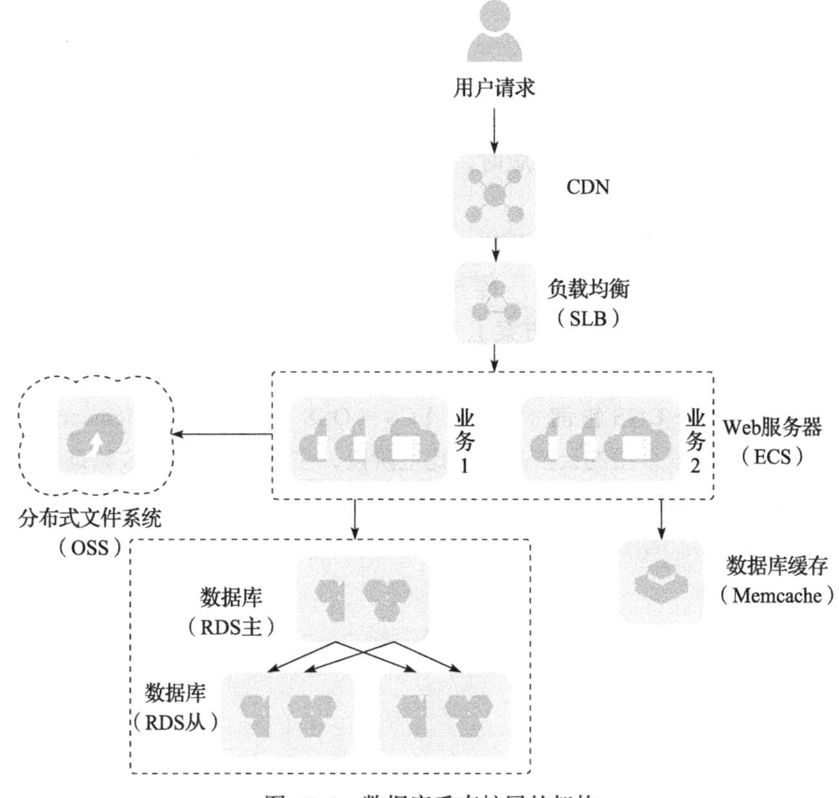

图 17-6 数据库垂直扩展的架构

关于架构实践可参考第 4 章和第 10 章。

17.7 架构分布式 + 大数据阶段：水平扩展

当访问量达到 5000 万 PV 及以上时，也就是说真正达到千万级架构以上访问量时，垂直扩展的架构也开始“山穷水尽”。比如，读写分离仅解决读的压力，面对高访问量，在数据库“写”的压力上面“力不从心”，会出现性能瓶颈。另外，分库虽然将压力拆分到不同数据库中。但当数据量达到 TB 级别以上，显然已经达到传统关系型数据库处理的极限。

水平扩展第一招：增加更多的 Web 服务器

在将业务垂直拆分分布部署在不同服务器后，当后续压力进一步增大时，可增加更多的 WebServer 进行水平扩展。

水平扩展第二招：增加更多的 SLB

单台 SLB 也存在单点故障的风险，并且 SLB 也存在性能极限，如七层 SLB 的 QPS 最大值为 50 000。可通过 DNS 轮询，将请求轮询转发至不同可用区的 SLB 上面，实现 SLB 水平扩展。

水平扩展第三招：采用分布式缓存

虽然阿里云 Memcache 内存数据库已经是分布式结构，但是同样单一的入口也存在出现单点故障风险的可能，此外，还可能存在性能极限，如最大吞吐量峰值为 512Mbps。所以我们在部署多台云数据库 Memcache 版时，可以在代码层通过 HASH 算法将数据分别缓存至不同的云数据库 Memcache 版中。

水平扩展第四招：采用分布式数据库

面对高并发、大数据的需求，传统的关系型数据库已不再适合。需要采用 DRDS(MySQL Sharding 分布式解决方案)、MongoDB 、表格存储对应的分布式数据库，分布式数据库的 Sharding 技术从根本上解决问题。

该架构采用 CDN + DNS 轮询 + SLB + ECS + OSS + 云数据库 Memcache + DRDS + OTS 的形式，在这个阶段采用的云产品，相比上阶段，主要增加了 DNS 轮询解析、分布式数据库（DRDS/MongoDB/ 表格存储），如图 17-7 所示。

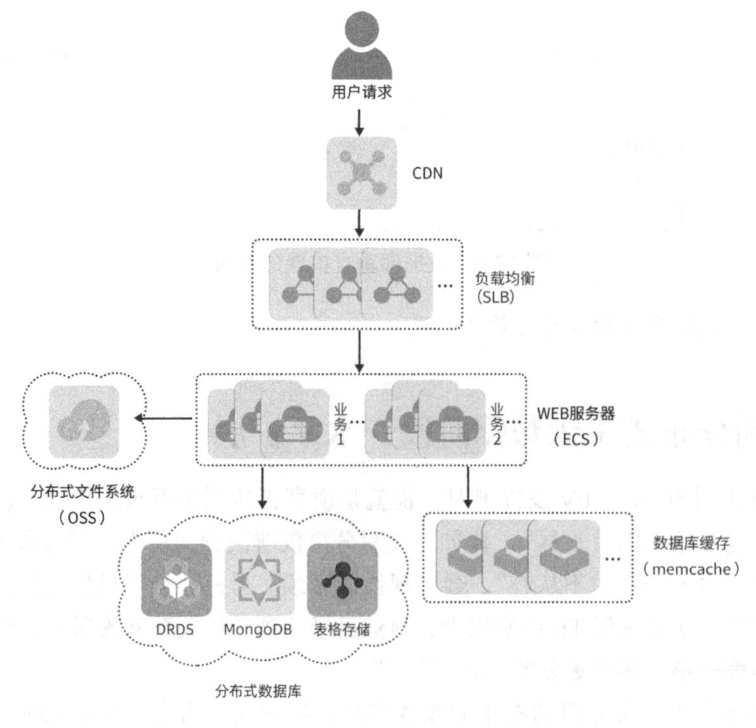

图 17-7 水平扩展的分布式架构

- **架构实践注意要点**

- ❑ 大型应用中，海量业务数据的存储、分析给数据库带来了巨大挑战。传统的关系型数据库明显已经“力不从心”，分布式数据库 NoSQL 是适用技术发展的未来趋势。
- ❑ 有了海量业务数据的基础，我们可以结合云端 MaxCompute 大数据分析服务，来辅助业务进行价值创造。

关于架构实践可参考第 7 章、第 10 章、第三篇全部章节。

Chapter 18 第 18 章

云端架构的应用

云端最热门的互联网应用，当属电商、游戏、移动社交、金融等。回归到技术层面，无非还是用 Java、PHP、Python 等开发语言，Oracle、MySQL、SQLServer 等关系型数据库，以及 MongoDB、Redis、Memcache 等非关系型数据库。回归到架构层面，则无非是用负载均衡、数据库、对象存储等分布式架构。所谓万变不离其宗，即业务千奇百怪，回归到架构层面还是一样的。只不过针对不同的业务特点，我们在架构中的考量和偏向会有所不同。本章主要根据不同业务的特点，向大家介绍不同业务在云端架构应用的“秘密武器”。

18.1 云端电商架构应用

如今的“双十一”活动，每次都伴随着紧凑的运维保障压力。业务方需要做好充足的准备，拟好活动规划和宣传方案，评估好对应的活动压力。技术方则需要做好充足的技术准备，准备对应的冗余机器，以应对活动时的高峰期。并且活动期间，需要有专门的作战指挥中心，全员上阵，我们技术保障就如同打仗一样。虽然如今在云端为电商做运维保障，资源开通随开随用随关随停，相比以前不用再提前准备机器上架应对活动压力。但是我们应对的电商业务特点还是不变，所以我们运维架构方面的工作也是基本保持不变。

18.1.1 业务特点：活动

在电商类业务中做活动搞促销、搞秒杀与“双十一”一样，也是家常便饭。不搞活动、不搞秒杀的电商，基本上都不算电商业务了。所以在活动期间的流量，最低可能也是平时的几倍，甚至是平时的几十倍。高并发是电商业务最为明显的业务特点。所以针对电商类业务架构，高并发是要重点解决的问题。主要用到以下几点技术。

1. 弹性伸缩

弹性伸缩也是云平台最为核心的功能，在电商类应用中，平时的业务访问量，压力并不大。但在活动高峰期，我们需要开通更多资源来应对业务压力。弹性伸缩可以根据我们定义的伸缩规则，自动开通相应的 ECS 来应对业务压力。不过，根据实践来看，弹性伸缩在某些情况下还是徒有虚名。因为在实际应用场景中，不仅仅是弹性伸缩出几台 ECS 出来，这些 ECS 要挂载到对应的 SLB 下，还要跟 GitLab、Jenkins、监控等自动化平台打通，甚至需要与其他一些云资源配合使用，比如要去数据库中添加对应白名单。所以这里面还涉及了很多的配置，只有真正将这些都做到自动化后，才算真正做到轻松应对活动。

2. API+ 镜像 + 快照

如果真正实现弹性伸缩，在未来 API 功能都完善后，基本上可以通过程序应对业务压力。当前通过 API + 镜像 + 快照，能够实现快速开通对应的 ECS，这也是云端针对电商活动，快速进行扩容最有效的方式。如果觉得 API 使用有门槛，也可以在阿里云控制台上进行手动操作。

18.1.2 业务特点：商品图片

电商业务的另一个特点就是静态资源几乎占了业务请求流量的 80%。因为在电商类业务中，有大量商品图片，而这些商品图片往往是商品详情介绍最为核心的一部分。几乎 98% 的商品都会有商品图片介绍，还有一些可能会通过图片和小视频来介绍商品。所以静态资源，在电商类应用中的占比是非常重的。针对这一业务特点，CDN 已成为电商类业务的标配。业务系统的网络流量基本上能减少 80%，而且访问电商系统的速度至少能提升 50% 以上。

18.2 云端游戏架构应用

以游戏类应用为例，伴随着硬件的升级迭代（以前内存只有 MB 级别，磁盘只有 GB 级别。而如今内存在 GB 级别，磁盘却到了 TB 级别。），竞技类游戏的游戏特效效果也越来越酷炫，这意味着游戏应用对电脑主机的性能计算要求也越来越高。举个简单例子也能看出来，星际争霸 1.08 的经典版本安装包仅有 110M，而英雄联盟在 2019 年 6 月 27 日更新的安装包大小高达 9.2G。

随着互联网转向移动互联网，移动互联网的普及，本质上也是云计算 BGP 网络的普及，衍生出的移动类游戏成为热门。那游戏业务的特点是什么呢？令人印象最为深刻的应该就是分区的特点。那在云端运维架构及部署方面又有什么不一样呢？接下来为大家详细分享。

业务特点：分区

相比传统 B/S、C/S 应用架构，游戏架构的特点在于其特有的“分区”概念。

为了解决玩家的延时性，传统 IDC 机房的游戏架构，一般分为电信和联通两大分区，其下又分为“北京”“上海”“江苏”等分区。这种按照地域的分区，其实在物理层面是把服务器对应部署在不同地域的机房中。这样部署主要是为了解决游戏玩家的延时性。例如，北京电信的玩家登录上海电信的服务器，延时一定很高。

游戏分区的架构特性，使得大多数游戏架构一般不是分布式集群架构（以下简称为“集群架构”）。如果北京电信玩家登录上海电信的游戏服务器，会发现游戏角色的属性已回归到刚注册的时候。从这点可以判断出，不同地域的游戏，应用层和数据库都是独立分开部署的。在传统的分布式集群架构上，不管是从北京登录，还是从上海登录，用户数据都是唯一的。因为这种集群架构，底层数据库并没有独立开。不过游戏类架构中的分区只是游戏类业务的一个特点，也有不少不分区的游戏。比如知名 COC（部落冲突）游戏，就是全世界只有一个区。有时候匹配部落战争，能匹配到国外很多其他的部落。由此可见，底层数据库并不是通过分区隔离开用户的。

游戏分区的架构特性，决定了游戏架构的扩展性非常好。所谓的数据库垂直分区、水平分区，又比如 MySQL 的主从读写分离，这种数据库层次的扩展很烦琐，一般应用于集群架构中。而游戏架构呢？简单来说，只需要一台服务器部署应用，一台服务器部署数据库即可。如果用户量增加，比如上海电信的用户量增加，可以再独立部署一台服务器和一台数据库。因而就有了上海电信一区、上海电信二区这样的区分。

传统 IDC 机房部署游戏，地域之间访问的延时性，形成了这种很强的地域性分区。如果我们通过云端来部署实践，这种分区在架构中有什么区别呢？我们知道，云主机网络都是多家运营商接入（BGP）的，因此有效解决了传统机房部署遇到的问题——不同地域不同运营商的玩家访问延时的问题。所以通过云来部署的游戏应用的分区，就没有北京电信分区、上海电信分区之说了。可以简单地称之为一区、二区、三区等，也可以不同区取个好听的别名，比如一区之风云再起，二区之逐鹿中原，三区之雄霸天下。另外，游戏类业务偏向计算，需要中高配类型服务器配置。型号优先选择 CPU 与内存资源配比为 1:2 的类型，即 8 核 16GB 的配置基本上是游戏类经典配置。

分区只是游戏行业一个很突出的特点，几乎所有类型的游戏都具有这个特点。但不同游戏的类型，在架构及技术上是有所区别的。游戏按照应用划分，主要分为页游、手游和端游。但页游、手游和端游在架构及技术上具体有什么区别呢？

1. 页游与手游、端游的架构区别

页游是网页游戏的简称，这类 Web 游戏应用，都属于 B/S 架构的范畴。需要注意的是，这里说的网页游戏，以及本章所介绍的游戏架构，并不包括单机游戏。单机游戏根本不用跟服务端进行通信，也就谈不上架构了。

手游是手机游戏的简称，端游也就是客户端游戏的简称，手游和端游的特点是需要在手机、电脑上安装客户端。所以手游和端游就是典型的 C/S 架构。

页游是 B/S 架构，手游和端游是 C/S 架构。B/S 的架构基于浏览器，所以用户不用关心程序的升级，当程序升级时，我们只需要在服务器端更新一下，客户下次在浏览器访问时，就会自动把最新的数据返回。而 C/S 的架构，每次程序升级时，可能都需要客户手动在手机或者电脑上下载最新的客户端或者升级包进行更新。

2. 页游、手游、端游的技术区别

页游、手游、端游后端的技术可能相差不大，主要技术区别在于前端。页游采用 HTML5、Flash 等前端技术。手游，如果是 Android 系统采用 Java 技术；如果是 iOS 系统主要采用 Object C。端游首选是 C++ 了。

18.3 云端移动社交架构应用

传统社交主要是通过书信的方式，后来出现了 2G 手机，随着互联网的发展，出现了 QQ 和 UC 等热门聊天工具，那时候互联网也是最单纯的。再后来，随着移动 2G/3G/4G 甚至到现在 5G 网络的发展。互联网转向移动互联网，社交主要转为移动社交。从陌陌聊天软件再到微信，现在微信更是被誉为是一种生活的方式。然后从视频直播，再到抖音等，当前，移动社交已成为社交的主流形式，也是云端比较热门的应用。

业务特点：海量

如今移动社交类应用，相比早期的聊天类工具，在聊天内容上有很大的变化。早期的聊天内容，偏向文字及聊天工具默认的自动表情符号（不是如今各种搞笑的表情包）。而如今聊天内容不仅仅局限于文字内容，还有朋友圈等功能包括大量的音频、短视频、图片等内容。而且移动社交类的用户基数起点就很高，比如一个几万用户的网站，其用户量对 Web 类应用来说已经不低了。但相比移动社交类，如果仅有几万用户，那这个应用应该早就被下架了。所以移动社交类，用户量大也是业务一大特点。以用户量大为基础，结合聊天、朋友圈等功能，有海量的文字信息、音视频、图片内容存储。所以针对移动类这一业务特点，我们在架构设计上有两个侧重点。

一方面，是大量的信息存储。传统关系型数据库已经应付不过来，需要通过 MongoDB、列存储等分布式数据库来进行存储。

另一方面，音视频、图片等半结构化海量数据，必然需要通过 OSS 对象存储分布式文件系统来解决。特别是 OSS 中的图片处理、音视频转码等功能，这是移动社交类中必不可少的业务需求，所以 OSS 几乎成为移动社交类的标配。当然也可以在 OSS 的基础上，结合 CDN，对 OSS 中存储的音视频、图片等数据进行访问加速。

18.4 云端金融架构应用

早期作为阿里云架构师去拜访客户，被客户挑战及质疑最多的就是安全问题。用云存储数据到底安不安全，客户担心核心数据不被自己掌控，发生数据被泄露、被窃取等安全问题。特别是传统金融类应用，更是拒绝上云。后来随着余额宝业务全部稳定运行在阿里云上，以及互联网及云计算的发展，云计算成为企业级应用、互联网应用部署的必备选项。而恪守成规坚持用 IDC 等物理机进行业务部署的企业所带来的巨大成本，已经很难支持业务走得更远。

业务特点：安全

安全是金融类业务应用的代名词。相比传统互联网应用，金融类应用对安全的要求更高。不过随着互联网的发展，明显的趋势是传统金融也在向互联网金融转型。针对金融类业务在安全方面的要求，我们在云端架构设计上主要分为以下几个方面。

为了满足银行、证券、保险、基金等金融机构对安全性的要求，云端采用独立于公有云的机房集群来部署金融云平台，相比于传统的公有云平台，在安全性、服务可用性和数据可靠性等方面作了大幅增强。独有的金融云平台，是保障金融类应用架构部署的基础。金融云的安全特性主要有如下三点：

1. 安全合规

金融云按照人民银行和银保监会的合规标准建设，在安全性、服务可用性和数据可靠性等方面做了大幅增强。

金融云建设和管理参照的行业标准有：《金融业信息系统机房动力系统测评规范》《金融行业信息系统信息安全等级保护测评指南》《银行业信息系统灾难恢复管理规范》《网上银行系统信息安全通用规范》《商业银行业务连续性监管指引》《银行业金融机构信息科技外包风险监管指引》《保险信息安全风险评估指标体系规范》《保险公司信息系统安全管理指引（试行）》《证券公司网上证券信息系统技术指引》《证券期货业信息系统安全等级保护测评要求》等。

2. 与公共云差异明显

金融云与公共云在产品与服务上存在着明显差异，两者的对比如表 18-1 所示。

表 18-1 金融云与公共云安全性对比

类别	项目	公共云	金融云
合规	ISO27001	√	×
	CSA-STAR	√	√
	等保级别	等保三级	华东 1 金融云：等保三级 其他地域：等保四级
	金融合规	×	√
	ISO 20000	√	√
	ISO 22301	√	√

（续）

类别	项目	公共云	金融云
合规	PCI_Dss	×	√
	SOC 审计	√	√
	可信云	√	√
	CNAS 评测	√	√
安全	DDoS 防护	动态防护	动态防护
	堡垒机	√	√
	磁盘消磁	√	√
	物理安全	/	铁笼隔离 / 生物识别 / 监控等
可用性	两地三中心	√	√
	同城容灾	√	默认
	ECS	99.50%	99.97%
	RDS	99.50%	99.97%
	SLB	99.50%	99.95%
其他	架构师服务	×	√
	经典网络专线	×	√
	特殊设备托管	×	√
	服务等级（默认）	基础	商业

3. 金融云可以提供专享产品与服务

- 独立的资源集群
- 更严格的机房管理
- 更高的安全容灾能力
- 更严格的网络安全隔离要求
- 更严格的访问控制
- 遵从银行级的安全监管及合规要求
- 专门的金融云行业安全运营团队、安全合规团队、安全解决方案团队
- 专门的金融云客户经理和云架构师
- 更严格的用户准入机制

另外，安全类产品是保障金融类应用的标配。安骑士企业版专业版保障系统层安全，这是系统层防御的必选项。WAF 应用防火墙保障应用层安全，这是应用层防御的必选项。金融类应用跟其他互联网应用的区别在于其他互联网应用由于成本等原因前期不考虑使用 WAF，而金融类应用考虑到业务敏感性，基本上会选择 WAF，以便让应用层有安全保障。在网络层方面，DDoS 高防 IP 可以根据网络攻击情况来选择性进行添加。

在 IT 方面金融公司会有比较严格的安全流程控制管理，因此在实施具体技术时，相应安全规范、安全加固也会细致许多。所以相应地也要加强相关工作人员的安全意识，做好安全培训和安全管理工作。

推荐阅读

中台战略：中台建设与数字商业

作者：陈新宇 罗家鹰 邓通 江威 等 ISBN：978-7-111-63454-6 定价：99.00元

中台究竟该如何架构与设计？中台建设有没有普适的方法论？现有应用如何才能顺利向中台迁移？中台要成功必须具备哪些要素？中台成熟度究竟如何评估？中台如何全面为数字营销赋能？中台如何在企业的数字化转型中发挥关键作用？这些问题都能在本书中找到答案！本书全面讲解企业如何建设各类中台，并利用中台以数字营销为突破口，最终实现数字化转型和商业创新。

企业IT架构转型之道：阿里巴巴中台战略思想与架构实战

作者：钟华 ISBN：978-7-111-56480-5 定价：79.00元

本书从阿里巴巴启动中台战略说起，详细阐述共享服务体系如何给企业的业务发展提供了支持。介绍阿里巴巴在建设共享服务体系时如何进行技术框架选择，构建了哪些重要的技术平台等，此外，还介绍了组织架构和体制如何更好地支持共享服务体系的持续发展。主要内容分为三大部分：第一部分介绍阿里巴巴集团中台战略引起的思考，以及构建业务中台的基础——共享服务体系。第二部分详细介绍共享服务体系搭建的过程、技术选择、组织架构等。第三部分结合两个典型案例，介绍共享服务体系项目落地的过程，以及企业进行互联网转型过程中的实践经验。

数字化转型之路

作者：新华三大学 ISBN：978-7-111-62175-1 定价：79.00元

本书从对数字时代的挑战与机遇入手，逐步论述数字化的技术驱动力、数字经济中需求侧与供给侧的转变，进而阐述融合了云计算、大数据、物联网、人工智能等技术的工业互联网体系及其如何促进实体经济的转型。作为一个重要的内容，本书也将阐述数字化转型的能力构建，综合论述敏捷、DevOps等IT管理方法论在组织中的落地。本书的定位是结合理论思考与企业实践分析，汇集业界思考与创新实践来助力企业管理者思考和规划数字化转型战略。